《21世纪理论物理及其交叉学科前沿丛书》
编 委 会

主　　编：夏建白

编　　委：（按姓氏拼音排序）

蔡荣根	陈润生	董国轩	黄　涛
汲培文	李树深	梁作堂	刘　杰
刘　伟	楼森岳	卢建新	罗民兴
孟庆国	倪培根	欧阳钟灿	蒲　钊
任中洲	孙昌璞	陶瑞宝	王玉鹏
吴岳良	谢心澄	邢志忠	张守著
张卫平	赵光达	郑　杭	庄鹏飞

21世纪理论物理及其交叉学科前沿丛书

有机固体物理

（第二版）

解士杰　尹　笋　高　琨　著

科学出版社

北京

内 容 简 介

本书主要阐述有机分子及其固体的结构、力学、电学、磁学、光学等物理性质,涉及当前有机固体物理中一些成熟的物理图像,并论述相关前沿研究现状。本书共九章。第1章概述固体物理一般概念和图像;第2章简述有机分子及其固体的结构;第3至第7章介绍有机固体中的元激发、导电、光学、磁学等特性;第8章为生物大分子物理简介;第9章则介绍全碳材料,如碳纳米管、富勒烯和石墨烯等材料的性质。

本书可供凝聚态物理及相关领域的研究人员参考,或作为高校及科研院所的高年级学生和研究生的教材或参考书。

图书在版编目(CIP)数据

有机固体物理/解士杰,尹笋,高琨著. —2版. —北京:科学出版社,2017
(21世纪理论物理及其交叉学科前沿丛书)
ISBN 978-7-03-053072-1

Ⅰ.①有… Ⅱ.①解… ②尹… ③高… Ⅲ.①固体物理学 Ⅳ.① O48

中国版本图书馆 CIP 数据核字(2017) 第 111911 号

责任编辑:钱 俊/责任校对:张凤琴
责任印制:赵 博/封面设计:无极书装

科 学 出 版 社 出版
北京东黄城根北街16号
邮政编码:100717
http://www.sciencep.com

北京富资园科技发展有限公司印刷
科学出版社发行 各地新华书店经销

*

2017年6月第 一 版　　开本:720×1000 1/16
2025年6月第六次印刷　印张:22 1/4
字数:423 000
定价:138.00元
(如有印装质量问题,我社负责调换)

《21 世纪理论物理及其交叉学科前沿丛书》
出版前言

物理学的研究范畴很广,涉及从夸克到宇宙多层次的物质结构及其运动规律。物质结构从层次上讲,夸克、轻子-强子-原子核-原子-分子-团簇-凝聚态-生命物质-恒星-星系-宇宙,每个层次上都有自己的基本规律需要研究,而这些规律又是互相联系的。其分支学科涉及原子物理、分子物理、核物理、声、光、电、磁及其与物理学相关的跨学科的诸多方面内容。物理学又是许多学科 (如化学、生物学、地球科学和工程学) 的基础。因此,物理学是研究物质、能量、时间和空间以及其相互作用和运动规律的科学,也是最具基础性、前沿性、交叉性和综合性的学科。20 世纪科学发展历史证明,理论物理学的一些重大突破 (如量子力学和相对论) 不仅常会带来新方向,产生新领域,推动新的学科交叉及技术革命,甚至能导致人类时空观、自然观的革命性变革。物理学的研究结果深入到社会发展和人们日常生活中,社会财富的增长、经济的全球化、生命的质量和生活的标准在很大程度上依赖于技术,技术进步又在很大程度上依赖于物理学的创新研究。因此,各国政府非常重视物理学的发展,在新世纪纷纷制订物理学的发展计划,并采取一系列创新举措。

理论物理学是对自然界各个层次的物质结构和运动基本规律进行理论探索和研究的学科。由此建立的基本理论不仅成为描述和解释自然界已知的各种物理现象和运动规律的理论基础,而且还是预言和发现自然界未知的物理现象和基本规律的理论依据。理论物理学乃至整个物理学的发展是一个在概念、思想方式上不断变革的历史。历史上,当牛顿力学在 19 世纪取得了辉煌的成果之际,那种认为物理学甚至整个自然界的运动都可以而且应当归结为力学运动的机械自然观应运而生。1900 年,普朗克在对黑体辐射能谱分布规律的研究中提出了"作用量子"的概念,这是从经典物理学迈进量子物理学的第一步。1905 年,爱因斯坦又在对光电效应等问题的研究中,把普朗克的量子化关系推广到光,认为光在与物质相互作用时,每次交换一个能量为频率乘以普朗克常数的"光量子"。1913 年,玻尔提出了原子的量子论,又称原子的玻尔模型。这项工作开创了微观物质系统量子理论的先河,并且为后来量子力学这门新的学科的兴起起到了不可缺少的桥梁作用。以后由于海森伯、玻恩、薛定谔、泡利、狄拉克等物理学家的奠基性工作,量子力学趋于成熟,得到了完善。戴森在评论量子力学发展历史时说:"在任何一门科学分支里,新概念难以掌握的原因常常是相同的;当时的科学家总要用先前已经存在的观念去描绘新的概念。发现者本人更是由于这一困难而受尽折磨；他同旧的观念搏斗以得出新的概念，而在以后的一段长时间内，他思维的语言内仍然保留着旧的观念。"只是在放弃了旧观念之后，新的概念才变成"某种基本的和不可约简的东西。一种以它自己的权利存在着的物理客体，它不再需要用什么别的东西来解释了"。

按照费曼的意见，发现新的科学规律的过程是从猜想开始的，其中使用的是尝试和纠错的方法。他说："猜想从何而来是完全不要紧的，重要的是要同实验相符合。"费曼还强调，理论是不可能由经验直接推出来的，因为"物理学定律常常同经验没有直接的关系，现实经验的细节常常同基本定律相距甚远"。

恩格斯说过："随着自然科学领域中每一个划时代的发现，唯物主义必定要改变自己的形式。"在 20 世纪物理学革命中，相对论和量子力学的新理论运用了一些比以前更加不合乎常规经验的抽象思考方式，这充分证明了科学实验是检验科学理论正确与否的唯一标准，又充分发挥了人类精神的主观能动性，宣告同以往的经验主义彻底决裂。

新世纪开始，物理学面临了一次又一次新的挑战。巨大的"哈勃"太空望远镜观测到了迄今所发现的银河系中最古老的白矮星。这为确定宇宙年龄提供了一种全新的途径。WMAP 对微波背景辐射观测的结果告诉我们，宇宙中普通物质只占 4%，23% 的物质为非重子暗物质，73% 是暗能量，占宇宙成分的 95% 以上的暗物质和暗能量究竟是什么目前还不清楚。中微子是一种暗物质粒子，但它的质量非常小，在暗物质中只能占微小的比例，绝大部分应是所谓的冷或温的暗物质。对基本粒子标准模型的研究取得了很大的成功，然而它却无法解释暗物质和暗能量的本质，不能解答宇宙中正、反物质不对称的疑难。

天文学上的发现总是让物理学家激动不已。天文学家宣称可能已经发现两颗宇宙中最奇怪的星体——由夸克的亚原子粒子"浓汤"组成的星体，称为奇异星，又称夸克星。此类星体将给物理学家提供一个弄清中子的组成成分——夸克和奇异夸克的机会。

新年伊始又传来了振奋人心的消息，2016 年 2 月 11 日美国科学家宣布人类首次直接探测到引力波。引力波是爱因斯坦广义相对论所预言的一种以光速传播的时空波动。这次探测到的引力波是由 13 亿光年之外的两颗黑洞在合并的最后阶段产生的。两颗黑洞的初始质量分别为 29 倍太阳和 36 倍太阳，合并成了一颗 62 倍太阳质量高速旋转的黑洞，亏损的质量以强大引力波的形式释放到宇宙空间，被"激光干涉引力波天文台 (LIGO)"的两台孪生引力波探测器探测到。引力波的探测，不仅验证了广义相对论的预言，其意义远远超出了检验广义相对论本身。LIGO 打开了一扇探索宇宙的新窗口，人们将在未来探测到更多的未知的引力波源和原初引力波。引力波的发现是科学史上的里程碑，它将开创一个崭新的引力波天文学研究领域，揭示宇宙奥秘。

此外，在近二三十年间物理学的其他领域也发展迅速，特别是与其他学科 (如数学、化学、生物、信息、材料等) 交叉的领域发展方兴未艾，具有巨大的发展前景。在凝聚态物理方面，有高温超导、量子和分数量子霍尔效应、自旋量子霍尔效应、电子隧道扫描显微镜、石墨烯和半导体微结构、巨磁阻效应和自旋电子学等。在原子、分子物理学方面有激光冷却和陷阱、原子玻色 - 爱因斯坦凝聚、超短光脉冲源以及量子光学、量子信息和量子计算机等。这些研究不仅具有重要的理论意义，而且具有重要的应用前景。量子信息技术是光学、原子物理、固体物理与计算机科学密切结合的交叉学科研究的极好例子。

当前国内正处于基础研究发展的最好时机，在国家自然科学基金委员会数理学部"理论物理专款"项目的支持下，我们编辑出版这套《21 世纪理论物理及其交叉学科前沿丛书》，目的是介绍现代理论物理及其交叉学科前沿领域的基本内容、最新进展和发展前景，以及中国科学家在这些领域中所取得的重大进展。希望本丛书能帮助大学生、研究生、博士后、青年教师和研究人员全面了解理论物理学研究进展，培养对物理学研究的兴趣，迅速进入有关的研究领域，同时吸引更多的年轻人投入和献身到理论物理学的研究中来，为发展我国的物理学研究并使之在国际上占有一席之地作出自己的贡献。

第二版前言

固体物理基于点阵结构、能带论和晶格振动理论对传统固体材料的物理性质给予了很好的阐释。过去几十年中，固体材料在如下几个方向的发展使传统固体理论受到挑战：一是向小处发展，研究低维或纳米材料等，如 C_{60}、碳管和石墨烯等，此时周期性晶格结构、布洛赫定理、能带论以及基于多粒子的统计理论将不再成立，由此诞生了低维物理和纳米物理；二是向复杂体系发展，如重费米子体系、高温超导体和庞磁电阻材料等，此时晶格结构不再唯一，轨道结构重要性增加，电子-电子、电子-声子、电子-轨道、自旋-轨道等相互作用共存，固体物理中的绝热处理将失效，由此诞生了强关联物理和自旋电子学；三是向有机材料方向发展，如有机半导体和生物大分子物理等，此时，电子-晶格的相互作用和纠缠很强，出现较大的重整能，小分子固体和高分子聚合物将呈现复杂而丰富的物理特性，固体物理的基本理论在有机固体中需要重新考证和发展。

长期以来，有机材料一直被认为是绝缘材料。1976 年 Heeger、MacDiarmid 和 Shirakawa 合成了第一个导电高分子材料——聚乙炔，此后大量的功能有机小分子和高分子被成功合成，人们开始认识有机分子或固体在电磁光等功能特性方面的庐山真面目。有机固体或有机半导体已成为固体物理研究的重要新领域。有机固体物理包含了物理学与化学甚至生命科学的交叉，其理论体系的建立将是对传统固体物理的极大丰富。基于此，我们在多年教学和研究积累的基础上，顺应学科发展的要求，于 2012 年编写出版了《有机固体物理》一书，该书受到相关领域读者的广泛关注。近年来，有机固体在自旋电子学、多铁、太阳能电池等方面又有了很多新发展。我们修订此书，一方面对一版内容进行精炼，另一方面补充有机固体与器件物理方面的最新进展，使该书更加完善。

本书共分九章，第 1 章简要介绍传统固体物理的基本知识，其中的一些概念和图像在有机固体中会被发展和丰富。第 2 章介绍有机固体的结构，对小分子和高分子聚合物结构分别给予介绍。第 3 章和第 4 章分别介绍了有机固体中的极化子和激子等元激发，极化子是有机固体中的载流子，区别于传统无机固体中的电子和空穴。这两章通过分析有机材料的相互作用特点，引入物理模型，详细介绍了极化子理论和激子理论。第 5 章至第 7 章介绍有机固体及器件的电磁光特性，是有机固体或薄膜的重要功能，丰富了有机光伏方面的内容，增加了有机自旋电子学和有机多铁方面的知识。作为特殊的有机分子材料，第 8 章介绍了生物大分子，侧重于对当前 DNA 物理性质研究的概述。最后第 9 章介绍了全碳家族，对富勒烯和石墨烯以及最新二维碳结构材料研究进展进行了简述。

编写过程中,我们查阅了大量相关文献,尽可能将一些精华的内容吸收到本书之中。鉴于我们水平有限,可能挂一漏万,书中也难免有疏漏和不妥之处,恳请大家批评指正。

再版过程中,山东大学梅良模教授以及颜世申、王春雷、郝晓涛、康仕寿、萧淑琴、秦伟等教授为本书提出了很多有益的建议,山东大学物理学院有机固体研究组的研究生们也参与了本书的修订,在此一并表示感谢。

本书的出版,得到了国家自然科学基金、基金委理论物理专款、国家理科基地教材基金、山东大学晶体材料国家重点实验室等的资助。

本书面对的主要读者为凝聚态物理学、材料科学及有机化学工作者、研究生及高年级本科生等。

作 者

2017 年 4 月于山东大学

第一版前言

固体物理基于点阵结构、能带论和晶格振动理论，对传统固体材料的物理性质给予了很好的阐释。过去几十年中，固体材料在如下几个方向的发展使传统固体理论受到挑战：一是向微观发展，低维、纳米等，如 C_{60}、碳管和石墨烯等，此时周期性晶格结构、布洛赫定理、能带论以及基于多粒子的统计理论将不再成立，由此诞生了低维物理和纳米物理；二是向复杂体系发展，如重费米子体系、高温超导体和 CMR 材料等，此时晶格结构不再唯一，轨道结构可能重要，电子-电子、电子-声子、电子-轨道、自旋-轨道等相互作用共存，固体物理中的绝热处理将失效，由此诞生了强关联物理和自旋电子学；三是向有机材料方向发展，如有机半导体和生物大分子物理等，此时，电子-晶格的相互作用和纠缠很强，出现较大的重整能，小分子固体和高分子聚合物将呈现复杂而丰富的物理特性，固体物理中的基本理论在有机固体物理中需要重新考证和发展。

长期以来，有机材料一直被认为是绝缘材料。1976 年 Heeger、MacDiarmid 和 Shirakawa 合成了第一个导电高分子材料——聚乙炔，此后大量的有机小分子和高分子被成功合成，人们开始逐渐认识有机分子或固体在电磁光等功能特性方面的庐山真面目。有机固体或有机半导体已成为固体物理研究的重要新领域。有机固体物理包含了物理学与化学甚至生命科学的交叉，其理论体系的建立将是对传统固体物理的极大丰富。基于此，我们在多年教学和研究积累的基础上，编写了这本《有机固体物理》。本书将比较系统地论述有机固体的结构和物理特性，丰富固体物理的内容。

本书共九章。第 1 章简要介绍传统固体物理的基本知识，其中的一些概念和图像会在有机固体中得到发展和丰富。第 2 章介绍有机固体的结构，对小分子和高分子聚合物分别给予了介绍；第 3 章和第 4 章分别介绍了有机固体中的极化子和激子，极化子是有机固体中的载流子，区别于传统固体中的电子和空穴。这两章通过分析有机材料的相互作用特点，引入物理模型，详细介绍了极化子理论和激子理论。第 5 章至第 7 章介绍有机固体及器件的电磁光特性，是有机固体或薄膜的重要功能。第 8 章介绍了作为特殊的有机分子材料的生物大分子，侧重于对当前 DNA 物理性质研究的概述。最后第 9 章介绍了全碳家族，对富勒烯和石墨单层的性质和研究进展进行了简述。

本书的主要读者对象为凝聚态物理学、材料科学及有机化学工作者、研究生及高年级本科生。

编写过程中，我们查阅了大量相关文献，尽可能将一些精华的内容吸收到本书之中。鉴于我们水平有限，只能挂一漏万，书中也难免有疏漏和不妥之处，恳请大家批评指正。

编写过程中，山东大学梅良模教授为本书提供了很多有益的建议。渠朕博士，研究生侯栋、董宪锋、秦伟、杨福江、李晓雪等参与了具体的编写过程，给予了很大帮助，在此一并表示感谢。

本书的出版得到了国家自然科学基金、国家理科基地教材基金、山东大学晶体材料国家重点实验室等的资助。

作　者
2012 年 8 月

目　　录

第二版前言

第一版前言

第 1 章　固体物理概述 ·· 1

　1.1　固体结构 ·· 1

　　　1.1.1　固体的点阵结构 ·· 1

　　　1.1.2　固体的结合 ·· 3

　1.2　晶格振动 ·· 8

　　　1.2.1　晶格振动理论 ·· 9

　　　1.2.2　声子 ··· 10

　　　1.2.3　固体比热 ··· 12

　1.3　固体电子论 ·· 16

　　　1.3.1　自由电子近似 ··· 16

　　　1.3.2　布洛赫定理 ·· 18

　　　1.3.3　近自由电子近似 ·· 19

　　　1.3.4　紧束缚近似 ·· 21

　1.4　固体导电理论 ··· 23

　　　1.4.1　玻尔兹曼输运方程 ··· 23

　　　1.4.2　金属导电理论 ··· 24

　　　1.4.3　半导体导电理论 ·· 25

　　　1.4.4　跃迁电导 ··· 27

　1.5　固体的磁性 ·· 28

　　　1.5.1　抗磁性 ·· 28

　　　1.5.2　顺磁性 ·· 29

　　　1.5.3　铁磁性 ·· 30

　　　1.5.4　反铁磁性 ··· 30

　　　1.5.5　亚铁磁性 ··· 31

　　　1.5.6　巡游电子的磁性，斯通纳判据 ························· 31

　1.6　固体的维度效应 ·· 33

参考文献 ·· 37

第 2 章 有机固体结构 ······ 38
2.1 碳原子成键理论 ······ 39
2.2 分子间的相互作用 ······ 42
2.3 有机小分子 ······ 43
2.3.1 小分子的合成 ······ 45
2.3.2 小分子的基本化学性质 ······ 46
2.4 导电高分子 ······ 47
2.4.1 高分子的合成 ······ 48
2.4.2 聚乙炔的合成 ······ 49
2.4.3 高分子的基本化学性质 ······ 51
2.4.4 共聚物 ······ 52
2.5 有机固体结构 ······ 53
2.5.1 小分子点阵结构 ······ 53
2.5.2 高分子的取向性 ······ 55
2.5.3 有机薄膜 ······ 56
2.6 有机固体的各向异性 ······ 58
参考文献 ······ 61

第 3 章 有机固体中的极化子 ······ 63
3.1 有机小分子中的极化子 ······ 63
3.1.1 极化子的一般图像 ······ 63
3.1.2 有机小分子中的极化子 ······ 65
3.2 有机分子的晶体模型 ······ 67
3.3 有机高分子模型 ······ 69
3.3.1 高分子链的紧束缚模型 (SSH 模型) ······ 70
3.3.2 连续介质模型 (TLM 模型) ······ 73
3.3.3 PPP 模型 ······ 74
3.3.4 实坐标空间模型 ······ 75
3.3.5 声子化模型 ······ 77
3.4 高分子的二聚化 ······ 78
3.4.1 一维体系的 Peierls 不稳定性 ······ 78
3.4.2 高分子的基态 ······ 79
3.5 电荷密度波与自旋密度波 ······ 83
3.6 孤子、极化子和双极化子 ······ 86
3.6.1 孤子 ······ 86
3.6.2 极化子和双极化子 ······ 90

3.7 有机分子的振动理论···92
   3.7.1 有机分子的光谱结构···92
   3.7.2 振动理论···95
参考文献···97

第 4 章 有机固体中的激子···99
4.1 激子的一般图像···99
4.2 高分子中的激子和双激子···101
4.3 高分子中的激子产生动力学···104
   4.3.1 光激发能量对激子产生的影响·····································107
   4.3.2 光激发强度对激子产生的影响·····································110
   4.3.3 极化子复合动力学··113
4.4 高分子中激子受激辐射量子动力学·····································113
   4.4.1 激子的受激辐射··114
   4.4.2 双激子的受激辐射··115
4.5 匀强电场下的激子···117
   4.5.1 激子极化···117
   4.5.2 激子解离···121
4.6 激子的输运···122
   4.6.1 Forster 及 Dexter 扩散机制··123
   4.6.2 非均匀场诱导输运机制···126
   4.6.3 载流子的散射机制··132
4.7 D/A 界面的激子行为···134
参考文献···136

第 5 章 有机固体的导电性···138
5.1 有机固体电荷输运的一般理论···139
5.2 有机小分子固体的导电性··143
5.3 有机固体导电理论···146
   5.3.1 隧穿理论···147
   5.3.2 跃迁理论···149
   5.3.3 扩散理论···151
5.4 有机高分子的极化子动力学理论·······································154
5.5 极化子的形成与解离···156
   5.5.1 有机半导体的电荷注入···157
   5.5.2 极化子的形成动力学··158
   5.5.3 极化子的解离···160

5.5.4　极化子的链间运动·················163
5.6　有机场效应晶体管·····················165
5.7　有机超导体·························167
参考文献·····························169

第6章　有机固体的光学特性·····················171
6.1　有机固体的红外与拉曼特性··················171
　　6.1.1　红外光谱及拉曼光谱················171
　　6.1.2　聚乙炔的光谱性质·················173
6.2　有机固体的发光特性·····················175
　　6.2.1　有机固体发光···················175
　　6.2.2　有机固体发光的基本图像··············178
6.3　有机发光器件·······················179
　　6.3.1　OLED 的结构···················180
　　6.3.2　OLED 发光的基本原理···············183
　　6.3.3　OLED 的发光效率·················184
　　6.3.4　OLED 的应用前景·················188
　　6.3.5　有机发光的研究进展················189
6.4　有机太阳能电池······················192
　　6.4.1　固体中的光伏特性·················192
　　6.4.2　有机光伏器件···················194
　　6.4.3　有机光伏器件的应用前景··············199
　　6.4.4　有机-无机杂化钙钛矿光伏器件············199
6.5　有机半导体激光器·····················203
参考文献·····························207

第7章　有机自旋电子学·······················210
7.1　电荷-自旋-磁场相互作用···················212
7.2　有机磁性分子·······················215
7.3　有机磁性分子理论·····················217
7.4　有机磁性分子器件·····················220
7.5　有机自旋器件·······················225
　　7.5.1　实验概述·····················225
　　7.5.2　有机自旋阀隧穿理论················228
7.6　有机器件自旋极化的扩散理论·················231
7.7　有机器件自旋极化的量子理论·················235
　　7.7.1　自旋极化电流注入·················235

7.7.2　极化子自旋动力学 ··· 237
　7.8　有机磁场效应 ·· 240
　　　7.8.1　有机磁场效应 ·· 240
　　　7.8.2　有机磁电阻 ·· 244
　7.9　有机磁场效应机理 ·· 246
　　　7.9.1　极化子对机制 ··· 247
　　　7.9.2　激子与极化子淬灭机制 ·· 248
　　　7.9.3　双极化子机制 ··· 249
　　　7.9.4　磁致跃迁理论 ··· 249
　　　7.9.5　有机磁电阻理论 ··· 251
　7.10　有机多铁 ··· 255
　7.11　有机自旋泵浦与自旋流 ·· 260
　参考文献 ·· 264

第 8 章　生物大分子物理 ·· 267
　8.1　生物大分子简介 ·· 267
　　　8.1.1　蛋白质分子 ·· 267
　　　8.1.2　DNA 分子 ·· 269
　8.2　生物分子的稳定性 ·· 272
　　　8.2.1　蛋白质分子动力学模型 ·· 272
　　　8.2.2　蛋白质折叠 ·· 273
　　　8.2.3　DNA 分子力学特性 ··· 274
　8.3　DNA 分子的电荷输运性质 ·· 275
　　　8.3.1　实验研究进展 ··· 275
　　　8.3.2　理论研究进展 ··· 279
　　　8.3.3　DNA 分子模型 ··· 280
　8.4　DNA 输运的变电子数模型 ··· 282
　8.5　DNA 分子的极化子理论 ·· 285
　　　8.5.1　一维紧束缚模型下的极化子图像 ·· 285
　　　8.5.2　三维紧束缚模型下的极化子图像 ·· 286
　　　8.5.3　Peyrard-Bishop-Holstein 模型下的极化子图像 ···························· 288
　　　8.5.4　双极化子图像 ··· 289
　　　8.5.5　螺旋结构对极化子动力学的影响 ·· 291
　8.6　DNA 分子器件的磁场效应 ··· 294
　8.7　DNA 的光激发 ··· 298
　参考文献 ·· 300

第 9 章　全碳材料 ... 301
9.1　碳家族概述 ... 301
9.2　碳团簇 ... 306
9.2.1　碳团簇的种类 ... 306
9.2.2　C_{60} 的结构和性能 ... 307
9.3　碳纳米管 ... 309
9.4　石墨烯 ... 313
9.4.1　石墨烯的制备 ... 314
9.4.2　石墨烯的奇特性质 ... 314
9.5　石墨烯纳米条带 ... 319
9.5.1　石墨烯纳米条带的制备 ... 320
9.5.2　石墨烯纳米条带的电子结构性质 ... 322
9.5.3　石墨烯纳米条带的磁性 ... 324
9.6　石墨烯和碳纳米管自旋输运 ... 328
9.6.1　石墨烯自旋输运 ... 328
9.6.2　碳纳米管的自旋输运 ... 330
9.7　金刚石 ... 330
参考文献 ... 333

第 1 章 固体物理概述

本章将简要回顾固体物理中对于晶体的描述和认识。有机固体是固体的一种，因此对有机固体的很多描述手段和认识脱胎于 (无机) 固体物理。本章将从固体结构、晶格振动、电子性质、电磁性质以及维度性几个方面予以介绍。

1.1 固体结构

固体包含有大量原子或离子，数目以摩尔数 (10^{23}) 计算。如此大量的原子或离子在微观上是按照一定的方式排列组合在一起的，其微观排列组合方式就是固体的结构。固体的宏观性质由微观结构和性质决定。固体的微观结构可以从固体的点阵结构和固体原子的结合方式两方面来分析。前者关注所有原子的相对位置，后者关注原子或离子之间的联系。

1.1.1 固体的点阵结构

固体按照点阵结构的有序性可以分为晶体和非晶体两大类。晶体中的原子排列具有周期性，也叫做长程有序。而非晶体则不具有长程有序的性质。1984 年，人们又提出了介于晶体和非晶体之间的新状态，称为准晶态。对于晶体结构的研究可以追溯到两个世纪以前，而深入、系统的研究则始于 X 射线晶体衍射的发现。通过 X 射线手段人们证明晶体是由周期性排列的原子组成。

为了研究晶体的点阵结构，可以将空间重复的原子团单元抽象为几何的点，这些点构成晶格，这些原子团称为原胞。图 1.1.1 给出了常见的立方晶格结构示意图。结构的周期性意味着平移一个确定的矢量，可以得到完全相同的晶格排列。在三维晶体中，我们通过矢量 $(\vec{a}_1, \vec{a}_2, \vec{a}_3)$ 的整数倍来表征所有原子的位置，其中三个矢量 $\vec{a}_1, \vec{a}_2, \vec{a}_3$ 称为三个基矢。原胞是最小的重复单元。但有时候为了反映晶格的周期性，常取原胞的几倍作为重复单元，叫做单胞。如图 1.1.1 所示，三维简单立方格子就是原胞，但是体心立方和面心立方格子却不是原胞，而是单胞。所有格点的位置可以通过下式给出

$$\vec{R} = m\vec{a}_1 + n\vec{a}_2 + p\vec{a}_3 \tag{1.1.1}$$

其中，m, n, p 为整数。

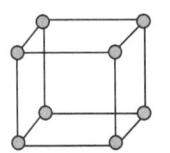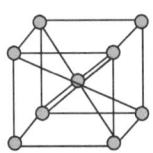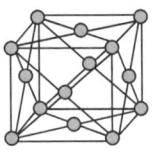

图 1.1.1　简单立方、体心立方和面心立方晶格示意图

对于一个给定的晶格，可以定义一个倒格子，形成所谓的倒易空间。对于具有平移矢量 $(\vec{a}_1, \vec{a}_2, \vec{a}_3)$ 的三维晶格来说，倒格子的基矢定义为

$$\vec{b}_1 = 2\pi \frac{\vec{a}_2 \times \vec{a}_3}{\vec{a}_1 \cdot (\vec{a}_2 \times \vec{a}_3)} \tag{1.1.2}$$

$$\vec{b}_2 = 2\pi \frac{\vec{a}_3 \times \vec{a}_1}{\vec{a}_1 \cdot (\vec{a}_2 \times \vec{a}_3)} \tag{1.1.3}$$

$$\vec{b}_3 = 2\pi \frac{\vec{a}_1 \times \vec{a}_2}{\vec{a}_1 \cdot (\vec{a}_2 \times \vec{a}_3)} \tag{1.1.4}$$

倒易空间中的所有倒格矢则可以用 $(\vec{b}_1, \vec{b}_2, \vec{b}_3)$ 来表示

$$\vec{G} = h\vec{b}_1 + k\vec{b}_2 + l\vec{b}_3 \tag{1.1.5}$$

其中，h, k, l 为整数。

倒易空间中的原胞可以由 Wigner-Seitz 晶胞来表示。Wigner-Seitz 晶胞定义为所选取的格点向最近的倒易格点的连线的垂直平分面包围的体积。倒易空间中的 Wigner-Seitz 晶胞也叫做第一布里渊区。在第一布里渊区边界上电子存在反射，这是造成带隙的原因。图 1.1.2 示意地给出了简单立方、体心立方和面心立方晶格的第一布里渊区。

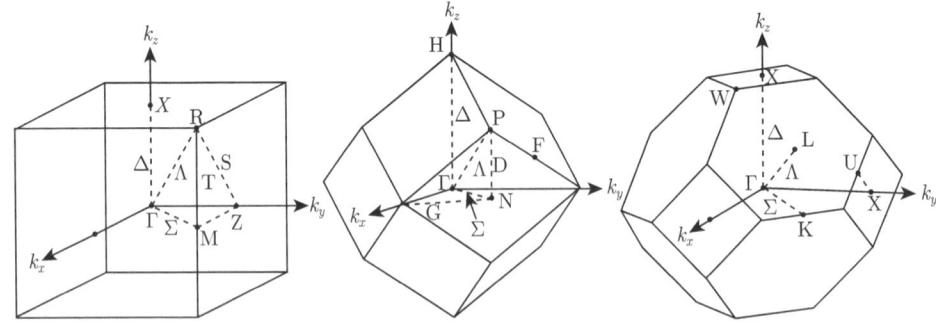

图 1.1.2　简单立方、体心立方和面心立方晶格对应的第一布里渊区示意图

晶体可以通过晶格平移或者绕某格点的特殊转动与其自身重合,其中的平移对称性通过选取单胞体现,而绕格点的转动对称性相对平移矢量,方向上有一定的限制。可以通过这些限制对点阵进行分类,叫做 Bravais 点阵。三维情况下晶体分为七大晶系,14 种 Bravais 点阵。假设 $\vec{a}_1, \vec{a}_2, \vec{a}_3$ 间的夹角分别为 $\angle \vec{a}_1 \vec{a}_2 = \gamma, \angle \vec{a}_2 \vec{a}_3 = \alpha, \angle \vec{a}_3 \vec{a}_1 = \beta$,七大晶系有如表 1.1.1 所示的性质。

表 1.1.1 七大晶系与相应的 Bravais 点阵

晶系	单胞基矢的特性	Bravais 格子	所属点阵
三斜晶系	$\vec{a}_1 \neq \vec{a}_2 \neq \vec{a}_3$,夹角不等	简单三斜	C_1, C_2
单斜晶系	$\vec{a}_1 \neq \vec{a}_2 \neq \vec{a}_3, \vec{a}_2 \perp \vec{a}_1, \vec{a}_3$	简单单斜、底心单斜	C_2, C_s, C_{2h}
正交晶系	$\vec{a}_1 \neq \vec{a}_2 \neq \vec{a}_3, \vec{a}_1 \perp \vec{a}_2 \perp \vec{a}_3$	简单正交、底心正交,体心正交、面心正交	D_2, C_{2v}, D_{2h}
三角晶系	$\vec{a}_1 = \vec{a}_2 = \vec{a}_3$ $\alpha = \beta = \gamma \neq 90° < 120°$	三角	$C_3, C_{3i}, D_3,$ C_{3v}, D_{3d}
四方晶系	$\vec{a}_1 = \vec{a}_2 \neq \vec{a}_3$ $\alpha = \beta = \gamma = 90°$	简单四方、体心四方	C_4, C_{4h}, D_4, C_{4v} D_{4h}, S_4, D_{2d}
六角晶系	$\vec{a}_1 = \vec{a}_2 \neq \vec{a}_3, \vec{a}_3 \perp \vec{a}_1, \vec{a}_2$ $\gamma = 120°$	六角	C_6, C_{6h}, D_6, C_{3v} D_{6h}, C_{3h}, D_{2h}
立方晶系	$\vec{a}_1 = \vec{a}_2 = \vec{a}_3$ $\alpha = \beta = \gamma = 90°$	简单立方、体心立方,面心立方	T, T_h, T_d, O, O_h

1.1.2 固体的结合

原子或者离子是依靠什么样的相互作用而结合成大块固体的?这是一个重要的问题。从能量的角度来说,原子聚合在一起,总能量应该降低,才能使整个系统处于稳定状态。在绝对零度下,将固体分解为距离无限远、静止且不带电的单个中性原子所需要的能量,定义为分离能或者内聚能。把无限远的中性自由原子聚合在一起所放出的能量,叫做结合能。结合能和内聚能大小相等。固体的结合力来源于原子核的正电荷与电子的负电荷之间的库仑相互作用。而磁力与万有引力影响很弱。一般来说,固体的结合从性质上可以分为四类:范德瓦耳斯结合、离子性结合、共价结合和金属性结合,如图 1.1.3 所示。实际的固体结合方式既可以是这四种的一种,也可以是几种的共存。

1. 范德瓦耳斯结合

这是最弱的一种结合,产生于具有稳定电子结构的原子或分子之间。惰性气体即是此种结合。在这种结合过程中,电子结构几乎保持不变。以惰性气体为例,原子核外面电子形成满壳层,整个原子电荷分布呈球对称,原子之间没有直接的库仑相互作用。但是当原子相互靠近时,感生偶极矩,此偶极矩将会使原子之间产生吸引相互作用。

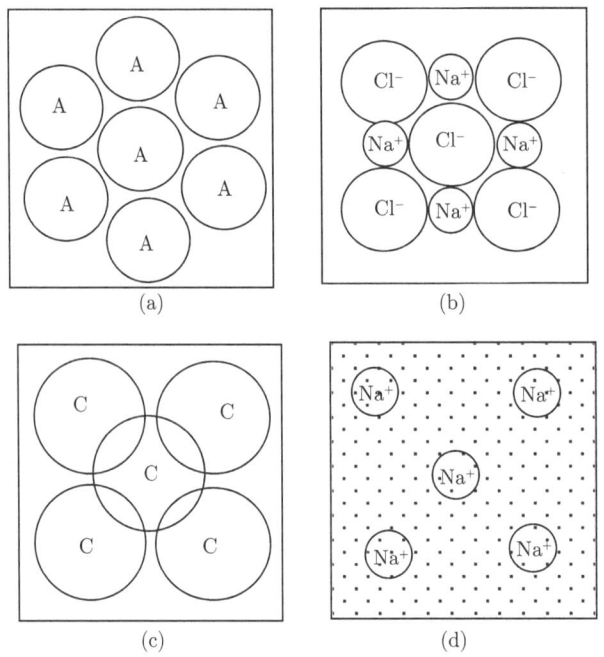

图 1.1.3　晶体结合的主要类型示意图

(a) 范德瓦耳斯力结合；(b) 离子性结合；(c) 共价结合；(d) 金属性结合

此处给出简单定量描述瞬时偶极的范德瓦耳斯相互作用 (色散力)，较详细的介绍参见第二章的相关部分。考虑两个原子，其中一原子产生瞬时偶极矩 p_1，那么在距离此原子 r 处将产生 $E \sim p_1/r^3$ 的电场。这个电场将诱导出另一原子的偶极矩

$$p_2 = \alpha E \sim \frac{\alpha p_1}{r^3} \tag{1.1.6}$$

其中，α 为原子极化率。两个原子的库仑吸引相互作用为

$$\frac{p_1 p_2}{r^3} \sim -\frac{\alpha p_1^2}{r^6} \tag{1.1.7}$$

其中，p_1 是瞬时感应出来的，时间平均值为零。但是，p_1^2 的时间平均值不为零，因此，上述库仑吸引相互作用是有意义的。另外，这个吸引相互作用与 $\frac{1}{r^6}$ 成正比，随距离下降很快，因此范德瓦耳斯力是一种短程相互作用。

范德瓦耳斯力是吸引相互作用，倾向于减小两个原子的距离。但是当原子电子云有交叠时，将会产生排斥性的相互作用。这种排斥相互作用主要来自于电子的泡利不相容原理。电子云的交叠使得属于两个原子的电子倾向于占据同一量子态 (耦

合后的态),但为泡利不相容原理所禁止。因此只有激发其中一个电子使其占据高能态,这会使总能量增加,其效果是原子靠近会造成斥力。

对于惰性气体来说,经验表明,排斥能有正比于 $\frac{1}{r^{12}}$ 的形式。因此,距离为 r 的两个惰性气体原子总势能有如下形式

$$U(r) = 4\varepsilon \left[\left(\frac{\sigma}{r}\right)^{12} - \left(\frac{\sigma}{r}\right)^{6} \right] \tag{1.1.8}$$

这种形式的相互作用势被称为林纳德–琼斯势 (图 1.1.4)。其中 σ, ε 是经验参数,针对不同的原子或者分子,它们可以在文献中查到。

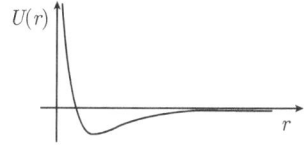

图 1.1.4 林纳德–琼斯势示意图

2. 离子性结合

这种结合以正负离子为基础,相应的晶体称为离子晶体。典型的离子晶体是由碱金属元素和卤族元素组成的化合物,如 LiF, NaCl 等。在这些晶体中,碱金属原子失去最外层电子,形成满壳层的正离子,而卤族原子则得到电子,形成满壳层的负离子。正负离子通过库仑相互作用吸引在一起。当正负离子距离逐渐接近,并有了电子波函数的交叠时,泡利原理再次起作用,造成正负离子之间的排斥力。排斥力和吸引力达到平衡形成稳定的固体。

由于库仑相互作用的长程性以及同种电荷相斥、异种电荷相吸的性质,离子晶体中的正离子和负离子间隔排列。在离子晶体中,每个离子上的电荷分布近似为球形,在离子间结合处形成一定畸变,这种认识已经被 X 射线研究所证实。

离子晶体的结合能主要来自于静电能,也被称为马德龙 (Madelung) 能,其他效应如范德瓦耳斯能贡献都比较少。对离子晶体来说,静电能包含两部分:离子间的库仑部分和最近邻离子的排斥部分。库仑部分的表达形式为 $\pm\frac{q^2}{r}$,其中 $\pm$ 来源于离子的正负。最近邻离子的排斥部分来自于电子云的交叠,其排斥能是随着距离 r 的减少剧烈上升的,可以唯象地表达为

$$\frac{b}{r^n} \quad \text{或} \quad \lambda e^{-r/r_0} \tag{1.1.9}$$

若我们取后一种表达形式,并引入量 p_{ij},使得 $r = p_{ij}R$,其中 R 为离子最近邻间

距，那么第 i 个离子具有的电离能为

$$U_i = \begin{cases} \lambda e^{-R/r_0} - \dfrac{q^2}{R} & \text{(最近邻)} \\ \pm \dfrac{1}{p_{ij}} \dfrac{q^2}{R} & \text{(其他)} \end{cases} \tag{1.1.10}$$

假设共有 $2N$ 个离子，那么总的电离能为

$$U = NU_i = N(Z\lambda e^{-R/r_0} - \alpha q^2/R) \tag{1.1.11}$$

其中，Z 是离子的最近邻数目 (配位数)，$\alpha \equiv \sum\limits_{j(\neq i)} \dfrac{\pm 1}{p_{ij}}$ 叫做马德龙常数。当达到平衡间距时能量有极值，有 $\mathrm{d}U/\mathrm{d}R = 0$，得到平衡间距 R_0 满足的方程

$$R_0^2 e^{-R_0/r_0} = r_0 \alpha q^2 / Z\lambda \tag{1.1.12}$$

所以，总的结合能表示为

$$U = -\dfrac{N\alpha q^2}{R_0}\left(1 - \dfrac{r_0}{R_0}\right) \tag{1.1.13}$$

马德龙常数与具体的离子晶体点阵结构有关，数值可以在文献中查到。结合能 U 的表达式可以与具体实验结果作比较。

3. 共价性结合

共价性结合是指相邻两个原子各贡献一个电子共用，在最外层形成共用的电子分布，即共价键。共价结合的晶体被称为共价晶体。

共价键有两个基本特征：饱和性、方向性。

饱和性是指每种原子只能形成一定数目的共价键，即每种原子依靠共价键只能和一定数目的其他原子相结合。饱和性产生的原因是共价键只能由未配对的电子构成。由泡利不相容原理可知，一个原子轨道最多只能占据自旋相反的两个电子。若此原子轨道只占据了一个电子，那么这个电子就是未配对的，可以与其他原子的未成对电子形成共价键。相反，若是原子轨道上已经占据了两个电子，那么就不能再与其他原子形成共价键。有未成对电子的典型例子是氢原子，其 1s 轨道上只有一个电子，是未成对的，因此两个氢原子通过共价结合形成氢分子。相反，惰性气体如氦原子，外层两个电子都占据 1s 轨道，已经成对，故不能形成共价键。由此原则，价电子壳层若未到半满，那么所有的电子就都是未成对的，此时能形成的共价键数目就是价电子数目。如果价电子壳层电子数目多于半满，根据泡利不相容原理，会有一部分价电子形成配对，这时能形成的共价键数目将少于价电子数目。

1.1 固体结构

有机物主要由 C、H 原子构成。C 原子属于 IV 族元素，价电子为 4，最外层恰好是半满，最多可以形成 4 个共价键，这在后面会有详细的描述。

方向性是指原子只在特定的方向上形成共价键。形成共价键的两个电子来自于两个原子，两个电子是共用的，因此共价键只在两个电子的原来的原子轨道交叠最大的位置上形成共价键。也就是说，一个原子在价电子波函数最大的方向上形成共价键。例如，金刚石的 C 原子的四个共价键位于四面体的四个顶角上。

从量子力学理论出发可以了解共价键的某些性质。我们以 H 原子为例做一个具体的说明。前面的分析表明，两个 H 原子可以形成一个共价键。下面处理两个氢原子 A 和 B。当它们离开足够远时，是两个独立的原子，电子的波函数 φ_A 和 φ_B 满足

$$H_A \varphi_A = \left(-\frac{\hbar^2}{2m}\nabla^2 + V_A\right)\varphi_A = \varepsilon_A \varphi_A$$
$$H_B \varphi_B = \left(-\frac{\hbar^2}{2m}\nabla^2 + V_B\right)\varphi_B = \varepsilon_B \varphi_B$$
(1.1.14)

其中，$V_A(V_B)$ 为电子因原子核的作用而具有的势能。当两个原子结合在一起时，每个电子将受到两个原子核的作用，而且还要考虑到电子之间的相互作用，因此难以严格求解。如果忽略电子间的相互作用，两个电子满足的方程就可以分离，每个电子所受的外势来自于两个原子核。此时电子不再隶属于某一原子，而是在分子轨道上：

$$\left(-\frac{\hbar^2}{2m}\nabla^2 + V_A + V_B\right)\psi = \varepsilon\psi$$
(1.1.15)

其中，ε 为分子轨道的能量。此时可以用原子轨道的线性组合来表示分子轨道，即原子轨道线性组合法 (linear combination of atomic orbitals, LCAO)。对氢分子来说，由于两个原子完全等价，分子轨道可以选取对称组合和反对称组合：

$$\psi_+ = C_+ (\varphi_A + \varphi_B)$$
$$\psi_- = C_- (\varphi_A - \varphi_B)$$
(1.1.16)

人们通常把 ψ_+ 叫做成键态，而 ψ_- 叫做反键态。在成键态，电子云主要聚集在两个原子核中间，而反键态的电子云在两原子核中间密度小。

通过量子力学进一步计算两种态的能量差别：

$$\varepsilon_+ = \frac{\int \psi_+^* H \psi_+ \,\mathrm{d}\vec{r}}{\int \psi_+^* \psi_+ \,\mathrm{d}\vec{r}}$$

$$= 2|C_+|^2 \left(\int \varphi_A^* H \varphi_A \,\mathrm{d}\vec{r} + \int \varphi_A^* H \varphi_B \,\mathrm{d}\vec{r}\right) = 2|C_+|^2 (\varepsilon_0 + H_{ab})$$

$$\varepsilon_- = \frac{\int \psi_-^* H \psi_- \mathrm{d}\vec{r}}{\int \psi_-^* \psi_- \mathrm{d}\vec{r}}$$

$$= 2|C_-|^2 \left(\int \varphi_A^* H \varphi_A \mathrm{d}\vec{r} - \int \varphi_A^* H \varphi_B \mathrm{d}\vec{r} \right) = 2|C_+|^2 (\varepsilon_0 - H_{ab}) \quad (1.1.17)$$

其中，已经令 $\varepsilon_0 \equiv \int \varphi_A^* H \varphi_A \mathrm{d}\vec{r} = \int \varphi_B^* H \varphi_B \mathrm{d}\vec{r}$，$H_{ab} \equiv \int \varphi_A^* H \varphi_B \mathrm{d}\vec{r}$。通常情况下，$H_{ab} < 0$，表示处在原子 $A(B)$ 上的电子云受到 $B(A)$ 原子的库仑吸引力。因此，成键态的能量较低，反键态的能量较高，原因是成键态轨道电子云聚集在原子核之间，受到两个原子核的库仑吸引作用降低了总的能量，反键态则正好相反，总能量升高。

上述例子是处理的两个原子相同的情况，如果 A、B 两种原子不同，那么原子轨道组合就没有对称性，这个时候电子云的转移情况较复杂，此时成键既有共价键的成分又有离子键的成分。这时可以引入电离度来表征电子云更倾向于分布在 A、B 两个原子中的哪一个。对于电离度的概念此处不作详细论述。

4. 金属性结合

第 I、II 族元素和过渡族金属都是通过金属性结合而成为晶体的。这种结合的特点是，原子的最外层电子将会脱离原子核，在整个金属中运动，形成所谓的传导电子。失去电子的原子核即离子实带正电，电子与离子实之间为吸引力。这样，传导电子在离子实之间传输，会使得传导电子的能量降低，从而把整个晶体结合在一起。另一方面，离子实相互靠近会使得内层电子云交叠引起排斥力，吸引力和排斥力最终将会达到平衡。

金属键相比于离子键来说强度要小得多。金属键的传导电子是金属有强的导电性、导热性以及金属光泽的原因。

另外，金属键有一个特点，要求离子实的距离要非常小，以降低传导电子的能量。因此，金属晶体往往具有密堆积的构型，例如，很多金属有面心立方或者六角密堆积结构，这是配位数最大 ($Z = 12$) 的一种堆积结构。也有的金属具有体心立方结构，配位数 $Z = 8$。

1.2 晶格振动

上述固体点阵结构中的各个点都代表一个原子或原子团的平衡位置，也称为晶格的格点。1.1 节已经说明，原子之间有吸引力和排斥力，原子的平衡位置恰好位于能量的极小值。实际的晶体，由于温度效应等，原子会在平衡位置附近作振动。

原子晶格的振动并非独立而是互相联系在一起，在固体中形成了波。对于微小的振动，我们可以采用谐振子近似，用一系列独立的耦合振子来描述振动模式。简谐振子的能量值是 $(n+1/2)\hbar\omega$，其中能量量子 $\hbar\omega$ 叫做声子，晶格振动的整体就可看作声子的系统。固体的比热、热传导等都是与晶体晶格振动联系在一起的，可以认为声子参与其中。

1.2.1 晶格振动理论

下面以一维单原子链为例来说明如何求解晶格的振动。

如图 1.2.1 所示，我们考虑一维单原子链，第 n 个原子偏离其平衡位置的位移表示为 u_n。平衡位置上的相邻原子能量 U_n 是原子间距离 $a+\delta_n$ 的函数，其中 a 为两个原子平衡位置的距离，$\delta_n = u_n - u_{n-1}$ 是对于平衡位置的偏移。在 δ_n 很小的情况下，U_n 可以对 δ_n 作 Taylor 级数展开

$$U(a+\delta_n) = U(a) + U'(a)\cdot\delta_n + \frac{1}{2!}U''(a)\cdot\delta_n^2 + \cdots \tag{1.2.1}$$

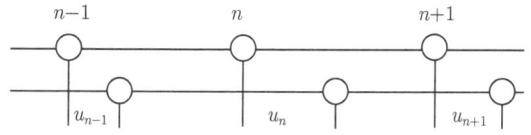

图 1.2.1 一维单原子链

考虑到平衡位置能量最低，上式第二项为零。因此，最低保留项与 δ_n^2 成正比，这正是简谐近似。在这种近似下，能量 $\sim \delta_n^2$，力则 $\sim -\delta_n$，具有胡克定律的形式。如果只考虑最近邻原子之间的相互作用，那么第 n 个原子受到的力

$$F_n = K(u_{n-1} - u_n) + K(u_{n+1} - u_n) = K(u_{n+1} + u_{n-1} - 2u_n) \tag{1.2.2}$$

其中，$K = U''(a)$ 称为弹性常数。第 n 个原子 (质量为 M) 满足牛顿动力学方程

$$M\ddot{u}_n = K(u_{n+1} + u_{n-1} - 2u_n), \quad n = 1, 2, \cdots \tag{1.2.3}$$

方程组的解具有形式

$$u_n = A e^{\mathrm{i}(\omega t - nak)} \tag{1.2.4}$$

由此可以解得

$$\omega = \sqrt{\frac{4K}{M}}\left|\sin\left(\frac{1}{2}ka\right)\right| \tag{1.2.5}$$

这就是一维单原子链的色散关系。ω 随 k 是周期性变化的，$-\dfrac{\pi}{a} \leqslant k \leqslant \dfrac{\pi}{a}$ 的区域

称为第一布里渊区。上式表明，在第一布里渊区边界处色散关系的斜率为零，如图 1.2.2 所示，这意味着电子波函数在此边界速度为零，形成驻波。电子行波在此处逆转行进方向，对应着布拉格散射。

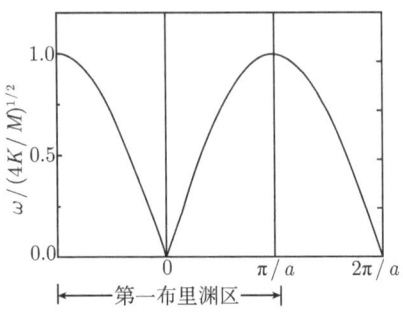

图 1.2.2　色散关系与第一布里渊区

一维单原子链是最简单的情形。如果每个单胞含有多个原子，那么情况就会变复杂，因为自由度增加了。例如，对于一维双原子链来说，我们就需要考虑 $2N$ 个方程耦合的情况。一般情况，在 d 维情况下，假设单胞中含有 p 个原子，重复上面的过程，会得到 dp 个色散关系，它可以分为 d 个声学支和 $dp-d$ 个光学支。声学支表征了单胞内原子的整体运动，而光学支则反映了单胞内原子之间的相对运动。

1.2.2　声子

由于原子之间的相互作用，原子之间的振动是互相联系的，总的振动表现为晶体中的波，也叫做格波。一般来说，格波不一定是简谐波，但是可以展开为简谐波的叠加。当振动较弱，可以作简谐近似，这时格波就是简谐波。简谐的格波互相独立，每个独立模式对应一个振动态，呈现量子化。声子就是晶格振动中的简谐振动的能量量子。

为了得到量子化的声子，N 个原子的单链体系的哈密顿量

$$H = \sum_{n=1}^{N} \left[\frac{1}{2M} p_n^2 + \frac{1}{2} K (u_n - u_{n-1})^2 \right] \tag{1.2.6}$$

这个哈密顿量没有对角化，我们作 Fourier 变换

$$u_n = N^{-1/2} \sum_k Q_k \exp(ikna) \tag{1.2.7}$$

相应的逆变换为

$$Q_k = N^{-1/2} \sum_n u_n \exp(-inka) \tag{1.2.8}$$

1.2 晶格振动

其中，k 取值是分立的，由边界条件确定

$$k = 2\pi m/Na, \quad m = 0, \pm 1, \pm 2, \cdots, \pm(N/2-1), \pm N/2 \tag{1.2.9}$$

另外，假设

$$p_n = N^{-1/2} \sum_k P_k \exp(-ikna) \tag{1.2.10}$$

可以证明 $[u_n, p_m] = i\hbar \delta_{m,n}$，因此得 Q_k, P_k 所满足的量子对易关系

$$\begin{aligned}[][Q_k, P_{k'}] &= N^{-1}[\sum_n q_n \exp(-ikna), \sum_m p_m \exp(ik'ma)] \\ &= N^{-1} \sum_{m,n} [q_n, p_m] \exp(-i(kn-k'm)a) \\ &= N^{-1} \sum_m i\hbar \delta_{m,n} \exp(-i(k-k')ma) = i\hbar \delta_{k,k'} \end{aligned} \tag{1.2.11}$$

将 u_n, p_m 的表达式代入哈密顿量式 (1.2.6)，得

$$\begin{aligned} \sum_n p_n^2 &= N^{-1} \sum_n \sum_k \sum_{k'} P_k P_{k'} \exp(-i(k+k')na) \\ &= \sum_k \sum_{k'} P_k P_{k'} \delta_{k,-k'} = \sum_k P_k P_{-k} \end{aligned} \tag{1.2.12}$$

$$\begin{aligned} \sum_n (u_{n+1} - u_n)^2 &= N^{-1} \sum_{n,k,k'} Q_k Q_{k'} \exp(i(k+k')na) \\ &\quad \cdot (\exp(i(k+k')a) + 1 - \exp(ika) - \exp(ik'a)) \\ &= \sum_{k,k'} Q_k Q_{k'} \delta_{k,-k'} (\exp(i(k+k')a) + 1 - \exp(ika) - \exp(ik'a)) \\ &= \sum_k Q_k Q_{-k} \cdot 2 \cdot (1 - \cos(ka)) \end{aligned} \tag{1.2.13}$$

因此，得到

$$\begin{aligned} H &= \sum_k [(1/2M) P_k P_{-k} + K(1 - \cos ka) Q_k Q_{-k}] \\ &= \sum_k [(1/2M) P_k P_{-k} + (M\omega_k^2/2) Q_k Q_{-k}] \end{aligned} \tag{1.2.14}$$

其中，已经令 $\omega_k = (2K/M)^{1/2}(1 - \cos ka)$。

现在体系的哈密顿量已化为声子坐标，但是仍然没有对角化。进一步可以把哈密顿量用产生湮灭算符来表示。作变换

$$C_k^+ = (2\hbar)^{-1/2} (\sqrt{M\omega_k} Q_{-k} - i\sqrt{1/M\omega_k} P_k) \tag{1.2.15}$$

$$C_k = (2\hbar)^{-1/2}(\sqrt{M\omega_k}Q_k + \mathrm{i}\sqrt{1/M\omega_k}P_{-k}) \tag{1.2.16}$$

其逆变换为

$$Q_k = (\hbar/2M\omega_k)^{1/2}(C_k + C_{-k}^+) \tag{1.2.17}$$

$$P_k = \mathrm{i}(\hbar M\omega_k/2)^{1/2}(C_k^+ - C_{-k}) \tag{1.2.18}$$

C_k, C_k^+ 满足对易关系 $[C_k, C_{k'}^+] = \delta_{k,k'}$。易发现

$$\hbar\omega_k(C_k^+C_k + C_{-k}^+C_{-k}) = \frac{1}{2M}(P_kP_{-k} + P_{-k}P_k) + \frac{M\omega_k^2}{2}(Q_kQ_{-k} + Q_{-k}Q_k) \tag{1.2.19}$$

因此哈密顿量变为

$$H = \sum_k \hbar\omega_k(C_k^+C_k + 1/2) \tag{1.2.20}$$

此式表明我们已经把晶格振动的格波进行了量子化，量子化的能量量子就是声子。当 n 个波矢 k 的声子被激发时，总的能量为 $E = \hbar\omega_k(n + 1/2)$，$\hbar\omega_k/2$ 为零点能。声子是一种元激发，具有动量和能量，可看作准粒子，可与各种粒子有相互作用，交换能量和动量。声子的粒子数不守恒，满足对易关系，是一种玻色子。

1.2.3 固体比热

本节讨论固体的定容比热，定容比热的定义是

$$C_V = \left(\frac{\partial E}{\partial T}\right)_V \tag{1.2.21}$$

一般来说，晶格热振动和电子热运动都会对热容有贡献，但在温度不太低时，电子对热容的贡献较少，一般可以略去，这里只讨论晶格振动的贡献，又叫做晶格热容。

经典理论中，杜隆-珀替定律给出热容是一个与温度无关的常数。玻尔兹曼统计理论告诉我们，在温度 T，每一个自由度平均能量 $k_\mathrm{B}T$，一半为平均动能，一半为平均势能。如果固体有 N 个原子，那么总自由度 $3N$，总的平均能量 $E = 3Nk_\mathrm{B}T$。定容热容为

$$C_V = \left(\frac{\partial E}{\partial T}\right)_V = 3Nk_\mathrm{B} \tag{1.2.22}$$

这条定律在高温下和实验结果相符合。但在低温时，实验发现热容并不是常数而是温度 T 的函数，这意味着经典的能量均分定理在低温下不再适用，需要求助于晶格振动的量子理论。

前一小节已经讨论了固体的格波振动可以量子化为声子，因此，固体热容现在化为声子体系的热容。频率 ω 的声子对能量的贡献为

$$E = (n + 1/2)\hbar\omega \tag{1.2.23}$$

其中，零点能 $\hbar\omega/2$ 是常数，对于比热没有贡献，因此我们略去零点能。总原子数为 N 的固体中总的模式数为 $3N$ 个，因此总能量包含 $3N$ 个模式声子的总贡献。假设声子的分布为 $\{n_k\}$，即频率为 ω_k 的声子数为 n_k，那么能量为

$$E\{n_k\} = \sum_{n=1}^{3N} n_k \hbar\omega_k \tag{1.2.24}$$

用正则系综的配分函数

$$Z = \sum_{\{n_k\}} \mathrm{e}^{-E\{n_k\}/k_\mathrm{B}T} = \prod_{i=1}^{3N} \frac{1}{1-\mathrm{e}^{-\hbar\omega_k/k_\mathrm{B}T}} \tag{1.2.25}$$

计算，平均占据数为

$$\langle n_k \rangle = -k_\mathrm{B}T \frac{\partial}{\partial(\hbar\omega_k)} \ln Z = \frac{1}{\mathrm{e}^{\hbar\omega_k/k_\mathrm{B}T}-1} \tag{1.2.26}$$

系统能量为

$$E = \sum_{i=k}^{3N} \hbar\omega_k \langle n_k \rangle = \sum_{i=k}^{3N} \frac{\hbar\omega_k}{\mathrm{e}^{\hbar\omega_k/k_\mathrm{B}T}-1} \tag{1.2.27}$$

如果频率分布是连续的，那么求和可以化为积分。假设频率（能量）分布函数（或态密度）为 $\rho(\omega)$，即

$$\int_0^\infty \rho(\omega)\mathrm{d}\omega = 3N \tag{1.2.28}$$

则能量

$$E = \int_0^\infty \frac{\hbar\omega}{\mathrm{e}^{\hbar\omega/k_\mathrm{B}T}-1} \rho(\omega)\mathrm{d}\omega \tag{1.2.29}$$

热容可以化为

$$C_V = \int_0^\infty k_\mathrm{B} \left(\frac{\hbar\omega}{k_\mathrm{B}T}\right)^2 \frac{\mathrm{e}^{\hbar\omega/k_\mathrm{B}T}}{\left(\mathrm{e}^{\hbar\omega/k_\mathrm{B}T}-1\right)^2} \rho(\omega)\mathrm{d}\omega \tag{1.2.30}$$

现在的关键就是如何确定态密度 $\rho(\omega)$。实际常采用爱因斯坦模型和德拜模型。

1. 爱因斯坦模型

爱因斯坦采取最简单的假设：认为晶体中所有的原子都以同样的频率振动，即 $\omega_k = \omega_0$ 或 $\rho(\omega) = 3N\delta(\omega-\omega_0)$。这样晶体的平均能量为

$$\overline{E} = \int_0^\infty \frac{\hbar\omega}{\mathrm{e}^{\hbar\omega/k_\mathrm{B}T}-1} \rho(\omega)\mathrm{d}\omega = 3N\frac{\hbar\omega_0}{\mathrm{e}^{\hbar\omega_0/k_\mathrm{B}T}-1} \tag{1.2.31}$$

而比热表示为

$$C_V = 3Nk_\mathrm{B}\left(\frac{\hbar\omega_0}{k_\mathrm{B}T}\right)^2 \frac{\mathrm{e}^{\hbar\omega_0/k_\mathrm{B}T}}{\left(\mathrm{e}^{\hbar\omega_0/k_\mathrm{B}T}-1\right)^2} = 3Nk_\mathrm{B}f_\mathrm{E}(\hbar\omega_0/k_\mathrm{B}T) \tag{1.2.32}$$

其中，$f_E(\hbar\omega_0/k_BT) = \left(\dfrac{\hbar\omega_0}{k_BT}\right)^2 \dfrac{e^{\hbar\omega_0/k_BT}}{(e^{\hbar\omega_0/k_BT}-1)^2}$ 称为爱因斯坦比热函数。选取频率 ω_0 对应的温度，称为爱因斯坦温度 θ_E，即 $k_B\theta_E = \hbar\omega_0$，那么

$$C_V = 3Nk_B\left(\dfrac{\theta_E}{T}\right)^2 \dfrac{e^{\theta_E/T}}{(e^{\theta_E/T}-1)^2} \tag{1.2.33}$$

在温度较高时，$T \gg \theta_E$，$e^{\theta_E/T} \approx 1 + \theta_E/T$，$e^{\theta_E/T}/(e^{\theta_E/T}-1)^2 \approx (T/\theta_E)^2$，因此 $C_V \approx 3Nk_B$，回到杜隆-珀替定律。

在温度较低时，$T \ll \theta_E$，$e^{\theta_E/T}/(e^{\theta_E/T}-1)^2 \approx e^{-\theta_E/T}$，此时 $C_V = 3Nk_B\left(\dfrac{\theta_E}{T}\right)^2$ $\cdot e^{-\theta_E/T}$，热容将按温度指数形式减小，这一点与实验测得的结果不符，如图 1.2.3 所示，原因是爱因斯坦过于简化了态密度 $\rho(\omega)$。

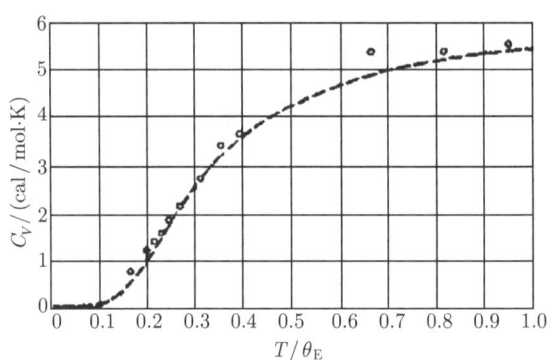

图 1.2.3　爱因斯坦理论与实验的比较 (金刚石，1cal=4.1868J)

2. 德拜模型

德拜更实际地考虑了固体的态密度。他提出，把 Bravais 晶格看作连续的各向同性的弹性介质，把格波看作弹性波。进一步假设所有的横波具有同样的速度，所有纵波具有同样的速度，从而可以求得态密度。

对于边长为 L 的三维固体来说，利用周期性边界条件，$e^{ik_s s} = e^{ik_s(s+L)}$，$s = x, y, z$，那么 $k_s = \dfrac{2\pi}{L}i$，$i = 0, 1, \cdots, N$。也就是说，k 空间每个体积元 $(2\pi/L)^3$ 内有一个允许的 k 值。那么波矢小于 k 的模式总数就是半径为 k 的球含有的模式数目

$$N = \dfrac{4}{3}\pi k^3 \times \left(\dfrac{L}{2\pi}\right)^3 \tag{1.2.34}$$

德拜假设波是弹性波，且色散关系是线性的，横波 $\omega = C_l k$，纵波 $\omega = C_t k$。由

1.2 晶格振动

上式可以给出态密度

$$\rho(\omega) = \mathrm{d}N/\mathrm{d}\omega = \left\{\frac{1}{C_l^3} + \frac{2}{C_t^3}\right\}\frac{V\omega^2}{2\pi^2} = \frac{3V\omega^2}{\overline{C}^3 2\pi^2} \quad (1.2.35)$$

其中，已经令 $3/\overline{C}^3 = (1/C_l^3 + 2/C_t^3)$。

$$C_V = \frac{3}{2\pi^2}\frac{V}{\overline{C}^3}\int_0^{\omega_\mathrm{m}} k_\mathrm{B}\left(\frac{\hbar\omega}{k_\mathrm{B}T}\right)^2 \frac{\mathrm{e}^{\hbar\omega/k_\mathrm{B}T}}{(\mathrm{e}^{\hbar\omega/k_\mathrm{B}T}-1)^2}\omega^2\mathrm{d}\omega \quad (1.2.36)$$

其中，ω_m 为最大频率。德拜假定只有频率 ω 小于 ω_m 的波才对热容有贡献，大于 ω_m 频率的短波不存在。对于一个 N 原子晶体来说，总的模式有 $3N$ 个，因此必须满足

$$\int_0^{\omega_\mathrm{m}} \rho(\omega)\mathrm{d}\omega = 3N \quad (1.2.37)$$

由此得到 $\omega_\mathrm{m} = \overline{C}\left(6\pi^2 N/V\right)^{1/3}$。因此，热容表示为

$$\begin{aligned}
C_V &= 9Nk_\mathrm{B}\left(\frac{1}{\omega_\mathrm{m}}\right)^3\int_0^{\omega_\mathrm{m}}\left(\frac{\hbar\omega}{k_\mathrm{B}T}\right)^2\frac{\mathrm{e}^{\hbar\omega/k_\mathrm{B}T}}{(\mathrm{e}^{\hbar\omega/k_\mathrm{B}T}-1)^2}\omega^2\mathrm{d}\omega \\
&= 9Nk_\mathrm{B}\left(\frac{k_\mathrm{B}T}{\hbar\omega_\mathrm{m}}\right)^3\int_0^{\hbar\omega_\mathrm{m}/k_\mathrm{B}T}\frac{\xi^4 \mathrm{e}^\xi}{(\mathrm{e}^\xi-1)^2}\mathrm{d}\xi
\end{aligned} \quad (1.2.38)$$

其中，$\xi = \hbar\omega/k_\mathrm{B}T$。在这里可以定义德拜温度 $\theta_\mathrm{D} = \hbar\omega_\mathrm{m}/k_\mathrm{B}$，可以作为德拜模型中温度的度量。

在高温极限下，$T \gg \theta_\mathrm{D}, \xi \ll 1$，

$$\begin{aligned}
C_V &= 9Nk_\mathrm{B}\left(\frac{T}{\theta_\mathrm{D}}\right)^3\int_0^{\theta_\mathrm{D}/T}\frac{\xi^4 \mathrm{e}^\xi}{(\mathrm{e}^\xi-1)^2}\mathrm{d}\xi \\
&\approx 9Nk_\mathrm{B}\left(\frac{T}{\theta_\mathrm{D}}\right)^3\int_0^{\theta_\mathrm{D}/T}\xi^2\mathrm{d}\xi = 3Nk_\mathrm{B}
\end{aligned} \quad (1.2.39)$$

回到杜隆-珀替定律。

在低温极限下，$T \ll \theta_\mathrm{D}$，

$$\begin{aligned}
C_V &= 9Nk_\mathrm{B}\left(\frac{T}{\theta_\mathrm{D}}\right)^3\int_0^{\theta_\mathrm{D}/T}\frac{\xi^4 \mathrm{e}^\xi}{(\mathrm{e}^\xi-1)^2}\mathrm{d}\xi \\
&\approx 9Nk_\mathrm{B}\left(\frac{T}{\theta_\mathrm{D}}\right)^3\int_0^{\infty}\frac{\xi^4 \mathrm{e}^\xi}{(\mathrm{e}^\xi-1)^2}\mathrm{d}\xi = \frac{12}{5}\pi^4 Nk_\mathrm{B}\left(\frac{T}{\theta_\mathrm{D}}\right)^3
\end{aligned} \quad (1.2.40)$$

这叫做德拜 T^3 率。在足够低的温度下这个结果与实验符合得很好 (图 1.2.4)。

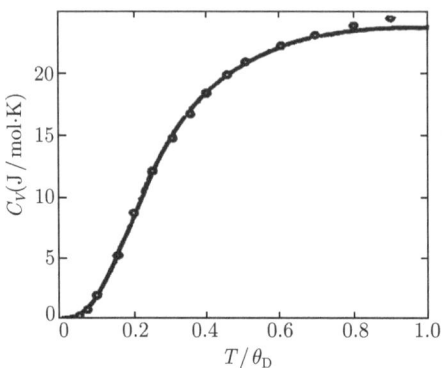

图 1.2.4 德拜理论与实验的比较 (镱，Yb)

1.3 固体电子论

对固体中电子部分的处理是半导体和金属性质研究的最重要部分。最早研究金属性质的模型是自由电子模型，这个模型对金属的电导率、磁化率、热导率等性质有了很好的解释。但是，自由电子模型不考虑晶格对电子的影响，这一点显然过于简化。这个模型不能说明金属、导体和绝缘体的差别。当考虑了周期性的晶格对电子波函数的影响时，自由电子模型就被能带理论所代替。这也是目前研究固体中电子运动的一个主要理论基础。

1.3.1 自由电子近似

金属中的电子自由性比较强，原子中的价电子与离子实之间的联系并不密切，价电子会变为传导电子在金属中自由运动。因此，我们可以把金属中的电子作为自由气体。另外，需要注意的是，电子是费米子，受到泡利不相容原理的限制，并满足费米–狄拉克分布。

在三维情况下，自由电子波函数满足薛定谔方程

$$-\frac{\hbar^2}{2m}\left(\frac{\partial^2}{\partial x^2}+\frac{\partial^2}{\partial y^2}+\frac{\partial^2}{\partial z^2}\right)\psi(\vec{r})=E\psi(\vec{r}) \tag{1.3.1}$$

如果系统被限制在边长为 L 的盒子里，则

$$\psi(\vec{r})=A\sin(n_x\pi x/L)\sin(n_y\pi y/L)\sin(n_z\pi z/L)$$
$$E=\frac{\hbar^2}{2mL^2}(n_x^2+n_y^2+n_z^2),\quad n_x,n_y,n_z=\pm 1,\pm 2,\cdots \tag{1.3.2}$$

这是一个驻波的形式。实际中人们常使用周期性边界条件

$$\psi(x+L,y,z)=\psi(x,y,z) \tag{1.3.3}$$

1.3 固体电子论

y, z 也满足同样的条件。这时驻波就变成了行波，

$$\psi_k(\vec{r}) = e^{i(k_x x + k_y y + k_z z)}/L^{3/2} \tag{1.3.4}$$

能量为 $E_k = \dfrac{\hbar^2 k^2}{2m} = \dfrac{\hbar^2}{2m}(k_x^2 + k_y^2 + k_z^2)$。对应的电子具有动量 $\hbar \vec{k}$，而且，当 $L \to \infty$ 时，盒子中的行波将过渡到无限大空间中的平面波。

在以 k_x, k_y, k_z 为坐标轴的波矢空间中，系统的一个状态对应于一个点 (严格来说是体积为 h^3 的一个点)。由于周期性边界条件，点与点之间的距离在三个方向上都是 $2\pi/L$，这也相当于每个状态点所占有的体积为 $(2\pi/L)^3$。

下面考虑具有 N 个电子的系统。由泡利不相容原理，每个状态上最多占据两个电子 (自旋相反)。因此，由能量最低原理，N 个电子将从最低能量态一直向高能量状态排布，直到 N 个电子排完，这时的最高占据能称为费米能 E_F。在三维情况下，由于能量 $E \propto k^2$，电子的排布成为一个球体，球面称为费米面。费米面的概念在使用自由电子模型研究金属时提出，但是可以推广应用到其他固体。设费米面处的波矢为 k_F，则有

$$2 \cdot \frac{4\pi k_F^3/3}{(2\pi/L)^3} = \frac{V}{3\pi^2} k_F^3 = N \tag{1.3.5}$$

其中，2 来源于每个空间状态含有自旋相反的两个电子。因此

$$k_F = \left(\frac{3\pi^2 N}{V}\right)^{1/3} = (3\pi^2 n)^{1/3} \tag{1.3.6}$$

即费米波矢只依赖于电子数密度。相应的费米能为

$$E_F = \frac{\hbar^2 k_F}{2m} = \frac{\hbar^2}{2m}(3\pi^2 n)^{2/3} \tag{1.3.7}$$

系统的能量在小于 $\varepsilon = \hbar^2 k_\varepsilon^2/2m$ 的所有状态数目为

$$N' = 2 \cdot \frac{4\pi k_\varepsilon^3/3}{(2\pi/L)^3} = \frac{V}{3\pi^2} \frac{\sqrt{(2m\varepsilon)^3}}{\hbar^3} \tag{1.3.8}$$

态密度为

$$\rho(\varepsilon) = \frac{dN'}{d\varepsilon} = \frac{V}{2\pi^2}\left(\frac{2m}{\hbar}\right)^{3/2} \varepsilon^{1/2} \propto \varepsilon^{1/2} \tag{1.3.9}$$

自由电子模型可以解释金属的电导率并推导出欧姆定律，这个模型又称为 Drude 模型。自由电子的动量 $\vec{p} = m\vec{v} = \hbar \vec{k}$，在外加电场中单个电子满足牛顿定律

$$\frac{d\vec{p}}{dt} = \hbar \frac{d\vec{k}}{dt} = -e\vec{E} \tag{1.3.10}$$

因此在时间 t 内电子的波矢变化为

$$\delta \vec{k} = -e\vec{E}t/\hbar \tag{1.3.11}$$

这个表达式对于所有费米面内的电子都成立,因此在波矢空间中,整个费米球作为整体按上式运动。在运动过程中,电子将和杂质、晶格缺陷、声子等碰撞,碰撞使电子的加速过程被打断,碰撞之后电子的速度是随机的,向各方向散射。然后从这个速度开始在电场中再次加速,直到下一次碰撞。对大量的电子来说,总的行为应取平均。若加速时间的平均值为 τ,那么

$$\langle \vec{v} \rangle = \langle \hbar \delta \vec{k}/m \rangle = -e\vec{E} \langle t \rangle /m = -e\vec{E}\tau/m \tag{1.3.12}$$

由电流密度的定义

$$\vec{j} = -ne\langle \vec{v} \rangle = \frac{ne^2\tau}{m}\vec{E} \tag{1.3.13}$$

这就是欧姆定律。由 $\vec{j} = \sigma \vec{E}$ 定义电导率,则

$$\sigma = \frac{ne^2\tau}{m} \tag{1.3.14}$$

1.3.2 布洛赫定理

自由电子理论完全不考虑晶格势场的影响,因此是非常粗糙的。实际固体中,电子在规则排列的正离子势场中运动,而势场具有晶格的周期性,即

$$V(\vec{r} + \vec{R}_n) = V(\vec{r}) \tag{1.3.15}$$

其中,$\vec{R}_n$ 为晶格平移矢量。电子在周期场中运动,其波函数满足薛定谔方程

$$\left(-\frac{\hbar^2}{2m}\nabla^2 + V(\vec{r})\right)\psi(\vec{r}) = E\psi(\vec{r}) \tag{1.3.16}$$

布洛赫定理指出,当势场具有晶格周期性时,电子的波函数应该具有如下性质:

$$\psi(\vec{r} + \vec{R}_n) = e^{i\vec{k}\cdot\vec{R}_n}\psi(\vec{r}) \tag{1.3.17}$$

其中,$\vec{k}$ 为一个矢量。也就是说,波函数可以写成如下形式:

$$\psi_k(\vec{r}) = e^{i\vec{k}\cdot\vec{r}} u_k(\vec{r}) \tag{1.3.18}$$

其中,u_k 满足晶格周期性:$u_k(\vec{r} + \vec{R}_n) = u_k(\vec{r})$。形如 ψ_k 的波函数叫做布洛赫波函数,我们可以应用边界条件限制 $\vec{k}$ 的取值。采用周期性边界条件或 Born-von Karman 边界条件,

$$\psi(\vec{r} + N_i \vec{a}_i) = \psi(\vec{r}), \quad i = x, y, z \tag{1.3.19}$$

1.3 固体电子论

其中，$\vec{a}_{x,y,z}$ 是 x,y,z 方向上的晶格周期长度。$N_{x,y,z}$ 是 x,y,z 方向上晶体总的格点数。由布洛赫定理，上式给出

$$\exp(\mathrm{i}N_i \vec{k}\cdot\vec{a}_i)=1,\quad i=x,y,z \tag{1.3.20}$$

因此，

$$\vec{k}_i = \frac{m_i}{N_i}\frac{2\pi}{a_i},\quad m_i=\pm 1,\pm 2,\cdots \tag{1.3.21}$$

1.3.3 近自由电子近似

在 1.3.1 节中，我们没有考虑固体晶格的势场。作为进一步的处理，本节将晶格势场作为微扰，此处理被称为近自由电子近似。

为简单，我们考虑一维情形，如图 1.3.1 所示。单电子哈密顿量为

$$H = H_0 + H' \tag{1.3.22}$$

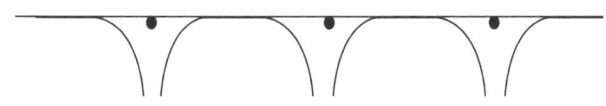

图 1.3.1　一维离子实的势能

其中，$H_0 = -\dfrac{\hbar^2}{2m}\nabla^2$ 为自由电子的哈密顿量，其相应的本征函数为平面波，

$$\psi_k^0(x) = \frac{1}{\sqrt{L}}\mathrm{e}^{\mathrm{i}kx} \tag{1.3.23}$$

本征能量为 $\varepsilon_k^0 = \dfrac{h^2 k^2}{2m}$。而 H' 为晶格的势，可作为微扰。因为晶格的周期性，H' 也是周期的，可作 Fourier 展开

$$H' = V(x) = \sum_{n(\neq 1)} V_n \mathrm{e}^{\mathrm{i}2\pi nx/a} \tag{1.3.24}$$

波函数一阶微扰的结果为

$$\psi_k(x) = \psi_k^0(x) + \sum_{k'(\neq k)} \frac{H'_{kk'}}{\varepsilon_k^0 - \varepsilon_{k'}^0}\psi_{k'}^0(x) \tag{1.3.25}$$

其中，微扰矩阵元

$$H'_{kk'} = \langle k'|V(x)|k\rangle = \frac{1}{L}\int_0^L \mathrm{e}^{-\mathrm{i}(k'-k)x}V(x)\mathrm{d}x \tag{1.3.26}$$

可以证明，仅当 $k' - k = 2\pi n/a$ 时，$H'_{kk'}$ 不为零，且此时 $H'_{kk'} = V_n$。因此，计算到一阶微扰的波函数表示为

$$\begin{aligned}\psi_k(x) &= \psi_k^0(x) + \sum_{k'(\neq k)} \frac{H'_{kk'}}{\varepsilon_k^0 - \varepsilon_{k'}^0} \psi_{k'}^0(x) \\ &= \frac{1}{\sqrt{L}} e^{ikx} + \sum_{n(\neq 0)} \frac{V_n}{\frac{\hbar^2}{2m}[k^2 - (k+n2\pi/a)^2]} \frac{1}{\sqrt{L}} e^{i(k+n2\pi/a)x} \\ &= \frac{1}{\sqrt{L}} e^{ikx} \left\{ 1 + \sum_{n(\neq 0)} \frac{V_n}{\frac{\hbar^2}{2m}[k^2 - (k+n2\pi/a)^2]} e^{i\frac{2\pi n}{a}x} \right\}\end{aligned} \quad (1.3.27)$$

上式中的第二项一般比较小，$k^2 \neq (k+2\pi n/a)^2$。但是在布里渊区边界处，$\varepsilon_k^0 = \varepsilon_{k'}^0$，即 $k^2 = (k+2\pi n/a)^2$，表达式中的第二项发散，上述微扰处理失效，此时需要利用简并微扰论来处理。

假设 $\psi_k^0(x)$ 与 $\psi_{k'}^0(x)$ 简并，此时的波函数表示为两者之和

$$\psi = a\psi_k^0(x) + b\psi_{k'}^0(x) \quad (1.3.28)$$

满足薛定谔方程

$$(H_0 + H')\psi = \varepsilon\psi \quad (1.3.29)$$

由 $\psi_k^0(x), \psi_k^0(x)$ 的正交性可得到参数满足的方程

$$\begin{aligned}(\varepsilon_k^0 - \varepsilon)a + V_n b &= 0 \\ V_n a + (\varepsilon_{k'}^0 - \varepsilon)b &= 0\end{aligned} \quad (1.3.30)$$

利用 a, b 有解的条件，在一维系统布里渊区边界处，即 $k = n\pi/a$ 处，能量为

$$\varepsilon_\pm = \frac{\hbar^2 k^2}{2m} \pm |V_n| \quad (1.3.31)$$

也就是说，在自由电子的抛物线色散关系基础上，晶格势场引起抛物曲线在布里渊区边界处有能量的跳变 $2|V_n|$，产生能隙，电子能级分裂为一个个的能带，如图 1.3.2 所示。

1.3 固体电子论

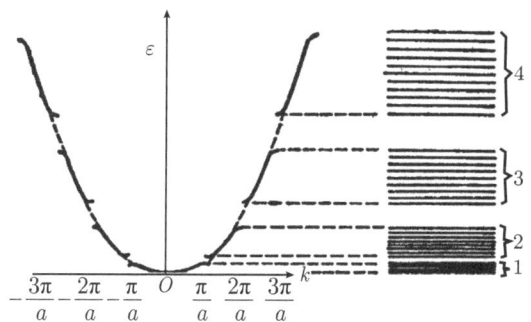

图 1.3.2　近自由电子的色散关系 (虚线为自由电子的色散关系)

1.3.4　紧束缚近似

上一小节中把固体中的电子用近自由电子气来近似, 对于元素周期表中的碱金属或碱土金属来说, 情况正是如此。而紧束缚近似则是从相反的观点来看待电子: 认为电子束缚在单个原子上, 其他原子对于电子状态的影响作为微扰。因此, 整个固体可以看做弱相互作用的中性原子的结合。紧束缚近似处理的原子态波函数的交叠大小要合适, 要大到可以修正单原子波函数, 还要足够小可以作为微扰。

对于紧束缚近似来说, 比较方便应用 Wannier 函数来处理电子。在前一小节中我们看到布洛赫函数可以看成波矢 $\vec{k}$ 和长度 $\vec{r}$ 的函数, 在倒易空间中布洛赫函数是周期性的, 周期即倒格矢。因此, 可以在倒易空间将布洛赫函数作平面波的 Fourier 展开

$$\psi_{\alpha\vec{k}}(\vec{r}) = \frac{1}{\sqrt{N}} \sum_n w_\alpha(\vec{r}-\vec{R}_n) e^{i\vec{k}\cdot\vec{R}_n} \tag{1.3.32}$$

其中, N 为格点数, $\vec{R}_n$ 为第 n 个格点的位矢。w_α 称为 Wannier 函数, 可以相应地表示为

$$w_\alpha(\vec{r}-\vec{R}_n) = \frac{1}{\sqrt{N}} \sum_n \psi_{\alpha\vec{k}}(\vec{r}) e^{-i\vec{k}\cdot\vec{R}_n} \tag{1.3.33}$$

Wannier 函数 $w_\alpha(\vec{r}-\vec{R}_n)$ 是一个定域在 $\vec{R}_n$ 处的函数。更重要的是, 不同能带不同格点的 Wannier 函数是正交的

$$\begin{aligned}
&\int d\vec{r}\, w_\alpha(\vec{r}-\vec{R}_n) w_\beta^*(\vec{r}-\vec{R}_m) \\
&= \int d\vec{r} \sum_{\vec{k}} \sum_{\vec{k'}} \frac{1}{N} e^{-i\vec{k}\cdot\vec{R}_n + i\vec{k'}\cdot\vec{R}_m} \psi_{\alpha\vec{k}}(\vec{r}) \psi_{\beta\vec{k'}}^*(\vec{r}) \\
&= \frac{1}{N} \sum_{\vec{k},\vec{k'}} e^{-i\vec{k}\cdot\vec{R}_n + i\vec{k'}\cdot\vec{R}_m} \delta_{\alpha,\beta} \delta_{\vec{k},\vec{k'}} \\
&= \delta_{n,m} \delta_{\alpha,\beta}
\end{aligned} \tag{1.3.34}$$

因此，Wannier 函数可以作为一个完备正交集来展开布洛赫波函数。

当每个原子的势场对于其上的电子有很强的束缚作用，而其他的原子对电子的作用很弱的时候，电子行为应当接近单个原子中的电子行为。这时候，Wannier 函数应当被孤立原子波函数代替，它具有定域特征。从这种意义上说，紧束缚近似也可叫做原子轨道线性组合 (LCAO)，

$$\psi_{\alpha \vec{k}}(\vec{r}) = \frac{1}{\sqrt{N}} \sum_n e^{i\vec{k}\cdot\vec{R}_n} \varphi_\alpha(\vec{r} - \vec{R}_n) \tag{1.3.35}$$

而 $\varphi_\alpha(\vec{r} - \vec{R}_n)$ 是孤立原子波函数，满足

$$\left[-\frac{\hbar^2}{2m}\nabla^2 + V_{\mathrm{at}}(\vec{r} - \vec{R}_n)\right]\varphi_\alpha(\vec{r} - \vec{R}_n) = E_\alpha^{\mathrm{at}} \varphi_\alpha(\vec{r} - \vec{R}_n) \tag{1.3.36}$$

将线性组合后的波函数代入薛定谔方程

$$\left[-\frac{\hbar^2}{2m}\nabla^2 + U(\vec{r})\right]\psi_{\alpha\vec{k}}(\vec{r}) = E_\alpha \psi_{\alpha\vec{k}}(\vec{r}) \tag{1.3.37}$$

可得

$$\frac{1}{\sqrt{N}}\sum_n e^{i\vec{k}\cdot\vec{R}_n}\left[-\frac{\hbar^2}{2m}\nabla^2 + U(\vec{r}) - E_\alpha\right]\varphi_\alpha(\vec{r}-\vec{R}_n) = 0 \tag{1.3.38}$$

利用 $\varphi_\alpha(\vec{r} - \vec{R}_n)$ 的正交性，用 $\varphi_\alpha^*(\vec{r} - \vec{R}_n)$ 左乘上式，然后积分

$$\begin{aligned}E_\alpha - E_\alpha^{\mathrm{at}} = \sum_n e^{i\vec{k}\cdot\vec{R}_n} \int \varphi_\alpha^*(\vec{r} - \vec{R}_n)[U(\vec{r}) \\ - V_{\mathrm{at}}(\vec{r} - \vec{R}_n)]\varphi_\alpha(\vec{r} - \vec{R}_n)\mathrm{d}\vec{r}\end{aligned} \tag{1.3.39}$$

作为近似，我们只取属于同一原子的项和最近邻项，设

$$E_\alpha^{\mathrm{out}} = \int \varphi_\alpha^*(\vec{r})[U(\vec{r}) - V_{\mathrm{at}}(\vec{r})]\varphi_\alpha(\vec{r})\mathrm{d}\vec{r} \tag{1.3.40}$$

$$-t = \int \varphi_\alpha^*(\vec{r})[U(\vec{r}) - V_{\mathrm{at}}(\vec{r} - \vec{R})]\varphi_\alpha(\vec{r} - \vec{R})\mathrm{d}\vec{r} \tag{1.3.41}$$

那么晶体中的电子能量为

$$E_\alpha = E_\alpha^{\mathrm{at}} + E_\alpha^{\mathrm{out}} - 2t\cos(\vec{k}\cdot\vec{R}) \tag{1.3.42}$$

1.4 固体导电理论

本节将概述固体导电的一般理论。固体中的电流是电子在外加电场下的定向输运。前面从自由电子模型出发给出了电导率的数学表达式,但实际固体中电子的运动要复杂得多,电子的运动既有外场下的定向运动,也有自由的随机运动,运动过程中还会不断受到原子核的散射。本节将介绍固体导电的玻尔兹曼理论,该理论虽然还没有充分考虑电子的量子性质,但对于认识固体的一般导电性已经是一个相当好的理论。

1.4.1 玻尔兹曼输运方程

固体导电是一个宏观行为,微观上是由于电子或空穴等载流子的集体运动。考察单个载流子的运动行为是非常困难的,而且对于宏观导电性也是不必要的,因此我们可以从分布函数出发,考察分布函数的变化。

在相空间中,电子的分布函数为 $f(\vec{r}, \vec{k}, t)$,代表 t 时刻在 $(\vec{r}, \vec{k})$ 附近单位体积内的电子数。分布函数随时间变化可以认为有两种来源:漂移和碰撞。我们先看漂移引起的分布函数的变化。如果没有碰撞,那么电子的 $\vec{r}, \vec{k}$ 都要满足运动方程

$$\dot{\vec{r}} = \vec{v}(\vec{k}), \quad \hbar \dot{\vec{k}} = -e\vec{E} = \vec{F} \tag{1.4.1}$$

应用相空间的 Liouville 定理,即系统演化过程中系统代表点在相空间中的密度不变。考虑一个电子的运动,时刻 t 在 $(\vec{r}, \vec{k})$ 的电子在 $t - dt$ 时刻位于相空间的 $(\vec{r} - \vec{v}(\vec{k})dt, \vec{k} - \vec{F}dt/\hbar)$ 处,因此,在不考虑碰撞的时候

$$f(\vec{r}, \vec{k}, t) = f(\vec{r} - \vec{v}dt, \vec{k} - \vec{F}dt/\hbar, t \quad dt) \tag{1.4.2}$$

若考虑在 dt 时间内的碰撞的影响,那么在上式右边需要加上在 dt 时间内因为碰撞引起的 $f(\vec{r}, \vec{k}, t)$ 的变化,即

$$f(\vec{r}, \vec{k}, t) = f(\vec{r} - \vec{v}dt, \vec{k} - \vec{F}dt/\hbar, t - dt) + \left(\frac{\partial f}{\partial t}\right)\bigg|_c dt \tag{1.4.3}$$

左边作级数展开,只保留一阶微分,那么

$$\frac{\partial f}{\partial t} + \vec{v} \cdot \frac{\partial f}{\partial \vec{r}} + \vec{F} \cdot \frac{\partial f}{\partial \vec{k}} = \left(\frac{\partial f}{\partial t}\right)\bigg|_c \tag{1.4.4}$$

这个方程就是玻尔兹曼方程。方程处理的难点在于碰撞项,它可以写成两项形式

$$\left(\frac{\partial f}{\partial t}\right)\bigg|_c = b - a \tag{1.4.5}$$

其中，b 表示单位时间内因碰撞进入 $(\vec{r}, \vec{k})$ 处相空间单位体积中的电子数。若 $\theta(\vec{k}', \vec{k})$ 代表单位时间内波矢因碰撞而从 $\vec{k}'$ 变化为 $\vec{k}$ 的几率，由泡利不相容原理，

$$b = \sum_{\vec{k}'} \theta(\vec{k}', \vec{k}) f(\vec{k}', \vec{r})(1 - f(\vec{k}, \vec{r}))$$

$$= (2\pi)^{-3} \int d\vec{k}' \theta(\vec{k}', \vec{k}) f(\vec{k}', \vec{r})(1 - f(\vec{k}, \vec{r})) \tag{1.4.6}$$

a 表示单位时间内因碰撞离开 $(\vec{r}, \vec{k})$ 相空间单位体积的电子数，同理可以表示为

$$a = \sum_{\vec{k}'} \theta(\vec{k}, \vec{k}') f(\vec{k}, \vec{r})(1 - f(\vec{k}', \vec{r}))$$

$$= (2\pi)^{-3} \int d\vec{k}' \theta(\vec{k}, \vec{k}') f(\vec{k}, \vec{r})(1 - f(\vec{k}', \vec{r})) \tag{1.4.7}$$

因此玻尔兹曼方程是一个积分微分方程。

实际处理玻尔兹曼方程的碰撞项非常复杂，为简化经常应用所谓的弛豫时间近似，即碰撞将使非平衡态分布函数 $f(\vec{r}, \vec{k}, t)$ 随时间弛豫到平衡态分布函数 f_0，而弛豫时间 τ 是一个定值

$$\left.\frac{\partial f}{\partial t}\right|_{\text{coll}} = -\frac{f - f_0}{\tau} \tag{1.4.8}$$

此时，玻尔兹曼方程变为

$$\frac{\partial f}{\partial t} + \vec{v} \cdot \frac{\partial f}{\partial \vec{r}} + \vec{F} \cdot \frac{\partial f}{\partial \vec{k}} = -\frac{f - f_0}{\tau} \tag{1.4.9}$$

1.4.2 金属导电理论

由布洛赫定理，电子在完整的周期势场中是布洛赫态，在固体中无阻力的运动。但是，实际金属的电导是有限大小的，原因是由于晶格原子偏离而产生了不完整的周期势场，偏移的主要来源有两个方面：杂质或缺陷等永久的偏离；原子热运动造成的对平衡位置的偏离。当同时有杂质和热运动的时候，金属电阻是这两部分电阻的叠加，$\rho = \rho_{\text{杂质}} + \rho_{\text{热振动}}$，这就是马德森定则。热运动造成的金属电阻与温度的关系最密切，因此我们将只考虑热运动对电阻率的影响，即声子对电子的散射。若只考虑平衡态附近弹性散射的情形，此时散射几率满足 $\theta(\vec{k}', \vec{k}) = \theta(\vec{k}, \vec{k}') = \theta(k, k', \vartheta)$，其中 $\vec{k}$ 与 $\vec{k}'$ 之间的夹角设为 ϑ。玻尔兹曼方程中的碰撞项为

$$\left(\frac{\partial f}{\partial t}\right)_c = b - a = \sum_{\vec{k}'} \theta(k, k', \vartheta)(f(\vec{k}') - f(\vec{k})) \tag{1.4.10}$$

讨论偏离平衡态不远的情况，此时 $f(\vec{k})$ 可以在 f_0 附近展开并只取一阶项。上式与弛豫时间近似的公式作比较，可得

$$\frac{1}{\tau} = (2\pi)^{-3} \int \theta(k, k', \vartheta)(1 - \cos\vartheta) \mathrm{d}\vec{k}' \tag{1.4.11}$$

在高温区，所有模式的声子都被激发，由德拜模型，上式的积分上限为德拜最高频率 ω_m 对应的波矢。$\theta(k, k', \vartheta)$ 与温度成正比，因此电阻率

$$\rho \propto 1/\tau \propto T \tag{1.4.12}$$

在低温区，$T \ll \theta_\mathrm{D}$，积分限可取 ∞。散射角很小，得到电阻率

$$\rho \propto 1/\tau \propto T^5 \tag{1.4.13}$$

电阻率与温度的关系又称为布洛赫-格林爱森定律。

1.4.3 半导体导电理论

半导体材料的能带与金属和绝缘体不同。金属的费米面位于能带的中间，即金属费米面所在的能带是半满的。绝缘体的化学势位于带隙中，而绝缘体的带隙很大，因此电子不能流动。半导体的化学势也位于带隙中，但是半导体的带隙较窄，在有限温度下，价带的电子可以被激发到空的导带上去，在电场的作用下流动。同时，价带产生空穴，也可以在电场的作用下流动形成电流。因此，一般来说半导体的载流子包含两种：电子和空穴，载流子的浓度与温度相关，温度越高则载流子浓度越大。

上述通过热激发引起电流的半导体称为本征半导体，在本征半导体中，电子浓度与空穴的浓度相同 $n = p$。半导体的电子性质对某些杂质非常敏感。对纯净半导体掺加适当的杂质，也能够提供载流子导电，这样的半导体称为杂质半导体。提供电子的杂质称为施主，而提供空穴的杂质称为受主。

在外加电场较小时，载流子发生漂移，漂移速度正比于外加电场，

$$\vec{v}_d = \mu \vec{E} \tag{1.4.14}$$

其中，μ 定义为迁移率。应用欧姆定律，电导率可以用迁移率来表示。半导体的电导率可以写为

$$\sigma = ne\mu_\mathrm{e} + pe\mu_\mathrm{p} \tag{1.4.15}$$

其中，n, p 为电子和空穴的浓度；$\mu_\mathrm{e}, \mu_\mathrm{p}$ 为电子和空穴的迁移率。在杂质半导体中，这两项差别较大。在本征半导体中，电子和空穴的浓度相同。

我们可以应用玻尔兹曼方程来计算半导体中的电导率。外加电场为 $\vec{E}$，在弛豫时间近似下，玻尔兹曼方程为

$$\frac{e}{\hbar}\vec{E}\cdot\nabla_{\vec{k}}f = \frac{f-f_0}{\tau} \tag{1.4.16}$$

其中，f_0 为平衡时的分布函数，即费米-狄拉克分布。在弱电场时，玻尔兹曼方程可近似为

$$f - f_0 \approx \frac{e\tau}{\hbar}\vec{E}\cdot\nabla_{\vec{k}}f_0 = \frac{e\tau}{\hbar}\cdot\frac{\partial f}{\partial E}\cdot\vec{E}\cdot\nabla_{\vec{k}}E = e\tau\frac{\partial f}{\partial E}\vec{v}\cdot\vec{E} \tag{1.4.17}$$

在半导体中的载流子是有速度分布的。假设电子浓度为 n，而 $n \to n+\mathrm{d}n$ 的电子的速度为 $\vec{v}$，则电流浓度表达为

$$\vec{j} = -e\int\vec{v}\,\mathrm{d}n = -\frac{e^2}{4\pi^3}\int\tau\frac{\partial f_0}{\partial E}\vec{v}(\vec{v}\cdot\vec{E})\mathrm{d}\vec{k} \tag{1.4.18}$$

在非简并情况下，导带中的电子满足玻尔兹曼分布，$\partial f_0/\partial E = -f_0/k_\mathrm{B}T$，假设电场加在 x 方向，那么

$$j_x \cong \frac{e^2}{4\pi^3 k_\mathrm{B}T}E\int\tau f_0 v_x^2 \mathrm{d}\vec{k} \tag{1.4.19}$$

不同的色散关系将有不同的结果，我们只考虑色散关系是球形的情况。平衡态时，在 $\vec{k}\to\vec{k}+\mathrm{d}\vec{k}$ 的电子浓度等于 $\mathrm{d}n = 2f_0\mathrm{d}\vec{k}$，因此

$$j_x \cong \frac{e^2}{4\pi^3 k_\mathrm{B}T}E\int\tau v_x^2 \mathrm{d}n \equiv \sigma E \tag{1.4.20}$$

因此，电导率表达为

$$\sigma = \frac{e^2}{4\pi^3 k_\mathrm{B}T}\int\tau v_x^2 \mathrm{d}n \tag{1.4.21}$$

温度与速度有关系

$$3k_\mathrm{B}T = m_e\int\overline{v^2}\mathrm{d}n/n = m_e\overline{v^2} \tag{1.4.22}$$

电导率则为

$$\sigma = ne\mu = \frac{ne^2}{m_e}\frac{\overline{v^2\tau}}{\overline{v^2}} \tag{1.4.23}$$

在半导体中，不同机制的散射对电流都有贡献。不同散射机制的弛豫时间的倒数相加得到总的弛豫时间的倒数。通常要考虑两个散射机制，即晶格振动散射和杂质散射。假设 $\mu_\mathrm{L}, \mu_\mathrm{I}$ 分别表示两者的迁移率，考虑到迁移率与弛豫时间之间的关系，总的迁移率与两者之间的关系为

$$\frac{1}{\mu} = \frac{1}{\mu_\mathrm{L}} + \frac{1}{\mu_\mathrm{I}} \tag{1.4.24}$$

理论计算表明，简单能带情形下，两者与温度之间的关系分别为

$$\mu_L \propto T^{-3/2}, \quad \mu_I \propto T^{3/2} \tag{1.4.25}$$

这表明，低温下，电阻来自于杂质的散射，而高温下电阻来自于晶格振动的散射。比较金属和半导体的电阻与温度的关系可以发现，它们的导电机制是完全不同的。

1.4.4 跃迁电导

无序固体或晶体中的周期性被破坏的时候，电子将会被局域化，不同定域处的能量差别可以很大。在零度时，定域电子不参与导电，在有限温度时，电子可以通过热激发，吸收或者放出声子，跳跃到周围空的定域态。电子在定域态之间的跳跃在外场作用下是有方向性的，宏观上表现为沿着电场的电流，这种电导叫做跳跃电导或者跃迁电导。

假设有两个定域态，位于 $\vec{R}_1$ 和 $\vec{R}_2$，而能量分别为 ε_1 和 ε_2，电子从一个定域态到另一个定域态的几率取决于两个态波函数的交叠。对于一个定域态来说，波函数的包络线离开中心位置将以指数衰减 $\psi \sim e^{-|r-R_1|/\xi}$，因此，如果假设两个定域态的定域化长度 ξ 相同，那么隧穿几率正比于 $e^{-2R/\xi}$，其中 $R = \left|\vec{R}_2 - \vec{R}_1\right|$。

一种跳跃电导叫做最近邻跳跃，或定程跃迁，即电子跳跃到最近邻的定域态，这种情况对应于温度足够高的情形。温度高对应于声子数目多，能量高，定域电子被激发后可以到任何空的定域态上去，而几率最大的就是最近邻的空定域态。

当温度 T 足够低时，高能量声子不能被激发，这时定域电子会有一个能量选择。电子将有更大几率跳至空间距离更远且能量接近的空定域态。这个过程称为变程跃迁，由 Mott 首先提出。假设两定域态能量差为 $\Delta\varepsilon = |\varepsilon_1 - \varepsilon_2|$，那么声子能量位于此能量差的声子对跃迁有贡献，声子数正比于 $e^{-\Delta\varepsilon/k_B T}$。因此，低温下跃迁几率

$$P \sim \exp\left[-\frac{2R}{\xi} - \frac{\Delta\varepsilon}{k_B T}\right] \tag{1.4.26}$$

在实际跃迁过程中，要考虑到大量电子的平均，此时

$$\Delta\varepsilon \sim \frac{1}{\rho(\varepsilon)R^d} \tag{1.4.27}$$

其中，$\rho(\varepsilon)$ 为单位体积能态密度，d 为维度数。

因此，两种机制对于跃迁将会有竞争，电子最可几跃迁距离发生在

$$\frac{d}{dR}\left[-\frac{2R}{\xi} - \frac{1}{\rho(\varepsilon)R^d k_B T}\right] = 0 \tag{1.4.28}$$

即

$$R_m \sim \left[\frac{\xi}{\rho(\varepsilon)k_B T}\right]^{1/(d+1)} \tag{1.4.29}$$

因此，跃迁电导表示为

$$\sigma \propto \exp[-C(T_0/T)^{1/(d+1)}] \tag{1.4.30}$$

三维情形，$d=3$，电导–温度关系通常称为 Mott 的 $T^{1/4}$ 率。

1.5 固体的磁性

磁性是固体的一个重要性质，研究固体的磁性在信息存储等方面有重要的意义。固体的磁性来源于各个原子磁矩的直接或者间接的相互作用。而自由原子的磁矩主要来自于电子磁矩，可分为三个主要来源：电子的自旋磁矩、电子的轨道磁矩以及外加磁场造成的轨道磁矩变化。原子核磁矩的贡献很小，约比电子磁矩小三个数量级。

原子在构成晶体的时候，原子磁矩相互作用形成固体宏观的磁性，可以用磁化率 χ 来表征宏观磁性的大小。外加磁场强度为 $\vec{H}$，固体的磁化强度 $\vec{M}$ 可表示为

$$\vec{M} = \chi\vec{H} \tag{1.5.1}$$

另外一个重要的参数是磁导率 $\mu = 1+\chi$。固体的宏观磁性可以根据 χ 的数值大小分为以下几类：顺磁体 (χ 是数值较小的正数)，抗磁体 (χ 是数值很小的负数)，铁磁体 (χ 是数值很大的正数)，亚铁磁体 (χ 数值小于铁磁体的数值)，反铁磁体 (χ 数值是小的正数)。

1.5.1 抗磁性

组成固体的原子或者离子外部的电子运动会屏蔽外加磁场与内部结构之间的作用。当外加磁场时，产生感应电流，此电流产生的磁场与外加磁场方向相反，这就是抗磁性的来源。抗磁性是所有物质的共同性质，但是在饱和的价电子结构中才比较重要，而在顺磁体或者铁磁体中数值很小。为了理解抗磁性，可以从 Larmor 进动来考虑。电子绕核运动的轨道角动量在加入外场 H 时将绕着此外场作 Larmor 进动。进动的频率为

$$\omega_L = \frac{eB}{2m} \tag{1.5.2}$$

一个电子作进动所产生的电流为

$$i = -e\frac{\omega_L}{2\pi} = -\frac{e}{2\pi}\frac{eB}{2m} \tag{1.5.3}$$

1.5 固体的磁性

设进动的轨道面积为 A,则进动附加的磁矩为 iA。如果固体单位体积中有 N 个原子,每个原子有 Z 个电子,则由于进动而产生的磁化强度为

$$M = Ni \sum_{j=1}^{z} A_j \tag{1.5.4}$$

磁化率为

$$\chi = \mu_0 M/B \tag{1.5.5}$$

要注意的是,对于传导电子来说,它会受到磁场的作用而产生抗磁性,这一点首先由 Landau 指出。详细的理论计算表明,抗磁性的磁矩恰好是泡利顺磁性的磁矩的 $1/3$。

1.5.2 顺磁性

顺磁性一般发生在总自旋不为零的原子构成的系统中,例如,具有奇数个电子的原子或分子等。顺磁磁化率随温度的变化满足居里定律

$$\chi = \mu_0 \frac{C}{T} \tag{1.5.6}$$

其中,C 称为居里常数。居里定律是一个实验定律,由居里在 1895 年得到。后来,朗之万 (P. Langevin) 通过假设每个原子或分子的固有磁矩为 $\vec{\mu}_\alpha$,空间方向任意,满足玻尔兹曼分布,从而在理论上获得了居里定律。

朗之万的理论并不能解释金属等有传导电子的系统的顺磁性,大多数正常非铁磁性金属的磁化强度与温度无关。泡利最早讨论了电子气的顺磁性,它们主要来源于电子的自旋磁矩。电子的自旋有两种取向,在没有外加磁场时,两种取向的电子数目相同,对外不表现磁性。当加上磁场时,自旋磁矩平行于磁场的电子将具有更低的能量,因此电子自旋趋向于平行于磁场方向。但是,电子满足费米–狄拉克统计,费米海中的自旋平行于磁场方向的大部分轨道已经占满,外加磁场不能给出足够的能量使得全部电子自旋都平行于磁场方向。自旋方向变化的主要是分布在费米面顶部,能量范围为 $k_B T$ 内的电子,如图 1.5.1 所示。因此在电子总数中,对磁化率有贡献的电子数占总电子数的比例为 T/T_F,其中 T_F 为费米温度。假设单位体积内的电子浓度为 N,在绝对零度时,金属的自由电子气的磁化强度

$$\begin{aligned} M &= \mu(N_+ - N_-) \\ &= \mu \left[\int_{-\mu B}^{E_F} \mathrm{d}n_+ - \int_{\mu B}^{E_F} \mathrm{d}n_- \right] = \frac{3}{2} N \frac{\mu^2 B}{E_F} \end{aligned} \tag{1.5.7}$$

这叫做传导电子的泡利自旋磁化强度。

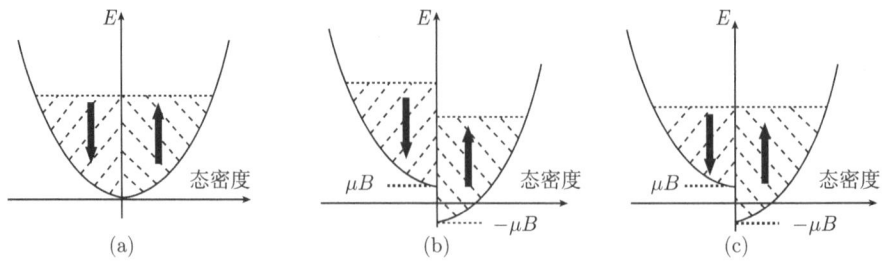

图 1.5.1　传导电子的泡利顺磁性
(a) 无外场；(b) 有外场但未达到平衡；(c) 有外场且达到平衡

1.5.3　铁磁性

对铁磁体来说，很小的外加磁场就会造成很大的磁化率，这一点与顺磁体差别最大。这是因为在铁磁体内部，磁矩之间有很强的相互作用，使磁矩能够沿着外加磁场的方向排列，这个相互作用叫做交换相互作用。通过对铁磁体随温度变化的研究发现，存在一个居里温度 T_c，当铁磁体的温度大于居里温度时，铁磁性消失，铁磁体变为顺磁性。铁磁体的磁化率随温度的变化为

$$\chi = \frac{\mu_0 C}{T - T_c} \tag{1.5.8}$$

此式叫做居里–外斯 (Curie-Weiss) 定律。在温度趋于 T_c 时，磁化率是无穷大，这意味着不加外磁场就有磁化，即系统有自发磁化强度。

如何微观地认识铁磁体？外斯首先提出了他的内场理论。外斯认为，铁磁体内部可分为很多小区域，在这些区域内存在自发磁化强度，这样的区域称为磁畴。不同磁畴的自发磁化强度方向不同，在没有外加磁场时一般可以认为各个磁畴的磁化强度方向是杂乱的，因此整体不表现磁化。外加磁场较大时会使所有磁畴的极化方向朝向磁场的方向，这样就形成了大的磁化强度。磁畴的设想已经得到了实验的证实。在每个磁畴内部，原子磁矩趋向于平行排列，外斯认为是因为存在一个内磁场。后来，海森伯提出这个内场的本质是相邻原子之间的电子交换相互作用。固体中的原子磁矩趋向于平行排列的性质叫做铁磁性。当每个原子磁矩都完全平行排列时固体达到的磁矩叫做饱和磁矩。

1.5.4　反铁磁性

与铁磁性相反，反铁磁性是相邻的原子磁矩趋向于反向排列。反铁磁体是 1932 年由 L. Néel 发现的。对于反铁磁体，也存在一个温度 T_N，叫做 Néel 温度，在这个温度以上，磁化率满足如下关系：

$$\chi = \frac{\mu_0 C}{T + \theta} \tag{1.5.9}$$

其中，θ 是一个常数，与 Néel 温度有关，对不同的材料有不同的数值。而在 $T < T_N$，原子磁矩反平行排列，净磁矩很小，在低温时趋于零。图 1.5.2 给出了顺磁体、铁磁体和反铁磁体的磁化率与温度的关系。

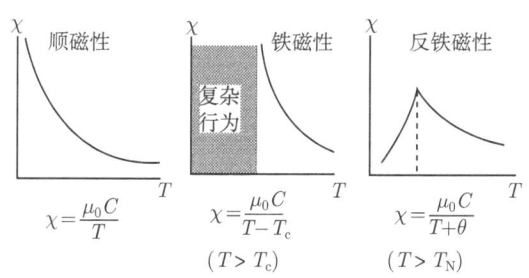

图 1.5.2　顺磁体、铁磁体和反铁磁体的磁化率与温度的关系

为了理解反铁磁体的形成机理，Kramers 和 Anderson 先后用超交换相互作用模型解释了氧化锰晶体的反铁磁性。在他们的模型中，锰离子之间没有直接交换相互作用，而是通过氧离子中的电子达到交换相互作用的效果。

1.5.5　亚铁磁性

反铁磁体中的相邻原子磁矩的大小相同，方向相反，因此在低温下的总磁化率很小。可以把反铁磁体的晶格分为两个子晶格并嵌套在一起，而每个子晶格内的原子磁矩相同。如果不同子晶格的原子磁矩不相同，且子晶格之间存在反铁磁相互作用，那么在低温下两个子晶格中的原子磁矩方向不同，但却不能抵消，仍然会有很大的自发磁化。这种磁性材料称为亚铁磁体。图 1.5.3 给出了铁磁体、反铁磁体和亚铁磁体的磁有序排列示意图。

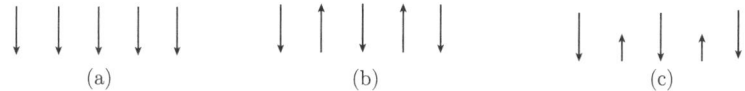

图 1.5.3　铁磁序 (a)、反铁磁序 (b) 和亚铁磁序 (c) 的原子磁矩排列示意图

1.5.6　巡游电子的磁性，斯通纳判据

在绝缘性的铁磁体和反铁磁体中电子是通过海森伯交换相互作用引起磁性的。而过渡金属中电子是在整个金属中流动的，那么如何理解这些金属铁磁性的来源？斯通纳 (Stoner) 由常用的 Hubbard 模型出发，应用平均场理论给出了由顺磁性转变为铁磁性的简单判据，即斯通纳判据。此处对斯通纳判据做一简单推导。

二次量子化形式的 Hubbard 哈密顿量写作

$$H = -\sum_{\langle \vec{r},\vec{r}'\rangle;\sigma} t(C_\sigma^+(\vec{r})C_\sigma(\vec{r}') + \text{h.c.}) + U\sum_{\vec{r}} n_\uparrow(\vec{r})n_\downarrow(\vec{r}) \tag{1.5.10}$$

而自旋算符定义为

$$\vec{S}(\vec{r}) = \frac{\hbar}{2}\sum_{\sigma,\sigma'} C_\sigma^+(\vec{r})\vec{\tau}_{\sigma\sigma'} C_{\sigma'}(\vec{r}) \tag{1.5.11}$$

其中，$\vec{\tau}$ 的分量为泡利矩阵。因此，哈密顿量 (1.5.10) 化为

$$H = -\sum_{\langle \vec{r},\vec{r}'\rangle;\sigma} t(C_\sigma^+(\vec{r})C_\sigma(\vec{r}') + \text{h.c.}) - \frac{2}{3}U\sum_{\vec{r}}(\vec{S}(\vec{r}))^2 + \frac{N_e U}{6} \tag{1.5.12}$$

其中，最后一项为常数，可以略去。这个哈密顿量严格求解是很困难的。斯通纳应用平均场理论对此哈密顿量做了求解。应用 Hatree-Fock 平均场理论，$\vec{S} = \langle \vec{S}\rangle + (\vec{S} - \langle \vec{S}\rangle)$，略去涨落 $(\vec{S} - \langle \vec{S}\rangle)$ 的二次项，得

$$\vec{S}^2 = \langle \vec{S}\rangle^2 + 2\langle \vec{S}\rangle \cdot (\vec{S} - \langle \vec{S}\rangle) \tag{1.5.13}$$

令场 $\vec{M} \equiv -4U\langle \vec{S}\rangle/3$，则哈密顿量 (1.5.12) 化为

$$H_{\text{MF}} = -\sum_{\langle \vec{r},\vec{r}'\rangle;\sigma} t(C_\sigma^+(\vec{r})C_\sigma(\vec{r}') + \text{h.c.})$$

$$+ \frac{3}{8U}\sum_{\vec{r}} \vec{M}^2(\vec{r}) + \sum_{\vec{r}} \vec{M}(\vec{r})\cdot \vec{S}(\vec{r}) \tag{1.5.14}$$

在 Hatree-Fock 平均场理论中，用一个静态的、时间无关的场 $\vec{M}_0$ 代替 $\vec{M}$。若在 Fourier 空间中讨论，则

$$\vec{M}(\vec{r}) = \int \frac{\mathrm{d}^3 k}{(2\pi)^3} e^{i\vec{k}\cdot\vec{r}} \vec{M}(\vec{k}) \tag{1.5.15}$$

其中，$\vec{M}(\vec{k}) = \vec{M}_0 (2\pi)^3 \delta(\vec{k})$。那么，哈密顿量表示为

$$H_{\text{MF}} = \frac{3}{8U} V \vec{M}_0^2 + V\int \frac{\mathrm{d}^3\vec{k}}{(2\pi)^3}\left(\varepsilon(\vec{k}) C_\sigma^+(\vec{k}) C_\sigma(\vec{k}) + C_\sigma^+ \frac{\vec{\tau}_{\sigma\sigma'}}{2} C_{\sigma'}'\cdot \vec{M}_0\right) \tag{1.5.16}$$

其中，V 为体积。由于场 $\vec{M}_0$ 的方向是任意的，可以选取 $\vec{M}_0$ 的方向为 z 轴方向，简化上式，

$$H_{\text{MF}} = \frac{3}{8U} V \vec{M}_0^2 + V\int \frac{\mathrm{d}^3\vec{k}}{(2\pi)^3}$$

$$\cdot \left[\left(\varepsilon(\vec{k}) + |\vec{M}_0|/2 \right) n_\uparrow(\vec{k}) + \left(\varepsilon(\vec{k}) - |\vec{M}_0|/2 \right) n_\downarrow(\vec{k}) \right] \quad (1.5.16')$$

其中的积分项表明, 在场 $\vec{M}_0$ 不为零时, 自旋向上的电子数目多。减少自旋向上的电子数目, 将会减少电子的总能量。考虑实际存在的一个多电子态, $N_\uparrow, N_\downarrow$ 分别为自旋向上和自旋向下的电子数目, $\varepsilon_\uparrow, \varepsilon_\downarrow$ 分别为自旋向上和向下电子的费米面能量, $\rho(\varepsilon)$ 为总态密度, 带底能量为 ε_0, 化学势为 μ, 则单位体积的总能量为

$$E = \frac{3}{8U} M_0^2 + \int_{\varepsilon_0}^{\varepsilon_\uparrow} \mathrm{d}\varepsilon \cdot \rho(\varepsilon)(\varepsilon + M_0/2)$$
$$+ \int_{\varepsilon_0}^{\varepsilon_\downarrow} \mathrm{d}\varepsilon \cdot \rho(\varepsilon)(\varepsilon - M_0/2) + \mu \left(\int_{\varepsilon_0}^{\varepsilon_\uparrow} \rho(\varepsilon)\mathrm{d}\varepsilon + \int_{\varepsilon_0}^{\varepsilon_\downarrow} \rho(\varepsilon)\mathrm{d}\varepsilon \right) \quad (1.5.17)$$

其中, 最后一项来自于总电子数守恒 (Lagrange 乘子)。

基态能量对应于能量最低的态, 相应的, E 是各参数 $\mu, M_0, \varepsilon_\uparrow, \varepsilon_\downarrow$ 的极值, 即

$$\frac{\partial E}{\partial \mu} = \frac{N}{V}, \quad \frac{\partial E}{\partial |\vec{M}_0|} = 0, \quad \frac{\partial E}{\partial \varepsilon_\uparrow} = 0, \quad \frac{\partial E}{\partial \varepsilon_\downarrow} = 0$$

因此得

$$\varepsilon_\downarrow - \varepsilon_\uparrow = \frac{2U}{3} \int_{\varepsilon_\uparrow}^{\varepsilon_\downarrow} \rho(\varepsilon)\mathrm{d}\varepsilon \quad (1.5.18a)$$

$$\frac{N}{V} = 2\int_{\varepsilon_0}^{\varepsilon_\uparrow} \rho(\varepsilon)\mathrm{d}\varepsilon + \int_{\varepsilon_\uparrow}^{\varepsilon_\downarrow} \rho(\varepsilon)\mathrm{d}\varepsilon \quad (1.5.18b)$$

求解方程组 (1.5.18) 可以得到整个问题的解, 严格求解困难, 一般需要数值计算。但是, 可以对方程进行一些分析得到解的信息。把第一式作变量代换

$$x = \frac{2U}{3} \int_0^x \mathrm{d}\varepsilon \cdot \rho(\varepsilon + \varepsilon_\uparrow) \quad (1.5.19)$$

可以用图解法求解。$x = 0$ 是方程的一个解, 另外, 由于上式两边都是单调上升的, 存在一个 U_c, 当 $U > U_c$ 时有另外一个解, 对应于铁磁相。U_c 可以通过比较两边在 $x = 0$ 处的斜率得到。将上式两边在 $x = 0$ 处求导得到

$$1 = \frac{2U_c}{3} \rho(\bar{\varepsilon}_\uparrow) \quad (1.5.20)$$

其中的 $\bar{\varepsilon}_\uparrow$ 由 (1.5.18) 第二式得到。这就是斯通纳判据。此判据表明, 在 $U > U_c$ 时, 铁磁相是系统的基态。

1.6 固体的维度效应

从量子力学可知, 受限体系的能级会量子化, 而限制越强, 分立能级之间的能量差越大。因此, 三维体系在某方向上受到限制时, 系统在此方向上的能谱将呈

现量子化，若限制较强，系统在此方向上基本处于基态，相当于将三维体系的一维进行限制而变成 (准) 两维。进一步对体系进行限制可以得到一维、零维体系。图 1.6.1 给出了碳元素构成的不同维度的凝聚态体系的结构。

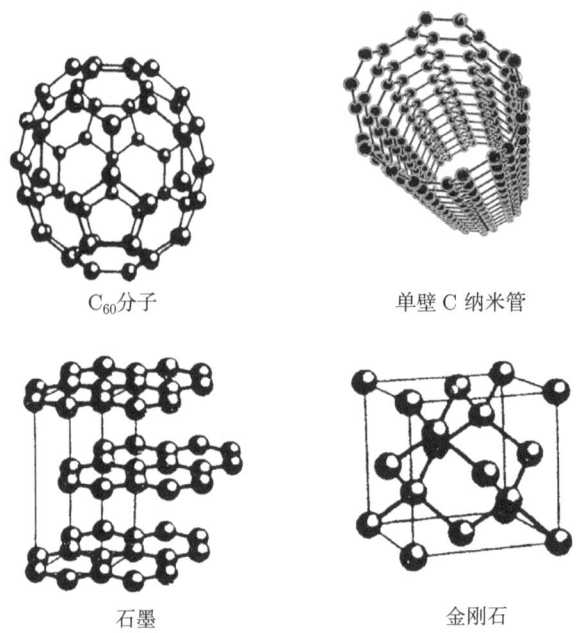

图 1.6.1 由碳原子构成的具有不同维度的凝聚态系统

一条线段是一维的，一个正方形是二维的，一个正方体是三维的。这个维度的确切值可以通过等份分割来给出。例如，我们将这三个几何图形分成等大的小部分，而小部分的线度为原来图形的 1/2。这样，一条线段就会分成两个小线段，一个正方形分为 4 个小的正方形，一个正方体则分为 8 个小的正方体，即维度数 d 与分割出来的数目之间的关系为 $N(2) = 2^d$。实际的分割也可以选取任意的数值 a 而不一定是 2。所以维度数可定义为

$$d = \frac{\lg N(a)}{\lg a} \tag{1.6.1}$$

从另外一个角度，我们也可以利用几何图形的自相似性来定义维度数。取几何图形的一部分，线度为 l，其质量为 $M(l)$，当我们将其线度增大到 b 倍时，其质量 $M(bl)$ 如果是原来质量 $M(l)$ 的 K 倍 (自相似性质)，那么维度数定义为

$$d = \frac{\lg K}{\lg b} \tag{1.6.2}$$

式 (1.6.1) 和 (1.6.2) 得到的维度数是一致的。

我们遇到的大多数几何图形的维度数都是正的整数。这两个维度数的定义式可以推广到分数，用来描述一些自相似结构或者分形结构，即

$$d = \frac{\lg N(a)}{\lg a} \quad \text{或} \quad d = \frac{\lg K}{\lg b} \tag{1.6.3}$$

例如，著名的康托集结构，维度数为 $d = \lg 2/\lg 3 \approx 0.6309$。对于高分子树枝状化合物，很多时候分子结构是自相似的，利用分数维度可以较好地予以描述。

虽然低维体系可以通过高维体系受限而得到，但是维数不同，物理现象表现出很大差别。很多问题和规律只在低维体系才观察到，例如，量子霍尔效应发生在二维电子气中，而 Peierls 相变发生在一维体系中。另外，一些高维运动方程在低维下可以有解析解，这对于验证一些理论近似的有效性也具有重要的意义。

反映固体中格点和电子行为的有两个重要的物理量：布里渊区和费米面。在倒格矢空间 (或动量空间) 中格点与其他格点的连线垂直平分面即布里渊区的边界面，由这些边界面围成的最小的多面体即第一布里渊区。电子在晶格周期性势场中运动时，能量是动量的函数 $E(\vec{k})$，在动量空间 (倒格矢空间) 中，电子将从能量低的状态向高的状态逐一填充，其最大的电子能量便是费米能 E_F，于是动量空间中费米面满足的方程是

$$E(k_x, k_y, k_z) = E_\mathrm{F} \tag{1.6.4}$$

将布里渊区的边界与费米面比较一下，见表 1.6.1，可以看出对于二维和三维，平直的布里渊区边界和弯曲的费米面只能相交或相切，不能相互重合，但一维时两者有可能完全重合。这个差别使得一维体系会发生晶格扭曲，二、三维则没有。

表 1.6.1 不同维度下的布里渊区和费米面

	一维	二维	三维
布里渊区	线段	多边形	多面体
费米面	点	曲边形	曲面体的面

态密度是理解凝聚态物理维度效应的一个很好的物理量，其定义为单位能量间隔内的状态数目 $\rho(E) = \dfrac{\mathrm{d}N}{\mathrm{d}E}$。以自由电子为例，设自由电子处于三维、二维和一维下边长为 L 的盒子中，如果选取周期性边界条件，那么电子在各维度上的波矢满足 (参见 1.3.1 节)

$$k_i = \frac{2\pi}{L} n_i, \quad n_i \text{为整数}, \quad i = x, y, z \tag{1.6.5}$$

即波矢空间中 k_i 的间隔为 $2\pi/L$，那么 $\vec{k} \to \vec{k} + \mathrm{d}\vec{k}$ 的间隔内的状态数为

$$\mathrm{d}N = \begin{cases} \dfrac{L}{2\pi} \cdot \mathrm{d}k, & d=1 \\ \dfrac{L^2}{4\pi^2} \cdot 2\pi k \cdot \mathrm{d}k, & d=2 \\ \dfrac{L^3}{8\pi^3} \cdot 4\pi k^2 \cdot \mathrm{d}k, & d=3 \end{cases} \tag{1.6.6}$$

由自由电子的色散关系 $E = \dfrac{\hbar^2 k^2}{2m}$，$\mathrm{d}E = \hbar\sqrt{\dfrac{2E}{m}}\mathrm{d}k$，因此态密度为 (图 1.6.2)

$$\rho(E) = \dfrac{\mathrm{d}N}{\mathrm{d}E} = \begin{cases} \dfrac{L}{2\pi\hbar}\sqrt{\dfrac{m}{2E}} \sim 1/\sqrt{E}, & d=1 \\ \dfrac{mL^2}{2\pi\hbar^2} \sim C, & d=2 \\ \dfrac{mL^3}{2\pi^2\hbar^3}\sqrt{2mE} \sim \sqrt{E}, & d=3 \end{cases} \tag{1.6.7}$$

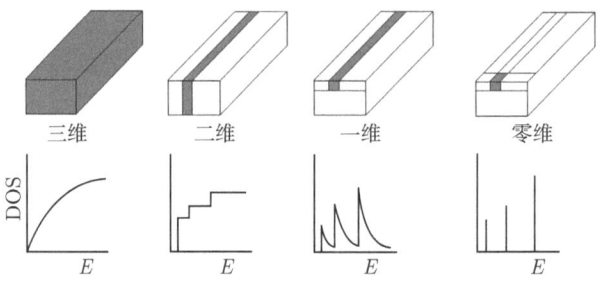

图 1.6.2 不同维度下自由粒子的态密度

在低温下，系统的性质将取决于低能热激发，在这些热激发的干扰下，体系的有序化程度将降低。因此，体系能否保持有序很大程度上依赖于低能下的态密度 $\rho(E)$。上式的三个维度下的低能态密度的差别决定了三个维度下的有序度的差别。对于三维系统，态密度正比于 $\sqrt{E}$，即 $\rho(E \to 0) \to 0$，因而在低温下状态数很少，对应于热激发引起的热起伏很小，因此易于保持有序结构，只有温度足够高的时候才能有相变发生。对于一维体系，态密度正比于 $1/\sqrt{E}$，即 $\rho(E \to 0) \to \infty$，因此无论温度多低，热激发的影响都强烈，对应一维系统在有限温度不能保持有序，相变发生在零度。二维体系的情况介于三维和一维之间，态密度是一个常数，无论在什么温度，总有热起伏存在，在热力学极限 (总面积 $L^2 \to \infty$) 下，热起伏影响被放大，有序将被破坏。因此，二维体系无长程序，但有短程序.

上面只涉及了一维、二维和三维。零维体系的能级是完全分立的，因此对应于态密度为 Dirac 函数 $\rho(E) = \delta(E - E_i)$。

除了态密度以外，还有其他的性质表现了维度效应，此处不再赘述。对不同维度下体系其他性质的讨论可参看有关参考书。

参 考 文 献

[1] 黄昆，韩汝琦. 固体物理学. 北京：高等教育出版社，1988
[2] 方俊鑫，陆栋. 固体物理学 (上，下). 上海：上海科技出版社，1981
[3] Kittel C. Introduction to Solid Sate Physics. 8th Edition. New York: John Wiley &Sons, 2005
[4] 冯端，金国钧. 凝聚态物理学 (上). 北京：高等教育出版社，2003
[5] Ashcroft N W, Mermin N D. Solid State Physics. New York: Thomson Learning, 1976
[6] Marder M P. Condensed Matter Physics. New York: John Wiley &Sons, 2000
[7] 解士杰，韩圣浩. 凝聚态物理. 济南：山东教育出版社，2001
[8] 解士杰，高琨. 低维量子物理. 济南：山东科学技术出版社，2009
[9] 阎守胜. 固体物理基础. 北京：北京大学出版社，2000
[10] 汪志诚. 热力学. 统计物理. 2 版. 北京：高等教育出版社，1993
[11] Huang K. Statistical Mechanics. 2nd Edition. New York: John Wiley &Sons, 1987
[12] Kittel C. Quantum Theory of Solids. New York: John Wiley &Sons, 1987
[13] 胡安，章维益. 固体物理学. 2 版. 北京：高等教育出版社，2005
[14] 吴代鸣. 固体物理基础. 北京：高等教育出版社，2007
[15] 庞震. 固体化学. 北京：化学工业出版社，2008
[16] 潘功配. 固体化学. 南京：南京大学出版社，2009
[17] 赵成大. 固体量子化学: 材料化学的理论基础. 北京：高等教育出版社，2003
[18] Chaikin P M, Lubensky T C. 凝聚态物理学原理. 北京：世界图书出版公司. 2001
[19] 尹道乐，尹澜. 凝聚态量子理论. 北京：北京大学出版社. 2010
[20] 李正中. 固体理论. 北京：高等教育出版社. 2002
[21] Misra P K. Physics of Condensed Matter. New York: Academic Press, 2011

第 2 章　有机固体结构

有机固体主要由碳、氢、氧、氮等元素组成，原子序数较低。与传统的无机固体不同，有机固体拥有自己独特的固体结构与性质。

有机固体物理是一个新型交叉研究领域，内容主要涉及功能有机小分子和高分子的合成、组装及其凝聚态的结构、电磁光等物理性质，以及形成的有机器件及其应用。目前，有机固体物理的具体研究内容有：有机固体和薄膜的结构、有机导体、超导体和半导体，有机材料构成的器件及其电磁光特性，其中有机半导体性质是有机固体物理研究的核心内容。近年来对生物大分子及生物组织中神经传递、脑记忆及信息处理等的研究往往与基于有机固体的功能材料的基本性质有关，因此，有机固体的研究可能会有助于阐明生物体系中的能量传递和信息处理的机理。

一百年来，有机材料研究成果不断出现，由此推动了有机化学和有机物理的发展。下面列举与此相关的诺贝尔奖成果。

1912 年，诺贝尔化学奖授予法国化学家 V. Grignard。他发现了金属镁与许多卤代烃的醚溶液反应，生成了一类有机合成的中间体——有机金属镁化合物，即格氏试剂。

1950 年，O. Diels 和 K. Alder 实现双烯合成，共轭二烯烃可以和某些具有碳—碳双键的不饱和化合物进行 1,4-加成反应，生成环状化合物，这个反应叫做双烯合成。

1979 年，H. C. Brown 和 G. Wittig 在有机合成中利用了硼和磷的化合物。Wittig 在进行羰基与有机磷化合物之间化学反应的研究时，羰基化合物中的氧原子被有机磷试剂中的次烷基取代，生成烯烃；Brown 则发明了著名的硼氢反应。

1996 年，H. W. Kroto, R. E. Smalley 和 R. F. Carl 因发现碳元素的第三种存在形式——C_{60} 获诺贝尔化学奖。

2000 年，A. J. Heeger, A. G. MacDiarmid 和 H. Shirakawa 因合成导电塑料——聚乙炔，由此开辟了有机固体新领域而分享了 2000 年诺贝尔化学奖。

2010 年，R. F. Heck, E. Negishi 和 A. Suzuki 共同获得诺贝尔化学奖。他们在有机物合成过程中利用钯催化交叉偶联 (碳原子在钯原子上 "相遇")，继而发生化学反应，生成有机分子，从而为化学家合成复杂化合物提供了 "精致工具"。

2010 年，诺贝尔物理学奖获得者为 A. Geim 和 K. Novoselov，因为他们在 2004 年制成石墨烯材料。石墨烯是目前已知材料中最薄的一种，被普遍认为会成为硅的替代者，从而引发电子工业的再次革命。

现在人们对有机固体的兴趣愈发浓厚，这主要是源于它们丰富的功能特性。第一个有机导体——TTF-TCNQ 合成于 1970 年，随后 Heeger，MacDiarmid 以及 Shirakawa 在有机聚合物方面的开创性工作，逐步揭开了有机固体蕴藏的电、磁、光特性的神秘面纱。本书将从这一章开始逐步描述有机固体的结构和性质。表 2.1 和图 2.1 分别给出了有机与无机材料的一些基本特征和性质，从中可以看出二者的差异。后面的章节中，我们将主要介绍这些差异。

表 2.1　有机与无机功能材料 (半导体) 的基本特征

特征	有机固体	无机固体
形成晶体的相互作用	范德瓦耳斯力 ($10^{-3} \sim 10^{-2}$eV)	共价相互作用 (2~4eV)
电子-晶格相互作用	强	弱
载流子及其传输机制	极化子，双极化子，跃迁机制	电子，空穴，能带机制
迁移率/[cm^2/(V·s)]	$10^{-5} \sim 1$	100~10000
激子类型	Frenkel	Wannier
激子束缚能	1eV	10meV
自旋-轨道耦合	弱	强

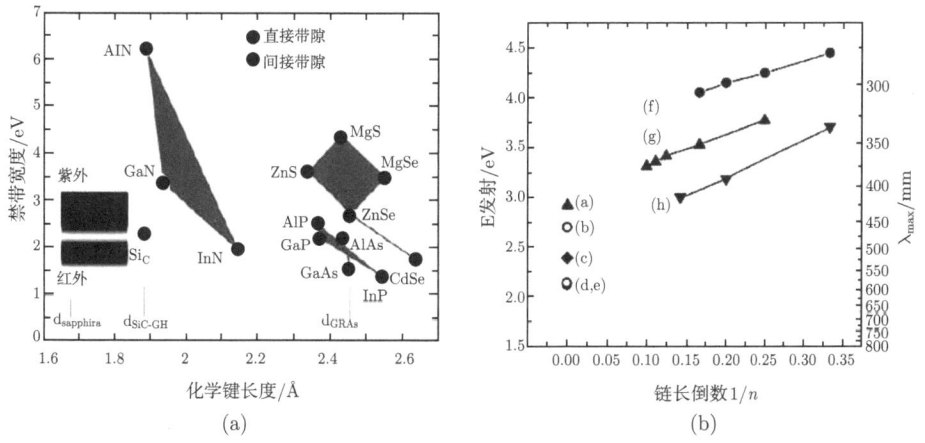

图 2.1　无机与有机半导体的带结构和键长 (聚合物链长)
(a) 无机半导体; (b) 有机分子固体的发射光谱峰值，其中 (i)PHP; (ii)m-LPPP; (iii)BuEH-PPV;
(iv)BEH-PPV; (v)MeH-PPV; (vi)PPP; (vii)PTHP; (vii)LPPP

2.1　碳原子成键理论

碳原子的原子序数为 6，有 6 个核外电子，分别占据 $1s^2, 2s^2$ 和 $2p^2$ 原子轨道。其中，$1s^2$ 轨道能容纳 2 个电子，其能量比其他两个轨道上的电子能量低很多，通常将这两个电子视为内核电子，或与原子核一起视为原子实，一般不受附近原子实的影响。在碳原子实外围的 4 个电子主量子数都为 2，形成晶体时它们形成 $2s$，$2p_x$，$2p_y$ 和 $2p_z$ 轨道，这些轨道及其不同的杂化，对碳材料的结构和性能起着至关重要的作用。

价键理论认为，两个原子各有未成对电子且自旋方向相反，则这两个单电子可以通过原子轨道重叠而配成一对形成共价键。轨道重叠后，电子密度更多地集中在重叠范围内，即两个原子核间，同时吸引着两个原子核，并且屏蔽两原子核间的斥力，于是两个原子结合在一起形成共价键。轨道重叠或电子配对后，体系能量降低，所以是一种稳定的结合。形成共价键时轨道要实现最大重叠，原子轨道在空间伸展方向不同，电子云密度不同。要实现最大重叠，只有在原子轨道的一定方向上即电子密度最大的地方重叠，所以共价键具有方向性。

共价键有两种类型，即σ键和π键。原子轨道重叠时，若从轨道对称轴的方向重叠，重叠部分对称于键轴，形成的键称为σ键，这是一种"头对头"重叠成键。如两个 p 轨道的轴互相平行，其节面又互相重合，则两个 p 轨道可以从侧面重叠，这样形成的键称为π键，这是一种"肩并肩"重叠成键，如图 2.1.1 所示。

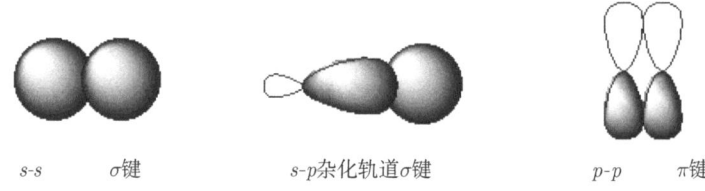

图 2.1.1 σ键和π键示意图

所谓轨道杂化，是指不同轨道的电子能量差别相对于形成共价键所获得的能量要小得多，因而容易互混。在碳原子中，由 $2s$ 和 $2p$ 电子轨道杂化而成的新轨道，可按照 $2p$ 电子贡献的大小，分为 sp，sp^2 和 sp^3 三种。

在 sp 杂化中，1 个 s 轨道与 1 个 p 轨道混合 (图 2.1.2)，其余 2 个 p 轨道不变。这样形成的两个新轨道的夹角是 180°，由 sp 杂化构成的分子多为直线型的，如 C_2H_2。在这种分子中，相邻的两个碳原子的杂化轨道相互指向，形成很强的共价键，也叫σ键。在垂直于轴向的另外两个方向，每个碳原子还各有一个 p 轨道电子，它们分别形成较弱的π键，因而得到碳原子间的三键。

在 sp^2 杂化中，1 个 s 轨道与 2 个 p 轨道混合形成 3 个杂化轨道，它们之间的夹角为 120° 并且位于同一平面内 (图 2.1.2)。在此平面之外，还有一个不受影响的 p_z 轨道，与这三个杂化轨道正交。sp^2 杂化的典型代表为聚乙炔和石墨烯，所有的碳原子都位于一个平面内，且相邻碳原子间的夹角为 120°，每个碳原子还有一个

垂直于次面的 π 键。

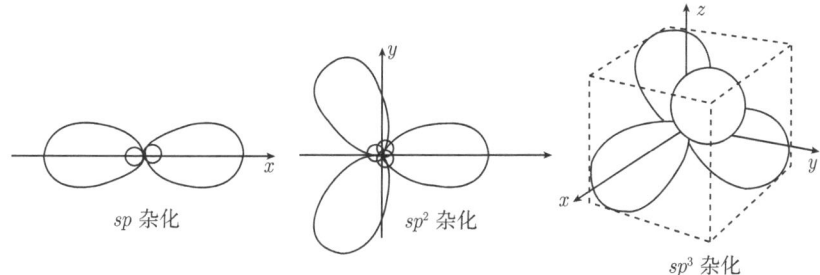

图 2.1.2　sp 轨道杂化键位示意图

sp^3 杂化是将 1 个 s 轨道与 3 个 p 轨道混合起来, 组成 4 个等价的杂化轨道 (图 2.1.2)。各轨道之间的夹角约为 $109°$, 在空间呈四面体排布。这样的空间结构形成的化合物结构稳定, 简单的例如甲烷分子 (CH_4) 和金刚石。sp^3 杂化轨道能级分布及其电子占据情况如图 2.1.3 所示。

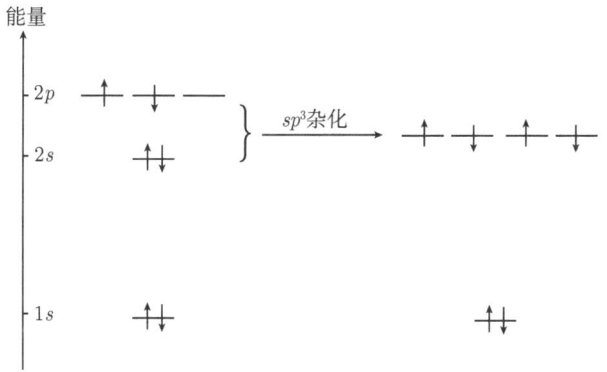

图 2.1.3　sp^3 轨道杂化能级及电子占据示意图

具有方向性的杂化轨道, 使得由不同杂化轨道构成的体系具有各自的几何结构。在这种特定的几何结构中, 相邻原子间的杂化轨道可以达到最大程度的重叠, 有利于形成稳定的结构。例如, sp^3 杂化容易形成稳定的空间四面体结构, 使得金刚石具有极强的化学稳定性和极高的物理硬度。而 sp^2 杂化容易形成层状结构, $120°$ 的夹角使之结合成平面六角网络结构, 例如, 石墨烯。这样, 碳原子的这些不同杂化方式, 造就了多种多样的碳单质, 也赋予不同的碳单质特异的物理、化学性质。聚乙炔等高分子中, 碳原子中的三个电子局域在 σ 轨道上, 另外一个电子在离域的 p_z 轨道上巡游, 邻近的碳原子的 p_z 轨道相互重叠形成大 π 键结构。由于 π 电子的巡游性, 有机分子具有了导电性, 并且丰富了有机分子的光学和磁学性质。

2.2 分子间的相互作用

有机固体既包括有机分子通过相互作用形成的固体 (或薄膜)，也包括有机-无机复合材料。而分子间的键主要是范德瓦耳斯键，还可以包括更强的氢键。

范德瓦耳斯键是通过范德瓦耳斯力形成的键结构。范德瓦耳斯力是原子 (如惰性气体原子) 或分子之间的偶极相互作用，细分起来这种相互作用可包含静电力、诱导力和色散力。极性分子之间的偶极相互作用产生静电力，静电力的大小与分子偶极的大小和定向程度有关。定向程度高则静电力大，而热运动往往使偶极的定向程度降低，所以随着温度的升高，静电力将减小。静电力与分子间距离的六次方成反比。偶极矩分别为 p_1 和 p_2 的两种极性分子，如果分子间距离为 r，计入温度效应后则其相互作用能为

$$E_\mathrm{S} = -\frac{2}{3}\frac{p_1^2 p_2^2}{r^6 k_\mathrm{B} T} \tag{2.2.1}$$

式中，k_B 是玻尔兹曼常数，T 是温度。对于同类分子 $p_1 = p_2 = p$，

$$E_\mathrm{S} = -\frac{2}{3}\frac{p^4}{r^6 k_\mathrm{B} T} \tag{2.2.2}$$

静电力的作用能量一般在 $13\sim 21\mathrm{kJ/mol}$。极性高聚物如聚氯乙烯、聚甲基丙烯酸甲酯、聚乙烯醇等的分子间作用力主要是静电力。

诱导力是极性分子的永久偶极与它在其他分子上引起的诱导偶极之间的相互作用力。在极性分子的周围存在分子电场，其他分子，不管是极性分子，还是非极性分子，与极性分子靠近时，都将受到其分子电场的作用而产生诱导偶极，因此诱导力不仅存在于极性分子与非极性分子之间，也存在于极性分子与极性分子之间。对于偶极矩分别为 p_1 和 p_2，分子极化率分别为 α_1 和 α_2 的两种分子，如果分子间距离为 r，则其相互作用能为

$$E_\mathrm{I} = -\frac{(\alpha_1 p_2^2 + \alpha_2 p_1^2)}{r^6} \tag{2.2.3}$$

对于同类分子，$p_1 = p_2 = p$，$\alpha_1 = \alpha_2 = \alpha$，则

$$E_\mathrm{I} = -\frac{2\alpha p^2}{r^6} \tag{2.2.4}$$

诱导力的作用能一般在 $6\sim 13\mathrm{kJ/mol}$。

色散力是分子瞬时偶极之间的相互作用力。在一切分子中，电子在诸原子周围不停地旋转着，原子核也在不停地振动着，在某一瞬间，分子的正、负电荷中心不重合，便产生瞬时偶极。因此色散力存在于一切极性和非极性分子中，是范德瓦耳斯力中最普遍的一种。色散力的作用能与分子的电离能 I、分子极化率 α 和分子间距离 r 有关。

$$E_{\mathrm{L}} = -\frac{3}{2}\left(\frac{I_1 I_2}{I_1 + I_2}\right)\left(\frac{\alpha_1 \alpha_2}{r^6}\right) \tag{2.2.5}$$

对于同类分子,简化为

$$E_{\mathrm{L}} = -\frac{3}{4}\frac{I\alpha^2}{r^6} \tag{2.2.6}$$

色散力的作用能一般在 0.8~8kJ/mol。聚乙烯、聚丙烯、聚苯乙烯等非极性高聚物中的分子间作用力主要是色散力。

以上三种力统称为范德瓦耳斯力,是永久存在于一切分子之间的一种吸引力。这种力没有方向性和饱和性。作用范围小于 1nm(几个 Å),作用能比化学键能小 1~2 个数量级。三种力所占的比例视分子的极性和变形性而定。

氢键是极性很强的 x—H 键上的氢原子与另外一个键上电负性很大的原子 Y 上的孤对电子相互吸引而形成的一种键 (x—H···Y)。由于 x—H 是极性共价键,H 原子的半径很小,约 0.03nm,又没有内层电子,可以允许带有多余负电荷的 Y 原子来充分接近它,但是 Y 原子只能有一个,如果另有一个 Y 原子来接近它们,则它受到 x 和 Y 的排斥力将超过受到 H 的吸引力,因而氢键有饱和性。为了使 Y 原子与 x—H 之间的相互作用最强烈,要求 Y 的孤对电子云的对称轴尽可能与 x—H 键的方向相一致,因而氢键又具有方向性。从这两点来看,氢键与普通化学键 (见 1.1.2 节) 相似,可是氢键的键能比普通化学键能小很多,每摩尔不超过 40kJ,与范德瓦耳斯力的数量级相同,所以通常说氢键是一种强力的有方向性的分子间作用力。氢键的强弱取决于 x、Y 的电负性大小和 Y 的半径,x、Y 的电负性越大 (注意,x 的电负性在很大程度上与其相邻的原子有关),Y 的半径越小,则氢键越强。

氢键可以在分子间形成。例如,极性的液体水、醇、氢氟酸和有机酸等都有分子间的氢键,在极性的高聚物如聚酰胺、纤维素、蛋白质等中,也都有分子间的氢键。氢键也可以在分子内形成。例如,邻羟基苯甲酸、邻硝基苯酚和纤维素等,都存在内氢键。DNA 中的 A—T 基对和 G—C 基对也分别靠氢键耦合在一起。

分子间作用力对物质的许多物理性质有重要的影响。例如,沸点、熔点、汽化热、熔融热、溶解度、黏度和强度等都直接与分子间作用力的大小有关。在高聚物中,由于分子量很大,分子链很长,分子间的作用力可以很大。高分子的聚集态只有固态 (晶态和非晶态) 和液态,没有气态,说明高分子的分子间力超过了组成它的化学键的键能。因此,在高聚物中,分子间作用力起着重要作用。

2.3 有机小分子

1986 年邓青云等首次合成有机光伏电池,其中所用的两种有机半导体材料——酞菁铜和花二酰亚胺,都属于小分子有机半导体,前者为电子给体 (donor, p 型), 而后者为电子受体 (acceptor, n 型)。小分子有机半导体包括碳氢化合物和带有杂原子的化合物两类。目前研究和应用最为广泛的碳氢化合物小分子多为芳烃类,如萘、蒽、并苯以及红荧烯等, 也可扩展到石墨烯以及 C_{60} 等。小分子化合物通常熔点较高, 可通过真空沉积方法来制备有序薄膜。随着化合物 π 轨道共轭程度的增加, 其光学性能会发生改变, 如吸收光谱的红移。因此, 通过调整共轭度, 小分子的功能特性会得到改变。图 2.3.1 给出了不同苯环数量的芳烃化合物的吸收光谱。

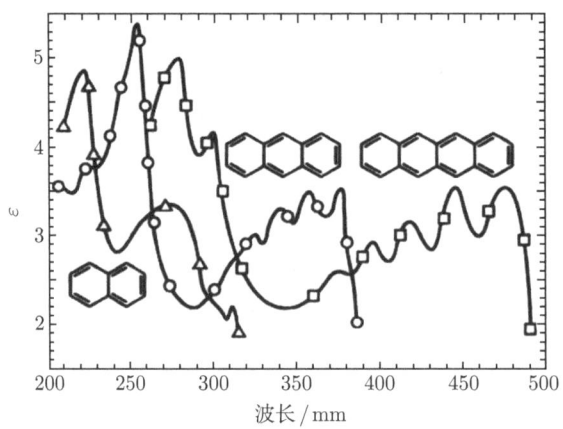

图 2.3.1 不同芳烃化合物的吸收光谱

在小分子碳氢化合物中, 并五苯 (其分子结构如图 2.3.2(a) 所示) 的迁移率非常高, 达到 $1.5 \text{cm}^2/(\text{V}\cdot\text{s})$, 而其单晶的迁移率更是高达 $40 \text{cm}^2/(\text{V}\cdot\text{s})$。并五苯在有机场效应管 (OFET) 中的优异表现, 使之成为小分子有机半导体材料的佼佼者, 受到广泛重视。

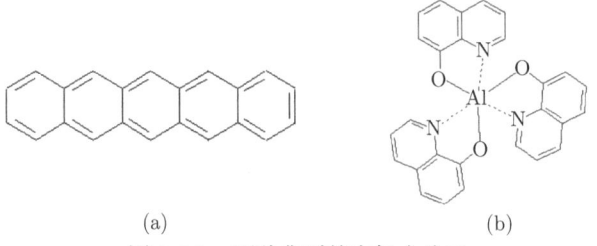

图 2.3.2 两种典型的有机小分子
(a) 并五苯; (b) Alq_3

三 (8-羟基喹啉) 铝 (Alq_3) 是带有杂原子的有机半导体化合物的典型代表, 其结构如图 2.3.2(b) 所示。Alq_3 具有 n 型半导体特征。一般来说, 多数有机半导体材料是 p 型的。因为碳氢类 π 共轭的高分子材料溶解性很差, 往往需要在其芳香环上连接烷氧基长链, 如 MEH-PPV 就是在 PPV 的苯环上连有甲氧基以及乙氧基等。这些基团的引入，在改善材料溶解性能的同时，也因其所具有的强烈的失去电子的能力，使材料呈现出 p 型特征。因此，发展 n 型有机半导体材料，就显得非常重要。

2.3.1 小分子的合成

有机合成通常是指从元素、简单无机物或有机物出发通过单元化学反应制备比较复杂的有机物质的过程，有时也包括从复杂原料降解为较简单化合物的过程，是有机化学的重要组成部分，也是建立有机化学工业的基础。

由于有机化合物的各种特点，尤其是碳与碳之间以共价键相连，有机合成比较困难，通常要用加热、光照、加催化剂、加有机溶剂甚至加压等反应条件。1828 年 F. Wöhler 用人工方法由无机物氰酸铵合成了尿素，数年之后 A. Kolbe 又合成了乙酸，从此有机合成化学获得迅速发展。现绝大多数已知结构的有机物如橡胶、树脂、燃料、染料、药物等都能通过合成方法制得。天然燃料 (天然气、石油、煤)、农林产物及副产物 (油脂、松节油、棉壳等) 及无机原料 (水、空气、食盐、石灰石、一氧化碳、二氧化碳等) 都可成为有机合成的基本原料。合成过程中经常采用的单元反应有氧化和脱氢，还原和氢化，酰化和醋化，重氮化和耦合、卤化、硝化、磺化、胺化、缩合、聚合等。现代有机合成包括合成新的化合物和特殊性能的材料两方面。

为了创造复杂化学物质 (如碳基分子)，人们需要将碳原子连接在一起。然而，碳是稳定的，碳原子彼此间不易起反应。因此，人们最初使用的绑定碳原子的方法是基于多种可使碳更加具有活性的技术。这些方法在制造单个分子时很有效，但当合成更复杂的分子时，往往会在试管中得到许多不必要的副产品。Heck, Negishi 和 Suzuki 在有机物合成过程中利用钯催化交叉偶联 (碳原子在钯原子上 "相遇")，继而发生化学反应，生成有机分子，这个问题得到了解决。

功能小分子中，并五苯是目前广泛使用的一种材料，主要用于有机薄膜晶体管的制备，在微电子领域，并五苯是一种很有前景的有机化合物。采用路易斯酸催化的 Diels-Alder 反应，可在温和的条件下，实现亲双烯化合物的加成反应，由此获得并五苯前体化合物。该前体化合物可溶于氯代有机溶剂中，涂布所得薄膜可在 120~160℃ 通过逆向的 Diels-Alder 反应，回到并五苯。再经过 200℃ 退火，所得薄膜样品的迁移率约为 $0.4\text{cm}^2/(\text{V·s})$。由于并五苯不溶于有机溶剂，目前并五苯要想制备成薄膜晶体管，必须采用气相沉积来成膜。将有机分子在高温的腔室内升华，从腔外注入热的惰性传输气体，惰性气体把有机蒸气分子传输到较冷的旋转基片上，有机气体遇冷沉积成薄膜。目前并五苯合成的研究重点放在开发可溶并五苯前驱体上，通过溶解成膜，然后前驱体分解，最终制备出性能优良的并五苯薄膜，这种技术大大加快了并五苯的应用速度，未来由并五苯所构成的薄膜显示系统终将会逐渐取代目前的硅体系。

Alq$_3$ 这种常用的功能小分子材料,其分子结构如图 2.3.2(b) 所示。Alq$_3$ 通常的制备方法为水–乙醇体系中的化学沉淀法。过程如下,称取一定质量的 Al$_2$(SO$_4$)$_3$·18H$_2$O 溶于蒸馏水中,磁力搅拌并加热至 60°C;按化学式计量比称取 8-羟基喹啉 (HQ),加入无水乙醇,搅拌使其充分溶解;将两者混合均匀后用 1:10 的氨水调解 pH 值,持续搅拌一定的时间,使生成物沉淀。将沉淀物反复水洗 5 次,在 150° 下真空干燥 2 小时,即得到草绿色的样品。

2.3.2 小分子的基本化学性质

小分子的种类很多,不同的有机小分子性质各不相同。有机小分子也有其共性,一般有机小分子具有可燃、不耐热、不易溶解于水的性质,进行化学反应时速度较慢,反应情况复杂,副反应多等。以下分别简述有机小分子的这些性质。

1. 有机小分子的可燃性

几乎所有有机小分子都可以燃烧。汽油、棉花、油脂、酒精都是明显的例子。多数无机化合物如酸、碱、盐、氧化物则不能燃烧。因此,检查物质能否燃烧,是初步区别无机物和有机物的方法之一。

2. 有机小分子的耐热性

有机小分子一般都不耐热。有机小分子的熔点、沸点都比较低,多数有机小分子受热易分解。固态有机物如尿素的熔点为 135°C,无水葡萄糖的熔点为 146°C,即使熔点比较高的有机物也很少超过 400°C。有些有机物受热时,温度略高就有分解现象发生。液态的有机物的沸点也较低,例如,酒精的沸点为 78.5°C,醋酸的沸点为 117.9°C,有些沸点比较高的有机物加热到沸腾温度时,往往也发生分解。

3. 有机小分子的溶解性

很多有机小分子难溶于水,但能溶于有机溶剂,常见的有机溶剂有酒精、乙醚、氯仿、丙酮、苯等。诸如乙炔可溶于丙酮,油脂可溶于氯仿等。也有些有机物如葡萄糖、尿素等也易溶于水。要指出的是很多有机物溶于水后,不电离成正、负离子,它们多数是非电解质。

4. 有机小分子的反应性

有机小分子进行化学反应时,反应速度一般较慢,不像很多无机化合物在溶液中进行的反应,瞬时就可完成。有机化学反应经常需要几小时、几天以至几年才能完成。日常生活中如橡胶老化、桐油变干、油脂变质、牛奶变酸、陈酒变香这些有机化学反应都进行得很慢。有机小分子进行化学反应的另一特点是反应复杂,副反应多,而且温度、压力、催化剂等反应条件的改变,生成的产物也会不同。由于有机化学反应速度较慢,反应复杂,产率较低,因此在有机化学中经常要研究如何加快反应速度,提高产率,分离提纯以及副产品的综合利用等问题。

应当指出,也有不少有机小分子并不具有这些共同性质。例如,四氯化碳不仅不易燃烧,而且可用做灭火剂;醋酸不仅可以溶于水,而且能够电离;石油裂解反应不仅不慢,而且可以瞬时完成,等等。

2.4 导电高分子

具有四面体构型的 sp^3 杂化碳结构形成了传统的"塑料"。如最简单而又最基本的饱和聚合物——聚乙烯中碳的价电子全是饱和的,每个单元含有两个碳—碳和两个碳—氢共价键 (σ键),如图 2.4.1 所示,所有电子都形成稳定的键结构,无离域电子 (π键) 存在,是绝缘体。饱和聚合物既是柔性的,又是透明的。它们通常具有较低的熔点,容易被挤压和注射成形,因此广泛地应用于人类生活的各个方面。这类材料也可以制成无定形材料 (低成本塑料),或通过凝胶过程加工成高分子链定向延伸的高强度材料。只要排列得足够有序,材料的极限拉伸强度可以接近碳—碳共价键的键能,因此,高度定向排列的聚乙烯可用于制造高强度的防弹衣。

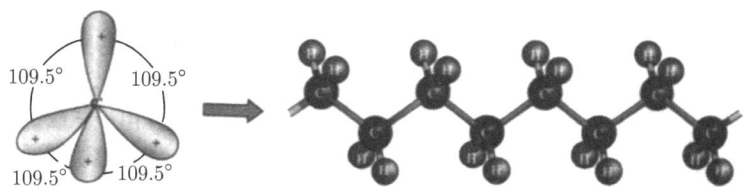

图 2.4.1　sp^3 杂化与聚乙烯结构示意图

与聚乙烯完全不同,共轭聚合物由 sp^2 杂化构成,聚乙炔是最简单的共轭聚合物高分子,如图 2.4.2 所示。三个共面的 σ 键构成了骨架,其中两个分别与相邻的碳原子连接,而第三个 σ 键与一个氢原子连接。第四个电子占据 p_z 轨道,垂直于三个 σ 键所构成的平面,它是共轭聚合物呈现电磁光功能性的物理基础。后面我们还会对聚乙炔等共轭高分子的合成及性质给予详细描述。

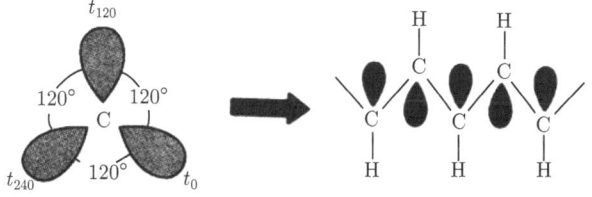

图 2.4.2　sp^2 杂化与聚乙炔结构示意图

2.4.1 高分子的合成

高分子可以通过小分子聚合而成,因而其行为也是小分子的行为在分子量很大时的延续。由小分子合成高分子的反应称为聚合反应,能够发生聚合反应的小分子称为单体。并非所有的小分子都能发生聚合反应。

从高分子科学发展的初期发现: α-烯烃 (双键在分子一端的烯烃)、共轭双烯烃可以通过加成反应生成相对分子质量高的聚合物;二元羧酸与二元胺、二元醇可以通过缩合反应生成相对分子质量高的聚合物。因此,将聚合反应按单体和高分子材料在组成和结构上发生的变化分类,聚合反应分成两大类:①单体因加成而聚合起来的反应称为加聚反应,加聚反应的产物称为加聚物,加聚物的化学组成与其单体相同,仅仅是电子结构有所改变。加聚物的相对分子质量是单体相对分子质量的整数倍。②单体因缩合而聚合起来的反应称为缩聚反应,其主产物称为缩聚物。缩聚反应往往是官能团间的反应,除形成缩聚物外,根据官能团种类的不同,还有水、醇、氨或氯化氢等低分子副产物产生。由于低分子副产物的析出,缩聚物结构单元要比单体少若干原子,其相对分子质量不再是单体相对分子质量的整数倍。大部分缩聚物是杂链高分子材料,分子链中留有官能团的结构特征,如酰胺键—NHCO—、酯键—OCO—、醚键 —O— 等。因此,容易被水、醇、酸等药品所水解、醇解和酸解。随着高分子化学的发展,陆续出现了许多新的聚合反应,如开环聚合、氢转移聚合、氧化聚合等。

不同的聚合反应遵循不同的反应规律,从 20 世纪 70 年代开始,按聚合机理或动力学将聚合反应分成链式聚合和逐步聚合两大类。

1. 链式聚合反应的特征

整个聚合过程由链引发、链增长、链终止等几步基元反应组成,体系始终由单体、相对分子质量高的高分子和微量引发剂组成,没有相对分子质量递增的中间产物。随聚合时间延长,高分子物质的生成量逐渐增加,而单体则随时间而减少。根据活性中心不同,可以将链式聚合反应分成自由基聚合、阳离子聚合、阴离子聚合和配位聚合。烯类单体的加聚反应大部分属于链式聚合反应。

2. 逐步聚合反应的特征

反应是逐步进行的。反应早期,大部分单体很快聚合成二聚体、三聚体、四聚体等低聚物 (链式聚合反应则是单体在极短的时间形成相对分子质量高的聚合物),短期内转化率很高。随后低聚物间继续反应,直至转化率很高 (>98%) 时,相对分子质量才逐渐增加到较高的数值。绝大多数缩聚反应属于逐步聚合反应。

逐步聚合单体通常是具有典型官能团的一类物质, 如—COOH、—OH、

—COOCl、—NH$_2$ 等。单烯类、共轭二烯类、炔烃、羧基化合物和一些杂环化合物通常是链式聚合单体。小分子聚合形成大分子是有机材料的重要特性。聚合过程中，材料的性质会发生根本性变化，其电子行为也会随着聚集结构的变化而显著改变，例如，分子的能隙，即最低非占据分子轨道 (LUMO) 与最高占据分子轨道 (HOMO) 能级之差，会随聚集度的增加而变小，从而会导致分子的电子光谱发生移动。图 2.4.3 给出了并芳烃化合物的离子化电位 (IE)、电子亲和能 (EA) 以及能隙随聚集度的变化。

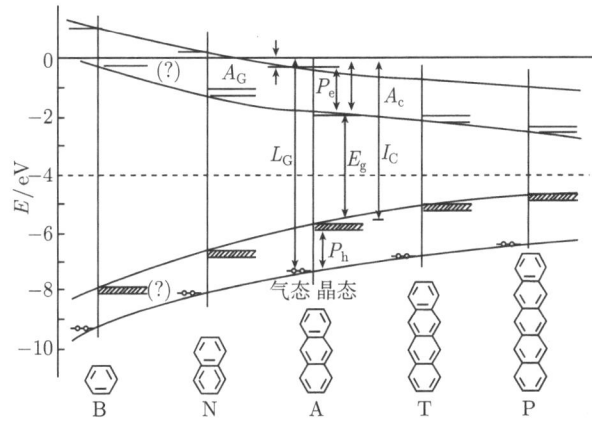

图 2.4.3　并芳烃化合物的离子化电位 (IE)、电子亲和能 (EA) 以及能隙随聚集度的变化

2.4.2　聚乙炔的合成

聚乙炔 (polyacetylene, (CH)$_x$) 是高分子聚合物的代表材料，具有线形共轭结构，最早于 1958 年由 Natta 等在正己烷中，以 Al(Et)$_3$/Ti(OPr)$_4$ 为引发体系，对乙炔进行聚合而得到。但由于所得产物对空气敏感，是不溶不熔的黑色粉末，人们对它并无太大兴趣。1970 年日本的 Shirakawa 等发展了一种简单方法，成功制备了聚乙炔薄膜。1976 年美国宾夕法尼亚大学的 MacDiarmid 教授访问日本时注意到了 Shirakawa 的工作。他们采用氧化剂，如卤素或 AsF$_5$ 等对聚乙炔进行处理，发现其电导率显著提高，从而揭开了导电高分子的序幕。下面介绍合成聚乙炔的两种主要方法，即 Shirakawa 方法和 Durhan 方法。

1. Shirakawa 方法

Shirakawa 方法实际上是 Natta 方法的延伸。反应式为

$$n\left[\text{H-C}\equiv\text{C-H}\right] \xrightarrow{\text{Al(Et)}_3/\text{Ti(O-}n\text{-Bu)}_4} \left[\text{\raisebox{0pt}{$\diagup\!\!\!\diagdown$}}\right]_{n/2}$$

在玻璃反应器内，放置少量甲苯，充以惰性气体，然后先将 Ti(O—n—Bu)$_4$ 引入，再加入 Al(Et)$_3$。其中钛的浓度约为 0.4mol/L，而 Al/Ti 的比值保持为 3.5~4.0。得到的溶液在室温下放置 45 分钟，然后冷却到 −78℃，放置在真空中进行老化。制备时，将上述溶液涂于反应器表面，然后通入气相乙炔 (压力小于 610mmHg)，于是，在器壁上立刻就有聚乙炔膜生成。进一步用甲苯或乙烷多次重复洗涤，然后用惰性气体吹干，可以制得相当纯度的聚乙炔。通过控制乙炔气的压力大小以及调节乙炔在器壁表面的暴露时间，可以获得厚度在 10^{-5} ~0.5cm 范围变化的聚乙炔膜。制备过程中还发现，如果使上述催化剂溶液在温度高于室温 20℃下放置 120 分钟，则所得聚乙炔进行碘掺杂后，材料的电导率将有很大幅度的提高。

按照上述的合成方法，所得聚乙炔主要为顺式产物。若减少 Al/Ti 的比值到 1，并省略催化剂的老化阶段，可使所得产物几乎为纯的反式结构。近年来为提高材料的电导率，对合成方法进行了改进，如在聚合前，在催化剂溶液中添加还原剂 (如正丁基锂)，可得聚乙炔电导率高达 10^5S/cm。

2. Durhan 方法

目前人们发展了很多合成聚乙炔等高分子聚合物的方法。由于聚乙炔溶熔性差，这类聚合物加工困难，因此，人们做了大量的工作，如通过高分子的化学转换等，使之成为易于加工的产物。通过聚氯乙烯的去卤化氢反应是获得聚乙炔的方法之一，但得到的产物共轭链较短，链中含有结构缺陷。利用预聚物的热转换过程也可以获得聚乙炔，采用单体 7,8-双 (三氟甲基) 三环-[4.2.2.0^{2,5}] 癸-3,7,9-三烯，当材料中存在开环转位引发剂 (如 WCl$_6$/SnMe$_4$) 时，其中的张力四元环就被打开，形成具有高分子量并可溶于通常有机溶剂中的前体聚合物。反应式如下：

该方法获得的产品易于纯化和加工，但这种预聚物在室温下可自动分解形成聚乙炔，难于存放。为此，人们采用上述原初单体的一种价键异构体——7,8-双 (三氟甲基)-五环-[6.2.2.0^{2,4}.0^{3,6}.0^{5,7}] 癸-9-烯。它类似于降冰片二烯，经光照转换而形成四环烷结构，且可在相似的条件下，形成聚乙炔，从而克服了原始单体所存在的不稳定问题。

为了获得可溶性聚乙炔，一个简单的办法是在乙炔的单体上引入取代基，如在每个乙炔单体中引入一个取代基。此方法虽可行，但所得取代聚乙炔的有效共轭长度短，产物的导电能力也大大降低。为此人们尝试在几个乙炔单体中引入一个取代

2.4 导电高分子

基,如下式所示,链上每四个烯烃中的一个连有取代基,所得产物既有可溶性,又有良好的共轭和导电性能。

2.4.3 高分子的基本化学性质

功能高分子具有丰富的电磁光特性,这也是本书的重要内容之一。本节只是简述高分子的一些基本化学和力学性质。

1. 高分子的力学性质

高分子的力学性质变化范围很大,从软的橡胶状到硬的金属状,有很好的强度、断裂伸长率、弹性、硬度、耐磨性等力学性质。高分子的比重小,其比强度可与金属相当。

高弹性和黏弹性是高分子材料最具特色的性质。迄今为止,所有材料中只有高分子材料具有高弹性。处于高弹态的橡胶类材料在小外力下就能发生 100%~1000% 的大变形,而且形变可逆,这种宝贵性质使橡胶材料成为国防和民用工业的重要战略物资。高弹性源自于柔性大分子链因单键内旋转引起的构型熵的改变,又称熵弹性。黏弹性是指高分子材料同时既具有弹性固体特性,又具有黏性流体特性,黏弹性结合产生了许多有趣的力学松弛现象,如应力松弛、蠕变、滞后损耗等行为。这些现象反映高分子运动的特点,既是研究材料结构、性能关系的关键问题,又对正确而有效地加工、使用高分子材料有重要指导意义。

2. 高分子的热性质

高分子的热性质分热塑性和热固性两类,热塑性高分子加热时在某个温度下软化(或熔解)、流动,冷却后成形;而热固性高分子加热时固化成网状结构而成形。高分子没有气相。虽然大多数高分子的单体可以汽化,但形成高分子量的聚合物后直至分解也无法汽化。因为高分子链之间还有很强的相互作用力,更难于汽化。

3. 高分子的溶解性

高分子溶解都很慢,通常要一天,甚至数天才能观察到溶解。高分子溶解的第一步是溶胀,由于高分子难以摆脱分子间相互作用而在溶剂中扩散,所以第一步总是体积较小的溶剂分子先扩散入高分子中使之胀大。如果是线形高分子,溶胀会逐渐变为溶解;如果是交联高分子,只能达到溶胀平衡而不溶解。因此一般来说,高分子有较好的抗化学性,即抗酸、抗碱和抗有机溶剂的侵蚀。

高分子的溶解性受化学结构、分子量、结晶性、支化或交联结构等的影响。总的来说有如下关系：分子量越高，溶解越难；结晶度越高，溶解越难；支化或交联程度越高，溶解越难。高分子 (包括小分子) 溶解后，可以通过旋涂方式制备有机薄膜，这是制备有机功能器件的常用手段。

2.4.4 共聚物

与只有一种单体构成的聚合物不同，许多聚合物由两种或两种以上的单体聚合而成。

两种或两种以上的单体共同参加的聚合反应，称为共聚合反应。相应地，含有两种或两种以上单体的结构单元的聚合物，称为共聚物。共聚物在性能上往往不同于一种单体构成的均聚物，而是具有两种单体均聚物共同的、综合的优越性能，甚至产生全新的聚合物品种。有人把共聚物比喻成 "聚合金"，说明共聚的结果有如金属合金化的作用。共聚物有多种形式，包括：

① **无规共聚物**。共聚物中两种单体 M_1、M_2 无规则地排列在大分子链中。

② **交替共聚物**。两种单体 M_1、M_2 交替地排列在大分子链中。

$$\sim M_1 M_2 M_1 M_2 M_1 M_2 M_1 M_2 M_1 M_2 M_1 M_2 \sim$$

③ **嵌段共聚物**。共聚物中两种单体 M_1 与 M_2 成段出现。

$$\sim M_1 M_2 M_2 M_1 M_2 M_1 M_1 M_1 M_2 M_2 M_2 M_1 M_2 \sim$$

无规共聚物虽然也可能含有较长的链段，但嵌段共聚物中，每种链段所含链节数都很大，可达几十甚至几百个。

④ **接枝共聚物**。共聚物主链由一种单体链节构成，支链由另一种链节构成。

$$\begin{array}{c} \sim M_1 M_1 M_1 M_1 M_1 M_1 M_1 M_1 M_1 M_1 M_1 \sim \\ | \\ M_2 \\ | \\ M_2 \\ | \\ M_2 \\ | \\ M_2 \end{array}$$

共聚合反应是高分子合成工业中最重要的反应之一，其中应用最广泛的是自由基共聚合，其次是活性阴离子共聚合及配位共聚合。事实上，单一的均聚物很少，绝大多数聚合物都是经过共聚改性及共混改性的。共聚合反应在高分子材料设计方面正在起着越来越重要的作用。

有些简单的聚合物也可以看作是由均聚物共聚而成，如图 2.4.4 所示的聚对苯乙炔 (PPV) 可以看成是由苯环和乙炔单体共聚形成。PPV 是一种典型的共轭高分子，不仅具有半导体特征，而且也具有良好的发光特性，其机械性能和热稳定性都很好，可以形成高质量的薄膜，这使 PPV 及其衍生物在制备聚合物发光二极管、塑料激光等领域具有广阔的发展空间。同时，如图 2.4.5 所示，PPV 还可以与其衍生物 DMPPV 聚合在一起形成共聚物，该共聚物用作发光层后，可以大大提高器件的发光效率。

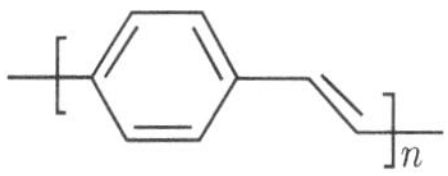

图 2.4.4 PPV

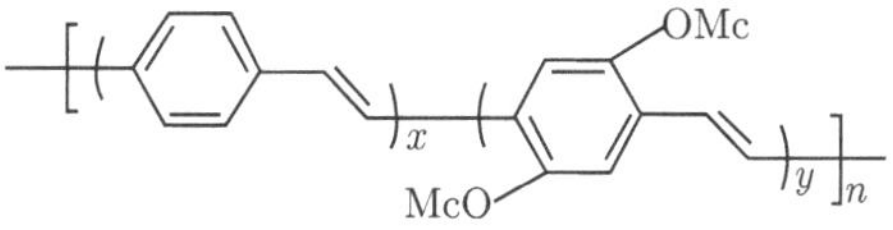

图 2.4.5 $[(PPV)_x(DMPPV)_y]_n$

2.5 有机固体结构

有机固体分为非晶体和晶体两类。小分子通过堆积形成晶体；对高分子来说，其固态包括无定形态和结晶态。无定形高分子不含晶区，而结晶高分子一般含有一定量的无定形部分，是半结晶的。熔融后得到的熔体则全部是无定形的。

有机晶体的结构与构成晶体的分子结构密切相关。有机分子可以有链状、平面状以及球状等多种构型。它们在某种程度上决定了分子晶体的结构。以 C_{60} 及 C_{70} 为代表的碳多面体原子簇是一类五元及六元碳环多边形相互连接构成的封闭中空球状或类球状分子，还有一些有机小分子可以作近似球状分子晶体处理，如六次甲基四胺 (HMTA) 等；以苯和酞菁等为代表的碳及其他原子构成的芳香族化合物是一类平面分子；以烷、烯、炔为代表的则属于链状分子，DNA 分子具有双螺旋结构，但分子整体具有链状特征，大多数金属有机配合物分子，如金属卤化物等，也具有链状特征。

2.5.1 小分子点阵结构

有机分子包括有机小分子和有机高分子 (人工高分子和生物高分子)。有机分子是有机晶体的基本结构单元。对于有机晶体，有机分子的结构关系到晶体中分子的排列方式与晶胞的大小等问题。分子内的键是共价键，强度远超过分子间的范德瓦耳斯键，所以大多数有机结构中含有有限的原子团，属于岛状结构。在有些化合物中，分子间不仅存在范德瓦耳斯作用，通常还有更强的氢键，这一点常常有助于形成链状或层状结构。有机分子的结构依赖于分子的原子间的共价键。键长可以用一套共价半径很好地描述，化学式简单的分子常常是对称的，它们的对称性不受晶体学点群的限制，可以含有 5 重、7 重或更高的对称轴。随着分子结构的复杂化，分子变得比较不对称或完全不对称。对这些分子以及对称性不那么复杂的分子，可以存在能量绝对相等的对形，即左手和右手的对形体。小分子本身通常具有对称性，最常见的对称性是 1、$\bar{1}$、2、3、222、m、$mm2$ 和 mmm，但也存在较高 (直至立方) 对称性的分子。也有些例外，如二茂铁具有 $\bar{5}m$ 对称性等。

由于范德瓦耳斯键无方向性，有机分子在构成晶体时，也力求形成紧密堆积，为此，当分子与分子相互靠近时，往往是一个分子的凸起部位尽量和另一个分子的凹下部分相互穿插在一起。这种分子与分子间相互穿插堆积的结果，导致有机晶体的空间利用率近于或超过等径圆球最紧密堆积的空间利用率 (74.05%)。一般来讲，由于参与堆积的分子形状的不规则性，这类紧密堆积，只能形成低级晶族所属的空间群。在有机晶体中常常出现的空间群有：$C_2^2 - P2_1$，$C_{2k}^5 - 2_1/c$，$C_{2v}^5 - Pca$，$C_{2k}^6 - C2/c$，$C_{2v}^9 - Pna$，$D_{2h}^{15} - Pbca$，$D_{2h}^{16} - Pnma$，$D_{2h}^{14} - Pbcn$，$C_{2v}^{12} - Cmc$，$C_{2v}^2 - Pmc$ 等。当然，当有机分子接近圆球时，也可以形成中级甚至高级晶族的空间群。需要指出，分子本身的对称性与分子在晶体中位置的对称性不一定相同，一般情况下，有机分子在晶体中位置的对称性低于分子本身的真实对称性。虽然大多数有机分子晶体的对称性较低，但也有例外，如六次甲基四胺 ($C_6H_{12}N_4$)(简称为 HMTA)，其固态的对称性却属于立方晶系，空间群为 $T^3d - I\bar{4}3m$，HMTA 分子的对称性也为 $T^3d - I\bar{4}3m$，晶体中 $C_6H_{12}N_4$ 按体心立方紧密堆积，晶胞常数 $a_0 = 0.702$nm，分子间通过范德瓦耳斯键和氢键紧密结合在一起。

对于并五苯这种平面状的分子，通常是分子之间通过范德瓦耳斯力结合在一起形成具有一定有序结构的分子层，分子层之间再有序地堆砌在一起形成晶体结构。图 2.5.1 给出了并五苯晶体中的分子堆砌情况，其中在一层内沿 a 方向的分子排列构成所谓的鲱鱼骨结构，更多的分子层再有序地堆砌在一起形成晶体。

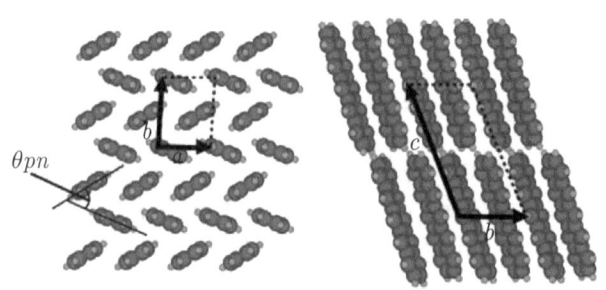

图 2.5.1 并五苯晶体中分子的堆砌

2.5.2 高分子的取向性

与小分子晶体相似,高分子在结晶的时候,分子链按照一定规则排列成三维长程有序的点阵结构,形成晶胞。但是,由于链状分子的结构特殊性,大分子结晶有其自身特点。一是由于分子链很长,一个晶胞无法容纳整条分子链,一条分子链可以穿过几个晶胞;二是一个晶胞中有可能容纳多条分子链的局部段落,共同形成有序的点阵结构。这种结构特点使高分子材料晶体非常复杂,具有不完善性,以及晶区缺陷多、结晶部分与非晶部分共存、熔点不确定及结晶速度较慢等特点。

在一个高分子晶胞中,分子链采取链轴平行方式排列,规定分子链轴向为晶胞 c 轴,这使得晶体产生各向异性,沿晶胞 c 轴方向是化学价键作用,而沿晶胞 a、b 轴方向只有范德瓦耳斯力作用。这种结构还造成结晶高分子材料无立方晶系,其他六种晶系在高分子晶体中都有可能存在。在每个晶胞中,分子链以相同的结构单元重复出现,重复出现的周期值 (即 c 轴的长度) 称等同周期。不同的分子链结构有不同的等同周期,这与分子链在晶格中所采取的构型有关。通常晶格中分子链所取的构型有两种:一是平面锯齿形的反式构型,一是反式-旁式相间的螺旋构型。对于没有取代基或取代基较小的碳链高分子,如聚乙烯、聚甲醛、聚酰胺、聚丙烯腈等,分子链常取反式构型。对于分子链中有较大侧基的高分子,如全同立构聚丙烯、聚四氟乙烯则取螺旋构型。

聚乙烯的晶胞属于正交晶系,如图 2.5.2 所示,晶胞参数为:$a=0.736\text{nm}$,$b=0.492\text{nm}$,$c=0.253\text{nm}$,每个晶胞中含有两个结构单元。全同立构聚丙烯的晶胞可以是单斜晶系,晶胞参数为:$a=0.665\text{nm}$,$b=2.096\text{nm}$,$c=0.650\text{nm}$,$\beta=99°20'$。同种高分子,由于结晶条件不同,可能有多种晶型,即同质多晶现象。如全同立构聚丙烯的晶胞有三种类型,α 型属单斜晶系,β 型属假六方晶系,γ 型属三斜晶系。

结晶高分子材料在不同条件下生成的晶体具有不同的形态。最基本的形态有分子链沿晶片厚度方向折叠排列的折叠链晶片和由伸展分子链组成的伸直链晶片。前者的结晶主要在温度场中,由热的作用引起,称热诱导结晶;后者的结晶多在应力场中,应力起主导作用,称应力诱导结晶。折叠链晶片组成的晶体形态有单晶、球晶及其他形态的多晶聚集体,伸直链晶片组成的晶体形态有纤维状晶体和串晶等。

1. 单晶

大分子链可以折叠方式形成晶片。Keller 等首先从浓度 0.01% 的聚乙烯三氯甲烷溶液中培养出聚乙烯单晶,而后又得到其他高分子材料的单晶。这些单晶呈四方或菱形、或六角形片状,厚度均在 10nm 左右。有些分子链长度为几百纳米,电子衍射结果表明,分子链的链轴方向与片晶的平面垂直,由此可以推知,分子链只能以折叠方式排列在厚度仅 10nm 左右的片晶中。

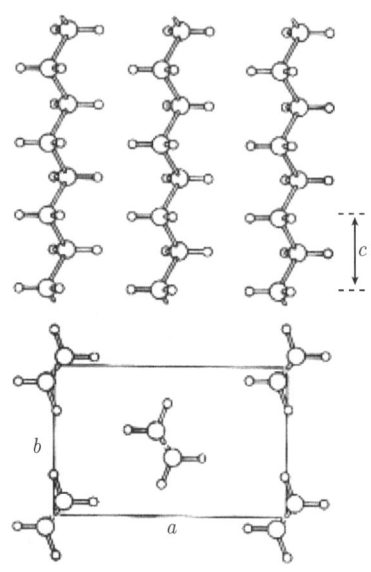

图 2.5.2 聚乙烯晶胞结构 (正交晶系)

2. 球晶

球晶是高分子材料在无应力状态下，在溶液或熔体结晶时得到的一种最为普遍的结晶形态。它是一种多晶聚集体，基本结构仍是折叠链片晶。结晶初期，首先生成的是一些晶核，也称"微球晶"，在适当条件下，晶体从晶核向四面八方生长，发展成球状聚集体，尺寸小的约 0.1μm，大的可达厘米量级。

3. 伸直链晶体

在特定的应力环境中，如在高温高压条件下结晶，或在高速拉伸 (10^5m/min) 和快速淬火下纺丝，有可能得到纤维状的伸直链晶体。从热力学理论分析，伸直链晶体应是能量最低最稳定的高分子晶体，其强度极大。如伸直链晶体含量为 10% 的聚乙烯纤维，抗拉强度达 480MPa。

将高分子链取向，形成伸直链晶体是获得有机固体高电导率的重要途径，此时，电荷的输运包括高分子内的输运和分子间的输运，材料导电性呈现了很明显的各向异性，分子内的电荷转移积分是分子间的十倍以上。

2.5.3 有机薄膜

薄膜材料的应用非常广泛，例如，MOS 管、CMOS 管，现在已广泛应用的液晶显示设备，以及薄膜太阳能电池，光发射膜、滤光膜等光学薄膜。无机薄膜通常采用蒸镀或溅射手段，可以精确控制薄膜厚度，但不易大面积生产，成本较高，而

2.5 有机固体结构

有机薄膜的制备工艺较多，有些工艺非常简便，如溶液旋涂法等。有机薄膜还有一个特点就是它的柔韧性，携带起来更加方便。对有机薄膜进行适度地扭曲或弯曲，并不会明显地改变器件的功能特性。现有的制备有机薄膜的工艺较多，不同方法制备的薄膜质量不同，直接影响着器件的效率，制备方法的选择也会影响产品的制备成本。一般为保证产品的质量，根据不同材料的性质选择不同的制备方法。传统上，有机小分子常用真空蒸镀的方法，而高分子常采用旋涂的方法制备薄膜。随着有机薄膜制备工艺的发展，近年来又出现了多种制备工艺，如有机蒸汽喷印 (organic vapor jet printing)、有机气相沉积 (organic vapor phase deposition)、丝网印刷 (screen printing) 和喷墨打印 (ink jet printing) 技术。

真空蒸发镀膜适用于有机小分子，其成膜质量均匀致密。真空蒸镀是将待镀的基片或工件置于高真空室内，通过高温使蒸发材料汽化 (或升华)，当蒸气材料遇到较低温度的待镀工件后，沉积在其表面，形成一层薄膜。此种方法具有简单便利、易于操作、成膜速度快和效率高等特点，是薄膜制备中使用最广泛的一种技术。真空蒸发沉积过程由三个步骤组成：①蒸发原材料由凝聚相转变为气相 (多为加热、减压方法)；②在蒸发源与基片间蒸发粒子的输运；③蒸发粒子到达基片后凝结、成核、长大、成膜。真空蒸镀对真空度的要求较高，若真空度不好，则真空腔中残余的气体分子会使加热到高温的有机材料氧化，同时由于这些分子的存在，很可能造成碰撞而使有机分子不能沿直线飞往基片表面，从而造成薄膜的不均匀。所以真空度越高，镀膜越好，同时也要求薄膜中材料的纯度高，纯度越高，薄膜缺陷越少。由于有机材料蒸汽压高，蒸发温度低，许多有机材料在蒸发温度高时可能产生分解，因此必须对蒸发温度进行精确控制。另外蒸发速率也对成膜质量有很大的影响，由于温度的变化将引起蒸发速率的显著变化，要控制蒸发速率，也要控制蒸发温度。特别是对掺杂的样品，必须严格控制主体材料和客体材料的蒸发速率。合适的蒸发速率是得到较高质量薄膜的前提，过快的蒸发速率则容易导致分子排列的缺陷，易使薄膜产生针孔。

旋涂是旋转涂布的简称，又称甩胶或匀胶。高分子聚合物的薄膜多采用旋涂的方法制备，这种方法可在室温下进行，不破坏有机分子的结构。制备聚合物薄膜具有工艺简单、成本低廉、便于操作等优点。旋涂是指将一滴待涂聚合物溶液滴在基片的中央，高速旋转基片，大部分溶液由于离心力被甩到基片的边缘，最后将大部分溶液甩出，留下的物质在基片表面形成一层膜。旋涂一般包括三个步骤：配料、高速旋转、溶剂挥发成膜。配料方法分为静态配料和动态配料。静态配料指直接把溶液滴在基片中央，可根据溶液的浓度和基片的面积确定所滴溶液的量；动态配料指在基片低速旋转时将溶液滴在基片上，该方法的好处在于可以利用旋转使溶液均匀分布在基片表面，并且不需要事先将基片整体浸润从而节省材料。配料结束后即可开始加速至相当高的转速，使涂层变薄以达到要求的厚度。高速旋转后把薄膜在真空环境下进行干燥，蒸发出残留溶剂以增加薄膜的物理强度。聚合物薄膜的厚度对器件的效率和性能有很大影响，因此控制好聚合物薄膜的厚度是很重要的。影响旋涂成膜厚度的因素有很多，如溶剂的类型、溶液的浓度、旋涂转速、旋涂时间等。旋涂在制备单层聚合物器件时具有独特的优势，但在旋涂次层聚合物层时可能把前一层溶解。所以在制备多层聚合物薄膜时，需选择不同的有机溶剂，次层聚合物的有机溶剂不溶或难溶前一层的聚合物。

有机气相沉积是一种经济、快速、可大面积生长小分子和聚合物有机薄膜的方法，适合于制备有机电致发光器件、有机薄膜晶体管、有机异质结和低浓度掺杂的有机分子激光器等。沉积薄膜原理与有机气相喷印有些相似，有机分子在高温的腔室内升华，从腔外注入热的惰性传输气体，惰性传输气体把有机蒸汽分子传输到较冷的旋转基片上，有机气体遇冷沉积成薄膜。在有机气相沉积中影响薄膜厚度的因素主要有：蒸发源温度、腔内蒸汽压、惰性传输气体的流量、基片温度和基片距蒸发源的距离等。与真空蒸镀相比，有机气相沉积效率更高，可大面积沉积，尤其在低掺杂有机小分子薄膜中可精确控制掺杂比例。有机气相沉积克服了真空蒸镀的一些不足，成为小分子电致发光器件产业化生产的理想制备工艺。

2.6 有机固体的各向异性

有机分子内的化学键主要是共价键。由于共价键具有方向性和饱和性，因此每一个有机化合物分子都是由各组成元素的一定数目的原子按特定的方式结合形成，具有特定的大小及几何形状，有些分子具有线状结构，有些分子具有面状结构，它们大部分都具有明显的空间不对称性。

有机分子间的结合主要靠范德瓦耳斯力，它不仅键合力弱，而且无方向性，因此分子的空间不对称性使得有机固体呈现明显的各向异性。蛋白质分子链弯弯曲曲，具有分形结构。对其模拟研究，建立了无规行走模型，或自躲避行走模型 (self-avoiding model)。该模型最早出自 K.Pearson 在《自然》上的一篇文章："一个人从原点 O 开始，沿某一直线走出 l 步，然后他转过任意角度沿另一直线走出 l 步，$\cdots$。他重复这一步骤 n 次，我欲求出 n 次之后，他处于离开原点距离 r 和 $r+\mathrm{d}r$ 之间的几率"。这一现象又称醉汉行走，如果联系到物理，可追溯到 1827 年的布朗运动。求解这类问题最为直观的方法是数值分析，主要是 Monte Carlo 法。

分子量在 10000 以上的分子称之为高分子，可分两类：链状高分子，如聚乙炔 $(\mathrm{CH})_n$，和支化高分子。链状高分子并非笔直地排列，而是像许多线纠缠在一起。如用自避行走去模拟，具有分形维数为 1.67。高分子的分形构造不仅对分形理论具有重要意义，而且对高分子的拉曼散射特性也很重要。拉曼散射与把分子看作弹簧集合体时的固有振动频率有直接关系，如果弹簧集合体为分形构造，固有振动频率一

2.6 有机固体的各向异性

般都与分形维数有关。若把高分子的分形维数设为 D，拉曼弛豫过程的依赖性为 T^{3+2D}，这一结论在实验和理论上都得到了证实。

一般来说，聚合物链的空间构型具有分形特征，一条聚合物链由长度为 a 的 N 个基团组成，聚合物的构型可以看成是步长为 a 的 N 步无规行走，行走的方向与其前一步是完全不相关联的，因此，终点与始点的位移平均值应为零 $\langle R \rangle = 0$。但位移平方的平均正比于步数，

$$\langle R^2 \rangle = Na^2 \tag{2.6.1}$$

平均旋转半径 R_G 为

$$R_G^2 = \int \rho(\vec{r}) \cdot (\vec{r} - \vec{R}_{\rm cm})^2 {\rm d}^3 r \Big/ \int \rho(\vec{r}) {\rm d}^3 r \tag{2.6.2}$$

其中，$\rho(\vec{r})$ 为 $\vec{r}$ 处的基团密度，$\vec{R}_{\rm cm}$ 为聚合物链的质心位置。上式确定了聚合物链的特征尺寸，应正比于端点位移的均方根，即 $R_G \sim \langle R^2 \rangle^{1/2} = aN^{1/2}$。

在小于 R_G，但与基团尺度可比的范围内，聚合物是自相似的，此时可以将 p 个基团组成一组，形成一个新的基元，聚合物在新的更大的基元下又可看成是一个无规行走问题，有 $a' = p^{1/2}a, N' = N/p$ 和 $R_G \sim a'(N')^{1/2} = aN^{1/2}$。因此，聚合物具有分形特征。

有必要说明一点，聚合物链在某些溶剂中呈现的并非简单的"无规行走"构型，而是由于基团之间的相互作用，这种"行走"带有"自躲避"行为，即分子链尽可能避免交叉或重合。"自躲避行走"分子链的半径与"无规"行走所遵循的规律相似，为

$$R_G = aN^\nu \tag{2.6.3}$$

平均场理论给出指数 $\nu = 3/(d+2)$。半径 r 的球内基团平均数为

$$n(r) \sim (r/a)^{1/\nu} \to (r/a)^{5/3}, \quad d=3 \tag{2.6.4}$$

相应地，分布函数和结构因子为

$$g(r) \sim r^{-d} n(r) \sim r^{1/\nu - d} \to 1/(a^{5/3} r^{4/3})$$
$$S(q) \propto \int g(r) {\rm e}^{-{\rm i}\vec{q} \cdot \vec{r}} {\rm d}^d r \sim (qa)^{-1/\nu} \to (qa)^{-5/3} \tag{2.6.5}$$

结构因子可以通过小角中子衍射观察到。无规行走和自躲避无规行走都可以通过改变聚合物溶液浓度实现。

通常无机固体的晶格结构是以原胞作为重复单元，简单格子的原胞只包含一个原子，复式格子的原胞包含多个原子，原胞内的原子相对结构和原胞的空间取向不会发生变化，可以将原胞看作一个刚性结构。有机固体的组成单元通常是小分子

或高分子聚合物，如 Alq_3 和并五苯小分子、聚乙炔高分子等。若将并五苯分子看作原胞，则它与通常无机固体中的原胞将有很大区别，这种区别也体现了有机与无机的区别。

首先，有机分子不是刚性分子，内部的键长或键角会随外部环境的变化而改变，视分子不同，这种变化会有大有小。典型的如聚乙炔分子，其基态键结构呈现长短交替的二聚化，但若加热，材料本身虽没熔化，但分子内的二聚化会消失，发生所谓的 Peierls 相变。掺杂电子或空穴也会导致分子结构的变化，能带结构也会随之变化，形成所谓的孤子或极化子，后面的章节会给予详细描述。

其次，分子间的相对构型也会发生变化，由于大部分分子是各向异性的，这种变化既包含分子质心位置的相对变化 (图 2.6.1(a) 和 (b))，也包含分子间取向的相对变化 (图 2.6.1(c) 和 (d))。

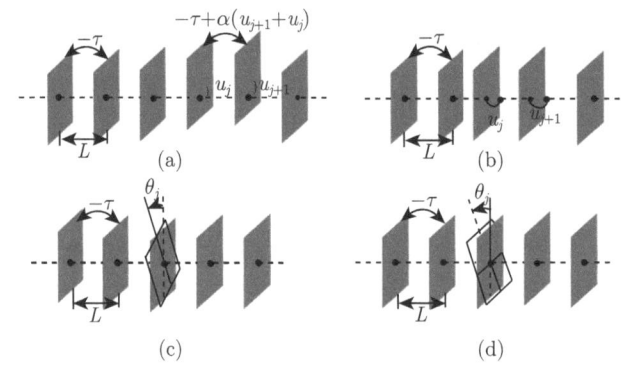

图 2.6.1　分子间的相对构型

(a) 横向移动；(b) 纵向移动；(c) 横向转动；(d) 纵向转动

由于范德瓦耳斯力较弱，分子间构型的变化更容易发生，这也是有机固体被视为软物质的原因，这种结构特点也使得大部分有机材料具有"弱信号，强响应"的特征。当然，这些特点不仅体现在它们的溶熔性和机械性方面，更重要的是本书所描述的具有电磁光功能的有机材料，它们对外界信号的强响应将具有更深远的意义。

有机固体的各向异性体现在两个方面：一是分子本身的各向异性，尤其是高分子材料，以链状高分子聚乙炔为例，电荷在分子链内很容易输运，而分子之间的耦合则弱得多，电荷在分子链之间的输运较困难；二是分子形成晶体后的结构各向异性，这种各向异性与分子的相互作用密切相关。有机固体可以通过取向手段来调整其各向异性，如聚乙炔薄膜在热敷下的拉伸取向。有些有机材料未取向时，分子链和链间的排列是无序的，因此呈各向同性。取向后，则由于在取向方向上原子之间的作用力以共价键为主，而在与之垂直的方向上原子之间的作用力以范德瓦耳斯力为主,因此呈各向异性。取向对材料性能最大的影响是造成材料的力学、光学和热学等性能的各向异性。

如图 2.5.1 所示,并五苯构成鲱鱼骨结构的分子层,分子之间的耦合使得电子可以在相邻分子之间跃迁,从而使整个晶体具有导电性。如第一节所述,π键是垂直于碳链方向的,在耦合强度强的方向形成相对的"主链",所以π电子在"主链"方向上将更容易跃迁,由于沿不同方向分子之间的耦合强度不同,有机分子晶体的导电性一般具有明显的各向异性。

对电子输运的研究通常将高分子聚合物看作准一维体系,π电子在垂直于链方向的运动相对于沿链方向的运动要困难得多,同时材料的电、磁、光等性质也呈现出各向异性。其中代表材料有聚乙炔、聚噻吩、聚苯胺等。常温下,它们呈现二聚化结构,绝缘基态,但在高温下,二聚化消失,发生 Peierls 相变。对于聚乙炔,沿链方向(即 c 轴方向)和垂直链方向(即 a、b 轴所在平面内)的 π 电子转移积分分别为 $t_{//} \sim 2.5\mathrm{eV}, t_\perp \sim 0.1\mathrm{eV}$。常温下的聚合物通过掺杂,电导率可增加几个甚至十几个数量级,高达 $10^5 \mathrm{S/cm}$,成为有机导体。

碳纳米管也被看成准一维的输运线,电子在碳纳米管的径向运动受到限制,其输运主要限定在轴向,是一维量子导线。单壁碳纳米管可以是金属性的,也可以具有半导体的性质。对金属性碳纳米管来说,在室温下电子传输具有弹道传输性能,也就是说沿碳纳米管轴向电子传输不会发生散射,这就使得碳纳米管可以传输很高的电流而不产生热量。此外,由于碳纳米管的内径可以小至几纳米,电子能带结构比较特殊,波矢被限定在轴向,在小直径的碳纳米管中量子效应尤为明显,可作为量子管,电子可无阻挡地贯穿。实验中也发现单壁碳纳米管是真正的量子导线。碳纳米管也具有优良的轴向导热性能,声子可以顺利地沿管向传输,是理想的导热材料。

参 考 文 献

[1] 吴其晔,冯莺. 高分子材料概论. 北京: 机械工业出版社,2004
[2] 费进波,田熙科,赵科雄,皮振邦. 8- 羟基喹啉铝的制备工艺改进及其老化. Chemical Industry and Engineering Progress, 2006,25:51
[3] 方征平,宋义虎,沈烈. 高分子物理. 杭州: 浙江大学出版社, 2005
[4] 孙媛媛,华玉林,印寿根,冯秀岚,郑加金,王树国. 柔性薄膜电致发光显示材料及器件. 功能材料, 2005,2:161
[5] 孙晓刚. 碳纳米管应用研究进展. 纳米材料与结构, 2004,1:25
[6] 梁伯润,屈凤珍. 高分子物理学. 北京: 中国纺织出版社, 2000
[7] 蓝立文. 高分子物理. 西安: 西北工业大学出版社,1985
[8] 李群,王槐三. 高分子化学. 成都: 成都科技大学出版社, 1991

- [9] 何曼君, 陈维孝, 董西侠. 高分子物理. 上海: 复旦大学出版社, 2000
- [10] 马祥志, 何彬生. 有机化学. 北京: 中国医药科技出版社, 2003
- [11] 孙鑫. 高聚物中的孤子和极化子. 成都: 四川教育出版社, 1987
- [12] 解士杰, 高琨. 低维量子物理. 济南: 山东科学技术出版社, 2009
- [13] 解士杰, 韩圣浩. 凝聚态物理. 济南: 山东教育出版社, 2001
- [14] 张新稳, 吴朝新, 任兆玉, 侯洵. 有机电致发光器件中有机薄膜的制备方法. 现代显示, 2007,74:40
- [15] Bower D I. An Introduction to Polymer Physics. Cambridge: Cambridge University Press, 2002
- [16] Sorrell T N. Organic Chemistry. University Science Books, USA, 2006
- [17] Carey F A. Organic Chemistry. California: McGraw-Hill Press, 2003
- [18] Hudlicky T. Organic Synthesis Theory and Applications. Michigan: Elsevier Science Ltd Press, 2001
- [19] Crews P, Rodríguez J, Jaspars M. Organic Structure Analysis. Oxford: Oxford University Press, 2010

第 3 章 有机固体中的极化子

有机固体的电磁光性质涉及固体内的带电载流子。有机固体与传统无机固体的一个重要区别正是体内的载流子不同。无机金属或半导体内的载流子是电子或空穴，它们在固体内通常呈现扩展态；而有机固体内的载流子则是局域化的极化子，它们通常局限在一个或几个分子之内。这种区别也导致了有机与无机固体内的载流子输运方式不同。本章将分别介绍小分子和高分子固体内的载流子图像，建立有机固体的物理模型及相关理论，并在此基础上对有机分子的基态和激发态进行描述。

3.1 有机小分子中的极化子

有机分子内原子是由共价键结合而成，而分子间一般考虑范德瓦耳斯力相互作用。这使得有机固体具有"牵一发而动全身"的特点，物理上把有机固体称为"软物质"或强的电子--晶格相互作用系统。这种特点使得有机固体 (或分子) 的能级结构不再是刚性的，它会随系统内电子态的变化而变化。如有机小分子 8-羟基喹啉铝 (Alq_3)，掺杂 (或注入) 的电子不会像无机半导体那样扩展在整个材料中，而是局域在一个分子内。外界驱动下，该电子会从一个 Alq_3 分子跳跃到近邻的 Alq_3 分子中。本节先引入一般的极化子概念，然后以有机小分子 Alq_3 为例，介绍有机固体中极化子的图像。

3.1.1 极化子的一般图像

在一些固体中，载流子在输运的同时会极化它周围的电子、原子或整个分子，并带着这种极化场一起运动，载流子与其诱导的极化场作为一个整体称为极化子。以离子晶体为例，当电子缓慢运动时，由于电子与其周围正负离子的库仑相互作用，正离子被吸向电子，而负离子受到斥力作用远离电子。由于正负离子的相对位移，必然产生一个围绕电子的极化场 (或晶格畸变区域)。反之，这个极化场也会对电子产生影响，如改变电子的能量与状态，并随电子在晶格中一起运动，这就是极化子。可见，这些固体中的基本载流子不再是传统的电子 (或空穴)，而是电子 (或空穴) 与其诱导的极化场的耦合态，即极化子。固体理论中，这种离子的位移用声子来描述，通过引入电子--声子相互作用，给出了极化子图像。

按照极化场 (或晶格畸变区域) 的大小可以定义极化子的尺寸。当极化子的尺寸比晶格常数大得多时称为大极化子, 这时固体可以当作连续介质处理。在全量子化 (即电子和原子核均量子化) 图景下, 大极化子可用弗留里希哈密顿量描述,

$$H = \frac{p^2}{2m} + \sum_q \hbar\omega_L a_q^+ a_q + \sum_q (V_q a_q e^{i\vec{q}\cdot\vec{r}} + \text{h.c.}) \tag{3.1.1}$$

其中, 第一项包含了电子的动能和其在晶格周期场中的势能, m 为其有效质量; 第二项代表光学模纵声子 (LO 声子) 的哈密顿量, a_q^+ 和 a_q 分别为 LO 声子的产生及湮灭算符, ω_L 为其振动频率; 第三项为单个电子与 LO 声子的相互作用哈密顿量, 反映了单个电子与极化场之间的相互作用势能, 其中

$$V_q \equiv i\frac{\hbar\omega_L}{q}\left(\frac{\hbar}{2m\omega_L}\right)^{\frac{1}{4}}(4\pi\alpha)^{\frac{1}{2}} \tag{3.1.2}$$

$$\alpha = \frac{e^2}{2\hbar\omega_L}\left(\frac{2m\omega_L}{\hbar}\right)^{\frac{1}{2}}\left(\frac{1}{\varepsilon_\infty} - \frac{1}{\varepsilon_0}\right) \tag{3.1.3}$$

$\varepsilon_\infty(\varepsilon_0)$ 为高频 (静) 介电常数。

当极化子的尺寸小于或等于晶格常数时, 称为小极化子。小极化子问题不能再用上面的连续模型处理, 而必须从晶格模型出发, 同时考虑周期场和电子-LO 声子相互作用对电子态的影响。此时, 小极化子的哈密顿量由三部分描述

$$H = H_e + H_p + H_{\text{int}} \tag{3.1.4}$$

其中,

$$H_e = E_0 \sum_l C_l^+ C_l - t_0 \sum_l \sum_\rho C_{l+\rho}^+ C_l \tag{3.1.5}$$

$C_l^+(C_l)$ 为 Wannier 表象中的电子产生 (湮灭) 算符, ρ 代表最近邻格点的位矢, t_0 为跃迁积分, E_0 则代表任意格点周围电子的在位能。

$$H_p = \sum_q \hbar\omega_q \left(a_q^+ a_q + \frac{1}{2}\right) \tag{3.1.6}$$

代表 LO 声子的哈密顿量。

$$H_{\text{int}} = \sum_{q,l} M_q e^{iq\cdot l}(a_q + a_{-q}^+)C_l^+ C_l \tag{3.1.7}$$

给出了晶格模型下的电子-LO 声子相互作用, 其中 $M_q = M_{-q}^*$。

3.1.2 有机小分子中的极化子

我们以 Alq_3 为例描述有机小分子内的极化子。在 Alq_3 分子中,中心 Al^{3+} 和周围的三个 8-羟基喹啉配体形成分子内络盐。一般认为,Alq_3 分子有两种异构体:facial(面型) 结构和 meridional (子午线型) 结构 (图 3.1.1)。在 facial 结构中,三个氧原子和三个氮原子分别位于彼此的对面,因此,三个 8-羟基喹啉配体是等价的;而在 meridional 结构中,只有 L_3 中的氧原子 [O(3)] 和 L_1 中的氮原子 [N(1)] 位于相反方向,三个 8-羟基喹啉配体可以清楚地区别开。表 3.1.1 对比了这两种异构体在基态下 Al—O 键和 Al—N 键的键长。发现 meridional 结构中,只有 Al—O(3) 和 Al—N(1) 键长分别与 facial 结构中 Al—O 和 Al—N 键长基本相同 (<0.01 Å)。而由于 meridional 结构的对称破缺,其他的 Al—O 键伸长,而 Al—N 键缩短。

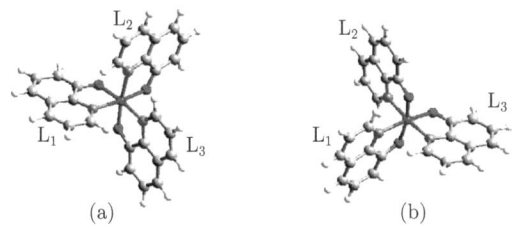

图 3.1.1 Alq_3 分子两种异构体的分子结构

(a) facial 结构; (b) meridional 结构; L_1, L_2 和 L_3 表示三个 8-羟基喹啉配体

表 3.1.1 Alq_3 分子两种异构体中基态下 Al—O 键和 Al—N 键的键长 l

	facial		meridional					
	Al—O	Al—N	Al—O(1)	Al—O(2)	Al—O(3)	Al—N(1)	Al—N(2)	Al—N(3)
$l/\text{Å}$	1.852	2.147	1.880	1.885	1.860	2.151	2 073	2.089

Alq_3 分子带电后,发现其分子结构会发生改变,特别是,这种结构改变主要体现在 Al—O(N) 键长的变化。表 3.1.2 列出了电子或空穴分别注入这两种异构体时,Al—O(N) 键长相对于基态时的变化。而对于 Al—O(N) 键角的变化非常微弱,环内键长的变化也不会超过 0.01 Å。可见,当电子或空穴注入 Alq_3 分子时,分子结构的改变具有明显的定域性,另外,这种效应对于电子注入的情况更为明显。对于 facial 结构,由于对称性,Al—O(N) 键长的变化是一致的。但对于 meridional 结构,由于对称破缺,Al—O(N) 键长的变化要复杂些。如当空穴注入时,键长的变化主要体现在 Al—O(3),而当电子注入时,Al—N(1) 键的变化最为明显。

下面,再来看一下注入电子或空穴在 Alq_3 分子不同异构体中的分布。如图 3.1.2 所示,无论注入的是电子还是空穴,其分布均是定域的。同时也发现,伴随这种电荷分布的定域性,分子的结构也发生局域性畸变。将二者结合,可以给出较好的理解。首先，对于 facial 结构，当空穴注入时，正电荷主要局域在苯氧环中 (图 3.1.2(a))，正 3 价铝离子与正电荷相互排斥导致 Al—O 键长增加，同时诱导 Al—N 键长缩短；同样，对于电子注入，由于负电荷局域在苯氮环中 (图 3.1.2(a′))，正 3 价铝离子与负电荷相互吸引导致 Al—N 键长缩短，同时诱导 Al—O 键长增长。在 merdional 结构中，由于其结构对称破缺，注入的电荷不再平均分布在三个 8-羟基喹啉配体上。对于空穴注入 (图 3.1.2(b))，计算分析发现正电荷在 L1、L2 和 L3 中的分布值分别为 0.15、0.34 和 0.51，正电荷主要局域在 L3 的苯氧环中。因此 Al—O(3) 的键长增长最为明显。而对于电子注入 (图 3.1.2(b′))，负电荷在 L1、L2 和 L3 中的分布值分别为 0.55、0.40 和 0.05，负电荷主要局域在 L1 的苯氮环中，这时，Al—N(1) 键长将显著变短。

表 3.1.2　Alq_3 分子两种异构体中，电子或空穴注入引起的 Al—O 和 Al—N 键长的变化 δl(相对于基态)

	facial ($\delta l/\text{Å}$)		meridional ($\delta l/\text{Å}$)					
	Al—O	Al—N	Al—O(1)	Al—O(2)	Al—O(3)	Al—N(1)	Al—N(2)	Al—N(3)
空穴	0.015	−0.025	−0.011	0.005	0.031	−0.017	−0.007	0.010
电子	0.022	−0.035	0.008	0.013	0.033	−0.059	−0.030	−0.016

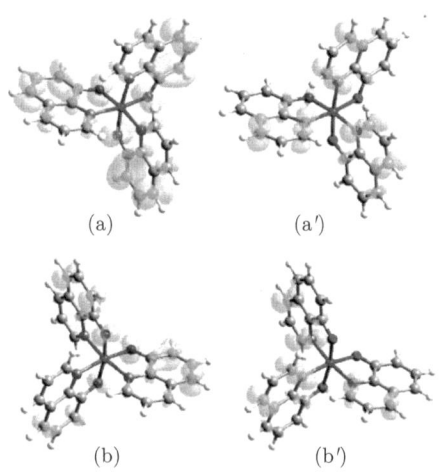

图 3.1.2　电子或空穴分别注入 facial 结构 (a) 和 (a′) 与 meridional 结构 (b) 和 (b′) 时电荷密度的分布 (扫描书后二维码可看彩图)

其中 (a) 和 (b) 为空穴注入；(a′) 和 (b′) 为电子注入

可见，当电荷注入 Alq_3 分子时，电荷将会诱导其分子结构发生局域性的变化，而这种晶格畸变反过来影响其电荷分布，因此，电荷分布也是局域的。这与前面提到的极化子图像是非常相似的，所以说，有机小分子中的载流子不再是扩展的电子或空穴，而是局域的极化子。由于有机分子中较强的电子-晶格相互作用，形成的极化子局域性很强，一般来说，有机小分子中的极化子为小极化子。无外场时，极化子局域在分子中，施加外电场后，外场将驱动极化子在小分子间跃迁，产生电流。

3.2 有机分子的晶体模型

有机小分子可以通过范德瓦耳斯力结合在一起，形成有序的结构，即有机分子晶体。最常见的可形成分子晶体的有机小分子除前面提到的 Alq_3 外，还有齐分子并苯系列 (oligoacenes)、齐分子噻吩系列 (oligothiophenes) 和红荧烯 (rubrene) 等，它们的分子结构如图 3.2.1 所示。其中并二苯 (naphthalene) 又称为萘，并三苯 (anthracene) 又称为蒽，红荧烯可看作并四苯 (tetracene) 的苯基取代衍生物。

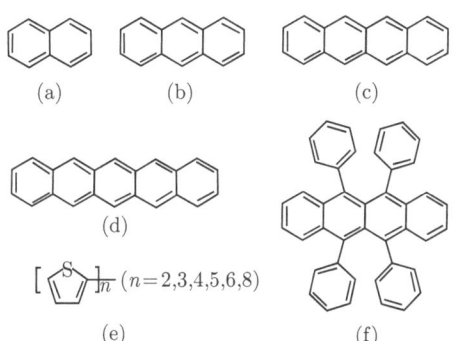

图 3.2.1　常见有机晶体的分子结构

(a) 并二苯；(b) 并三苯；(c) 并四苯；(d) 并五苯；(e) 齐分子噻吩；(f) 红荧烯

这些有机小分子在形成晶体结构时，通常是分子之间通过范德瓦耳斯力结合在一起形成具有一定有序结构的分子层，分子层之间再有序地堆砌在一起形成晶体结构。图 2.5.1 给出了并五苯 (pentacene) 晶体中的分子堆砌情况，其中在一层内沿 a 方向的分子排列构成所谓的鲱鱼骨结构。分子之间的耦合使得电子 (或极化子) 可以在相邻分子之间跃迁，从而使整个晶体具有导电性。由于沿不同方向分子之间的耦合强度不同，有机分子晶体的导电性一般具有明显的各向异性，从而在某些方向上可简化为低维系统来处理。

如图 3.2.2 所示，每一个平面对应一个有机小分子，沿 j 方向排列成一维的结构。由于有机固体的软性，每个分子可在平衡位置附近沿三个自由度发生偏离：横向偏离 (垂直于图示的一维轴向)；纵向偏离；分子横向和纵向转动 (如图 2.6.1 所示)。这些偏离都将导致电子 (或极化子) 在分子之间的跃迁积分 $\tau_{j,j+1}$ 发生变化，同时也会导致分子之间范德瓦耳斯力的变化。考虑图 3.2.2 所示的横向偏离，作为简单处理，可设 $\tau_{j,j+1} = \tau - \alpha(u_{j+1} - u_j)$，其中 α 为电子-声子 (e-ph) 耦合常数，分子间的范德瓦耳斯力用简谐近似。因此，紧束缚近似下，有机分子晶体的哈密顿量可表示为

$$H = -\sum_j [\tau - \alpha(u_{j+1} - u_j)](|j\rangle\langle j+1| + |j+1\rangle\langle j|) + \frac{K}{2}\sum_j u_j^2 + \frac{M}{2}\sum_j \dot{u}_j^2 \tag{3.2.1}$$

其中，第一项为分子之间电子的跃迁能 (τ 为分子偏离平衡位置之前的电子跃迁积分)，第二项为分子偏离平衡位置的弹性势能 (K 为弹性常数)，最后一项为分子的动能 (M 为分子质量)。

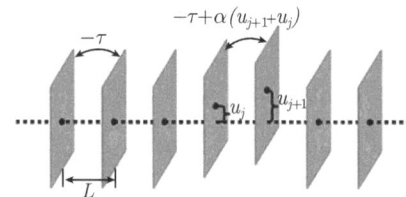

图 3.2.2 有机分子晶体一维模型简图，u_j 为第 j 个分子的偏离位移

下面给出迁移率的计算公式。对于并五苯分子晶体，$\tau = 150 \sim 600\text{cm}^{-1}$，$\alpha = 995\text{eV}/\text{Å}$，$K = 14500\text{amu}/\text{ps}^2$，$M = 250\text{amu}$。由于分子质量很大，它相对于平衡位置的偏离 u_j 可以作经典处理，由牛顿方程给出

$$M\ddot{u}_j(t) = -Ku_j(t) - \frac{\partial}{\partial u_j}\langle\psi(t)|H_{\text{el}}|\psi(t)\rangle \tag{3.2.2}$$

其中，H_{el} 为式 (3.2.1) 中电子部分的哈密顿量；$|\psi\rangle$ 为系统的电子态，它随时间的演化可由含时薛定谔方程给出。选取时间步长 Δt，有

$$\psi(t+\Delta t) = \psi(t) - \mathrm{i}H_{\text{el}}\psi(t)\Delta t - \frac{1}{2}\mathrm{i}\left[H_{\text{el}}(t)\dot{\psi}(t) + \dot{H}_{\text{el}}(t)\psi(t)\right]\Delta t^2 \tag{3.2.3}$$

$$u_j(t+\Delta t) = 2u_j(t) - u_j(t-\Delta t) + \ddot{u}_j(t)\Delta t^2 \tag{3.2.4}$$

其中已利用 $\psi(t+\Delta t) = \psi(t) + \dot{\psi}(t)\Delta t + \frac{1}{2}\ddot{\psi}(t)\Delta t^2$ 和薛定谔方程 $\dot{\psi}(t) = -\mathrm{i}H_{\text{el}}(t)\psi(t)$ ($\hbar = 1$)，其中 $\dot{H}_{\text{el}} = \sum_j [\alpha(\dot{u}_{j+1} - \dot{u}_j)](|j\rangle\langle j+1| + |j+1\rangle\langle j|)$。

并五苯中，注入电子 (空穴) 会导致一个局域带电极化子的形成。外电场驱动下，该极化子将在分子之间运动，并引起分子相对于其平衡位置的偏离。由于极化

子中的电荷与分子位移是紧紧束缚在一起的，式 (3.2.2) 与 (3.2.3) 需联立求解。我们可以通过计算分子的位置偏离来考察带电极化子的运动情况。分子偏离的方均偏差为

$$\langle r^2(t)\rangle - \langle r(t)\rangle^2 = {\sum_\mu}' \left(e^{-\varepsilon_\mu/k_B T} / {\sum_\mu}' e^{-\varepsilon_\mu/k_B T} \right)$$
$$\cdot \left[\langle \psi_\mu(t)|\, r^2\, |\psi_\mu(t)\rangle - \langle \psi_\mu(t)|\, r\, |\psi_\mu(t)\rangle^2 \right] \quad (3.2.5)$$

其中已包含了温度效应，${\sum_\mu}'$ 表示对所有占据电子态求和，$r = na + u_j$。方程中矩阵元由关系 $\langle i|\, r\, |j\rangle = \delta_{ij} j L$ 计算。相应的扩散系数和迁移率为

$$D = \lim_{t\to\infty} \langle r(t)^2 \rangle / 2t \quad (3.2.6)$$

$$\mu = De/k_B T \quad (3.2.7)$$

计算得到室温下的迁移率大约为 $3\mathrm{cm}^2/(\mathrm{V\cdot s})$，与并五苯晶体中测得的迁移率吻合。

3.3 有机高分子模型

与有机小分子不同，尽管有机高分子之间也是通过范德瓦耳斯力结合成固体，但由于有机高分子的分子链比较长，通常相互纠缠在一起形成无序的结构，最典型的是有机共轭聚合物。从分子链的聚合成分来看，共轭聚合物可分为均聚物和共聚物两类。共轭聚合物的结构单元称为单体，如果分子链由同一种单体聚合而成则称为均聚物，常见的如反式聚乙炔 (trans-polyacetylene, trans-PA)、顺式聚乙炔 (cis-polyacetylene, cis-PA)、聚噻吩 (polythiophenc, PT)、聚对苯撑 (polyparaphenylene, PPP)，以及聚对苯乙炔 (polyparaphenylenevinylene, PPV) 等都是均聚物，它们的分子结构如图 3.3.1(a)～(e) 所示；而如果分子链由两种或两种以上的单体聚合而成则称为共聚物，如图 3.3.1(f) 所示为 PPV 及其衍生物 DMPPV 聚合在一起形成的共聚物。

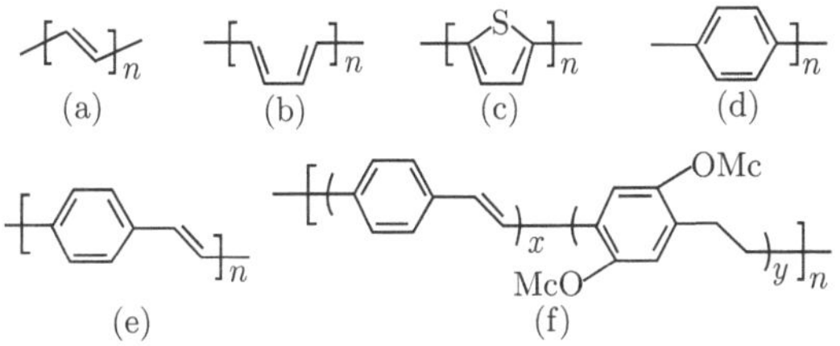

图 3.3.1 有机共轭聚合物的分子结构

(a) trans-PA；(b) cis-PA；(c) PT；(d) PPP；(e) PPV；(f) $[(\mathrm{PPV})_x(\mathrm{DMPPV})_y]_n$

如图 3.3.1 所示，共轭聚合物一般具有准一维的分子结构。以聚乙炔为例，它于 1974 年被首次合成，为银白色。在 150° 左右加热或用化学、电化学方法能将顺式异构体转化成热力学上更稳定的反式异构体。碳原子的三个价电子分别与邻近两个碳原子和一个氢原子形成共价键，处于同一个平面，相互夹角为 120°，这三个电子都是定域的，称之为 σ 电子。而第四个电子云图呈哑铃状垂直于 C—H 键构成的平面，称之为 π 电子，可沿分子链迁移，正是因为 π 电子的存在使得聚乙炔等有机高分子呈现出丰富的物理性质。在聚乙炔的薄膜或块体中，通常大量分子链无规则地相互纠缠在一起，如图 3.3.2 所示，π 电子通过分子内跃迁 $t_{/\!/}$ 可沿链内运动；而同时，链与链之间存在弱耦合 $t_\perp$ (取决于分子间范德瓦耳斯力的强弱)，电子可以在链间运动，使得整个固体具有导电性。

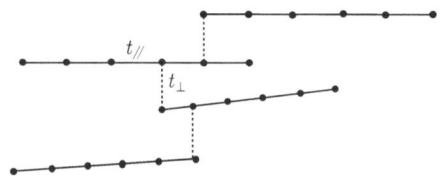

图 3.3.2　有机高分子固体中分子排列简图

对于聚乙炔，沿链方向和垂直链方向的 π 电子转移积分分别为

$$t_{/\!/} \sim 2.5 \mathrm{eV}, \quad t_\perp \sim 0.1 \mathrm{eV}$$

如果测量聚乙炔固体的导电行为，将会发现沿链方向的电导率要远远大于垂直链方向的电导率。可见，有机高分子固体可简化为具有一维特性的高分子链弱耦合而成。下面，将以聚乙炔分子为例描述有机高分子的几种常用模型。

3.3.1　高分子链的紧束缚模型 (SSH 模型)

将聚乙炔看成由 (CH) 基团构成的一维原子链，每个基团对 π 电子的作用势为 $V(r-R)$，哈密顿量可写为

$$H = \sum_i \left[-\frac{\hbar^2}{2m} \nabla_i^2 + \sum_n V(r_i - R_n) \right] + \frac{1}{2} K \sum_n (u_{n+1} - u_n)^2 + \frac{1}{2} M \sum_n \dot{u}_n^2 \quad (3.3.1)$$

上式第一项为电子部分哈密顿量，包括电子动能和电子-晶格相互作用；第二项为原子核 (CH 基团) 之间的弹性能项；最后一项为原子核动能。m, M 分别为电子和原子质量，V 为晶格势场，K 为弹性常数，r_i 和 R_n 分别为第 i 个电子和第 n 个原子核的位置坐标，u_n 为第 n 个原子核对其平衡位置的偏离 $u_n = R_n - R_n^0$。显然式 (3.3.1) 没有计入电子-电子相互作用，同时对原子核采取了经典绝热近似。

3.3 有机高分子模型

对于聚乙炔等有机分子而言，π 电子与主链上碳原子的相互作用 $V(r_i - R_n)$ 并非是长程的，当电子处于第 n 个碳原子附近时，电子受到的势能作用主要来源于 $V(r - R_n)$，而其他所有碳原子 $(n' \neq n)$ 的势能总和 $\sum_{n' \neq n} V(r - R_{n'})$ 将比 $V(r - R_n)$ 小得多，可以视为微扰，也就是说，在 R_n 附近，电子将比较紧地被第 n 个碳原子束缚，其他碳原子对该电子的影响较小，在零级近似下可被忽略，这种处理方式称为"紧束缚近似"。哈密顿量 (3.3.1) 中不包含电子-电子相互作用，因此电子部分可写为单电子哈密顿量之和，

$$H_e = \sum_i (h_i^0 + h_i')$$
$$= \sum_i \left[-\frac{\hbar^2}{2m} \nabla_i^2 + V(r_i - R_n) \right] + \sum_i \sum_{m(\neq n)} V(r_i - R_m) \quad (3.3.2)$$

其中，$h_i^0 = -\frac{\hbar^2}{2m} \nabla_i^2 + V(r_i - R_n)$ 为孤立碳原子的哈密顿量，其基态本征函数和本征值分别为 $\varphi_n(r)$ 和 E_0。$\varphi_n(r)$ 也称为 Wannier 态。

只考虑基态情况，因为各个碳原子上的最低能量 E_0 都是相同的，因而不同碳原子上的波函数 $\varphi_n(r)$ 是相互简并的状态。根据简并微扰论，零级近似波函数 $\psi(r)$ 应是所有 $\varphi_n(r)$ 的线性组合，即

$$\psi(r) = \sum_l a_l \varphi_l(r) \quad (3.3.3)$$

其中，a_l 是展开系数，$|a_l|^2$ 表示电子出现在第 l 个原子上的几率。由其本征方程可得

$$\sum_l a_l \left[-\frac{\hbar^2}{2m} \nabla^2 + \sum_n V(r - R_n) \right] \varphi_l(r) = E \sum_l a_l \varphi_l(r) \quad (3.3.4)$$

上式两边乘以 $\varphi_m^*(r)$，然后对空间积分，利用单电子本征方程，并假定波函数之间是正交归一的

$$\int \varphi_m^*(r) \varphi_l(r) \mathrm{d}r = \delta_{m,l} \quad (3.3.5)$$

得到

$$E_0 a_m + \sum_l a_l \int \varphi_m^*(r) (\sum_{n(\neq l)} V(r - R_n)) \varphi_l(r) \mathrm{d}r = E a_m \quad (3.3.6)$$

当格点 m 与 l 不是近邻时，$\varphi_m^*(r)$ 与 $\varphi_l(r)$ 之间交叠很小，只考虑最近邻近似的情况

$$\int \varphi_m^*(r) (\sum_{n(\neq l)} V(r - R_n)) \varphi_l(r) \mathrm{d}r = A - t(R_m - R_{m+1}) - t(R_m - R_{m-1}) \quad (3.3.7)$$

因此，式 (3.3.6) 化为

$$-t(R_m - R_{m+1})a_{m+1} - t(R_m - R_{m-1})a_{m-1} = (E - E_0 - A)a_m \qquad (3.3.8)$$

这是关于 a_m 的线性齐次方程，求解其本征值问题即可得到电子能谱 E 和波函数 $\psi(r) = \sum_l a_l \varphi_l(r)$，其中电子跃迁积分为

$$t(R_m - R_{m+1}) = -\int \varphi_m^*(r) \sum_{n(\neq m+1)} V(r - R_n) \varphi_{m+1}(r) \mathrm{d}r \qquad (3.3.9)$$

对于一般的非周期晶格结构，上式的求解比较复杂。

作为特例，一维周期晶格体系，周期为 a，有

$$t(R_m - R_{m+1}) = t(R_m - R_{m-1}) = t_0 \qquad (3.3.10)$$

于是式 (3.3.8) 简化为

$$-t_0(a_{m+1} - a_{m-1}) = (E - E_0 - A)a_m \qquad (3.3.11)$$

采用周期性边界条件，设 $a_m = a_0 \mathrm{e}^{\mathrm{i} 2\pi kam}$，代入上式，得电子能谱

$$E(k) = E_0 + A - 2t_0 \cos(2\pi ka) \qquad (3.3.12)$$

这就是紧束缚近似下的单电子能谱。

对于 N 个电子的体系，利用二次量子化图像来处理是比较方便的，此时波函数 $\psi(r)$ 变为场算符，可将 N 个电子的哈密顿量 H_e 用单电子哈密顿量 h_e 表示为

$$H_e = \int \psi^+(r) h_e \psi(r) \mathrm{d}r \qquad (3.3.13)$$

其中

$$\psi(r) = \sum_n C_n \varphi_n(r), \quad \psi^+(r) = \sum_n C_n^+ \varphi_n^*(r) \qquad (3.3.14)$$

进一步考虑到电子自旋 s，得

$$H_e = (E_0 + A) \sum_{n,s} C_{n,s}^+ C_{n,s} - \sum_{n,s} t(R_{n+1} - R_n)(C_{n+1,s}^+ C_{n,s} + C_{n,s}^+ C_{n+1,s}) \qquad (3.3.15)$$

上式即为一维晶格体系紧束缚近似下的电子哈密顿量的二次量子化形式。

如果将电子跃迁积分展开为原子位移的函数，取一级近似

$$t(R_{n+1} - R_n) = t_0 - \alpha(u_{n+1} - u_n) \qquad (3.3.16)$$

3.3 有机高分子模型

其中，u_n 为第 n 个原子对其平衡位置 R_n^0 的偏离，$R_n = R_n^0 + u_n$。由此得到一维晶格体系的哈密顿量为

$$H = -\sum_{n,s}[t_0 - \alpha(u_{n+1} - u_n)](C_{n+1,s}^+ C_{n,s} + C_{n,s}^+ C_{n+1,s})$$
$$+ \frac{1}{2}K\sum_n (u_{n+1} - u_n)^2 + \frac{1}{2}M\sum_n \dot{u}_n^2 \qquad (3.3.17)$$

其中，取能量零点为 $E_0 + A$。上式最早由 Su、Schrieffer 和 Heeger 等推出，并被广泛地用来研究聚乙炔等一维有机分子体系，因此称之为 SSH 哈密顿量。在含有 α 的一项中，既包括电子算符 C^+C，又包括原子的移动 u，因而这一项描述了晶格原子移动和电子的相互作用。α 项可以称为电子-声子相互作用。

3.3.2 连续介质模型 (TLM 模型)

将 SSH 哈密顿量连续化，对于数学分析更为方便。由于一维半满带体系的基态是二聚化的，相邻原子位移方向相反，因此各种物理量随原子位置的变化将是不连续的函数，但是如果考察物理量随二聚化后晶格原胞 (由两个原子构成) 的变化行为，则应是缓变的，其函数可用收敛级数展开。设第 $2n$ 个原子和第 $2n+1$ 个原子构成第 n 个原胞，原胞位置在这两个原子的中心 $y_n = (2n + 1/2)a$，哈密顿量 (3.3.17) 中的以格点为坐标的电子算符 $C_{2n,s}$ 和 $C_{2n+1,s}$ 相应变换为以原胞为单位的场算符的两个分量 $\begin{pmatrix} \psi_{1s}(y_n) \\ \psi_{2s}(y_n) \end{pmatrix}$，其定义为

$$\psi_{1s}(y_n) = \frac{1}{\sqrt{2}}(-1)^n(\mathrm{i}C_{2n,s} + C_{2n+1,s}) \qquad (3.3.18a)$$

$$\psi_{2s}(y_n) = \frac{1}{\sqrt{2}}(-1)^n(\mathrm{i}C_{2n,s} - C_{2n+1,s}) \qquad (3.3.18b)$$

可以验证，上式定义的场分量算符仍满足费米对易关系。

场量算符随原胞位置 y_n 的变化应是连续的缓变函数，可以采用级数展开

$$\psi_{\alpha,s}(y_{n+1}) = \psi_{\alpha,s}(y_n) + \left(\frac{\partial \psi_{\alpha,s}}{\partial y}\right)_{y_n} \cdot 2a + \cdots, \quad \alpha = 1, 2 \qquad (3.3.19)$$

晶格原子位移 u_n 换成原胞位移 $\Delta(y_n)$，并令

$$\Delta(y_n) = -2\alpha(u_{2n} + u_{2n+1}) \qquad (3.3.20)$$

它即是晶格畸变序参量。

将式 (3.3.18) 和式 (3.3.20) 代入哈密顿量 (3.3.17) 中，并利用式 (3.3.19) 可得

$$\begin{aligned}H = &-\sum 2\mathrm{i}at_0\left[\psi_{1s}^+(y_n)\frac{\partial\psi_{1s}(y_n)}{\partial y_n} - \psi_{2s}^+(y_n)\frac{\partial\psi_{2s}(y_n)}{\partial y_n}\right]\\&+ \sum \Delta(y_n)[\psi_{1s}^+(y_n)\psi_{2s}(y_n) + \psi_{2s}^+(y_n)\psi_{1s}(y_n)]\\&+ \frac{K}{4a^2}\sum\Delta^2(y_n) + \frac{M}{16a^2}\sum\dot\Delta^2(y_n)\end{aligned} \quad (3.2.21)$$

将 y_n 变换为连续坐标 y，注意 y_n 的间隔为 $2a$。于是，式 (3.3.21) 的求和可写成积分 $\sum_n \to \int \frac{1}{2a}\mathrm{d}y$；同时也将分立场量 $\psi_{\alpha,s}(y_n)$ 变为连续坐标的场算符 $\psi_{\alpha,s}(y_n) \to \sqrt{2a}\psi_{\alpha,s}(y)$。可得到，

$$\begin{aligned}H = \int \mathrm{d}y\bigg\{ &\sum_s \left[2\mathrm{i}at_0\left(\psi_{2s}^+(y)\frac{\partial\psi_{2s}(y)}{\partial y} - \psi_{1s}^+(y)\frac{\partial\psi_{1s}(y)}{\partial y}\right)\right.\\&\left.+ \Delta(y)\left(\psi_{1s}^+(y)\psi_{2s}(y) + \psi_{2s}^+(y)\psi_{1s}(y)\right)\right]\\&+ \frac{K}{8a^2a}\Delta^2(y) + \frac{M}{32a^2a}\dot\Delta^2(y)\bigg\}\end{aligned} \quad (3.3.22)$$

引入二分量场量 $\Psi_s(y) = \begin{pmatrix}\psi_{1s}(y)\\\psi_{2s}(y)\end{pmatrix}$，则可将 H 写成较为简洁的形式

$$H = H_\mathrm{e} + \int\left[\frac{K}{8\alpha^2 a}\Delta^2(y) + \frac{M}{32\alpha^2 a}\dot\Delta^2(y)\right]\mathrm{d}y \quad (3.3.23)$$

其中

$$H_\mathrm{e} = \int\sum_s \Psi_s^+(y)\left[-2\mathrm{i}at_0\sigma_3\frac{\partial}{\partial y} + \Delta(y)\sigma_1\right]\Psi_s(y)\mathrm{d}y \quad (3.3.24)$$

为电子部分哈密顿量，指标 s 表示两种自旋态，H 的第二部分是介质弹性能和动能。该哈密顿量最初由 H. Takayama, Y. R. Lin-Liu 和 K. Maki 推出，也被称为 TLM 模型。基于此哈密顿量，可以求得许多解析解。

3.3.3 PPP 模型

自从 SSH 模型建立以来，该模型被广泛应用于有机高分子的晶格和电子结构研究，取得了众多成果。虽然该模型突出了有机高分子的结构特点 (如一维性和强的电子–晶格相互作用)，但是，它忽略了电子–电子相互作用。尽管人们采用 Hubbard 模型对 SSH 哈密顿量进行了扩展，并讨论了电子相互作用对有机高分子

3.3 有机高分子模型

的影响，但是这种相互作用只是近程的。此处，我们进一步介绍另一个研究有机高分子的常用模型：Pariser-Parr-Pople (PPP) 模型。其哈密顿量写为如下形式：

$$H = -\sum_{\langle ij\rangle,s} t_{ij}(C_{i,s}^+ C_{j,s} + C_{j,s}^+ C_{i,s}) + U\sum_i n_{i\uparrow}n_{i\downarrow} + \sum_{i<j} V(r_{ij})(n_i-1)(n_j-1) \tag{3.3.25}$$

其中，$C_{i,s}^+$ 和 $C_{i,s}$ 是第 i 个格点上自旋为 s 的电子产生和湮灭算符，t_{ij} 为第 i 个格点和第 j 个格点间的电子跃迁积分。U 是两个电子位于同一格点时的库仑相互作用能，$V(r_{ij})$ 是两个电子分别位于第 i 个格点和第 j 个格点时的库仑相互作用能。$n_{i,s} = C_{i,s}^+ C_{i,s}$ 是第 i 个格点上自旋为 s 的电子数，而 $n_i = \sum_s n_{i,s}$。可见 PPP 模型忽略了有机高分子中晶格的影响 (特别是电子-晶格相互作用)，而强调了电子-电子相互作用。U 和 $V(r_{ij})$ 的不同形式决定了不同的 PPP 模型哈密顿量。当 $U \neq 0$，$V(r_{ij}) = 0$ 时，模型为 Hubbard 哈密顿量；当 $U \neq 0$，$V(r_{i,i\pm1}) \neq 0$，而 $V(r_{ij}) = 0 (j \neq i \pm 1)$ 时，则模型为扩展的 Hubbard 哈密顿量。

3.3.4 实坐标空间模型

上面分别介绍了描述聚乙炔等有机分子的 SSH 模型、TLM 模型和 PPP 模型，虽然取得了很好的结果，然而上述哈密顿量均具有电子-空穴对称性，导致电子能谱中的价带和导带对称，这明显与实际一维体系中电子态密度的能量分布不符。因此，此处将给出描述有机分子的实坐标空间模型。

以聚乙炔为例，式 (3.3.1) 给出了聚乙炔的哈密顿量。它是电子-晶格耦合一维系统的一般哈密顿量，没有计入电子-电子相互作用。很显然，电子能谱决定于晶格势场 $V(r_i - R_n)$，而晶格势场又与基团格点的位置 R_n 密切相关。电子-晶格的这种相互耦合在有机分子中会表现得更加明显。一是因为有机材料的晶格原子 (或基团) 质量较轻，更容易受到电子的影响；二是有机分子通常具有链状结构，呈现一维特征。

静态下，哈密顿量 (3.3.1) 描述的系统总能量由前两项决定，即电子能量和晶格弹性能，平衡状态下，系统总能量应取最小值，由此可以确定格点位置。

$$E(\{u_n\}) = {\sum_{\mu,s}}' \varepsilon_{\mu,s} + \frac{1}{2}K\sum_n (u_{n+1}-u_n)^2 \tag{3.3.26}$$

$$\delta E(\{u_n\})/\delta u_n \big|_{u_n^0} = 0 \tag{3.3.27}$$

其中，$\varepsilon_{\mu,s}$ 为电子的能量本征值，由此构成了电子-晶格相互耦合的循环方程组。若每个基团相对其平衡位置都有一小的偏离 $u_n = u_n^0 + u_n'$，则可得单电子哈密顿量为

$$h_e(x) = -\frac{\hbar^2}{2m}\frac{d^2}{dx^2} + V(x-\{u_n^0\}) + \sum_n \frac{\partial V}{\partial u_n}\big|_{u_n^0} u_n' = h_0 + h' \tag{3.3.28}$$

其本征方程为

$$h_e(x)\psi_\mu(x) = \varepsilon_\mu \psi_\mu(x) \tag{3.3.29}$$

其中，ε_μ 和 $\psi_\mu(x)$ 分别为电子能量本征值和本征态，此处略去自旋指标。由哈密顿量 (3.3.28)，通过量子力学微扰论，我们得到电子一阶微扰能量

$$\begin{aligned}\langle h'\rangle_{\mu\nu} &= \langle\psi_\mu^0(x)|\sum_n \frac{\partial V(x-\{u_n\})}{\partial u_n}\Big|_{u_n^0} u_n' |\psi_\nu^0(x)\rangle \\ &= -\langle\psi_\mu^0(x)|\sum_n \frac{\partial V(x-\{u_n\})}{\partial x}\Big|_{u_n^0} |\psi_\nu^0(x)\rangle u_n' \\ &= \sum_n a_{n,\mu,\nu} u_n' \end{aligned} \tag{3.3.30}$$

因此系统总能量为

$$\begin{aligned}E^{(1)} &= \sum_\mu{}' \varepsilon_\mu^0 + \frac{1}{2}K\sum_n (u_{n+1}^0 - u_n^0)^2 \\ &\quad + \sum_\mu{}' \langle H'\rangle_{\mu\mu} + K\sum_n (-u_{n+1}^0 + 2u_n^0 - u_{n-1}^0)u_n' \\ &= E^0 + \sum_n \left[\sum_\mu{}' a_{n,\mu,\mu} - K(u_{n+1}^0 - 2u_n^0 + u_{n-1}^0)\right] u_n' \end{aligned} \tag{3.3.31}$$

根据系统平衡条件

$$\partial E(\{u_n\})/\partial u_n |_{u_n^0} = 0$$

得平衡条件为

$$u_{n+1}^0 - 2u_n^0 + u_{n-1}^0 = -\frac{1}{K}\sum_\mu{}' \langle\psi_\mu^0(x)|\sum_n \frac{\partial V(x-\{u_n\})}{\partial x}\Big|_{u_n^0}|\psi_\mu^0(x)\rangle \tag{3.3.32}$$

取晶格势场为方势阱 Kronig-Penny 模型

$$\begin{aligned}V(x-\{u_n\}) = &-V_0 H\left(\left\{x-(na+u_n-\frac{1}{2}W)\right\}\right) \\ &+ V_0 H\left(\left\{x-(na+u_n+\frac{1}{2}W)\right\}\right)\end{aligned} \tag{3.3.33}$$

其中，W 为单个势阱宽度，V_0 为势阱深度。H 函数定义为

$$H(x-X) = \begin{cases} 1, & x > X \\ 0, & x \leqslant X \end{cases} \tag{3.3.34}$$

3.3 有机高分子模型

假设 H 函数可导，则有

$$\partial V/\partial x = V_0 \delta\left(\left\{x - (na + u_n - \frac{1}{2}W)\right\}\right) - V_0 \delta\left(\left\{x - (na + u_n + \frac{1}{2}W)\right\}\right) \quad (3.3.35)$$

将上式代入式 (3.3.32)，得平衡条件

$$u_{n+1}^0 - 2u_n^0 + u_{n-1}^0 = \frac{V_0}{K} \sum_{\mu}{}' \left[\psi_\mu^*(x_n^-)\psi_\mu(x_n^-) - \psi_\mu^*(x_n^+)\psi_\mu(x_n^+)\right]$$

$$= -\frac{V_0}{K}\left[P(x_n^+) - P(x_n^-)\right] \quad (3.3.36)$$

其中，$P(x_n^\mp)$ 为第 n 个势阱左右壁上的电子密度。将上式与电子本征方程 (3.3.29) 联合求解，可得到系统的电子和晶格特征量。

3.3.5 声子化模型

前面的四种模型对于晶格均采用了经典的处理方法，这仅仅适用于极低温环境。温度升高，晶格振动会导致大量声子的出现，经典处理会带来很大的误差。要想克服这个局限性，需要引入声子，将晶格量子化处理，建立高分子的声子化模型。

对晶格原子进行量子化处理，令 $u = \xi/\sqrt{M\omega}$，为简化设 $a = \hbar = c = 1$，引入声子算符

$$b = \frac{1}{\sqrt{2}}\left(\xi + \frac{\partial}{\partial \xi}\right), \quad b^+ = \frac{1}{\sqrt{2}}\left(\xi - \frac{\partial}{\partial \xi}\right) \quad (3.3.37)$$

则可以得到有机分子全量子化的哈密顿量

$$H = H_{\text{el}} + H_{\text{el-ph}} + H_{\text{ph}} \quad (3.3.38)$$

其中

$$H_{\text{el}} = -t_0 \sum_{n,s}(C_{n+1,s}^+ C_{n,s} + C_{n,s}^+ C_{n+1,s}) \quad (3.3.39)$$

$$H_{\text{el-ph}} = g\sum_{n,s} C_{n,s}^+ C_{n,s}(b_n + b_n^+) + \alpha \sum_{n,s}(C_{n+1,s}^+ C_{n,s} + C_{n,s}^+ C_{n+1,s})$$

$$\cdot (b_{n+1} + b_{n+1}^+ - b_n - b_n^+) \quad (3.3.40)$$

$$H_{\text{ph}} = \omega_0 \sum_n b_n^+ b_n \quad (3.3.41)$$

哈密顿量 (3.3.39) 为电子动能项，式 (3.3.40) 描述电子–声子相互作用，式 (3.3.41) 为声子的动能项。g 为电子与声子相互作用耦合参数，ω_0 为裸声子频率，其余参数参考 SSH 模型。此处，如果令 $\alpha = 0$，上述哈密顿量即简化为 Holstein 模型，主要包括局域的电子–声子耦合；而如果令 $g = 0$，则简化为量子化的 SSH 模型，主要包括非局域的电子–声子耦合。

3.4 高分子的二聚化

聚乙炔中包含可游离的π电子,似乎应该是导体。但实验发现纯净的聚乙炔并不导电,只有掺杂后才出现明显的导电性,这类似于无机半导体。因此,具有π电子的共轭聚合物也称为有机半导体,其原因可通过上节的模型给予解释。为此,先介绍一下一维体系的 Peierls 不稳定性。

3.4.1 一维体系的 Peierls 不稳定性

Peierls 指出,对于非满能带占据的一维晶格,等距离的原子排列是不稳定的,原子会发生位移,出现聚化,使体系能量降低。以一个半满带系统为例 (聚乙炔分子就是这种情况),设所有奇数原子向右移动 u',所有偶数原子向左移动 u',(或者反过来,奇数原子向左移动,而偶数原子向右移动),如图 3.4.1 所示,图中小圆圈代表原来等距离排列时的原子,小黑点是移动以后的原子。

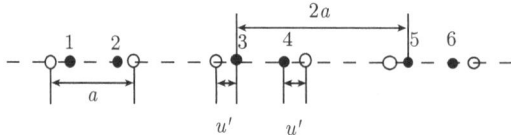

图 3.4.1　一维半满带体系晶格的二聚化

现在来论证 Peierls 不稳定性的物理原因。我们将体系的能量主要归结为电子能量 (占据能) 和晶格能量 (弹性能) 两部分。由图 3.4.1 可知,晶格原子位移后晶格周期由原来的 a 变为 $a' = 2a$,系统发生了二聚化。二聚化后,电子的密度仍是 $n = N/L = N/Na = 1/a$,因而费米面的位置 $k_F = \pm\dfrac{1}{4a}$ 没有改变。但是,二聚化后的晶格常数变为 $a' = 2a$,于是新的第一布里渊区的边界变为

$$k'_B = \pm\frac{1}{2a'} = \pm\frac{1}{4a}$$

它正好与费米面 k_F 相重合。由于布里渊区的边界上一定存在能隙,所以,晶格二聚化后就要在 $k'_B = \pm\dfrac{1}{4a}$ 处产生一个新的能隙 2Δ,如图 3.4.2 所示。图中虚线表示原来等距离排列晶格的电子能谱,在 k'_B 处不存在能隙,其能隙位于 $k_B^{(1)} = \pm\dfrac{1}{2a}$ 处;实线是二聚化后的电子能谱,在 k'_B 处打开一个能隙,这个能隙正好落在费米面 k_F 处。新能隙 2Δ 的打开,使 k'_B 内侧 ($|k| \leqslant |k'_B|$) 的能谱降低,而外侧 ($|k| > |k'_B|$) 的能谱抬高。由于 k'_B 与 k_F 重合,电子全部填在新的第一布里渊区内 $|k| \leqslant |k'_B|$,在此区域内电子的能量都被降低。第一布里渊区外侧的能谱虽然被抬高了,但是那里

没有电子填充，因而并未提高电子的能量。由此可见，二聚化后体系中电子的总能量降低了。这种能量降低的主项是与原子的移动 u' 成正比的，后面将结合具体模型给出定量的计算。

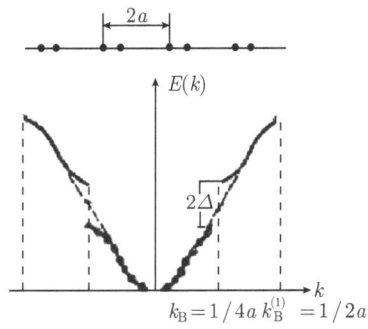

图 3.4.2　二聚化后的能带

上面只讨论了体系中电子的能量，它在二聚化后被降低了。然而，体系的总能量中还包含晶格原子之间的弹性能，当原子发生位移时，晶格的形变将使弹性能增加。由于弹性能与原子位移的平方成正比，系统的总能量可近似写为 $E = E_0 + Au' + Bu'^2$，其中，E_0 为没有发生二聚化时的总能量。显然，该二次函数在 $u' = -A/2B \neq 0$ 处存在极小值 (因为 $B > 0$)。我们也可以这样理解，当原子位移较小时，晶格弹性能的增加比较小，而电子能量的降低则比较大，这时体系的总能量趋于降低，因而要发生二聚化。需要注意的是，原子的位移不会很大，因为随着原子位移的增加，晶格弹性能将很快增加，一旦弹性能的增加超过了电子能量的降低，原子的位移就不能再增加了，最终达到一个新的平衡的二聚化状态。此时，体系的总能达到极小。由此可推，对于 1/3 或 1/4 占据的一维系统，将会发生三聚化或四聚化。

3.4.2　高分子的基态

下面以 SSH 模型为例，给出高分子的结构。首先考虑 $u_n = 0$ 的情况，即聚乙炔中的碳原子等间距排列，哈密顿量 (3.3.17) 化为简单形式 (静态)

$$H = -\sum_{n,s} t_0 (C_{n+1,s}^+ C_{n,s} + C_{n,s}^+ C_{n+1,s}) \tag{3.4.1}$$

该哈密顿量通过下述傅里叶变换，很容易对角化

$$C_{n,s} = \frac{1}{\sqrt{N}} \sum_{-\frac{1}{2a} < k \leqslant \frac{1}{2a}} e^{-i2\pi kna} a_{k,s} \tag{3.4.2a}$$

$$C_{n,s}^+ = \frac{1}{\sqrt{N}} \sum_{-\frac{1}{2a} < k \leqslant \frac{1}{2a}} e^{i2\pi kna} a_{k,s}^+ \tag{3.4.2b}$$

得到
$$H = -\sum_{k,s} 2t_0 \cos(2\pi ka) a_{k,s}^+ a_{k,s} \tag{3.4.3}$$

$a_{k,s}^+ a_{k,s}$ 表示波矢为 k, 自旋为 s 的 "粒子", 其能量即能谱为

$$\varepsilon_0(k) = -2t_0 \cos(2\pi ka) \tag{3.4.4}$$

体系的总能量 E_0 等于所有电子的能量之和。对于聚乙炔分子, 每个碳原子提供一个 π 电子, 因此, N 个电子填充的动量范围是 $-k_F \leqslant k \leqslant k_F (k_F = 1/4a$, 第一能带为半满), 每个动量状态上有两个电子, 由此得

$$\begin{aligned} E_0 &= -2 \sum_{-\frac{1}{4a} < k \leqslant \frac{1}{4a}} 2t_0 \cos(2\pi ka) \\ &= -4t_0 \int_{-\frac{1}{4a}}^{\frac{1}{4a}} \cos(2\pi ka) \mathrm{d}k/(1/L) = -4Nt_0/\pi \end{aligned} \tag{3.4.5}$$

由上节描述的 Peierls 不稳定性我们知道, 高分子的这种等间距原子结构导致第一能带是半满的, 系统从能量角度来说是不稳定的, 将发生二聚化。我们设想 $u_n = (-1)^n u$, 二聚化后的哈密顿量由式 (3.3.17) 得

$$H = -\sum_{n,s}[t_0 + 2(-1)^n \alpha u](C_{n+1,s}^+ C_{n,s} + C_{n,s}^+ C_{n+1,s}) + 2NKu^2 \tag{3.4.6}$$

由于奇数原子与偶数原子位移不同, 导致上式出现两个跃迁积分, 为将其对角化, 需对偶数和奇数格点上的算符 C_{n_e}, C_{n_o} 分别作傅里叶变换 (忽略自旋指标)

$$C_{n_e} = \frac{1}{\sqrt{N}} \sum_{-\frac{1}{4a} < k \leqslant \frac{1}{4a}} \mathrm{e}^{-\mathrm{i}2\pi k n_e a}(c_k^v + c_k^c) \tag{3.4.7a}$$

$$C_{n_o} = \frac{1}{\sqrt{N}} \sum_{-\frac{1}{4a} < k \leqslant \frac{1}{4a}} \mathrm{e}^{-\mathrm{i}2\pi k n_o a}(c_k^v - c_k^c) \tag{3.4.7b}$$

动量 k 被限制在二聚化后形成的新的第一布里渊区内 ($k'_B = \pm 1/4a$)。将式 (3.4.7) 代入哈密顿量 (3.4.6), 得

$$H = \sum_{-\frac{1}{4a} < k \leqslant \frac{1}{4a}} \varepsilon_0(k)(c_k^{v+} c_k^v - c_k^{c+} c_k^c) + \sum_{-\frac{1}{4a} < k \leqslant \frac{1}{4a}} \mathrm{i}\Delta(k)(c_k^{v+} c_k^c - c_k^{c+} c_k^v) + 2NKu^2 \tag{3.4.8}$$

其中, $\Delta(k) = 4\alpha u \sin(2\pi ka)$。

上式第一项已对角化, 为进一步使第二项对角化, 再作下述变换

$$a_k^v = -\mathrm{i}\alpha_k c_k^v + \beta_k c_k^c \tag{3.4.9a}$$

3.4 高分子的二聚化

$$a_k^c = \alpha_k c_k^c + i\beta_k c_k^v \tag{3.4.9b}$$

其中，α_k, β_k 是变换系数。为保证变换后的 a_k^v 和 a_k^{v+}，a_k^c 和 a_k^{c+} 仍符合费米反对易关系，应有

$$|\alpha_k|^2 + |\beta_k|^2 = 1 \tag{3.4.10}$$

将变换式 (3.4.9) 代入哈密顿量 (3.4.8) 中，将会出现新的对角项和非对角项，而非对角项中的系数将是 α_k 和 β_k 的函数，令此系数为零，就可确定 α_k 和 β_k 为

$$\alpha_k = \frac{1}{\sqrt{2}}\sqrt{1 + \frac{\varepsilon_0(k)}{\varepsilon(k)}}, \quad \beta_k = -\frac{1}{\sqrt{2}}\frac{k}{|k|}\sqrt{1 - \frac{\varepsilon_0(k)}{\varepsilon(k)}} \tag{3.4.11}$$

其中，$\varepsilon(k) = \sqrt{\varepsilon_0^2(k) + \Delta^2(k)}$。这样，经过如式 (3.4.9) 变换并选用由式 (3.4.11) 所确定的变换系数 α_k 和 β_k 后，哈密顿量 (3.4.8) 被对角化为

$$H = \sum_{-\frac{1}{4a} < k \leqslant \frac{1}{4a}} \varepsilon(k)(a_k^{c+}a_k^c - a_k^{v+}a_k^v) + 2NKu^2 \tag{3.4.12}$$

由此可见，二聚化后的电子能谱分成两支，一支 $\varepsilon^v(k) = -\varepsilon(k)$ 为价带，一支 $\varepsilon^c(k) = \varepsilon(k)$ 为导带。对于聚乙炔，价带完全填满，导带完全空着，此时费米面 $k_F = \pm 1/4a$ 与新的第一布里渊区边界 k_B' 重合，于是在费米面上出现能隙 E_g。其数值为导带底 $\varepsilon^c(k_F)$ 与价带顶 $\varepsilon^v(k_F)$ 之差，即

$$E_g = \varepsilon^c(k_F) - \varepsilon^v(k_F) = 2\Delta(k_F) = 8\alpha u \tag{3.4.13}$$

由于费米面上存在能隙，所以聚乙炔是半导体。其体系总能量为

$$E(u) = 2\sum_{-\frac{1}{4a} < k \leqslant \frac{1}{4a}} \varepsilon^v(k) + 2NKu^2 = -\frac{4Nt_0}{\pi}\gamma\left[1 - \left(\frac{2\alpha u}{t_0}\right)^2\right] + 2NKu^2 \tag{3.4.14}$$

其中，$\gamma\left[1 - \left(\frac{2\alpha u}{t_0}\right)^2\right]$ 可由第二类椭圆积分 $\gamma(1-z^2) = \int_0^{\pi/2}\sqrt{1-(1-z^2)\sin^2 x}dx$ 求解。式 (3.4.14) 第一项是电子能量的降低，其主要部分正比于 $u^2\ln|u|$；第二项是晶格弹性能的增加，正比于 u^2。因此，当 u 较小时，畸变后的能量将会降低，这正是 Peierls 不稳定性的来源。由 $E(u)$ 的极小值可确定原子的位移 u_0。$E(u) - E_0$ 的函数曲线显示于图 3.4.3 中，可以看出能量最低点并不处于晶格等间距的位置 ($u = 0$)，而是处于原子位移 $u = \pm u_0$。这表明，哈密顿量 (3.3.17) 所描述的一维半满带系统，其基态晶格结构是二聚化的，并且这种二聚化基态是二重简并的。对于聚乙炔，$t_0 = 2.5\text{eV}, a = 42\text{eV/nm}, K = 2100\text{eV/nm}^2$，得到 $u_0 = 0.004\text{nm}, 2\Delta_0 = 1.4\text{eV}$，

这与实验值基本吻合。将 $u_0 = 0.004$nm 代入式 (3.4.14)，还可得到聚乙炔的二聚化凝聚能为

$$e_c = \frac{1}{N}[E(u_0) - E_0] = -0.015 \text{eV} \tag{3.4.15}$$

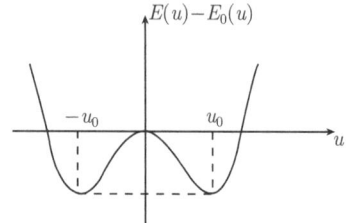

图 3.4.3 能量随二聚化位移 u 的变化

反式聚乙炔的基态简并性可从其分子结构看出，原子位移 $u = \pm u_0$ 对系统来说是等价的。但对其他一些聚合物分子，情况可能不同。顺式聚乙炔分子结构中，$u = u_0$ 和 $u = -u_0$ 是不等价的 (A 相与 B 相能量是不等的)，因此，顺式聚乙炔是基态非简并聚合物。对这类聚合物，可通过扩展的 SSH 模型来描述，即哈密顿量 (3.3.17) 中电子跃迁项修正为

$$t_{n,n+1} = t_0 - t_1 \cos n\pi - \alpha(u_{n+1} - u_n) \tag{3.4.16}$$

其中，t_1 为简并破缺项，反映了顺式聚乙炔等高分子的基态非简并结构。

前面从一维体系的 Peierls 不稳定性出发，解释了在绝对零度下，有机高分子通常表现为半导体或绝缘体状态，不导电。当温度升高时，晶格原子得到热能后发生振动，当温度足够高时，振动幅度增大，Peierls 不稳定性所产生的原子位移逐渐模糊起来，这时费米面上的能隙也将逐渐消失。因此，升高到一定的温度后，费米面上的能隙完全消失，此时有机分子将变成导体，这就是 Peierls 相变。如图 3.4.4 所示，有机分子 TTF-TCNQ 在接近绝对零度时，电导率趋于零，为半导体或绝缘体，随着温度的升高，其电导率会急剧增加，变成导体，这就是 Peierls 相变。

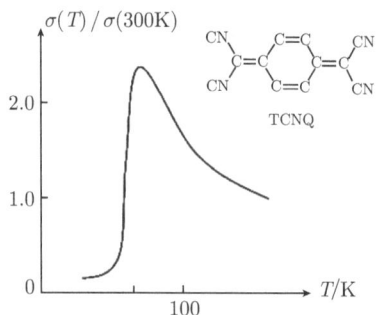

图 3.4.4 TTF-TCNQ 的 Peierls 相变

3.5 电荷密度波与自旋密度波

通过上一节的讨论，我们知道一维体系的 Peierls 不稳定性导致聚乙炔分子发生晶格形变，晶格周期由 a 变为 a'。这种形变后周期为 a' 的晶格称为超晶格。当电子在此新的周期性势场中运动时，电子的密度也将随之出现周期为 a' 的分布，这种新的周期性分布的电荷密度称为电荷密度波 (CDW)，波长 $\lambda = a'$。这种电子密度分布的主要分量是

$$\rho(x) = n + n_\text{c} \cos\left(2\pi \frac{x}{\lambda} + \varphi\right), \quad \lambda = a' = \frac{1}{2k_\text{F}} \tag{3.5.1}$$

其中，n_c 是密度起伏的幅度，φ 是初相位。可见，Peierls 不稳定性导致两个结果：对于晶格，产生了周期为 a' 的超晶格；对于电子，产生了波长为 $\lambda = a'$ 的电荷密度波。

需要强调的是，电荷密度波的波长 $\lambda = a'$ 与原来晶格周期的晶格常数 a 无关。新的第一布里渊区边界为

$$k'_\text{B} = \frac{1}{2a'} \tag{3.5.2}$$

Peierls 不稳定性要求，$k'_\text{B} = k_\text{F}$，于是，

$$a' = \frac{1}{2k_\text{F}} = \frac{2}{n} \quad \text{或} \quad \lambda = \frac{2}{n} \tag{3.5.3}$$

由此可见，λ（或 a'）与 a 无关，只取决于电子的费米动量或电子密度。对于不同的材料，其电子密度不一样，a' 与 a 的比值也各不相同，可以将其分成两类：

(1) $a'/a =$ 有理数，相变后的晶格在整体上仍具有周期性，称之为可公度相变；
(2) $a'/a =$ 无理数，相变后的晶格已无周期性，称之为非公度相变。

通常实验上无法测定无理数，故将 "$a'/a =$ 整数" 称为可公度相变、"$a'/a =$ 分数" 称为非公度相变。一维体系的这种结构相变已从实验上得到证实。

可公度和非公度的电荷密度波在晶体中运动时具有重大的差别。对于可公度的电荷密度波，由于形变后的晶格仍具有一定长度的周期性，因而它不具有任意长度的平移不变性，这时，电荷密度波与原晶格的相对位置的差别将影响体系的能量。也就是说，当电荷密度波具有不同的相位 φ 时，体系的能量 $E(\varphi)$ 将不同。由 $E(\varphi)$ 的极小值可确定电荷密度波的平衡位置的相位，改变此相位需要能量，因而要使电荷密度波运动就要提供一定的能量。可见，这种电荷密度波不能在晶格中自由滑行，这就是可公度性所引起的对电荷密度波的钉扎作用。

对于非公度的电荷密度波，整个晶格已不存在周期性，改变电荷密度波相对于晶格的相对位置并不改变体系的能量。也就是说，只要改变晶格的坐标原点的位置

就可以从一种电荷密度波变为另一种电荷密度波，所以非公度的电荷密度波具有连续的平移不变性。可见，这种电荷密度波可以在晶格中自由滑行，参与导电，因而非公度的电荷密度波可视为载流子，在有机导体中具有重要的作用。

电子不仅具有电荷属性，而且携带自旋 s，其自旋方向有两种 $s=\uparrow,\downarrow$。由于泡利不相容原理的限制，具有相同自旋方向的电子不能占据相同的轨道，因而在考虑到电子之间的相互作用时，需要计入电子的自旋 (相同自旋的电子之间存在着交换能)。上下自旋的电子在形变后的超晶格势场中运动时，都会形成电荷密度波，然而由于电子之间的相互作用，上下自旋电子的 CDW 的相位可以不同，即 $\varphi_\uparrow \neq \varphi_\downarrow$。此时将会导致体系中出现自旋密度的起伏，即自旋密度波 (SDW)。设两种自旋的电子 CDW 分别为

$$\rho_\uparrow(x) = \frac{n}{2} + \frac{n_c}{2}\cos\left(2\pi\frac{x}{\lambda} + \varphi_\uparrow\right) \tag{3.5.4}$$

$$\rho_\downarrow(x) = \frac{n}{2} + \frac{n_c}{2}\cos\left(2\pi\frac{x}{\lambda} + \varphi_\downarrow\right) \tag{3.5.5}$$

总的电荷密度波和自旋密度波分别为

$$\rho(x) = \rho_\uparrow(x) + \rho_\downarrow(x) = n + n_c \cos\left(\frac{\varphi_\uparrow - \varphi_\downarrow}{2}\right)\cos\left(2\pi\frac{x}{\lambda} + \frac{\varphi_\uparrow + \varphi_\downarrow}{2}\right) \tag{3.5.6}$$

$$S(x) = \frac{\hbar}{2}\rho_\uparrow(x) + \left(-\frac{\hbar}{2}\right)\rho_\downarrow(x) = \frac{\hbar}{2}n_c \sin\left(\frac{\varphi_\downarrow - \varphi_\uparrow}{2}\right)\cos\left(2\pi\frac{x}{\lambda} + \frac{\varphi_\uparrow + \varphi_\downarrow - \pi}{2}\right) \tag{3.5.7}$$

由于上下自旋电子的相位不同，存在以下三种不同情况：

(1) 上下自旋的 CDW 具有相同的相位，即 $\varphi_\uparrow = \varphi_\downarrow = \varphi$。

此时，$\rho_\uparrow = \rho_\downarrow$，并且总的电子密度为

$$\rho(x) = \rho_\uparrow(x) + \rho_\downarrow(x) = n + n_c \cos\left(2\pi\frac{x}{\lambda} + \varphi\right) \tag{3.5.8}$$

这就是在整个晶格存在的总的电荷密度波。而总的自旋密度波为

$$S(x) = \frac{\hbar}{2}\rho_\uparrow(x) + \left(-\frac{\hbar}{2}\right)\rho_\downarrow(x) = 0 \tag{3.5.9}$$

因此，当上下自旋的 CDW 具有相同的相位时，在体系中只存在电荷密度的周期性起伏，而自旋密度处处为零，如图 3.5.1 所示。

(2) 上下自旋的 CDW 具有相反的相位，即 $\varphi_\uparrow = \varphi_\downarrow + \pi$。

此时，由式 (3.5.6) 得总的电荷密度为

$$\rho(x) = \rho_\uparrow(x) + \rho_\downarrow(x) = 0 \tag{3.5.10}$$

这时，整个晶格中电荷分布是均匀的，不出现电荷密度波。而由式 (3.5.7) 得总的自旋密度分布为

$$S(x) = \frac{\hbar}{2}\rho_\uparrow(x) + \left(-\frac{\hbar}{2}\right)\rho_\downarrow(x) = \frac{\hbar}{2}n_\text{c}\cos\left(2\pi\frac{x}{\lambda} + \varphi_\downarrow\right) \tag{3.5.11}$$

可见，当正负自旋电子的 CDW 的相位相反时，体系中没有电荷密度的起伏，也就不存在电荷密度波。但是，在体系中出现了自旋密度的起伏，即 SDW，如图 3.5.2 所示。

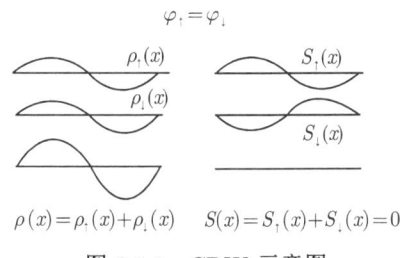

图 3.5.1 CDW 示意图

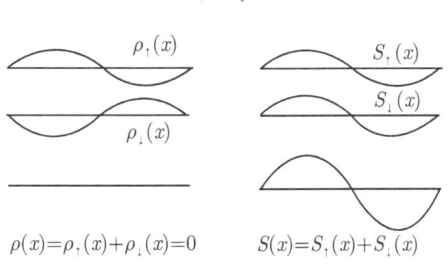

图 3.5.2 SDW 示意图

由于电子具有自旋磁矩 $M_z = \pm\dfrac{e\hbar}{2mc}$，因而当自旋密度波出现后，在体系中会出现周期性变化的自旋磁矩分布 $M(x)$，其周期也是 $\lambda = 1/2k_\text{F}$。在半个周期内磁矩的方向朝上，接着的半个周期内磁矩的方向朝下，这种磁矩方向上下交替排列的磁性状态是反铁磁体。这种反铁磁性在一维的有机超导体 $(\text{TMTSF})_2\cdot\text{PF}_6$ 中已被实验证实。

(3) 上下自旋的 CDW 具有不同的相位。

这时 $\varphi_\uparrow$ 和 $\varphi_\downarrow$ 既不相等，也不相差 π，总的电荷密度波为式 (3.5.6) 所得。它不等于零，因而存在 CDW，其振幅为 $n_\text{c}\cos\left(\dfrac{\varphi_\uparrow - \varphi_\downarrow}{2}\right)$，大小依赖于相位差 $\varphi_\uparrow - \varphi_\downarrow$。同时自旋的密度分布由式 (3.5.7) 所得，它也不为零，存在 SDW，其振幅也依赖于相位差 $\varphi_\uparrow - \varphi_\downarrow$。可见，在这种一般情况下，CDW 和 SDW 同时存在。

式 (3.5.6) 所描述的电荷密度分布是对应于基态的，它是静态的基态分布。这种没有空间平移不变性的状态来自于连续对称的自发破缺。连续对称的自发破缺会产生无静止质量的元激发，即所谓 Goldstone 粒子。对于 CDW 或 SDW，也应存在相应的元激发，此时 CDW 或 SDW 中的相位和振幅不再是常数，而是空间和时间的函数 $\varphi(x,t), n(x,t)$。Anderson 等运用格林函数方法求得了 CDW 的两支元激发能谱：一支是相位元激发 $\varphi(x,t)$，具有线性色散关系，无能隙，其量子称为相位子 (phason)，它就是 CDW 的 Goldstone 粒子；另一支是振幅元激发 $n(x,t)$，具有能隙。相位子因无能隙而易于激发，它可带有电流，因而 CDW 的相位子是一种载流子，对于某些材料的电导率，尤其是一维导体有重要作用。

必须说明，不仅一维电子–晶格相互作用体系会出现 CDW 或 SDW，某些其他体系也会存在。对于电子–电子库仑相互作用下的体系，也会出现电荷密度波或自旋密度波。最简单的模型是设想电子气处于连续均匀分布的正电背景中(凝胶模型)，虽然此体系的哈密顿量具有平移不变性，但其基态并非具有平移不变性，其电荷密度和自旋密度也不一定是均匀分布的。在考虑了电子体系的交换能和关联能后，电荷密度和自旋密度在空间呈周期性起伏的状态可能具有更低的能量，因而真正的基态不一定是电荷和自旋的均匀分布。这种周期性起伏的状态导致了平移不变对称性的自发破缺。对于电子–晶格相互作用和电子–电子相互作用并存的体系，至于哪种相互作用起主导作用是很难分清的，当前多数研究是在电子–晶格相互作用的基础上加入电子–电子相互作用进行研究。如可以研究 SSH 模型下电子–电子相互作用对 CDW 或 SDW 的加强或抑制作用。

3.6 孤子、极化子和双极化子

前面，我们已经介绍了有机分子的基态。以聚乙炔为例，通过 SSH 模型定量地给出了物理描述：基态下的晶格原子为均匀二聚化，其位移为 $u_0 = 0.004$nm。这一结果的物理根源在于有机分子的结构特点，即一维特征和强的电子–晶格相互作用。这些结构特点也决定了聚乙炔等有机高分子内的载流子特性，如自陷性。这些自陷的载流子在空间是局域的，它将导致有机体系内独特的电荷及自旋输运特征。

3.6.1 孤子

在前面已经看到，尽管聚乙炔中的每个碳原子都具有一个巡游的π电子，由于一维体系的 Peierls 不稳定性，导带与价带之间存在 1.4eV 的带隙，因此，纯净的聚乙炔是不导电的。20 世纪 70 年代初，Heeger, MacDiarmid 和 Shirakawa 等却发现：通过对半导体材料反式聚乙炔进行掺杂，其电导率急剧提高，可以增加几个甚至十几个数量级。图 3.6.1 中左边的曲线表示电导率 σ 与杂质 Na 的掺杂浓度 y 的

3.6 孤子、极化子和双极化子

依赖关系，当浓度 y 逐渐增加到 5% 时，聚乙炔的电导率已迅速提高了几个数量级，这说明体系内通过掺杂产生了大量的载流子。如果这些载流子是电子或空穴，则可以用自旋共振的实验方法观察到载流子的自旋磁矩，并由此得到的磁化率 χ 将大于零。然而，实验结果却表明当 $y < 6\%$ 时，磁化率为零，如图 3.6.1 右边的曲线所示。这说明体系内的载流子没有自旋磁矩，也没有自旋，所以不是传统的电子或空穴。1979 年，Su, Schrieffer 与 Heeger 一起提出了一种新的理论，认为聚乙炔中的载流子不是传统半导体中呈扩展态的电子或空穴，而是因电子-晶格相互作用导致的一种电荷自陷态。依据其具体形态，分别称之为孤子 (soliton)、极化子 (polaron) 或双极化子 (bipolaron)。上面的实验表明，反式聚乙炔中的载流子是孤子。孤子可以带正电或负电，但没有自旋。由此，可以比较好地解释聚乙炔中观察到的电学、磁学和光谱学等方面的实验事实。本小节将介绍聚乙炔中孤子的物理图像，并与有关的实验现象相结合。

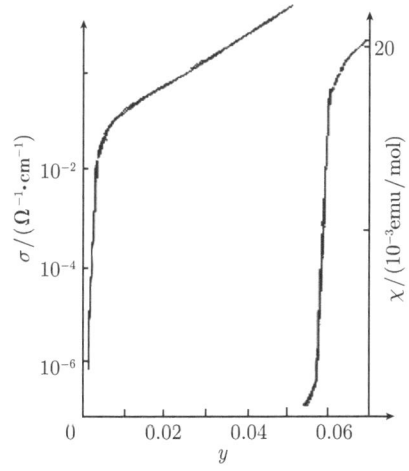

图 3.6.1 反式聚乙炔的电导率 σ 和磁化率 χ 随掺杂浓度 y 的变化

图 3.6.2(a) 和 (b) 给出了反式聚乙炔链的 A 相与 B 相结构，其中双键表示短键，单键表示长键。若将 A 相中的一段激发为 B 相，则会出现两个过渡区，如图 3.6.2(c) 所示。由 A 相过渡为 B 相，在过渡区形成了畴壁，即孤子；由 B 相过渡为 A 相，也形成了一个过渡区，称为反孤子。孤子与反孤子是相对而言的。由于 A 相和 B 相的能量相同，激发的能量都集中在畴壁中，因而畴壁就是反式聚乙炔中的元激发——孤子或反孤子。

当孤子形成后，基态时的周期晶格势场被破坏，产生局域的势场缺陷。量子力学告诉我们，此时会出现局域的电子态。连续模型和分立模型下，都可得到孤子位形的数学表达式，如连续模型下的解为 $\Delta(y) = \pm\Delta_0 \text{th}\dfrac{y}{\xi}(\xi = 2at_0/\Delta_0)$。以此作为初始位形，可得 SSH 模型下的孤子稳定位形 $[y_n = (-1)^n(u_{n+1} - u_n)]$ 的数值解，如图 3.6.3 所示。如果绘出系统的能级和电子态，就会发现，系统的能带分离成满占据的价带和未占据的导带，价带与导带之间存在禁带，这与二聚化基态相似。但是一个重要的不同是，在禁带的中央出现一条孤立能级，如图 3.6.4(a) 所示。该孤立能级对应的电子态呈现局域性，而且局域在晶格缺陷处，如图 3.6.4(b) 所示。

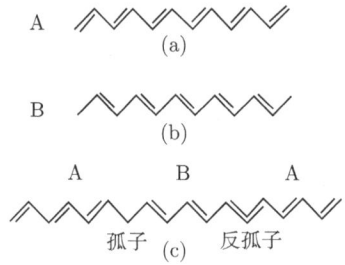

图 3.6.2　反式聚乙炔链的 A 相 (a)、B 相 (b) 和孤子–反孤子 (c)

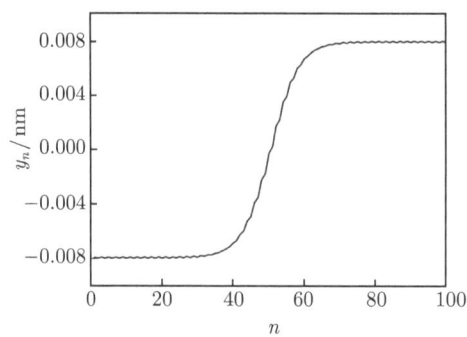

图 3.6.3　反式聚乙炔中孤子的晶格位形

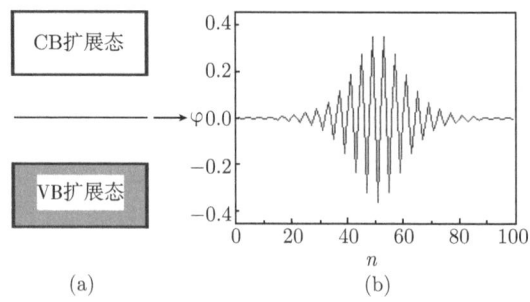

图 3.6.4　反式聚乙炔中孤子的能级结构 (a) 和孤立能级对应的电子态 (b)

孤子在系统内可以运动，相当于载流子，如果我们分析它的电荷–自旋关系，则会发现一个很重要的现象：中性孤子携带 1/2 自旋；而带电孤子却没有自旋！未掺

3.6 孤子、极化子和双极化子

杂时，系统没有外来电荷，从能级占据情况分析可知禁带中央的那条孤立能级只含有一个电子，它具有一个 1/2 自旋。因此，总体看来，这样一个含有一个孤子的聚乙炔分子链，它不带电，却有 1/2 自旋。如果对聚乙炔进行掺杂，那么，外来电子或空穴就会进入孤子能级，出现另一种现象：系统带一个电荷，它局域在孤子上，但由于每条能级都是双占据，因此，携带一个电荷的孤子没有自旋! 这种反常的电荷-自旋关系是孤子独有的特征，已得到实验的证实。

孤子能级已在实验上观察到，图 3.6.5 所示为在反式聚乙炔中掺入受主杂质 AsF_5 的吸收光谱。对于纯净的反式聚乙炔，其吸收光谱只有一个峰 (见图 3.6.5 中的曲线 a)，此吸收峰的带边在 1.4eV 附近，这表示存在着宽度为 1.4eV 的能隙，它和反式聚乙炔中的能隙的理论值相符，因此，该吸收峰是由电子从价带向导带的跃迁引起。当掺入杂质后，吸收光谱在低能部分出现了另一个峰，位于 0.7eV 附近，随着杂质浓度的增加，此吸收峰的强度也变大，但位置不变。图 3.6.5 中的曲线 b 对应于 0.1% 杂质浓度，曲线 c 对应于 0.5% 杂质浓度，这说明杂质产生了新的能级，电子在此能级上的跃迁形成了一个新的吸收峰。由于该吸收峰的位置 0.7eV 正好是能隙的一半，因此该能级位于能隙的中央，电子从价带跃迁到该能级或者从该能级跃迁至导带就产生了这个新的吸收峰。

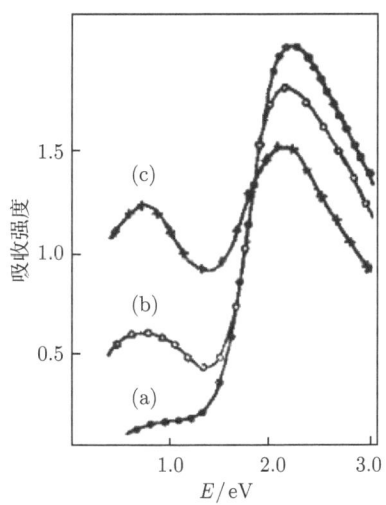

图 3.6.5 掺杂 AsF_5 时，反式聚乙炔的吸收光谱

单是上述实验还不足以说明该能级就是孤子能级，因为杂质 AsF_5 本身可能产生分立的能级。如果恰好 AsF_5 的某个能级位于能隙中心，就可以形成上述的吸收峰。重要的是，不加入受主杂质 AsF_5，而加入施主杂质 Na，也产生了类似的光吸收谱，如图 3.6.6 所示。当 Na 的浓度增加时，该吸收峰的位置保持不变，只是吸收

强度增大。这说明能隙中央的能级不是杂质本身的能级,而是聚乙炔的本征行为。

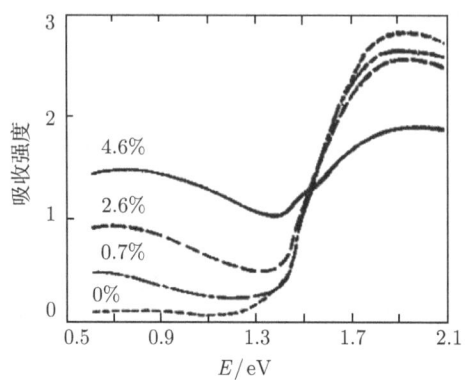

图 3.6.6　掺杂 Na 时,反式聚乙炔的吸收光谱

3.6.2　极化子和双极化子

高分子聚合物中还会出现极化子或双极化子。一般来说,孤子只出现在基态简并的体系中,双极化子只出现在基态非简并的体系中,而极化子在基态简并或非简并的体系中都有可能出现。对前面的模型求解,可得极化子晶格稳定位形 (图 3.6.7 实线所示) 和相应的电子态、能量本征值等。聚合物系统中的极化子可以认为是由一对孤子和反孤子组成的束缚态,在 y_0 处有一个孤子,在 $-y_0$ 处有一个反孤子,两者之间的距离为 $2y_0$,它们相互吸引而约束在一起,其形状类似于晶格中极化子所产生的晶格畸变,因而这种元激发称为极化子。因为极化子可看作是两个相互耦合的孤子,两条简并的孤子能级则会因为它们的相互作用而简并消除,在禁带中分裂成两条能级。由此可见,极化子所对应的能带结构中会出现两条定域能级,它们所对应的电子态同样也是定域的 (图 3.6.8)。一般情况下,中性极化子不稳定,它会变为基态。当施主杂质 (受主杂质) 提供 (拿走) 一个电子,则极化子带负电 (正电),具有正常的电荷-自旋关系,称为负电极化子 (正电极化子)。

在基态非简并的聚合物中,如顺式聚乙炔中,由于 A、B 两相之间存在能量差,链中可以激发起孤子-反孤子对,这一对孤子-反孤子之间存在着吸引力,它将孤子-反孤子对拉在一起形成束缚态,使得孤子和反孤子不能分离,这种束缚态的现象称为禁闭效应。这样,不管孤子和反孤子带什么电荷,即使两者都带同号电荷,孤子和反孤子之间的禁闭作用也总是存在的。同号电荷之间的库仑排斥力随距离的增加要减弱,而禁闭力不随距离的增加而减弱,因而库仑排斥力是不能解除禁闭的,并且带有相同电荷的孤子和反孤子仍然可以被束缚在一起。这意味着,可以存在电荷为 $\pm 2e$ 的极化子,称为双极化子。它们也可以用前面的模型求解得到,其晶格位形如图 3.6.7 虚线所示。双极化子的禁带中也存在两条能级,要比极化子的

两条能级更深一些 (即更靠近能隙中央), 它们都是满占据 (负电双极化子) 或都是空占据的 (正电双极化子)。很显然, 双极化子虽然带两个电荷, 它却没有自旋! 高分子聚合物中这些复杂而丰富的载流子特性在孙鑫的《高聚物中的孤子和极化子》中给予了详细的描述。表 3.6.1 列出了孤子、极化子和双极化子奇异的电荷-自旋关系。

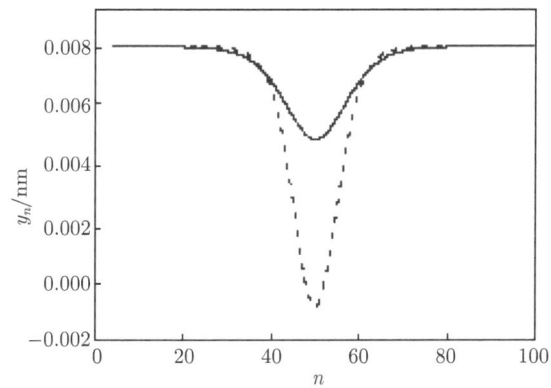

图 3.6.7　聚乙炔中极化子 (实线) 和双极化子 (虚线) 的晶格位形

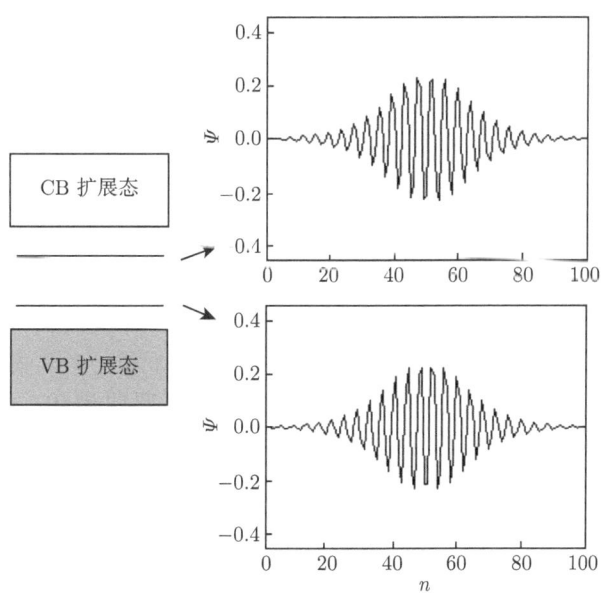

图 3.6.8　极化子的能级结构和深能级对应的电子态

中性孤子带有 1/2 自旋, 而带电孤子却不携带自旋; 单极化子具有 1/2 自旋, 而双极化子因束缚 2 个电子或空穴, 其自旋为零。孤子、极化子和双极化子奇异的电荷-自旋关系暗示着有机固体中可呈现出丰富的自旋相关性质。目前有机自旋电子学的研究已展开，理论上预言了一些自旋相关的新现象，实验上也得到了一些自旋相关信号。具体内容将在后面详细讨论，此处不再赘述。

表 3.6.1 孤子、极化子和双极化子的电荷-自旋关系

	电荷	自旋	系统
孤子	0	$\pm 1/2$	简并
	$\pm e$	0	简并
极化子	$\pm e$	$\pm 1/2$	简并、非简并
双极化子	$\pm 2e$	0	非简并

3.7 有机分子的振动理论

3.7.1 有机分子的光谱结构

测量有机分子的吸收光谱是研究有机分子的结构及其各种元激发的有效方法，如 3.6.1 节所述，根据吸收光谱线的位置可以确定孤子能级的位置。当然，采用类似的方法也可以确定极化子、双极化子等激发态的能级。此外，测量有机分子的红外或 Raman 吸收光谱还可以了解有机分子的各种振动模。

用脉冲激光照射有机样品，分子链吸收激光光子的能量而产生各种元激发。再用一束探测光束透射样品，并利用一个半导体光电二极管测量该样品对探测光束的透射率。实验发现，当激光脉冲射入样品后 1.5×10^{-13}s，探测光束的透射率在某些频率上突然下降，这表明在这些频率上产生了吸收，这些吸收是激光诱导出的元激发所产生的，因而这种方法又称为激光诱导吸收光谱。实验在红外波段观察到一系列的吸收谱线，这说明在有机分子中存在一系列具有红外活性的振动模 (在振动过程中，出现了随时间变化的电偶极矩，因而有红外活性)。

如对于掺杂的反式聚乙炔，除了已看到的 1.4eV 和 0.7eV 附近的吸收峰外 (见图 3.6.5 和图 3.6.6)，还在中红外波段观察到三条吸收谱线，如图 3.7.1 虚线所示 (杂质为 AsF_5)：$1370cm^{-1}$(0.17eV)，$1260cm^{-1}$(0.16eV) 和 $900cm^{-1}$(0.11eV)。而在激光诱导的纯净的反式聚乙炔中，观察到以下红外吸收谱线，如图 3.7.1 实线所示：$1370cm^{-1}$，$1250cm^{-1}$ 和 $500\sim 600cm^{-1}$。比较这两种吸收光谱，可看到 $1370cm^{-1}$ 和 $1260cm^{-1}$ 的两条线是相同的，而且线很尖锐，说明这两条光谱线与激发的方法或环境无关，只由链上元激发自身结构所决定，属于本征吸收线。$900cm^{-1}$ 和 $500cm^{-1}$ 附近的吸收线与激发的方法或环境 (如掺杂离子的钉扎，链端禁闭) 有关，而且线宽较大，类似于吸收带。

第 6 章中我们还会进一步介绍聚合物的吸收光谱，理论上研究这些谱结构对

于理解有机材料的物理特性是很重要的。固体理论告诉我们，红外吸收峰对应于材料内的一些活性振动模，即具有一定对称性的局域振动模式，其振动频率与吸收峰的位置相对应。孤子、极化子或双极化子造成了分子链的局域结构形变，破坏了共轭骨架的局部对称性，从而使得拉曼模具有红外活性。该形变与自陷的电荷相耦合，在红外区会强烈地影响振动谱。应当注意，不是所有的振动模都具有活性，例如，对于苯环的呼吸模 (图 3.7.2)，它是完全对称的，从而不具有红外活性。红外活性振动模是高分子聚合物中各种元激发 (如孤子、极化子和双极化子) 的指纹，既可以通过掺杂也可以通过光激发产生。红外活性模的出现表明：①分子链内局域结构形变的出现；②电荷的局域化；③主链的局域畸变与电荷局域化紧密耦合。实验也进一步证实，由于电子–空穴对称性，聚合物链中正电荷与负电荷具有相同的吸收光谱；红外活性带的强度与链上掺杂或光激发的电荷密度成正比。红外活性模的频率与同位素相关，图 3.7.3 给出了反式聚乙炔氘化前后的吸收谱观测结果，从中可以看出峰值频率发生了移动。

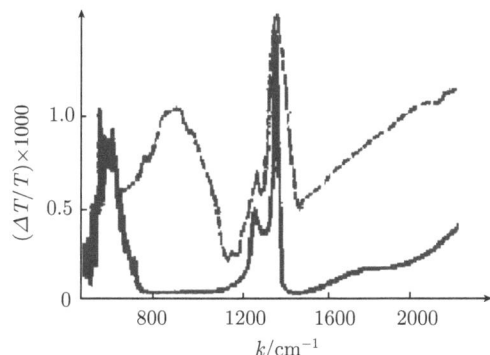

图 3.7.1　反式聚乙炔中掺杂吸收光谱 (虚线) 和光敏吸收光谱 (实线)

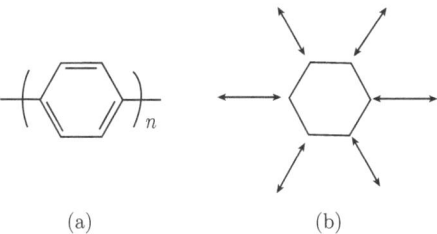

图 3.7.2　聚苯结构 (a) 及其对称的呼吸振动模 (b)

Mele 和 Rice 提出了局域孤子晶格会出现一种如图 3.7.4 所示的振动，他们根据反式聚乙炔原子间的力场算得此振动模的波数为 $1360\mathrm{cm}^{-1}$，与两条本征吸收线中的一条相符。图 3.7.4 的原点是孤子的中心，当孤子处于静态时，左右两边原子的位形相对于孤子中心是对称的。图中箭头表示该振动模式中原子的振动幅度和方向,孤子之外的原子的振幅将很快趋向于零,因而这是一个定域振动模。由这些箭头的分布可看到:在孤子的左边,长键伸长,短键收缩;在孤子的右边,短键伸长,长键收缩。半个周期后,情况将反过来。因而在此振动模式中,晶格结构的变化将以孤子为中心发生左右振荡。与此晶格原子的左右振荡相对应,电子的分布也跟随着发生左右振荡,于是产生了振荡的电偶极矩,所以该定域振动模是红外活性的,可产生 $1360\mathrm{cm}^{-1}$ 的红外吸收光谱。

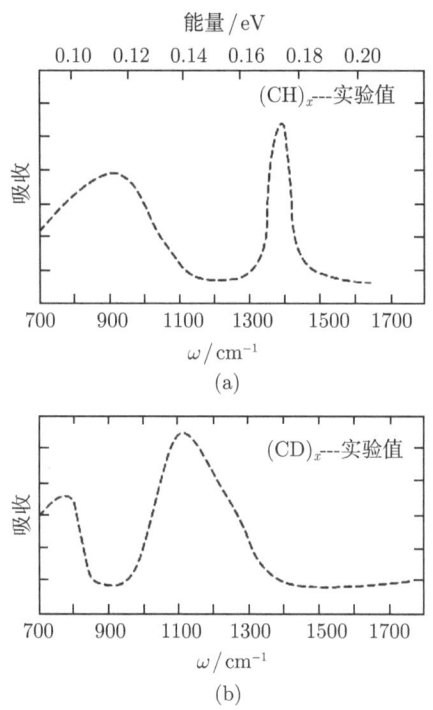

图 3.7.3　掺杂反式聚乙炔氘化前后的红外活性振动模

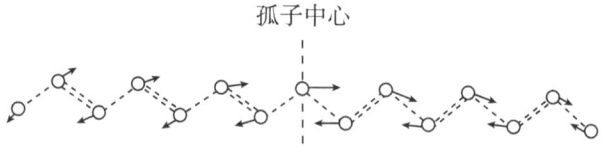

图 3.7.4　孤子的定域振动模 ($1360\mathrm{cm}^{-1}$)

然而,对于实验中观察到的 $1260\mathrm{cm}^{-1}$ 的本征吸收光谱,Mele 和 Rice 的理论是无法解释的。为了定量地解释以上实验中观察到的红外吸收光谱,需要从理论上求出反式聚乙炔中孤子所具有的全部的定域振动模,其中具有电偶极矩的模式将

3.7 有机分子的振动理论

对应于红外吸收。下面给出振动模的计算过程。

3.7.2 振动理论

对于 N 个格点的一维高分子链，设晶格位形为

$$u_n(t) = u_n^0 + u_n'(t), \quad u_n' \ll u_n^0 \tag{3.7.1}$$

其中，u_n^0 为静态平衡位置，u_n' 为偏离，相应的 SSH 哈密顿量为 (略去自旋指标)

$$H = H_e^0 + H_e' + H_k^0 + H_k' + H_k'' \tag{3.7.2}$$

其中，

$$H_e^0 = -\sum_n \left[t_0 - \alpha(u_{n+1}^0 - u_n^0)\right] \left(C_{n+1}^+ C_n + C_n^+ C_{n+1}\right) \tag{3.7.3}$$

$$H_e' = \alpha \sum_n \left(u_{n+1}' - u_n'\right) \left(C_{n+1}^+ C_n + C_n^+ C_{n+1}\right) \tag{3.7.4}$$

$$H_k^0 = \frac{1}{2} K \sum_n (u_{n+1}^0 - u_n^0)^2 \tag{3.7.5}$$

$$H_k' = K \sum_n \left(u_{n+1}' - u_n'\right)(u_{n+1}^0 - u_n^0) \tag{3.7.6}$$

$$H_k'' = \frac{1}{2} K \sum_n (u_{n+1}' - u_n')^2 \tag{3.7.7}$$

H_e^0 为未微扰电子哈密顿量，其本征值 ε_μ 和本征态 $\psi_\mu = \sum_n Z_{\mu,n} |n\rangle$ 满足本征方程 $H_e^0 \psi_\mu = \varepsilon_\mu \psi_\mu$，即

$$-\left[t_0 + \alpha(u_n - u_{n+1})\right] Z_{\mu,n+1} - \left[t_0 + \alpha(u_{n-1} - u_n)\right] Z_{\mu,n-1} = \varepsilon_\mu Z_{\mu,n} \tag{3.7.8}$$

通过微扰论，由 H_e' 可求得微扰矩阵元

$$\langle H_e' \rangle_{\mu\nu} = \langle \psi_\mu | H_e' | \psi_\nu \rangle = \alpha \sum_n \left(u_{n+1}' - u_n'\right) \left(Z_{\mu,n+1} Z_{\nu,n} + Z_{\mu,n} Z_{\nu,n+1}\right) \tag{3.7.9}$$

因此，系统的一阶和二阶微扰能分别为

$$\begin{aligned}
E^{(1)} &= H_k' + \sum_\mu {}' \langle H_e' \rangle_{\mu\mu} \\
&= \sum_n \left[K(u_n^0 - u_{n+1}^0) + K(u_n^0 - u_{n-1}^0) \right. \\
&\quad \left. - 2\alpha \sum_{n,\mu} {}' Z_{\mu,n+1} Z_{\mu,n} + 2\alpha \sum_{n,\mu} {}' Z_{\mu,n} Z_{\mu,n-1} \right] u_n' \\
&= \sum_n A_n u_n' \tag{3.7.10}
\end{aligned}$$

$$E^{(2)} = H_k'' + \sum_\mu {}' \sum_{\nu \neq \mu} {}' \frac{\left|\langle H_e'\rangle_{\mu\nu}\right|^2}{\varepsilon_\mu^0 - \varepsilon_\nu^0}$$

$$= \frac{1}{2} \sum_{mn} \left\{ K\left(2\delta_{mn} + \delta_{m,n-1} + \delta_{m,n+1}\right) \right.$$

$$\left. + 2\alpha^2 (-1)^{m+n} \sum_{\mu,\nu \neq \mu} \frac{c_{\mu\nu}^m c_{\mu\nu}^n}{\varepsilon_\mu - \varepsilon_\nu} \right\} u_m' u_n'$$

$$= \frac{1}{2} \sum_{mn} B_{mn} u_m' u_n' \tag{3.7.11}$$

其中，

$$B_{mn} = K\left(2\delta_{mn} + \delta_{m,n-1} + \delta_{m,n+1}\right) + 2\alpha^2 (-1)^{m+n} \sum_{\mu,\nu \neq \mu} \frac{c_{\mu\nu}^m c_{\mu\nu}^n}{\varepsilon_\mu^0 - \varepsilon_\nu^0} \tag{3.7.12}$$

$$c_{\mu\nu}^m = Z_{\mu,m}\left(Z_{\nu,m+1} - Z_{\nu,m-1}\right) + Z_{\nu,m}\left(Z_{\mu,m+1} - Z_{\mu,m-1}\right) \tag{3.7.13}$$

式 (3.7.10) 中，u_n' 一阶微扰项的系数 $A_n = 0$ 给出系统的静态平衡条件 (周期性边界条件)

$$u_n^0 - u_{n+1}^0 = \frac{2\alpha}{K} \left(\sum_\mu {}' Z_{\mu,n} Z_{\mu,n+1} - \frac{1}{N} \sum_{n=1}^N \sum_\mu {}' Z_{\mu,n} Z_{\mu,n+1} \right) \tag{3.7.14}$$

二阶微扰项的系数 B_{mn} 给出系统的振动谱，其本征值对应振动频率，本征矢对应该频率下的振动模式。

选取 N 为奇数的分子链，以连续模型下的孤子解作初始位形，联立求解方程 (3.7.8) 和 (3.7.14) 可得到一个稳定的孤子晶格位形和电子结构。然后将振动矩阵 B_{mn} 对角化，即得分子的所有振动模式。从中会发现，孤子态下有 5 个局域振动模，其中，频率为零的 g_1 为 Goldstone 平移模，g_2 为振幅模，g_3 和 g_4 分别为第三与第四模，g_s 为交错模。这些模的频率与对称性列于表 3.7.1 中。

表 3.7.1　孤子 5 个定域模的频率及对称性，频率以裸光频率 ω_0 为单位 ($\omega_0 = \sqrt{4K/M}$)

模式	频率 Ω^2/ω_0^2	对称性
g_1(Goldstone 模)	0	偶
g_2(振幅模)	0.89	奇
g_3(第三模)	0.91	偶
g_4(第四模)	0.99	奇
g_s(交错模)	0.98	偶

由表 3.7.1，我们知道 g_2 和 g_4 模均为奇宇称的振动模，孤子中心的原子固定不动，左右两边的原子相对于中心是镜像对称的，因而电偶极矩等于零，不能产生红外吸收；而其他的三个定域模均为偶对称的振动模，孤子中心两边的原子振动没有镜对称，电偶极矩不等于零，因而具有红外活性，可产生红外吸收。这正好和实验中观察到的三条红外吸收光谱相对应，如图 3.7.1。有机固体的红外和 Raman 吸收光谱的详细描述见后面第 6 章。

超快红外活性振动模的光诱导吸收是一种零外加电场下具有亚皮秒分辨率的全光技术，用于研究孤子光产生过程。超快光谱数据表明，反式聚乙炔中，带电孤子对在 250fs 内产生。图 3.7.5 给出了反式聚乙炔超快带电孤子光产生的激发谱 (点) 和吸收谱 (线)。若取 SSH 模型给出的聚乙炔带隙 $E_g = 1.4 \text{eV}$，则阈值为 $E_s = 2E_g/\pi = 0.9 \text{eV}$，这与图中显示的观察到的起始值，约 0.9~1.0eV 是很吻合的。

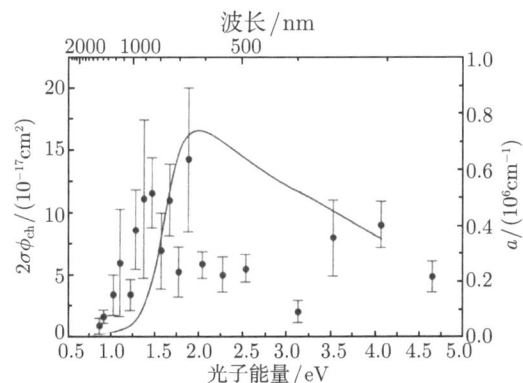

图 3.7.5　反式聚乙炔的超快光产生带电孤子的激发谱 (点) 和吸收谱 (线)

红外探测保持在 1360cm^{-1}，纵坐标是以两倍的孤子对光产生量子效率 (ϕ_{ch}) 乘以在 1370cm^{-1} 处的红外活性振动模的吸收截面(σ)

参 考 文 献

[1] 刘云圻. 有机纳米与分子器件. 北京：科学出版社，2010
[2] 帅志刚, 曹镛. 半导性与金属性聚合物 (译). 北京：科学出版社，2010
[3] 孙鑫. 高聚物中的孤子和极化子. 成都：四川教育出版社，1987
[4] 解士杰, 韩圣浩. 凝聚态物理. 济南：山东教育出版社，2001
[5] 解士杰, 高琨. 低维量子物理. 济南：山东科学技术出版社，2009
[6] 谢尔盖. 雷舍夫斯基. Nano and Molecular Electronics Handbook. CRC Press, 2011
[7] Awschalom D D. Spin Electronics. Kluwer Academic Publishers, 2004

[8] Baeriswyl D, Degiorgi L. Strong Interactions in Low Dimensions. Kluwer Academic Publishers, 2004

[9] Murray V N. Progress in Ferromagnetism Research. Nova Science Publishers, 2006

[10] Madelung O. Introduction to Solid-state Theory. Springer-Verlag Publishers, 1978

[11] Heeger A J, Kivelson S, Schrieffer J R, et al. Solitons in conducting polymers. Rev. Mod. Phys., 1988, 60: 781

[12] Alessandro C, Mauro B, Wanda A. Alq$_3$: ab initio calculations of its structural and electronic properties in neutral and charged states. Chem. Phys. Lett., 1998, 294: 263

[13] Coropceanu V, Cornil J, Filho da Silva D A, Olivier Y, Silbey R, Brédas J L. Charge transport in organic semiconductors. Chem. Rev., 2007, 107: 926

[14] Kakuta H, Hirahara T, Matsuda I, Nagao T, Hasegawa S, Ueno N, Sakamoto K. Electronic structures of the highest occupied molecular orbital bands of a pentacene ultrathin film. Phys. Rev. Lett., 2007, 98: 247601

[15] Troisi A, Orlandi G. Charge-transport regime of crystalline organic semiconductors: diffusion limited by thermal off-diagonal electronic disorder. Phys. Rev. Lett., 2006, 96: 086601

[16] Sun X, Wu C, Shen X. The infrared active localized modes of soliton in trans-$(CH)_x$. Sol. State. Commun., 1985, 56: 1039

[17] Xie S J, Mei L M. Effects of light doping on vibrational modes in finite-length polyacetylene chains. Phys. Rev. B, 1993, 47: 14905

[18] Xie S J, Han J S, Ma X D, Mei L M, Lin D L. Localized vibrational modes around bipolarons in polythiophene. Phys. Rev. B, 1995, 51: 11928

第4章 有机固体中的激子

有机固体通过光照或电极注入可激发电子处于高能态,导致电子-空穴中心偏离,其结果会有两种情况:一种是在同一分子内激发起电子-空穴对,它们相互耦合强,形成所谓的分子内激子;另一种是在相邻分子间激发起电子-空穴对,即光照将电子从一个分子激发到另一个分子,形成所谓的分子间激子。分子内激子会经过辐射或非辐射衰变放出能量,转化为基态;分子间激子中的电子-空穴对相互耦合弱,通过热效应或界面效应较容易解离,形成带负电的极化子和带正电的极化子,即出现所谓的光致电荷载流子。本章将重点介绍分子内激子(简称激子)的图像和基本特征,最后将以具有给体/受体结构的聚合物太阳能电池为例,介绍分子间激子(即电荷转移态)的相关图像。

4.1 激子的一般图像

通过能带论,我们知道纯净的半导体或绝缘体的基态由填满的价带和全空的导带组成,它们之间为禁带,其宽度为带隙 E_g。只有当入射光子的能量 $\hbar\omega \geqslant E_g$ 时,才能激发价带中的电子跃迁至导带。这时,导带中将产生一个电子,而价带中留下一个空穴,它们的运动相对独立。这一理论决定了纯净半导体的禁带中不允许出现电子或空穴的许可状态。然而,实验中却发现:当入射光子的能量略低于纯净半导体的带隙时,其吸收光谱中存在特征吸收峰,这说明禁带中出现了新的激发能级。显然能带论不能解释这一实验事实。其原因主要在于能带论是建立在单电子近似基础上的理论,它忽略了电子-空穴之间的相互作用。如果把上述过程中激发的电子与空穴之间的相互作用再考虑进来,由于它们之间的库仑吸引,将导致电子与空穴形成束缚对,并降低系统的能量。这时,半导体中的元激发不再是相对独立的电子与空穴,而是形成电子-空穴的束缚态,称为激子。无机半导体中,如硅、锗、砷化镓等,其能带宽度大于原子能级间距,激子可以采用连续介质描述。由于无机半导体的晶体结构大多是三维的,因而激子的束缚能和激子半径可以用类氢模型简单描述,固体可看作介电常数为 ε 的连续体,假定电子与空穴相互作用的静电库仑势为

$$V(r_e - r_h) = -\frac{e^2}{\varepsilon |r_e - r_h|} \tag{4.1.1}$$

其中,r_e 和 r_h 分别为电子与空穴的位置。根据有效质量近似,可将电子与空穴系

统的二体运动方程写为

$$\left(-\frac{\hbar^2}{2m_e^*}\nabla_e^2 - \frac{\hbar^2}{2m_h^*}\nabla_h^2 - \frac{e^2}{\varepsilon\,|r_e - r_h|}\right)\psi = (E - E_g)\psi \tag{4.1.2}$$

由此得到激子束缚能

$$E_{ex} = \frac{m^* e^4}{\varepsilon^2 \hbar^2} \tag{4.1.3}$$

激子半径即为电子–空穴距离

$$R_{ex} = \frac{\hbar^2 \varepsilon}{m^* e^2} \tag{4.1.4}$$

式中，$m^* = m_e^* m_h^*/(m_e^* + m_h^*)$ 为电子–空穴的有效约化质量。对于砷化镓，激子束缚能 $E_{ex} \approx 3\,\mathrm{meV}$，半径 $R_{ex} \approx 6000\,\mathrm{nm}$ 远远大于原子间距。因此，无机半导体材料中的激子一般都是弱束缚激子，局域性差，称为万尼尔–莫特 (Wannier-Mott) 激子，如图 4.1.1(a) 所示。

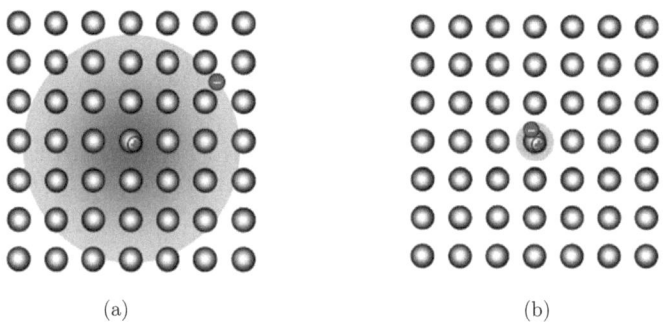

图 4.1.1 (a) 万尼尔–莫特 (Wannier-Mott) 激子和 (b) 弗仑克尔 (Frenkel) 激子

当激子半径小于或等于晶格常数时，属于紧束缚型电子–空穴对，称为弗仑克尔 (Frenkel) 激子，是小半径的激子，如图 4.1.1(b) 所示。这种激子实际为同一原子内电子的激发。由于受到固体中其他原子的作用，Frenkel 激子可从一个原子转移到另一个原子。处理这类激子时，我们必须从原子内的电子态出发进行讨论。设固体中有 N 个原子，每个原子上有一个电子。原子内电子的基态为 $\phi_s(r)$，对应能量为 E_s；第一激发态为 $\phi_p(r)$，对应能量为 E_p。则原子内电子从基态至第一激发态的激发能为 $E_p - E_s$。对于 N 个电子系统的基态应由 $\phi_s(r_1 - R_1), \cdots, \phi_s(r_N - R_N)$ 的 Slater 行列式组成。略去电子的自旋和不同格点间 ($R_n \neq R_m$) 原子波函数的交叠，基态波函数可写为

$$\Phi_0(r_1, \cdots, r_N) = \prod_m \phi_s(r_m - R_m) \tag{4.1.5}$$

4.2 高分子中的激子和双激子

如果是第 n 个原子内的电子从 s 态被激发至 p 态, 则此局域激发态的波函数写为

$$\Phi_n(r_1,\cdots,r_N) = \phi_p(r_n - R_N) \prod_{m(m\neq n)} \phi_s(r_m - R_m) \tag{4.1.6}$$

系统的哈密顿量为原子的哈密顿量 h_n 与电子之间库仑相互作用 v_{nm} 之和

$$H = \sum_n h_n + \sum_{n<m}\sum_m v_{nm} \tag{4.1.7}$$

对该哈密顿量进行求解, 可得 Frenkel 小激子。

4.2 高分子中的激子和双激子

与传统无机固体不同, 有机固体中的激子要复杂得多。在有机小分子固体中, 由于其能带宽度远远小于分子能级的间距, 激子主要对应于电子从分子 HOMO 到 LUMO 形成的束缚激发态。因而在有机分子固体中, 激子的束缚能是较大的, 一般可达到 1eV。这种紧束缚的激子就是上面提到的 Frenkel 激子。它主要定域在单个分子之上, 但在分子间的弱相互作用下, Frenkel 激子可在固体分子之间跃迁。在高分子聚合物固体中, 由于重复单元中相邻原子的 π 电子紧密重叠, 导致高分子链内的能带宽度较大, 如前面给出的聚乙炔链的带宽为 10eV, 接近无机半导体的带宽。这种情况下, 激子主要由高分子内部的性质决定。本节后面部分将结合具体模型来说明高分子链内的激子。聚合物固体中, 链间相互作用虽然很弱, 但仍然存在 (与有机小分子晶体中的相当, 约数百 meV), 这就使得有机聚合物固体存在内禀的各向异性, 由此造成聚合物中激子的束缚能大小介于 Wannier 激子和 Frenkel 激子之间, 可小至 0.1eV(如 PPV 类和聚噻吩), 也可高达 1eV(如较宽带隙的聚芴类)。同样原因, 激子的空间态 (波函数) 在主链上具有较大的延展性, 也可拓展到相邻的分子链。然而, 在经溶液成膜后, 无序态倾向于使激子定域在单一分子链上。下面将基于 SSH 模型介绍一维高分子链中的激子图像。

有机固体中的激子具有显著的 "自陷" 效应。一般来说, 激子只能产生于具有基态非简并的体系, 本节将以顺式聚乙炔为例, 给出高分子中激子的图像。基于顺式聚乙炔的基态非简并特性, 我们需要对静态 SSH 哈密顿量进行修正, 即

$$\begin{aligned}H = -\sum_{n,s}[t_0 - \alpha(u_{n+1} - u_n) - t_1\cos n\pi]\\ \cdot(C_{n+1,s}^+ C_{n,s} + C_{n,s}^+ C_{n+1,s}) + \frac{1}{2}K\sum_n(u_{n+1} - u_n)^2\end{aligned} \tag{4.2.1}$$

其中, t_1 反映了顺式聚乙炔的基态非简并结构。由此哈密顿量出发, 可以得到顺式聚乙炔的基态, 其晶格为二聚化, 如图 4.2.1 细实线所示。能带结构分为两部

分，上面为全空的导带，下面为满占据的价带，中间为禁带，带隙 $E_g = 1.4\text{eV}$，如图 4.2.2(a) 所示。如果对该体系进行光激发，当入射光子能量接近带隙时，价带顶能级中的电子将越过禁带激发至导带底。由于有机高分子中较强的电子-晶格相互作用，电子的激发破坏了聚乙炔中原有的均匀结构，导致晶格发生局域畸变，如图 4.2.1 虚线所示，而激发的晶格畸变将产生局域势场，将电子-空穴对束缚在该势场中，形成所谓的"自陷"激子。进一步检查激子能级结构，可以发现：原价带顶能级和原导带底能级从原连续能带分别进入禁带中央附近，成为定域能级——自陷束缚能级。原价带顶能级变为 ε_{low}，原导带底能级变为 $\varepsilon_{\text{high}}$，对于单电子激发，这两条深能级均为单电子占据，如图 4.2.2(b) 所示，相应的电子态也由扩展态变成定域态。

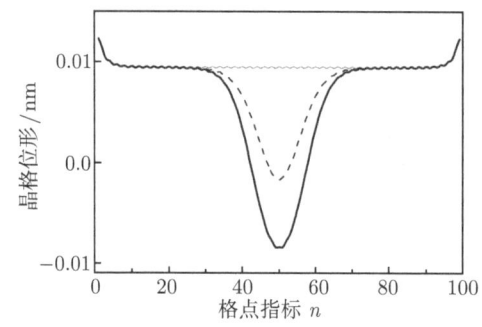

图 4.2.1　聚乙炔的晶格位形

其中细实线为基态、虚线为激子态、粗实线为双激子态

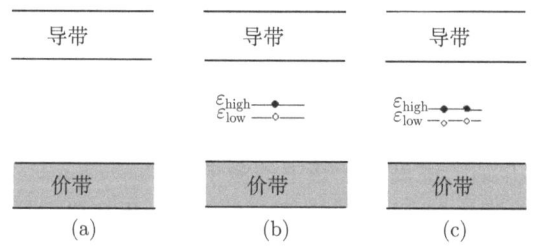

图 4.2.2　顺式聚乙炔基态 (a)、激子 (b) 和双激子 (c) 的能带结构示意图

由于有机高分子中激子的"自陷"效应，激发的电子-空穴束缚对除了彼此间的库仑吸引外，更有趣的是，它们作为一个整体被束缚在局域的晶格势场中。这使得有机高分子中的激子具有更强的束缚性，这种束缚性可由激子束缚能来定量地体现。它的数值近似为把激子中束缚的电子和空穴解离为完全自由的电子和空穴所需要的能量。已知有机高分子中的激子束缚能要比传统的无机半导体中大 1~2 个数量级。如在聚对苯乙炔材料 (PPV) 中，实验测量得到的激子束缚能介于 0~0.9eV，

4.2 高分子中的激子和双激子

理论上得到的数值大约为 0.4~0.9eV。进一步的理论研究发现, 有机固体中激子的束缚能要比其液态或自由分子时低, 这主要是因为固体中分子间的耦合导致激子局域性变差。如理论上得到单链 PPV 中的激子束缚能高达 0.6~0.7eV, 而固态下则降为 0.2~0.3eV。

如果把电子自旋考虑进来, 激子态将有不同的自旋组态, 自旋单重态 (singlet) 和自旋三重态 (triplet) 如图 4.2.3 所示。如果不考虑自旋相关的相互作用, 统计来说, 自旋单重态和三重态的生成概率比例为 1/3。由于激子中的电子处于高能态, 因此它不稳定 (或称为亚稳态), 激子形成后很快会以辐射或无辐射的方式失活, 从而体系重新回到基态。通常情况下, 人们认为只有单重态激子可以以辐射方式失活回到基态, 这一过程在纳秒范围内, 并将伴随光子发射现象, 称为荧光, 发光颜色由跃迁能差决定。而对于三重态激子, 它向基态的跃迁是偶极禁闭 (或称自旋禁阻) 的, 只能以非辐射的 (或热耗散) 路径衰减而不发光, 且过程非常缓慢 (微秒~毫秒范围)。可见, 三重态激子的寿命远大于单重态激子。

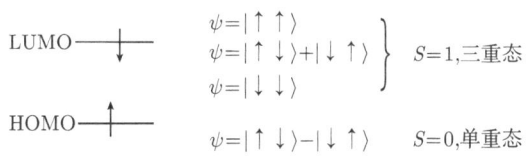

图 4.2.3 三重态激子与单重态激子

由以上分析, 可以推断有机发光器件最大的发光效率不会超过 $\eta_{max} = 25\%$, 但实验发现一些有机发光器件的最大发光效率可以大于这个值, 甚至达到 83%。对这一现象的解释有两个方面。一方面, 人们认为单重态激子和三重态激子的产生并不局限于简单的自旋统计, 而是自旋相关的。比如, 有人认为单重态和三重态激子的产生与它们相对基态能级的位置有关; 在有机高分子中, 由于电子波函数和空穴波函数在同一共轭主链上的重叠作用, 电子和空穴的吸引不再是自旋无关的; 另外, 外电场作用下有机高分子的取向对单重态和三重态激子的生成比率也会产生影响; 等等。而另一方面, 人们则认为三重态激子并不是完全不能发光, 而是以微小的辐射跃迁几率发出磷光。有人已发现: 向有机高分子中掺入重金属 (如铱和铂的配合物) 可以增大自旋–轨道耦合, 使原本禁戒的三重态激子向基态的跃迁变为部分允许, 增加其辐射跃迁概率, 从而提高发光效率。总之, 25% 的限制对于高分子发光已不再适用, 其原因是多方面的, 详细讨论将在第 6 章给出。

激子形成后出现能级的移动, 这可以从有机材料的光吸收谱与发射谱的不同看出来。如图 4.2.4 所示, 无论是 PTCDA 薄膜还是 PTCDA 溶液, 其发射谱相对于吸收谱均出现红移现象。有机材料的吸收峰对应于 HOMO 到 LUMO 的跃迁, 电子跃迁形成激子后, 其能级发生移动, 如图 4.2.2 所示, 激子辐射发光时, 其发射谱的峰值则对应于激子两能级之差，显然它小于原来的 LUMO 与 HOMO 之差，出现红移。

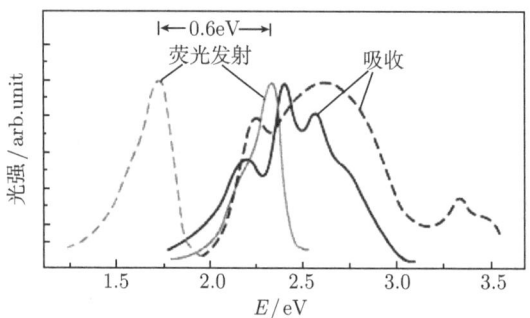

图 4.2.4　PTCDA(3,4,9,10-苝四羧酸二酐) 溶液 (实线) 与薄膜 (虚线) 的吸收和荧光发射谱

前面介绍了有机高分子内的单电子跃迁 (激子) 图像。而有机高分子中还有可能激发起双激子，即两个电子-空穴对形成的束缚态。一般来说产生双激子态有如下三种途径。① 逐级激发：有机高分子中吸收一个光子，形成自陷束缚激子，激子再吸收一个光子，二次激发可以形成双激子；② 激子对结合：两个互相靠近的激子复合形成双激子；③ 双光子激发：在双光子激发下，价带中的两个电子被同时激发至导带底，通过价键畸变形成双激子。双激子的晶格位形，如图 4.2.1 中粗实线所示，其对应能级如图 4.2.2(c) 所示。

4.3　高分子中的激子产生动力学

激子的产生可以通过光激发直接得到，也可以通过电极注入的正负极化子复合得到。本节将结合 SSH 模型与非绝热的动力学方法分别给出它们的动力学过程。在动力学过程中，电子态 $|\Phi_{\mu,s}(t)\rangle = \sum_n \psi_{\mu,s}(n,t)|n\rangle$ 的演化遵从时间相关的薛定谔方程

$$i\hbar\frac{\partial}{\partial t}\psi_{\mu,s}(n,t) = \left(H_e + \sum_n eE(t)(na + u_n)C_{n,s}^+ C_{n,s}\right)\psi_{\mu,s}(n,t) \quad (4.3.1)$$

其中

$$H_e = -\sum_{n,s}[t_0 - \alpha(u_{n+1} - u_n) - t_1 \cos n\pi](C_{n+1,s}^+ C_{n,s} + C_{n,s}^+ C_{n+1,s}) \quad (4.3.2)$$

由于有机高分子中较强的电子-晶格相互作用，电子态的变化同时会导致晶格的变化，因此式 (4.3.2) 中 u_n 并不是固定的，随着电子态的演化，晶格的演化 u_n 遵循

4.3 高分子中的激子产生动力学

经典的牛顿运动方程

$$M\ddot{u}_n = -K(2u_n - u_{n+1} - u_{n-1}) + 2\alpha(\rho_{n,n+1}(t) - \rho_{n-1,n}(t))$$
$$+ eE(t)(\rho_{n,n}(t) - 1) - \lambda M\dot{u}_n \tag{4.3.3}$$

其中，$\rho_{n,n'}$ 为密度矩阵，定义为

$$\rho_{n,n'} = \sum_s \rho_{n,n',s} = \sum_{\mu,s} \psi^*_{\mu,s}(n,t) f_\mu \psi_{\mu,s}(n',t) \tag{4.3.4}$$

f_μ 是与时间无关的电子分布函数，仅由初始电子占据情况决定。为了将格点多余的动能耗散掉，式 (4.3.3) 引入了格点振动的阻尼项，λ 为阻尼因子。

初始时刻，设定 $\psi_{\mu,s}(n, t = 0) = \phi_{\mu,s}(n)$，其中 $\phi_{\mu,s}(n)$ 为电子本征态，可以通过求解形如式 (3.7.8) 的本征方程得到。当对有机高分子施加光激发或电场后，电子态 $\psi_{\mu,s}(n,t)$ 将会发生改变，演化过程可以通过求解耦合方程组 (4.3.1) 和 (4.3.3) 得到。需要说明的是，在任意时刻整个体系的电子态由单电子占据的演化波函数 $\psi_{\mu,s}(n,t)$ 表述。这不同于绝热近似，因为绝热近似下电子态为瞬时本征态波函数。因此，当前采用的模型是非绝热近似。

图 4.3.1 给出了有机高分子基态下的能带结构。为了描述方便，我们用 $\varepsilon_\mu(\mu = 1,2,3,\cdots)$ 表示价带能级 (由上至下)，同时用 $\varepsilon^*_\mu(\mu = 1,2,3,\cdots)$ 表示导带能级 (由下至上)。设想将一个电子从价带激发至导带中，利用上面的方程组模拟光激发的弛豫过程，即电子跃迁 $\varepsilon_\mu \to \varepsilon^*_\mu$ 的弛豫过程，如图 4.3.2(a)~(d) 所示，分别给出了 $\mu = 1,2,3,4$ 时晶格的演化 (不考虑外加电场)。计算发现：对于不同的跃迁模式，尽管它们经历了不同的演化，但最终会弛豫成两种稳定晶格结构中的一种。其中一种是奇数能级之间跃迁的情况，对应单晶格扭曲结构，产生的是自陷束缚激子，如图 4.3.2(a) 和 (c) 所示；另外一种是偶数能级之间跃迁的情况，对应两个局域缺陷的晶格结构，产生的是高能激子，如图 4.3.2(b) 和 (d) 所示。

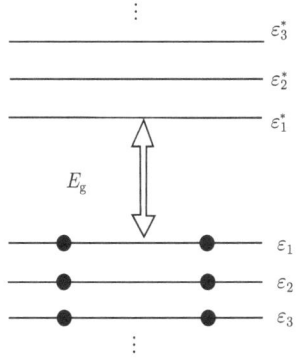

图 4.3.1　有机高分子基态的能级结构

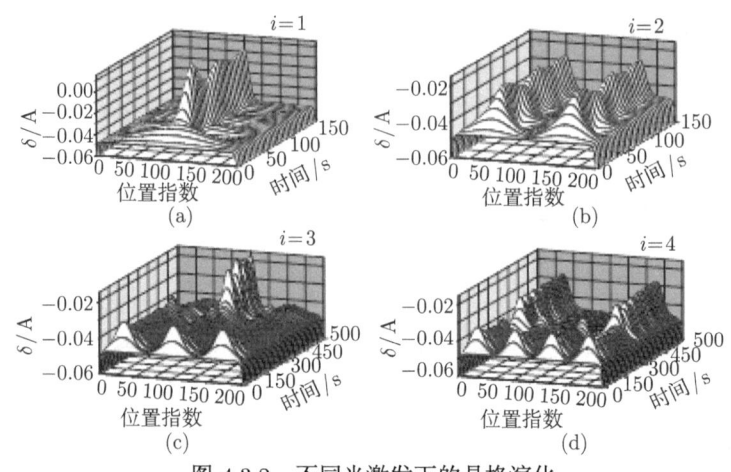

图 4.3.2　不同光激发下的晶格演化

(a) $\varepsilon_1 \to \varepsilon_1^*$; (b) $\varepsilon_2 \to \varepsilon_2^*$; (c) $\varepsilon_3 \to \varepsilon_3^*$; (d) $\varepsilon_4 \to \varepsilon_4^*$

以上理论处理中，激发的电子被假设已经占据在高能轨道上，而忽略了光激发的过程。采用这样的处理更多的是关注光激发导致的体系弛豫过程及产生的激发态的特征，而很难给出激发态的产生与光激发脉冲的关系。通过引入飞秒脉冲电场可以模拟有机高分子中的光激发，从而实现该体系中电子的自发跃迁。脉冲电场可采用以下形式

$$E(t) = E_0 \exp\left\{-\left[(t-t_c)/T\right]^2\right\}\cos(\omega t) \qquad (4.3.5)$$

其中，t 为时间，T 为施加此脉冲电场的时间宽度，t_c 为时间宽度的中心，E_0 和 ω 分别反映了光激发的强度和频率。

设定分子初始 ($t=0$) 处于基态。体系处于基态时的本征波函数 $|\phi_\mu(0)\rangle$ 和本征能量 ε_μ 可通过求解方程组 (3.7.8) 和 (3.7.14) 得到。分子本征能级的结构如图 4.3.1 所示。对分子施加光脉冲后，电子获得能量。相应的，体系电子态 $|\Phi_\mu(t)\rangle$ 发生变化。N_e 个电子的系统态 $\Phi(t)$ 则由所有占据的电子态 $\Phi_\mu(t)$ 组成的 Slater 行列式给出。对系统演化态的认识是通过 t 时刻系统的瞬时本征态进行的。t 时刻，晶格位形为 $u_n(t)$，瞬时本征态通过求解该位形下的本征方程（类似于式 (3.7.8)）而得到。瞬时本征能级的最低能量占据，即得该时刻的瞬时基态；激子形式的占据，即得该时刻的激子态，等等。从量子力学来说，系统演化后出现各态的概率都是存在的，

$$\Phi(t) = a_g \phi_g(t) + a_{ex}\phi_{ex}(t) + \cdots \qquad (4.3.6)$$

其中，a_g 和 a_{ex} 分别表示系统 t 时刻处于基态和激子态的几率振幅。

我们也可以通过计算带有电子的各演化态在各瞬时本征态上的投影来分析电子激发情况。对分子施加光脉冲前后，任意时刻电子在瞬时本征态 $|\phi_\mu(t)\rangle$ 的占据

数 $F_\mu(t)$ 为

$$F_\mu(t) = \sum_\nu f_\nu |\langle \phi_\mu(t) | \Phi_\nu(t) \rangle|^2 \tag{4.3.7}$$

$F_\mu(t)$ 的变化即体现了电子在瞬时本征态之间的跃迁。图 4.3.3 给出了脉冲电场 ($E_0 = 1\text{MV/cm}, \hbar\omega = 2.7\text{eV}$) 下, 分子在受激过程中电子的跃迁情况 (图中主要给出了带边的几条能级)。在初始时刻, 各能级电子占据数 $F_\mu(t) = f_\mu$, 即保持初始的基态占据。在 $t_c = 40\text{fs}$ 时, 对分子施加光脉冲, 电子占据数 $F_\mu(t)$ 开始发生明显的变化。价带能级上的电子获得能量跃迁至相应的导带能级, 大约 30fs 以后跃迁停止。在当前参数下, 电子跃迁主要发生在带边, 即 ε_1 和 ε_1^* 之间, 并且最终有大约 $0.3e$ 由 ε_1 跃迁至 ε_1^*。

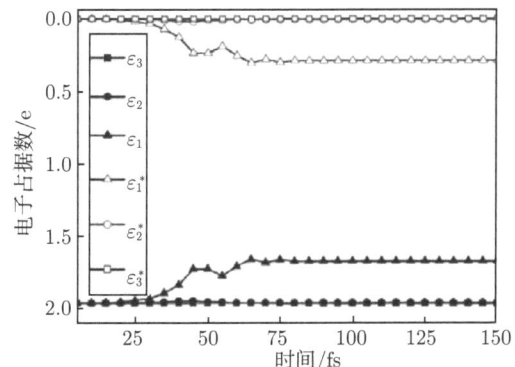

图 4.3.3 PPV 分子带边附近瞬时本征能级电子占据数 $F_\mu(t)$ 随时间的变化
$E_0 = 1\text{MV/cm}, \hbar\omega = 2.7\text{eV}$

可见, 通过引入脉冲电场, 可以理论模拟有机高分子内电子的受激跃迁, 形成激发态。下面, 将分别讨论分子受激吸收过程中电子的跃迁情况或各种激发态的产生与光脉冲激发能量 $\hbar\omega$ 和激发强度 E_0 的关系。

4.3.1 光激发能量对激子产生的影响

首先研究分子初始处于基态时, 在光脉冲作用下, 电子的跃迁几率或电子占据数 $F_\mu(t)$ 的分布与光激发能量 $\hbar\omega$ 的关系。此处, 固定光激发强度为 $E_0 = 1\text{MV/cm}$。图 4.3.4 给出了从价带跃迁至导带总的电子数 $\Gamma = \sum_{\mu = \varepsilon_1^*, \cdots} F_\mu$ 随光激发能量 $\hbar\omega$ 的变化。发现存在临界的光激发能量 $\hbar\omega_c = 2.6\text{eV}$(当前参数下)。当光激发能量低于此值时, 价带能级的电子无法跃迁至导带能级。其原因是光激发能量小于分子内价带顶 ε_1 和导带底 ε_1^* 之间存在的能隙 $E_g = 2.8\text{eV}$。由于激发的电子–空穴对的库仑束缚, 特别是聚合物分子的自陷效应, 临界的光激发能量 $\hbar\omega_c$ 通常小于 E_g。事实上，这一临界的光激发能量对应于实验上得到的有机分子的光学能隙。当光激发能量大于此临界值时，即 $\hbar\omega > \hbar\omega_c$，价带内电子开始越过能隙跃迁至导带。由于分子能级并不连续，而是离散的，因此，电子跃迁仅在某些光激发能量处具有较大的几率。如图 4.3.4 所示，发现存在一些明显的跃迁峰，峰值对应的光激发能量 $\hbar\omega$ 分别为 2.7eV、3.0eV 和 3.4eV 等。实际上，电子在跃迁过程中偶极允许的最大几率的跃迁总是发生在对应能级 ε_μ 和 ε_μ^* 之间 (即 $\varepsilon_\mu \to \varepsilon_\mu^*$)。通过对图 4.3.4 中跃迁峰处所对应的电子跃迁的进一步检查，发现光激发能量为 $\hbar\omega = 2.7$eV 所对应的第一个跃迁峰应归结为跃迁 $\varepsilon_1 \to \varepsilon_1^*$；光激发能量为 $\hbar\omega = 3.0$eV 所对应的第二个跃迁峰应归结为跃迁 $\varepsilon_2 \to \varepsilon_2^*$；而光激发能量为 $\hbar\omega = 3.4$eV 所对应的第三个跃迁峰应归结为跃迁 $\varepsilon_3 \to \varepsilon_3^*$；等等。另外，通过图 4.3.4 还可以发现这一系列跃迁峰所对应的峰值随光激发能量的增加逐渐减小。这说明，在实际光激发过程中，高能量跃迁更难发生。

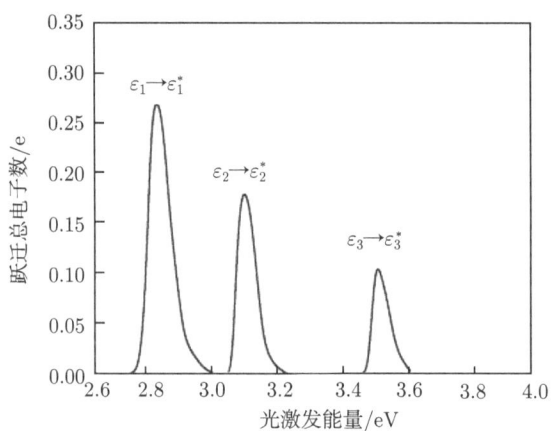

图 4.3.4　价带跃迁至导带总的电子数 Γ 随光激发能量 $\hbar\omega$ 的变化，$E_0 = 1$MV/cm

前面给出了有机分子内电子跃迁与光激发能量的定量关系，但是，不同光激发能量的光脉冲导致电子跃迁后到底形成了什么激发态，各自的产率是多少？以往分析表明聚合物分子中 $\varepsilon_1 \to \varepsilon_1^*$ 的单电子跃迁产生激子，而 $\varepsilon_1 \to \varepsilon_1^*$ 的双电子跃迁产生双激子。但这只是理想或整数的跃迁模式，在实际的光激发过程中很难获得。如图 4.3.4 所示，跃迁的电子数一般为非整数。因此，电子跃迁后的终态既非单纯的激子，也非单纯的双激子。为了认识终态，我们需要计算式 (4.3.6) 中的几率振幅。将系统演化态 $\{\Phi_\mu(t)\}$ 分别向瞬时基态 $[S_0(F_{\varepsilon_1^*}=0, F_{\varepsilon_2^*}=0)]$、激子 $[S_1(F_{\varepsilon_1^*}=1, F_{\varepsilon_2^*}=0)]$ 和双激子 $[S_2(F_{\varepsilon_1^*}=2, F_{\varepsilon_2^*}=0)]$ 作投影，

$$P_{S_k}(t) = |a_{S_k}(t)|^2 = |\langle \phi_{S_k} | \Phi(t)\rangle|^2 \tag{4.3.8}$$

此投影即给出了某种本征态 S_k 的产率 P_{S_k}。图 4.3.5(a) 首先给出了光激发能量为

$\hbar\omega=2.7\mathrm{eV}$ 时的计算结果。可见,分子初始时完全处于基态。一旦施加光激发脉冲后,分子中开始出现激子和双激子,相应的,分子处于基态的几率减小。系统稳定后,发现分子仍以 72% 的几率保持基态,而处于激子和双激子的几率则分别达到 26% 和 2%。当然,亦可理解此时的终态为基态、激子和双激子的混合态,各自的产率分别为 72%、26% 和 2%。

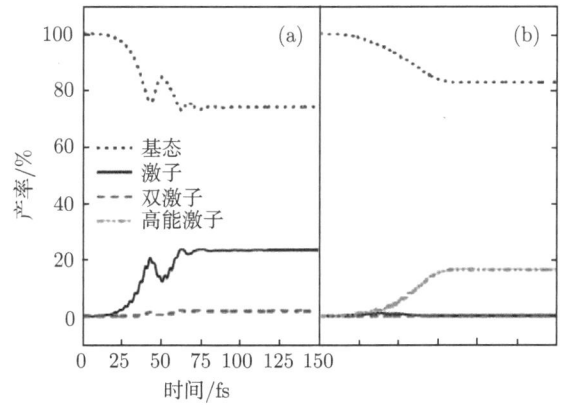

图 4.3.5　有机分子分别处于基态、激子、双激子和高能激子的几率随时间的变化

固定 $E_0=1\mathrm{MV/cm}$, (a)$\hbar\omega=2.7\mathrm{eV}$; (b)$\hbar\omega=3.0\mathrm{eV}$

对于光激发能量为 $\hbar\omega=3.0\mathrm{eV}$ 所对应的第二个跃迁峰 $\varepsilon_2\to\varepsilon_2^*$,各激发态产率随时间的变化如图 4.3.5(b) 所示。发现分子稳定后保持基态的几率降为 82%,但是通过光激发既得不到激子也得不到双激子。为了识别这时的激发产物,必须引入其他的激发态。假设此激发脉冲诱导的电子跃迁 $\varepsilon_2\to\varepsilon_2^*$ 为单电子跃迁,则此激发态 S_3 的电子占据为 $(F_{\varepsilon_1^*}=0, F_{\varepsilon_2^*}=1)$。与激子占据相比,$S_3$ 中激发的电子占据了更高能量的能级,因此称 S_3 为高能激子。将此时的演变态 $\{|\Phi_\mu(t)\rangle\}$ 向 S_3 所对应的本征态 $\{|\phi_\mu(t)\rangle\}$ 作投影,结果发现高能激子的产率达到 18%。所以,$\hbar\omega=3.0\mathrm{eV}$ 所对应的光脉冲在 PPV 分子内激发产生了高能激子。

对于图 4.3.4 中所示的更高能量的光激发所诱导的电子跃迁,一般结论为:奇数能级之间的跃迁 $\varepsilon_{\mathrm{odd}}\to\varepsilon_{\mathrm{odd}}^*$ 经弛豫最终产生激子;而偶数能级之间的跃迁 $\varepsilon_{\mathrm{even}}\to\varepsilon_{\mathrm{even}}^*$ 经弛豫最终产生高能激子;而无论何种跃迁都无法直接产生自由的荷电载流子。这一结论与 Hendry 和 Virgili 等的实验推论是一致的。在聚合物太阳能电池中,人们希望经光激发获得更多的自由荷电载流子参与光电流,既然荷电载流子已被证实来自于高能激子的解离,因此应该控制光激发能量以提高高能激子的产率;而在聚合物发光器件中,人们则希望抑制荷电载流子的产生,尽可能提高激子的产率。

4.3.2 光激发强度对激子产生的影响

前面通过设定光激发脉冲的强度 E_0 为定值,介绍了光激发能量 $\hbar\omega$ 对有机分子电子受激跃迁及光激发产物的影响。在实际应用中,光激发强度对高分子中光激发的过程同样起着非常重要的作用。一般的图像是,随着光激发强度的增加,目标能级之间的电子跃迁几率将增大。但光强对激发态的产率有怎样的影响?下面将基于实验给予介绍。

1. 光激发强度对高能激子产率的影响

图 4.3.4 的结果表明,当光激发能 $\hbar\omega$ 与 $\Delta E = \varepsilon_2^* - \varepsilon_2$ 接近时,电子将从 ε_2 跃迁至 ε_2^*,并且已明确光激发后产生高能激子。与带边跃迁 ($\varepsilon_1 \to \varepsilon_1^*$) 产生的激子相比,高能激子当然处于更高的能量状态上,而多余的能量势必降低激发的电子–空穴对与自由荷电载流子之间的能垒。因此,高能激子具有更小的束缚能,更容易解离为自由荷电载流子参与光电流。实验上,Hendry 和 Virgili 等已把高分子体系内光致载流子的根源解释为高能激子的解离。另一方面,实验上发现高分子体系内光致载流子的产率随光激发强度的增加呈现出超线性的增加趋势。理论模拟中,固定光激发能 $\hbar\omega$,通过改变光强参数 E_0,我们可以研究光激发强度对高能激子产率的影响,结果如图 4.3.6 所示。很明显,高能激子产率随光强迅速增加,模拟的理论结果与实验推论是一致的。

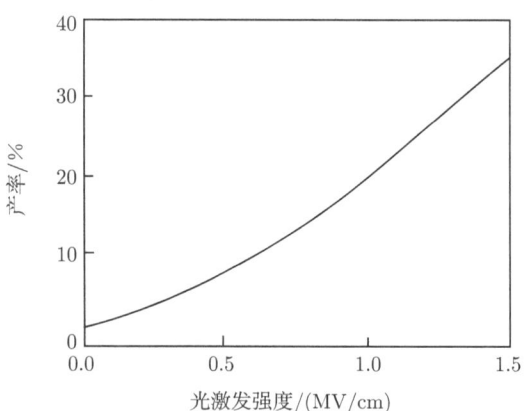

图 4.3.6　高能激子产率随光激发强度 E_0 的变化

2. 光激发强度对双激子产率的影响

如前所述,光激发脉冲诱导的带边跃迁 ($\varepsilon_1 \to \varepsilon_1^*$) 不仅可以产生激子,也可以产生双激子。激子来自于单电子跃迁,而双激子来自于双电子跃迁。图 4.3.5(a) 的结果说明在 $E_0 = 1.0\text{MV/cm}$ 的光激发强度下单电子跃迁的几率要远大于双电

4.3 高分子中的激子产生动力学

子跃迁，因此，激子是主要的光激发产物。与激子相比，双激子具备很多独特的性质，如较高的光辐射量子效率和反向极化。那么，有没有可能通过调控光激发脉冲使双激子成为主要的光激发产物呢？首先看两个实验工作：①Kranzelbinder 课题组研究发现聚合物中的光致发光强度随着光脉冲强度的增加存在从线性到超线性的转变。由于双激子较高的量子辐射效率，他们把这种转变归结为双激子的产生。② Klimov 研究组继而研究了五环 PPV 低聚物中光脉冲激发强度对激发态产生的影响，并证明了在高激发强度下，双激子可以有效形成。这两个实验均表明双激子产率应该与光脉冲的激发强度密切相关。

作为理论模拟，把光激发强度固定为 $E_0 = 4\text{MV/cm}$，检查激子和双激子产率随光激发能 $\hbar\omega$ 的变化，如图 4.3.7 所示。发现激子和双激子产率随光激发能量的增加具有相似的变化规律，特别是，它们均在 $\hbar\omega = 2.6\text{eV}$ 附近达到最大产率，此处称之为峰值产率。此时，激子产率总是高于双激子产率。但是，与 $E_0 = 1\text{MV/cm}$ 的结果相比较，此时双激子的产率已有明显提高，峰值产率由 2% 增至 10%。这说明双激子产率确实如实验所推测，与光激发强度密切相关。需要说明的是，对于有机材料，光强度对分子的电子结构会产生明显的影响，如能隙会由于斯塔克效应 (Stark effect) 有所减小。例如，在当前参数下，当光强为 $E_0 = 1\text{MV/cm}$ 时，峰值跃迁出现在 $\hbar\omega = 2.7\text{eV}$ 附近；而当光强增至 $E_0 = 4\text{MV/cm}$ 时，峰值跃迁则红移至 $\hbar\omega = 2.6\text{eV}$ 附近。

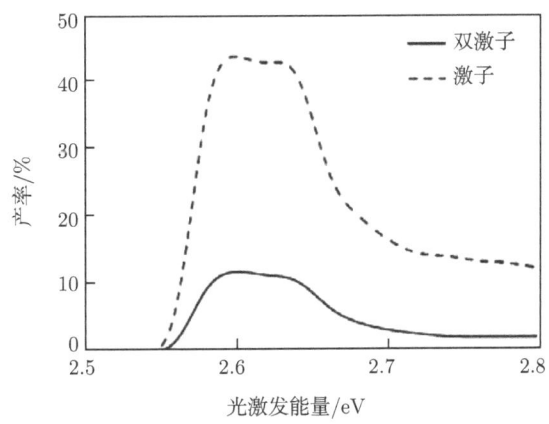

图 4.3.7 激子和双激子产率随光激发能量的变化，光激发强度固定为 $E_0 = 4\text{MV/cm}$

为了更直观地说明光激发强度对双激子产率的影响，图 4.3.8 给出了激子和双激子峰值产率随光激发强度的变化。很明显，双激子产率随光强单调增加，而激子产率随光强先增加后减小。当 $E_0 < E_{0C}$ 时，激子产率总是高于双激子；而当 $E_0 > E_{0C}$ 时，双激子产率将高于激子，成为主要的光激发产物。究其原因，可以计算高激发强度下从价带顶能级 ε_1 跃迁至导带底能级 ε_1^* 的电子数。由于较高的光激发强度，$\varepsilon_1 \to \varepsilon_1^*$ 的双电子跃迁几率呈现出明显的增加趋势。图 4.3.9 给出了当 $E_0 = 10\text{MV/cm}$ 时，能隙附近的本征能级电子占据数随时间的演变。由于双电子跃迁几率的增加，$\varepsilon_1 \to \varepsilon_1^*$ 的电子跃迁数超过单电子，达到了 $1.5e$(即实现了两条能级 ε_1 和 ε_1^* 之间的粒子数反转)。如前所述，$\varepsilon_1 \to \varepsilon_1^*$ 的双电子跃迁将产生双激子。因此，当 $E_0 > E_{0\text{C}}$ 时，双激子必然成为主要的光激发产物。因为双激子的量子辐射效率比激子高，图 4.3.8 的结果就理论证实了 Kranzelbinder 课题组的实验推测，即随着光激发强度的增加，聚合物中的光致发光强度将呈现由线性至超线性的变化趋势。

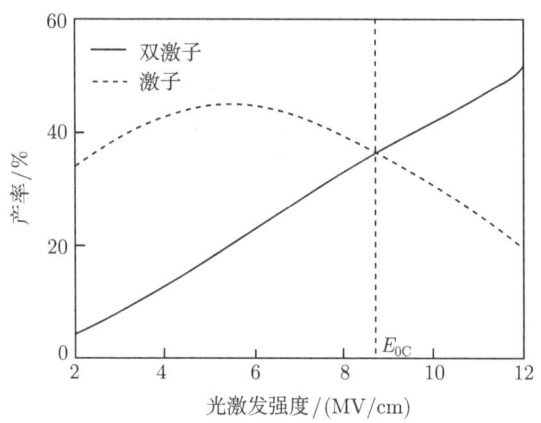

图 4.3.8 激子和双激子峰值产率随光激发强度的变化

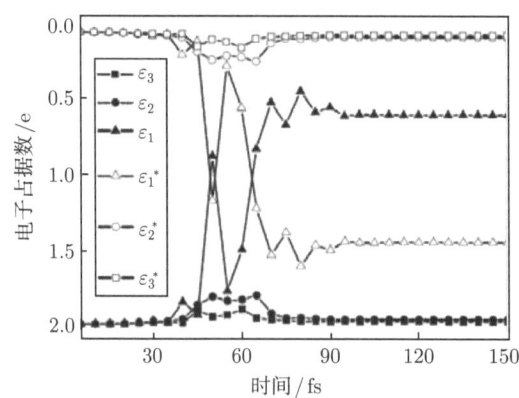

图 4.3.9 有机分子带边附近瞬时本征能级电子占据数 $F_\mu(t)$ 随时间的变化

$E_0 = 10\text{MV/cm}, \hbar\omega = 2.3\text{eV}$

最后需要说明，有机固体中的光激发过程比上面单一分子链情况还要复杂。与无机固体不同，有机固体涉及链内激发和链间激发，其相对比例是链内电子转移积分与链间转移积分比值的函数。例如，一些实验显示，光激发后，10%～30% 最初的激发是带电极化子，可能分开在不同的链上，即光生载流子，是产生光电导的原因。

4.3.3 极化子复合动力学

结合 SSH 模型与非绝热的动力学方法还可以模拟有机电致发光器件中正负极化子碰撞复合产生激子的图像，如图 4.3.10 所示。高分子链两端分别注入正电极化子和负电极化子，它们在外场的驱动下相向运动，并在中间区域发生碰撞。碰撞后，出现两个局域波包。从电荷密度分布可以看出，每个波包中束缚的电荷量不再是完整的 e 和 $-e$，而是分数电荷，即电荷量变小。这说明正负极化子互相交换了部分电荷或者部分正负电荷复合了。从晶格位形上看，波包中剩余电荷也同样激发起了局域的晶格畸变，作为一个整体在链中运动。

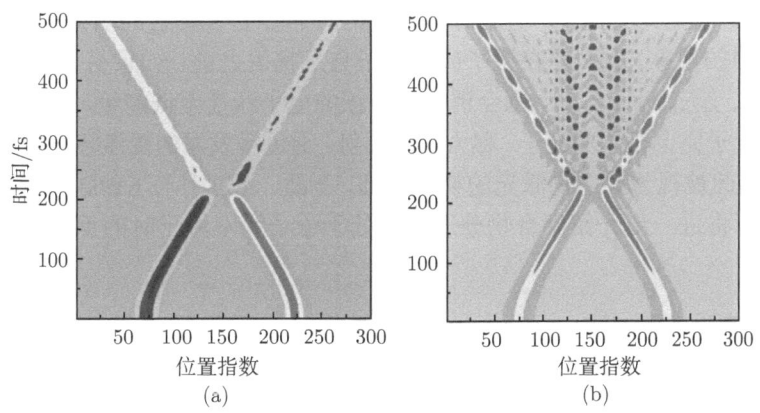

图 4.3.10 外电场驱动下正负极化子的碰撞复合 (扫描书后二维码可看彩图)

(a) 电荷密度；(b) 晶格位形

为了分析极化子碰撞后的状态，可以采用上面的方法将演化态向目标态 (如极化子、激子等的瞬时本征态) 作投影，给出产生几率。研究发现，正负极化子碰撞后部分复合产生了激子，且激子产率与外加电场的强度密切相关。进一步研究发现单态激子的产率依赖于两极化子自旋取向夹角的余弦值，当存在电子-电子相互作用时，极化子自旋取向还会对激子的产率产生影响。

4.4 高分子中激子受激辐射量子动力学

有机分子在外界光脉冲的作用下，通过受激吸收可以诱导价带内电子跃迁至导带。对于带边跃迁 $\varepsilon_1 \to \varepsilon_1^*$，已明确可产生激子和双激子。由于分子内较强的电子-晶格相互作用，电子激发同时诱导晶格弛豫。因此，激子和双激子的产生总会伴随着电子态和晶格结构的自洽弛豫。就其能级结构而言，激子和双激子形成后，原来的带边能级 ε_1 和 ε_1^* 通过弛豫会进入能隙而成为深能级，分别对应于 ε_{low} 和 $\varepsilon_{\text{high}}$，如图 4.2.2 所示。对于激子，$\varepsilon_{\text{low}}$ 和 $\varepsilon_{\text{high}}$ 均为单电子占据；而对于双激子，能级 $\varepsilon_{\text{high}}$ 为双电子占据，ε_{low} 无占据。另外，需要强调的是，由于双激子为双电子激发，晶格结构弛豫后诱导的晶格势场会更深。因此，双激子中两条深能级之间的能差 $\Delta E_{\text{Bx}} = \varepsilon_{\text{high}} - \varepsilon_{\text{low}}$ 要小于激子 $\Delta E_{\text{Ex}} = \varepsilon_{\text{high}} - \varepsilon_{\text{low}}$。比如，在 PPV 分子内，$\Delta E_{\text{Ex}} = 0.82\text{eV}$，而 $\Delta E_{\text{Bx}} = 0.24\text{eV}$。

激子和双激子形成后，由于高能级均有电子占据，体系不稳定。首先，高能级中的电子会自发地向低能级跃迁。如果这种跃迁是辐射性的，则会释放出光子，称为自发辐射，这也是聚合物发光二极管的物理基础。通常光激发电子跃迁时间远小于激子自发辐射时间 (激子寿命)，因此前面模拟光激发时，可以暂不考虑同时发生的辐射。李盛等通过引入一组粒子数率方程模拟了自发辐射的动力学过程，并解释了实验中的现象。另外，在激子或双激子自发辐射之前，如果另有一个光子 $\hbar\omega$ 入射（且 $\hbar\omega = \varepsilon_{\text{high}} - \varepsilon_{\text{low}}$)，则会诱导高能级的电子跃迁至低能级，同时释放出一个与入射光子完全相同的光子，称为受激辐射。通过激发态的受激辐射可实现光放大效应，因此被视为聚合物激光的物理基础。下面，通过引入飞秒脉冲电场模拟光激发脉冲，将进一步介绍聚合物分子分别处于激子和双激子时的受激辐射动力学过程。

4.4.1 激子的受激辐射

首先，设定有机高分子初始态为激子。在 $t_c = 40\text{fs}$ 时，对分子施加形如式 (4.3.5) 的光激发脉冲，研究激子两条定域能级 (ε_{low} 和 $\varepsilon_{\text{high}}$) 间电子的受激跃迁行为。取光激发脉冲的能量 $\hbar\omega = \Delta E_{\text{Ex}} = 0.82\text{eV}$。由于模型具有电子-空穴对称性，且激子中两条定域能级均为单电子占据，在此光脉冲作用下，电子从高能级至低能级的受激辐射几率必然等同于从低能级至高能级的受激吸收几率。因此，分子尽管受到光脉冲的干扰，但始终保持激子占据不变。特别是，激子在受激过程中，通过受激辐射产生的光子与通过受激吸收消耗的光子恰好相互抵消。所以，仅依靠激子中两条定域能级之间的受激辐射无法获得光的放大效果。

但是，尽管分子受激后仍保持激子占据，但分子将不再处于纯粹的激子状态。为了分析分子受激后的状态，仍需将演变态 $\{|\Phi_\mu(t)\rangle\}$ 向目标态 $\{|\phi_\mu(t)\rangle\}$ 作投影。分析激子定域能级电子占据情况可知，$\varepsilon_{\text{low}} \to \varepsilon_{\text{high}}$ 电子跃迁将产生双激子，而 $\varepsilon_{\text{high}} \to \varepsilon_{\text{low}}$ 跃迁将使体系回复到基态。因此，此处目标态包括激子、双激子和基态。图 4.4.1 给出了分子受激前后分别处于这三种态的几率。初始，分子完全处于

激子状态,而施加光脉冲后,分子处于激子的几率迅速降至 50%。相应的,由于两条定域能级之间的电子跃迁几率完全相同,双激子和基态的产率也完全一致,在当前参数下均为 25%。激子的这一受激过程可表示为

$$\mathrm{Ex} \longrightarrow 25\%\,\mathrm{Bx} + 25\%\,\mathrm{Gs} + 50\%\,\mathrm{Ex}$$

其中,Ex 为激子、Bx 为双激子、Gs 为基态。也就是说,激子通过受激最终形成的态是混和态,包括 25% 的双激子、25% 的基态和 50% 的激子。需要强调的是,此处通过激子受激也得到了双激子。与前面双激子的产生机制不同,这里双激子显然形成于"双电子分步跃迁"。

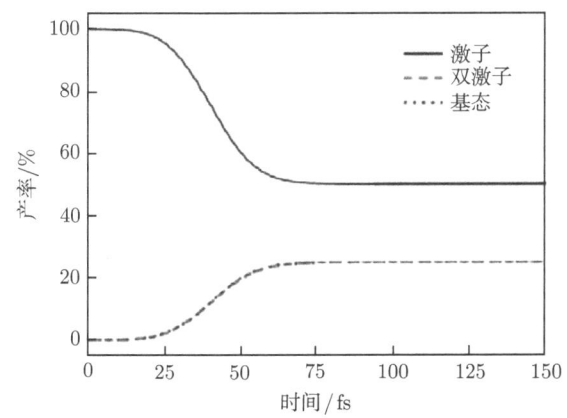

图 4.4.1　有机分子初始为激子,施加光激发能量为 $\hbar\omega = 0.82\mathrm{eV}$ 的光脉冲前后,
分子分别处于激子、双激子和基态的几率

4.4.2　双激子的受激辐射

下面,设定分子初始态为双激子。在 $t_c = 40\mathrm{fs}$ 时,对分子施加 $\hbar\omega = \Delta E_{\mathrm{Bx}} = 0.24\mathrm{eV}$ 的光激发脉冲,研究其两条定域能级 ($\varepsilon_{\mathrm{low}}$ 和 $\varepsilon_{\mathrm{high}}$) 间电子的受激跃迁行为。与激子受激过程不同的是,双激子受激过程中定域能级间出现了明显的电子跃迁,如图 4.4.2 所示。双电子占据能级 $\varepsilon_{\mathrm{high}}$ 的电子占据数在光脉冲的作用下迅速降至 $1.18e$,而空占据能级 $\varepsilon_{\mathrm{low}}$ 的电子占据数则相应增至 $0.82e$。这意味着双激子受激后有 $0.82e$ 由 $\varepsilon_{\mathrm{high}}$ 跃迁至 $\varepsilon_{\mathrm{low}}$。而由于 $\varepsilon_{\mathrm{high}} \to \varepsilon_{\mathrm{low}}$ 的电子跃迁是偶极允许的,所以双激子受激过程中能量的损耗应该以光子发射的形式完成,即双激子通过定域能级之间的受激辐射可以实现光的放大。

事实上,双激子的受激辐射存在两种不同的模式。从双激子定域能级电子占据情况看,$\varepsilon_{\mathrm{high}} \to \varepsilon_{\mathrm{low}}$ 的单电子跃迁产生激子,而双电子跃迁则使分子回复到基态。图 4.4.3 给出了双激子在受激前后分子分别处于双激子、激子和基态的几率。发现双激子受激后,分子处于双激子的几率迅速降至 35%。相应的,分子处于激子和基

态的几率增加，分别达到 48% 和 17%。这一过程可描述为

$$Bx \longrightarrow 35\%Bx + 17\%Gs + 48\%Ex$$

即双激子受激后，有 48% 的几率演变为激子，或者说释放出单光子的几率为 48%；而另有 17% 的几率退变为基态，并伴随着同等几率的双光子发射。当然，也有可能存在另外一种形式的受激辐射过程：首先双激子以 65% 的几率演化为激子，然后产生的激子在弛豫之前再以 17% 的几率退变为基态，每一步均伴随相应几率的单光子发射。然而，从图 4.4.3 可以看到激子和基态的产生是同步的，彼此之间并不相互影响。因此，双激子在受激过程中至基态的退变过程应该是双光子同时发射过程。

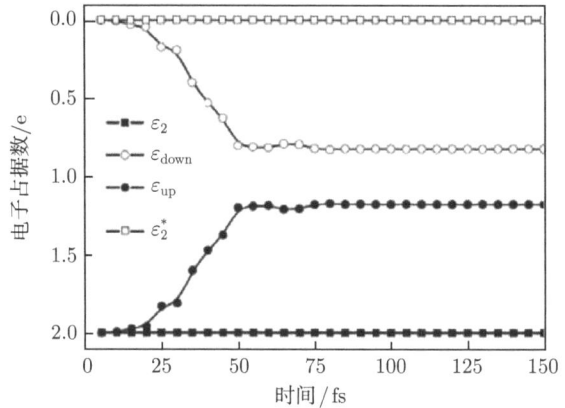

图 4.4.2 有机分子初始为双激子，带边附近瞬时本征能级电子占据数 $F_\mu(t)$ 在光脉冲作用下随时间的变化，$\hbar\omega = 0.24\text{eV}$

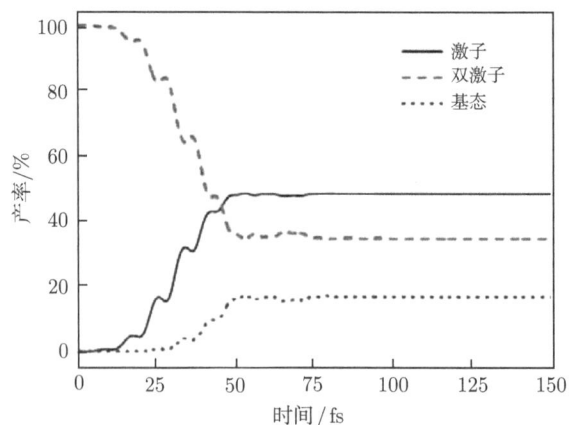

图 4.4.3 有机分子初始为双激子，施加激发能量为 $\hbar\omega = 0.24\text{eV}$ 的光脉冲前后，分子分别处于激子、双激子和基态的几率

当然，与有机分子基态时的受激吸收过程类似，无论是激子还是双激子的受激辐射都与光激发脉冲的能量 $\hbar\omega$ 和强度 E_0 密切相关。首先，激子和双激子受激辐射过程中均存在峰值跃迁，且峰值均出现在 $\hbar\omega = \Delta E_{\text{Ex(Bx)}}$ 处。因此，前面讨论中只给出了两种激发态峰值跃迁时受激辐射的动力学过程。由于它们受激辐射过程中所施加的光激发脉冲的能量远小于分子基态时的光学能隙，这可以很大程度地避免分子在受激辐射过程中的自吸收。因此，聚合物材料可以作为非常好的激光材料。另外，光激发强度对于以上受激过程也存在非常明显的影响。简单来说，光强可以一定程度地改变激子或双激子受激辐射过程中电子跃迁的强度。由于模型中 E_0 对分子能级结构的影响，特别是考虑到激子和双激子定域能级能量差异本身就非常小，此处仅介绍光激发强度较弱时的情况 ($E_0 \leqslant 0.5\text{MV/cm}$)。

4.5 匀强电场下的激子

作为电子-空穴对的激子 (或双激子)，虽然是电中性的，但外电场可以诱导其极化，甚至将其解离。孙鑫等在 SSH 哈密顿量的基础上引入匀强外电场的作用，研究了激子在外电场下的行为。他们发现：当外电场较弱时，激子将发生极化现象，但激子和双激子具有不同的极化行为；而当外电场足够强时，激子将解离为正负极化子，各自独立运动。本节将从这两方面论述激子的极化和解离现象。

4.5.1 激子极化

理论研究发现激子在外电场下具有正向极化的特性，即正电荷沿电场方向转移，负电荷逆电场方向转移；而双激子则呈现奇异的反向极化特征。由于激子和双激子具有方向相反的极化率，当激子再吸收一个光子形成双激子时，系统的极化率会发生瞬时反转，这种现象称为光致极化反转。光致极化反转可为开发超快过程的分子开关器件提供理论基础。

图 4.5.1(a) 和 (b) 分别给出了 $t_1 = 0.05\text{eV}$(粗线) 和 0.1eV(细线) 时，$E = 10^5\text{V/cm}$ (方向沿分子链从左至右) 下激子和双激子的格点电荷密度分布。很明显，在电场的诱导下，激子和双激子不再是电荷均匀分布的中性态，电荷发生局域性的转移，出现极化。激子是正常极化，而双激子是反向极化。激子的极化强度随简并破缺参数 t_1 的变化不明显，双激子随简并破缺参数 t_1 的增大，反向极化强度迅速减小。

为揭示激子和双激子不同极化特性的物理机制，需要从量子角度分析被占据电子态的波函数。激子和双激子的电子能级对应的波函数很类似，并且在电场作用下，它们波函数的变化方式也一样。单激子和双激子的不同之处在于禁带中央附近两个定域电子态中电子填充情况不同，如图 4.2.2(b) 和 (c) 所示。图 4.5.2 和

图 4.5.3 是激子和双激子在禁带中央附近两个定域能级 ε_{low}, $\varepsilon_{\text{high}}$ 对应的波函数。从图中可以看到, 在没有加电场时, 定域能级 ε_{low}, $\varepsilon_{\text{high}}$ 对应的波函数的两个峰具有相同的高度, 在电场的作用下, 波函数发生极化。其中, ε_{low} 对应的波函数左面的峰高于右面的峰, 意味着电子倾向于分布在左面的正极, 空穴则倾向于分布在右面的负极, 因此, ε_{low} 对应的波函数是正向极化的; 而 $\varepsilon_{\text{high}}$ 对应的波函数右面的峰比左面的峰高, 表明电子倾向于右面的负电极分布, 因此这个能级对应的波函数是反向极化的。

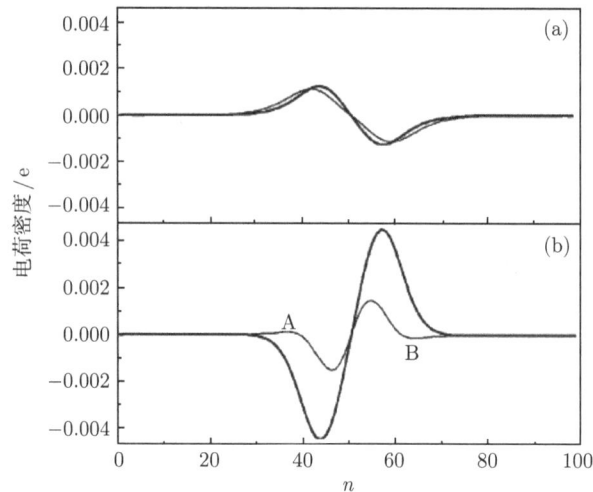

图 4.5.1 激子 (a) 和双激子 (b) 在聚乙炔简并破缺参数 t_1 分别为 0.05eV(粗线) 和 0.1eV(细线) 时的电荷密度分布, $E = 10^5$V/cm 沿链方向从左至右

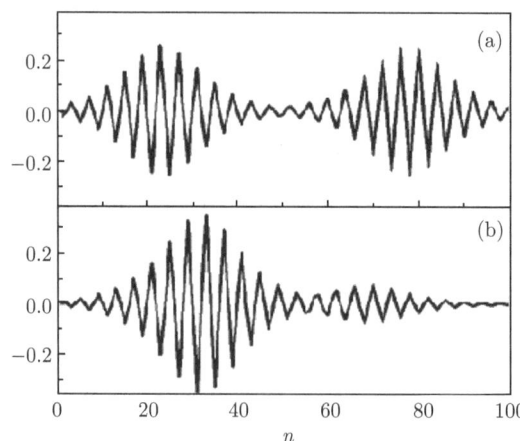

图 4.5.2 ε_{low} 能级所对应的波函数, 电场方向沿分子链从左至右

(a)$E = 0$; (b)$E = 10^5$V/cm

4.5 匀强电场下的激子

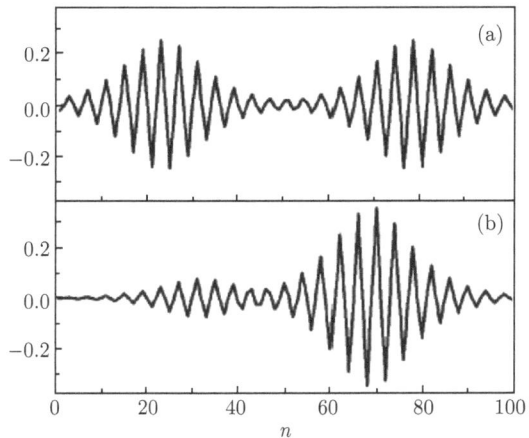

图 4.5.3　$\varepsilon_{\text{high}}$ 能级所对应的波函数，说明同图 4.5.2

ε_{low} 和 $\varepsilon_{\text{high}}$ 能级对应的波函数所体现出的相反的极化特性可以给予定性说明。设电场下的哈密顿量为

$$H = H_0 + H' \tag{4.5.1}$$

其中，H' 为电场引起的微扰

$$H' = -PE \tag{4.5.2}$$

其中，P 是体系的极化矢量，写为

$$P = -\int \rho(x) x \mathrm{d}x \tag{4.5.3}$$

体系满足薛定谔方程

$$H_0 \psi_\mu^0 = \varepsilon_\mu^0 \psi_\mu^0, \quad H\psi_\mu = \varepsilon_\mu \psi_\mu \tag{4.5.4}$$

根据微扰论，计入一级修正的波函数为

$$\psi_\mu = \psi_\mu^0 + \sum_{\nu(\neq\mu)} \frac{H'_{\mu\nu}}{\varepsilon_\nu - \varepsilon_\mu} \psi_\mu^0 \tag{4.5.5}$$

把 $H'_{\mu\nu} = -P_{\mu\nu} E$ 代入上式

$$\psi_\mu = \psi_\mu^0 - \sum_{\nu(\neq\mu)} \frac{P_{\mu\nu} E}{\varepsilon_\nu - \varepsilon_\mu} \psi_\mu^0 \tag{4.5.6}$$

这样，第 μ 个能级上的极化可以写为

$$P_\mu = \langle \psi_\mu | P | \psi_\mu \rangle \tag{4.5.7}$$

把波函数式 (4.5.6) 代入上式, 得

$$P_\mu = \langle \psi_\mu^0 | P | \psi_\mu^0 \rangle - E \sum_{\nu(\neq\mu)} \frac{2|P_{\mu\nu}|^2}{\varepsilon_\nu - \varepsilon_\mu} + 高阶项 \tag{4.5.8}$$

式中, 等号右端第一项没有计入电场, 第二项为电场引起的极化, 由于 $\Delta P = \chi E$, 对应于本征态 ψ_μ 的第 μ 个能级的极化率为

$$\chi_\mu = \sum_{\nu(\neq\mu)} \frac{2|P_{\mu\nu}|^2}{\varepsilon_\nu - \varepsilon_\mu} \tag{4.5.9}$$

由于 ε_{low} 和 $\varepsilon_{\text{high}}$ 是禁带中央附近的定域能级, 在能量上它们彼此接近, 而远离其他能级, 因此从能量分布来看, $\varepsilon_{\text{high}}$ 能级对 χ_{low} 的贡献大, 而 ε_{low} 能级对 χ_{high} 的贡献大, 其他能级的贡献可略。此外, ε_{low} 能级对应的波函数是奇宇称, $\varepsilon_{\text{high}}$ 能级对应的波函数是偶宇称。由于这两个波函数完全匹配, 偶极跃迁矩阵元大, 所以对 P 的贡献大, 而价带和导带的波函数彼此不匹配, 偶极跃迁矩阵元小, 对 P 的贡献小。从这两个方面来分析, χ_{low} 和 χ_{high} 可以近似写为

$$\chi_{\text{low}} = \frac{2|P|^2}{\varepsilon_{\text{high}} - \varepsilon_{\text{low}}} \tag{4.5.10}$$

$$\chi_{\text{high}} = \frac{2|P|^2}{\varepsilon_{\text{low}} - \varepsilon_{\text{high}}} \tag{4.5.11}$$

因为 $\varepsilon_{\text{low}} < \varepsilon_{\text{high}}$, 则 $\chi_{\text{low}} > 0$, 即禁带中央附近能量较低的一个定域能级所对应的电子态倾向于逆电场方向分布, 是正向极化; 而 $\chi_{\text{high}} < 0$, 即禁带中央附近能量较高的定域能级所对应的电子态倾向于顺电场方向分布, 是反向极化。

有机分子简并破缺参数 t_1 对激子的极化影响很大, t_1 越大, ε_{low} 和 $\varepsilon_{\text{high}}$ 这两个定域电子态中的两个波包束缚越紧, 越不容易极化。同时, 由于 t_1 越大, 禁带中央附近定域能级的定域性越强, 导致偶极跃迁的矩阵元变小, 从而极化率减小, 因此在电场作用下这两个定域电子态的极化程度随 t_1 的增加而明显减弱。

自从双激子反向极化现象被理论预言后, 人们试图从实验中观察到这一反常现象, 然而, 迄今为止, 仍未见有报道。理论上, 人们相继探讨了影响双激子反向极化的因素。例如, 通过采用扩展的 Hubbard 模型, 孙鑫等探讨了电子–电子相互作用对反向极化的影响, 他们发现同一格点上的电子–电子相互作用项 U 和相邻格点间的电子–电子相互作用 V 对双激子的反向极化均有促进作用。针对实际情况中的温度效应, 采用方形随机分布和高斯随机分布两种扰动模型对双激子反向极化存在的稳定性做了进一步的研究和讨论, 发现: 低温时, 双激子的反向极化仍

能稳定存在; 在高温下, 双激子出现解离, 反向极化消失。另外, 计入链间电子跃迁项

$$H_\perp = -\sum_{n,s} t_\perp (C_{1,n,s}^+ C_{2,n,s} + C_{2,n,s}^+ C_{1,n,s}) \tag{4.5.12}$$

其中, $t_\perp$ 为两条分子链 (链指标分别为 1 和 2) 上第 n 个碳原子之间的电子跃迁积分, 发现在一定的链间耦合内, 双激子反向极化程度随耦合强度的增加大幅提高。

4.5.2 激子解离

激子形成后, 在外界或内部结构的影响下, 也可能解离为正电极化子和负电极化子, 从而产生光电流, 这是影响有机光伏电池光电转换效率的重要因素。解离过程通常在飞秒量级, 远快于激子失活。目前, 激子解离的机制包括: 强电场、热效应、双分子衰变、二次光激发及界面 (如电子给体和受体材料组成的异质结构) 等。本节仅介绍强电场下激子的解离图像。

首先, 存在临界电场 E_C, 当 $E \leqslant E_C$ 时, 激子内电荷在外场作用下发生偏离, 即前面讨论的极化行为; 当 $E > E_C$ 时, 强电场使激子中的电荷发生了分离, 形成带相反电荷的极化子, 正电极化子顺电场方向移动, 负电极化子逆电场方向移动, 如图 4.5.4 所示, 其中电场方向沿分子链从左至右。上述现象可以理解为, 当 $E = 0$ 时, 激子的产生能比产生一个负电极化子和一个正电极化子的能量低, 产生能之差可以写为 $\Delta(0)$。电场的加入使正电极化子和负电极化子的产生能降低, 降低的能量为 $\Delta(E) = eENa$ (a 是晶格常数, Na 是链长, E 是电场强度), 当链上所加的电场大于临界电场时, $\Delta(E) \geqslant \Delta(0)$ (当 $E = E_C$ 时, $\Delta(E) = \Delta(0)$), 带相反电荷的极化子对的能量小于激子态的能量, 这样在强场作用下, 带相反电荷的极化子将在链的两端产生。也就是说, 强电场使激子中的电荷发生分离, 形成负电极化子和正电极化子, 并在电场的作用下沿分子链朝相反的方向运动。

可见, 在强电场下光激发形成的激子可有效地解离为自由的荷电极化子。既然激子参与有机高分子发光, 而自由的荷电极化子参与其中的光电流, 激子在强电场下的解离会导致有机高分子发光猝灭现象, 并且体系中将会形成强烈的光电流。实验中测量了高分子材料光致发光强度 (PL) 随电场的变化, 如图 4.5.5 实线所示。很明显, 随着电场的增加发光强度迅速衰减。基于此, 孙鑫等指出, 实际的高分子材料中分子链的排列并不是平行的, 因此每条分子链所处的有效电场并不相同。随着外电场的增加, 激发起的激子相继解离, 从而导致发光强度的连续衰减, 理论模拟如图 4.5.5 虚线所示, 与实验结果大体一致。

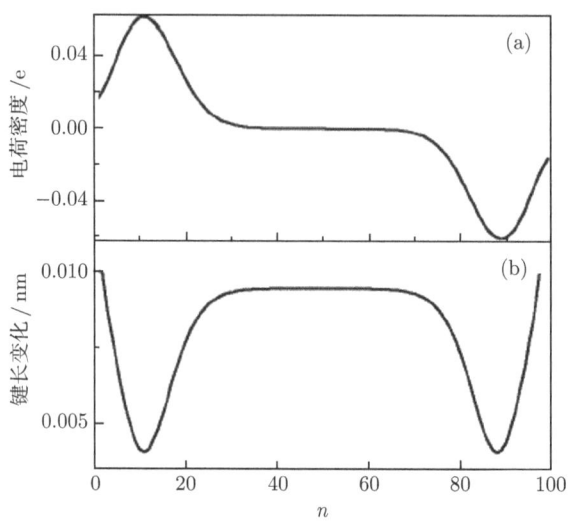

图 4.5.4 激子在外场下解离为负电极化子和正电极化子

(a) 和 (b) 分别给出电荷密度分布和晶格位形

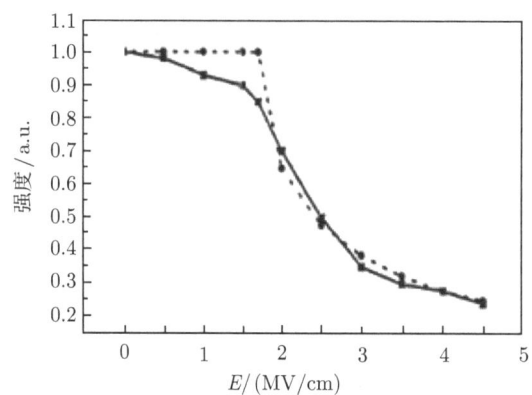

图 4.5.5 光致发光强度随电场的变化，实线为实验数据，虚线为理论拟合

双激子的解离图像与激子类似，即存在临界电场，当外电场大于此临界电场时，双激子解离为带相反电荷的双极化子。解离产生的正电双极化子顺电场方向移动，负电双极化子逆电场方向移动，最终局域在分子链的两端。

4.6 激子的输运

前面讨论了激子在均匀外电场下的行为，指出激子在弱场下会极化，即出现局域的电荷分布；在强场下则解离，产生带有相反电荷的极化子。激子整体呈现电中

4.6 激子的输运

性，并不会像极化子那样在均匀外场驱动下定向移动。但是，一个极化的激子在非均匀的外场下是可以移动的。在实际的有机体系内，如有机发光及有机光伏器件，激子产生后可以在分子内或分子间输运，并且将对有机功能过程产生关键作用。本节将对几种激子输运机制逐一论述。

4.6.1 Forster 及 Dexter 扩散机制

一个处于激发态的分子 (激发态给体 D*) 可以通过非辐射跃迁方式将能量转移给邻近分子 (受体 A)，从而实现激发态能量在分子间的转移或激子在分子间的输运。具体来说，一个处于激发态的给体分子 D* 如果与临近分子发生相互作用，即发生非辐射能量转移，从而将能量转移给一个处于基态的受体分子 A

$$D^* + A \rightarrow D + A^*$$

得到一个处于基态的给体分子 D 和一个处于激发态的受体分子 A*。特别的，如果给体与受体是同一种分子，这个过程被称为激子扩散或激子迁移。当然，这个过程必须是在给体分子 D* 激发态寿命之内，可分为 Forster 和 Dexter 两种机制。

Forster 机制又称为诱导偶极机制或库仑机制，它是基于偶极-偶极电磁相互作用而发生的一种共振能量转移 (FRET)，如图 4.6.1 所示。分子间相互作用时，分子可以用一个电偶极子描述，Forster 最早发现偶极-偶极相互作用与偶极间距离有关：

$$K_{\mathrm{ET}}(R) = \left(\frac{1}{\tau}\right)\left(\frac{R_0}{R}\right)^6 \tag{4.6.1}$$

Forster 能量转移

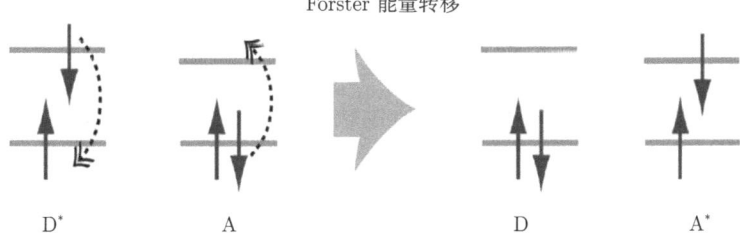

D*　　A　　　　　D　　A*

图 4.6.1　分子间 Forster 能量转移机制

式中，R_0 是 Forster 能量转移半径，τ 是给体分子在没有受体分子存在情况下其激子态的平均寿命，对应于 $K_D = 1/\tau$。当两个分子间距离为 R_0，则激子在给体分子上退激发的概率与转移到受体分子的概率相同 ($K_{\mathrm{ET}} = K_D$)。Forster 能量转移半径 R_0 可以由下式得到

$$R_0^6 = \frac{9000(\ln 10)\kappa^2 \Phi_D}{128\pi^5 N n^4} \int_0^\infty \frac{a_A(\nu) f_D(\nu)}{\nu^4} \mathrm{d}\nu \tag{4.6.2}$$

其中，κ 是与给体分子–受体分子之间方向有关的因子，一般可以取为 1，n 是材料的折射率，N 为阿伏伽德罗常数，Φ_D 则为荧光量子效率。$a_A(\nu)$ 是受体分子的吸收谱，$f_D(\nu)$ 是给体分子发射谱，ν 为频率。Forster 能量转移半径 R_0 与给体分子发射光谱与受体分子吸收光谱的重叠程度相关，重叠越大则 R_0 越大。

简单来说，Forster 机制的特点可以概括为：

(1) 基于偶极–偶极电磁相互作用-Forster 共振能量转移 (FRET)；

(2) 要求激发态给体的发射谱和受体的吸收谱有较大交叠；

(3) 能量转移效率与分子间距离 R 的关系为 $\propto R^{-6}$，可在给体与受体距离较大时发生"远距离"能量转移，一般为 1~5nm；

(4) 只适用于单态激子转移，且给体和受体各自的自旋多重度在跃迁前后不变。

Dexter 机制是一种激发态给体 D^* 和受体 A 分子之间通过轨道重叠和电子交换发生能量转移的机制 (图 4.6.2)。其发生条件为 D^* 与 A 相互靠近，分子轨道相互重叠。一般只有当分子间距离小于 1nm 时才能考虑 Dexter 机制的作用。由 Dexter 机制决定的分子间能量转移效率与给体/受体间距离 R 的关系为

$$K_{\mathrm{ET}}(R) = KJe^{-2R/L} \tag{4.6.3}$$

其中，K 与轨道相互作用有关，L 为给体与受体的范德瓦耳斯半径之和，J 为受体的消光系数归一化了的光谱重叠积分，形式为

$$J = (2\pi/h)\int_0^\infty F_D(\nu)\varepsilon_A(\nu)d\nu \tag{4.6.4}$$

由此可见，Dexter 机制又称电子交换机制，通过相互交换作用转移能量，可看作是两个电子的转移过程或者一个电子和一个空穴的转移过程。其特点可以简单概括为：

(1) 激发态给体和受体分子之间通过轨道重叠和电子交换发生能量转移的机制；

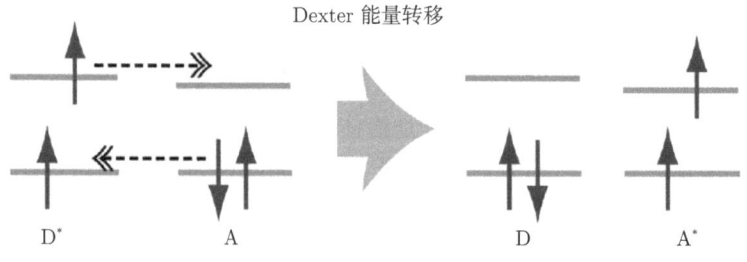

图 4.6.2　分子间 Dexter 能量转移机制

(2) 要求 D* 与 A 相互靠近,分子轨道相互重叠,能量转移效率与分子间距离 R 的关系为 $\propto \mathrm{e}^{-R}$;

(3) 一般只有当分子间距离小于 1nm 时才能考虑 Dexter 机制的作用,是 "短距离" 能量转移;

(4) 同时适用于单态激子和三态激子转移。

Forster 和 Dexter 两种机制决定的激子输运,理论上均可由经典的粒子扩散方程描述,并结合实验中的原位光致发光方法给出激子的扩散长度。下面通过引入一维稳态扩散方程,讨论激子在有机固体内的扩散:

$$\frac{\partial n^2(x)}{\partial x^2} - \frac{n(x)}{l_\mathrm{D}^2} + G_0 \frac{\tau}{l_\mathrm{D}^2} = 0 \tag{4.6.5}$$

其中,$n(x)$ 为 x 处的激子浓度,τ 与 l_D 分别表示激子寿命和扩散长度。另外,G_0 为激子的产生速率,它取决于光的吸收效率。由于有机层较薄,可认为光均匀吸收,因此 G_0 不随厚度变化,可取常数。对于此二阶微分方程的求解,需引入边界条件

$$n(x)|_{x=0} = 0 \tag{4.6.6}$$

$$\frac{\partial n(x)}{\partial x}|_{x=L} = 0 \tag{4.6.7}$$

式 (4.6.6) 是由于衬底通常对近邻的激子有很大的猝灭速率,因此假定有机层与衬底边界处 ($x=0$) 激子浓度保持零;而式 (4.6.7) 则表示有机层中的激子不会向真空扩散,因此在该界面处 ($x = L$ 为有机层厚度) 激子扩散流为零。

将以上两个边界条件与式 (4.6.5) 联合求解,便可以得到激子沿 x 方向的分布 $n(x)$

$$n(x) = G_0\tau \left[1 - \frac{\mathrm{e}^{(x-L)/l_\mathrm{D}} + \mathrm{e}^{(L-x)/l_\mathrm{D}}}{\mathrm{e}^{L/l_\mathrm{D}} + \mathrm{e}^{-L/l_\mathrm{D}}}\right] \tag{4.6.8}$$

假定光致发光实验中测得的发光强度 I_PL 正比于有机层中的激子总数 N_ex

$$N_\mathrm{ex} = \int_0^L n(x)\mathrm{d}x = G_0\tau \left[L - l_\mathrm{D} \tanh(L/l_\mathrm{D})\right] \tag{4.6.9}$$

式 (4.6.9) 则体现了光致发光强度 I_PL 与有机层厚度 L 的关系。结合实验中测量的 I_PL 随 L 的变化,便可以通过调整参数拟合实验数据从而得到激子的扩散长度 l_D。以有机小分子 Alq$_3$ 为例,如图 4.6.3 所示,其中方块给出了通过光致发光实验测量的发光强度 I_PL 随膜厚的变化关系,而实线则是通过式 (4.6.9) 给出的拟合曲线。可见,利用激子的一维稳态扩散模型可以很好地拟合实验数据,并得到激子的扩散长度约为 8nm。

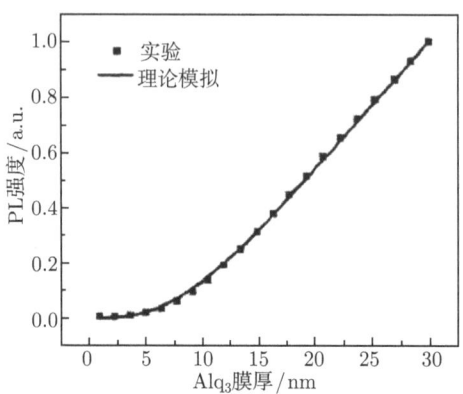

图 4.6.3 光致发光测量 PL 强度与 Alq$_3$ 薄膜厚度的关系

以上模型虽然简单有效，但是应用起来存在较大限制，即它仅适用于有机层厚度远大于激子扩散长度的情况 ($L > l_D$)。当有机层厚度较薄时 (厚度与激子扩散长度可比或小于激子扩散长度)，根据激子扩散流的定义

$$J = -D\frac{\partial n(x)}{\partial x} \quad (4.6.10)$$

D 为扩散系数，由于激子的扩散导致有机层与真空界面处 ($x = L$) 仍存在净激子流，因此以上边界条件不再成立，而用式 (4.6.9) 拟合得到的激子扩散长度会存在较大误差。为了修正这一误差，人们试图采用其他理论模型去拟合实验，如采用蒙特卡罗方法，进而得到激子扩散长度，此处不再具体描述。

目前，实验上测量激子的扩散长度通常还采用光电流实验方法，如采用该方法得到的 PPV 衍生物中的激子扩散长度为 5~14nm，P3HT 中的激子扩散长度为 3~9nm。但是，在光电流的测量方法中，假定光电流仅取决于界面处激子的解离效率，而与其他因素无关。我们知道，在有机材料中影响载流子输运的因素很多，如功能层形貌、载流子间的碰撞复合等，这些都会对光电流的大小产生很大影响，而仅采用光电流的实验很难对这些过程综合考虑，必须借助其他手段。

4.6.2 非均匀场诱导输运机制

有机体系内激子的输运过程一般认为是由 Forster 和 Dexter 两种机制决定的激子扩散。但对这些扩散机制的微观图像仍不很清楚。激子通过光激发或电场注入形成后，很快会以辐射或无辐射的方式失活，其寿命 τ 为 100ps~1ns，扩散长度 l_D 只有约 10nm，大大限制了有机光电器件的工作效率。以有机太阳能电池为例，有机层吸收太阳光则会产生激子。由于有机固体内激子较大的束缚能，远大于室温热能，因此很难解离为自由的荷电载流子。基于此，人们合成了具有电子给体和受体的异质结构 (D/A)，如图 4.6.4 所示，利用两种材料不同的电子亲和势产生的界

4.6 激子的输运

面驱动势将激子解离。但是，依靠这种途径实现激子解离，必须首先确保激子通过扩散能够顺利到达 D/A 界面。而由于激子的扩散长度通常小于有机固体的光吸收长度 (~100nm)，因此，双层 D/A 异质结构的太阳能电池通常要求有机层非常薄，这虽然提高了激子达到界面的效率，却降低了光的吸收效率。为此，人们进一步改进有机层的结构，设计了 D/A 共混的体异质结构太阳能电池，这虽然使得上述问题得到解决，但是却降低了荷电载流子的迁移率。特别是，由于激子扩散长度的限制，D/A 相分离尺度要尽量控制在 10nm 范围以内，这对于柔性的有机体系是很难控制的。因此，要设计更高效的有机太阳能电池，必须要在对激子输运机制有新认识的基础上，进一步提升其输运长度。

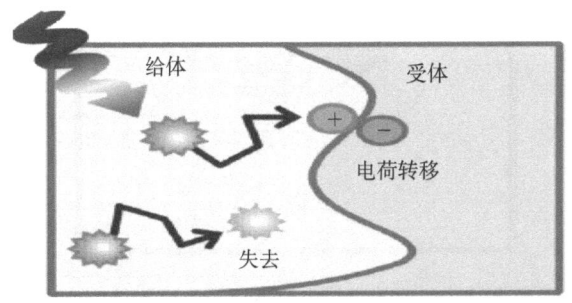

图 4.6.4 具有电子给体/受体异质结构的有机光伏体系内激子相关过程

基于以上问题，下面将对有机光伏体系内存在的非均匀电场和非均匀构型场诱导的激子输运动力学进行分析，给出相关输运机制。

1. 非均匀电场驱动机制

在有机光伏体系内，D/A 界面电荷转移后产生的部分电荷将不可避免地被限制在各种缺陷附近，从而在界面附近诱导产生局域的非均匀电场，如图 4.6.5 所示。非均匀电场对激子的影响与均匀电场将有所区别。前一节已指出激子在均匀弱电场下将发生极化现象，即在电场的作用下激子内的正负电荷将发生相对偏离，其偶极矩的方向与外场方向相同；当外电场达到一定强度，激子内的正负电荷将摆脱束缚，解离为自由的正负极化子，形成光电流；如果电场分布是非均匀的，激子不仅出现极化，由于其正负电荷所处场强不同，激子还有可能受到一个净电场力，发生移动。为了简化，假设此非均匀电场为线性梯度形式 $E(x) = wx$。利用方程组 (4.3.1) 和 (4.3.3) 可以计算激子在该电场下的演化过程。在模拟过程中，假定激子初始位于分子链的第 50 个格点附近，结果如图 4.6.6 所示。我们发现，在电场作用下，激子确实沿分子链开始向右运动，经过 20ps，激子到达第 63 个格点附近。可见，在线性梯度场的作用下，激子尽管整体呈现电中性，却可以发生定向运动。在当前参数下，激子的运动速度为 0.078nm/ps，在激子的寿命范围 (~100ps) 内，它运动的距离为 7.8nm，这同前面介绍的由 Forster 或 Dexter 机制主导的激子扩散长度是相当的。

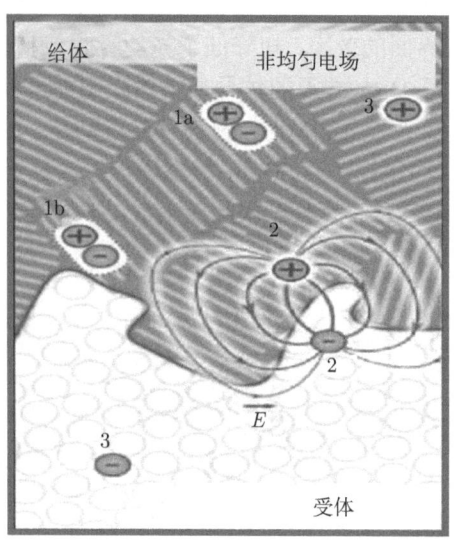

图 4.6.5　D/A 界面电荷转移后的束缚电荷将诱导界面附近存在局域的非均匀电场

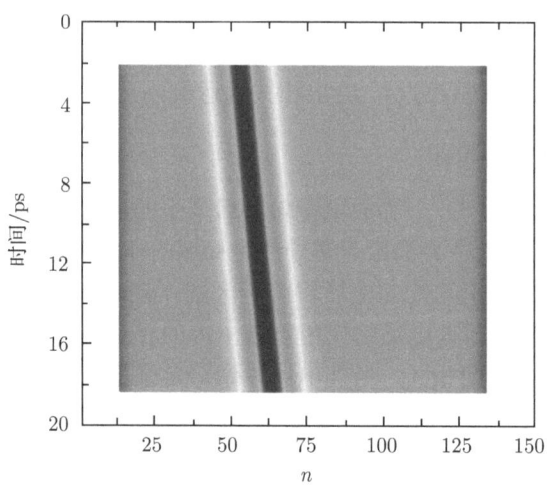

图 4.6.6　激子在线性梯度场下的输运动力学过程 (晶格演化)，电场方向从左至右
(扫描书后二维码可看彩图)

下面，进一步深入分析激子在此线性梯度场下的输运机制。图 4.6.7 给出了激子在此电场下某一时刻的电荷分布。可见，激子将沿分子链方向发生极化，右端出现了局域的负电荷 $-Q$，而左端出现了等量的正电荷 Q。如果是均匀电场，正负极

4.6 激子的输运

化电荷所处的电场强度相等,那么激子整体所受的电场力为零,因此,在均匀电场下激子并不会输运。但是,此处为非均匀电场,情况有所不同。如果极化负电荷 $-Q$ 所在的位置中心为 x^-,极化正电荷 Q 所在的位置中心为 x^+,它们所处的电场强度将分别为 $E(x^-)$ 和 $E(x^+)$。由于 $|E(x^-)| > |E(x^+)|$,则激子整体将受到以下电场力的作用

$$F = -Q\left[E(x^-) - E(x^+)\right] \tag{4.6.11}$$

此力即为驱动激子沿分子链输运的来源。随着激子在分子链内的输运,激子将处于更强的电场范围内。一方面,由于激子的极化效应将越来越明显,极化电荷 $\pm Q$ 增加,驱动力将越来越强,激子输运速度也会越来越快;另一方面,如果激子输运至足够强的电场位置,则激子将解离为自由的正负极化子。

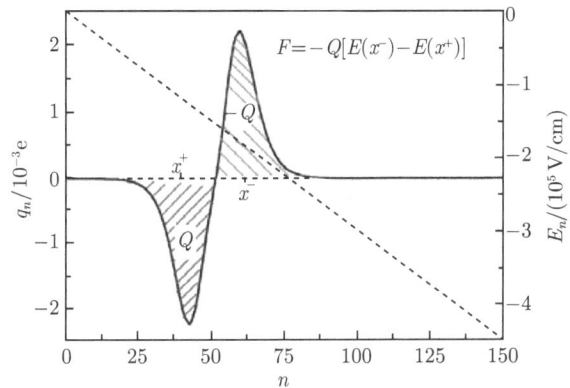

图 4.6.7　激子在线性梯度场下的极化及所受驱动力的来源

激子运动速度首先与电场的梯度 w 密切相关,随着 w 的增加,激子极化电荷 $\pm Q$ 所处的电场强度差异将增大,因此激子所受的驱动力增强,输运速度加快。其次,激子在相同的电场分布下,其运动速度由其极化程度决定。影响激子极化程度的主要因素为电子-晶格耦合强度,它是有机体系区别于无机体系最显著的特点。电子-晶格耦合强度弱,晶格势场对电子-空穴对的束缚强度就弱,激子在同样的电场下就容易极化。因此,在相同的电场分布下,极化电荷 $\pm Q$ 越大,激子所受驱动力越强,激子越容易输运。例如,我们降低电子-晶格耦合强度,可以实现激子的平均输运速度达到 0.472nm/ps,这导致激子的输运距离可以达到近 50nm,比由 Forster 或 Dexter 机制主导的激子扩散长度提高了一个量级。

2. 非均匀构型场驱动机制

在常见的有机光伏体系内,电子给体材料往往采用 P3HT 等线性的高分子材料,而受体材料则采用球形的 PCBM。在界面附近,球形 PCBM 的空间分布很

容易导致其附近的高分子呈现不同程度的弯曲，如图 4.6.8 所示，这将造成高分子链之间局部的非均匀空间排列，并且在靠近界面方向上，分子链之间的排列趋于无序。

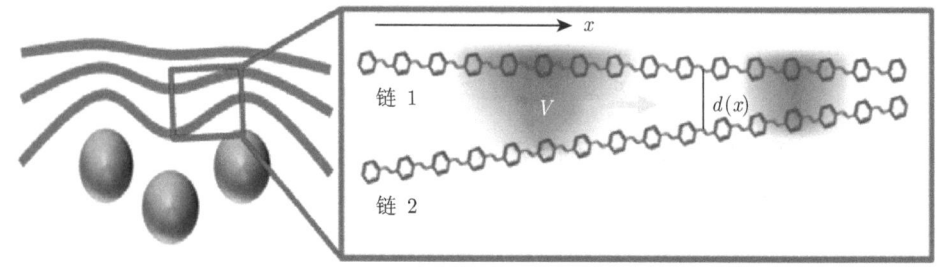

图 4.6.8 有机光伏体系 D/A 界面附近与分子微观形貌相关的非均匀构型场

当考虑界面附近的两条分子链时，假定它们之间的距离为线性变化，任取形式为

$$d(x) = d_0 - 0.1x \tag{4.6.12}$$

这造成分子之间的耦合强度并不均匀，而是沿分子链方向趋于增强，取耦合强度 $t_\perp$ 与分子之间距离 d 的关系为

$$t_\perp = \frac{t_0}{10} \exp\left(1 - \frac{d}{5}\right) \tag{4.6.13}$$

那么，分子之间的相互作用哈密顿可写为

$$H_{\text{int}} = -\sum_n t_\perp (C_{1,n}^+ C_{2,n} + C_{2,n}^+ C_{1,n}) \tag{4.6.14}$$

设激子最初处于第 1 条链的第 20 个格点附近，动力学演化显示，激子开始向强耦合区域移动，如图 4.6.9 所示。在 1.2ps 的时间内运动的距离为 12nm，即平均运动速度达到了 10nm/ps。按此运动速度，激子在其寿命范围内可运动 1000nm，比由 Forster 或 Dexter 机制主导的激子扩散长度提高了两个量级！

实际上，激子的运动主要源于激子在不同耦合区域内在位能或产生能的差异，图 4.6.10 给出了体系内激子在位能随分子间距离的变化。可见，激子在位能随链间距离的减小或链间耦合的增强呈现明显的降低，激子将倾向于向链的低能区域运动。为了更形象地说明激子运动的机制，可以进一步由在位能随位置的变化，引入驱动激子输运的力，由 $F(x) = -\partial E/\partial x$，可以简单给出驱动力

$$F(n) = -[E(n+1) - E(n)]/a \tag{4.6.15}$$

图 4.6.11 给出了计算结果，发现在该体系内驱动力沿链的分布呈现出增强的趋势。这将导致激子在运动过程中速度越来越快，与图 4.6.9 的模拟结果是一致的。

4.6 激子的输运

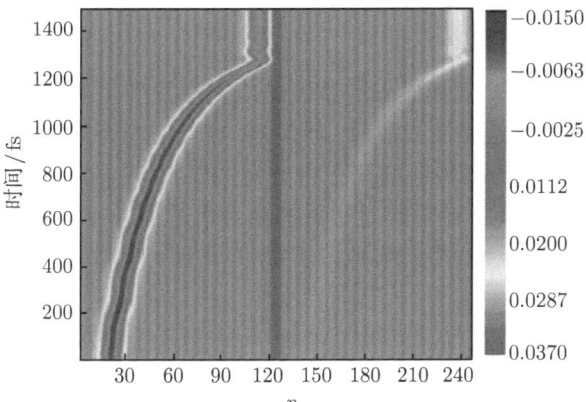

图 4.6.9　线性非均匀耦合分子内激子的输运动力学过程

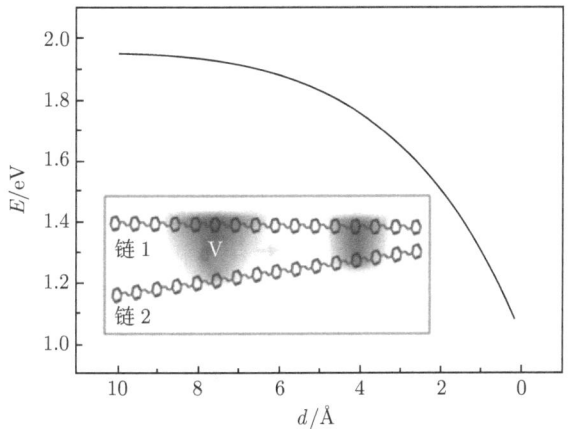

图 4.6.10　激子在位能随分子间距离的变化

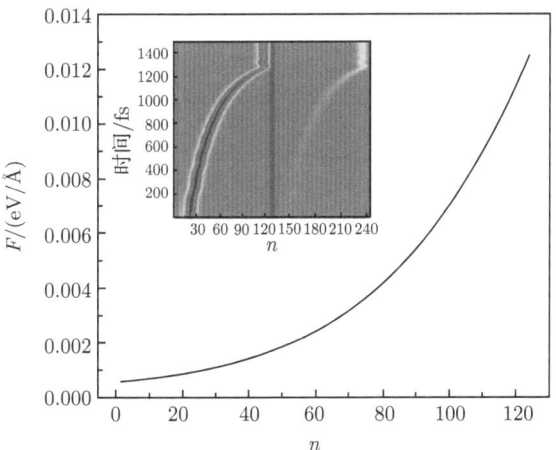

图 4.6.11　体系内激子输运驱动力沿分子链的分布

4.6.3 载流子的散射机制

在有机光电器件内，电极注入的载流子或光激发产生的载流子在输运过程中将不可避免地与激子发生碰撞或散射。特别是，由于三态激子相比单态激子有更长的寿命，三态激子被载流子散射的几率将更大。那么，三态激子被载流子散射过程中，能否实现激子的输运？孙震等对相关的动力学过程进行了理论模拟。模拟过程中，在 SSH 模型的基础上，进一步计入了电子-电子相互作用

$$H_{\text{ee}} = U_0 \sum_{i,s} \left(C_{i,s}^+ C_{i,s} - \frac{1}{2} \right) \left(C_{i,-s}^+ C_{i,-s} - \frac{1}{2} \right)$$
$$+ \sum_{i,s,s'} U_{n,n+1} \left(C_{i,s}^+ C_{i,s} - \frac{1}{2} \right) \left(C_{i+1,s'}^+ C_{i+1,s'} - \frac{1}{2} \right) \quad (4.6.16)$$

其中，U_0 为同一格点电子-电子相互作用，$U_{n,n+1}$ 为最紧邻格点电子-电子相互作用，取形式为

$$U_{n,n+1} = \frac{U_0}{\sqrt{1 + x_{n,n+1}^2}} e^{-\beta x_{n,n+1}} \quad (4.6.17)$$

其中，$x_{n,n+1} = |a + u_{n+1} - u_n|/a$，$\beta$ 是电子的库仑屏蔽常数，a 是晶格常数。假定初始时刻有机分子内同时存在一个负电极化子和一个激子，那么，分子的能级结构和电子占据情况如图 4.6.12 所示。图中，ε_p^d 和 ε_p^u 表示极化子能级；而 ε_n^d 和 ε_n^u 表示激子能级。图 4.6.12(a) 中，极化子和激子的自旋平行，图 4.6.12(b) 中，极化子和激子的自旋反平行。初始时刻的分子晶格位形分布如图 4.6.13 所示，左边为极化子，右边为激子，电子-电子相互作用对它们的位形有微弱的影响。一般来说，电子-空穴之间的库仑吸引能增大，激子局域性增强，从而引起更加局域的晶格畸变。

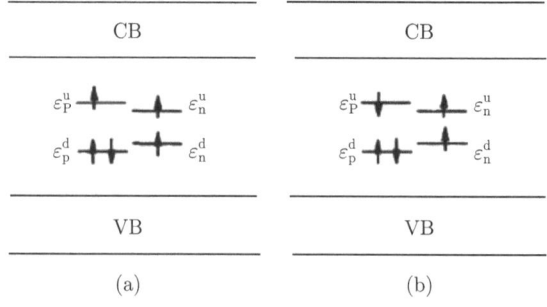

图 4.6.12 有机分子内同时存在一个极化子和一个激子时的能级结构

(a) 和 (b) 表示不同的自旋组态

4.6 激子的输运

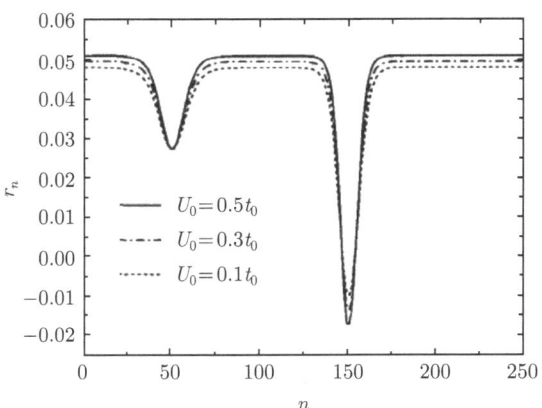

图 4.6.13 有机分子内极化子和激子的晶格位形分布 (左边为极化子, 右边为激子)

首先模拟在图 4.6.12(a) 所示的电子占据情况下极化子和三态激子的碰撞过程, 此时极化子自旋与激子自旋平行。图 4.6.14 给出了外加电场为 $E = 0.2 \times 10^5 \text{V/cm}$ 时的晶格演化过程。可见, 在不同的电子–电子相互作用下, 极化子和激子的碰撞可导致两种不同的结果: 电子–电子相互作用较弱时, 极化子将穿过激子继续运动; 而电子–电子相互作用较强时 (分界点大约在 $U_0 = 0.65t_0$), 极化子不能穿过激子, 而是与激子耦合在一起运动。激子运动的平均速度大约为 10nm/ps, 这也比由 Forster 或 Dexter 机制主导的激子扩散速度提高了两个量级。

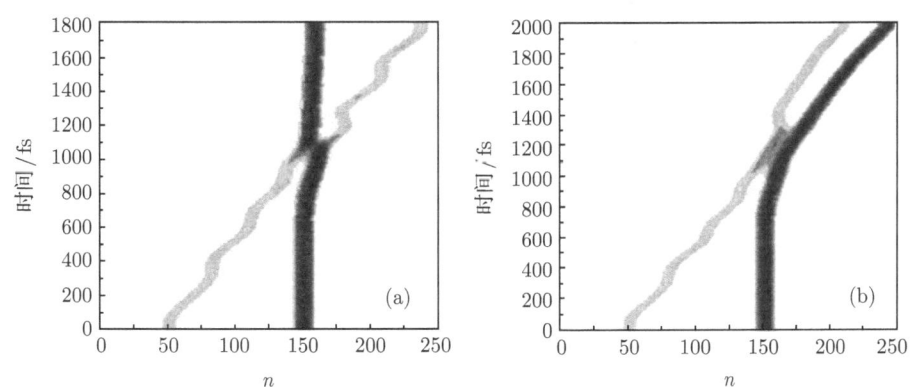

图 4.6.14 极化子和激子自旋平行分布时, 不同电子相互作用下体系的
晶格演化情况, 施加电场为$E = 0.2 \times 10^5 \text{V/cm}$
(a) $U_0 = 0.5t_0$; (b) $U_0 = 1.0t_0$

接下来讨论图 4.6.12(b) 所示的电子占据情况下极化子和激子的碰撞过程, 即极化子自旋与激子自旋反平行情况。图 4.6.15 给出了电场为 $E = 1.0 \times 10^5 \text{V/cm}$ 时的晶格演化。可见, 在不同的电子–电子相互作用下, 极化子和激子的碰撞也导

致两种不同的结果: 极化子穿过激子继续运动; 或与激子耦合在一起一同运动, 但电子-电子相互作用强度的分界点大约在 $U_0 = 0.25t_0$。这表明: 当极化子和激子的自旋反平行时, 它们之间的排斥力应该比平行时大。这可以通过泡利不相容原理来理解, 当极化子能级波函数与激子能级波函数相互交叠时, 若它们的自旋相同, 泡利不相容原理使得它们对应的电子不能占据同一格点。由于两个电子位于同一格点时它们的排斥能要大于它们位于相邻格点时的排斥能, 所以, 当自旋相同的极化子和激子波函数发生交叠时并不会引起体系能量的显著增加。相反, 若极化子和激子的自旋相反, 极化子和激子能级上的电子可以处于同一格点, 这将使得体系能量增加, 即表现为极化子和激子之间存在较强的排斥力。简而言之, 极化子散射可以导致激子在有机体系内运动, 并且运动速度可以远大于扩散机制主导的激子运动; 而且, 极化子散射诱导的激子输运过程与外电场的强度、电子-电子相互作用, 特别是极化子-激子的不同自旋组态密切相关。

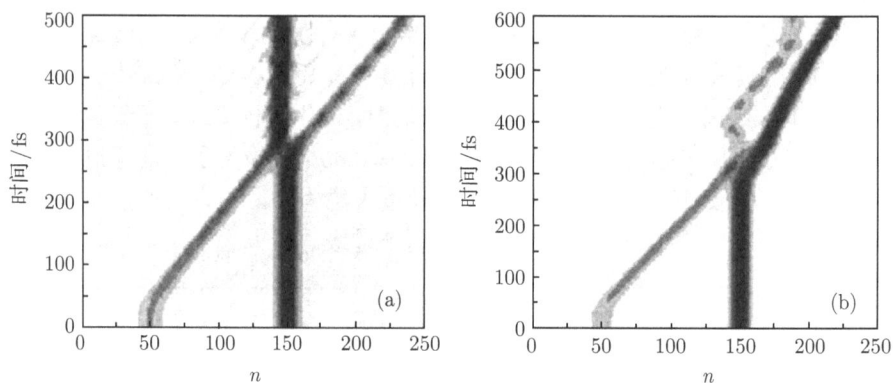

图 4.6.15　极化子和激子自旋反平行分布时, 不同电子相互作用下体系的晶格演化情况, 施加电场为 $E = 1.0 \times 10^5 \text{V/cm}$

(a) $U_0 = 0.1t_0$; (b) $U_0 = 0.4t_0$

4.7　D/A 界面的激子行为

激子通过扩散到达 D/A 界面后可以解离进而出现电荷转移过程。通过 D/A 界面能级结构可以进行简单分析, 如图 4.7.1 所示, 对于 D/A 界面能级结构, 最为显著的特点是受体分子 (A) 的 LUMO 或 HOMO 在能量上低于给体分子 (D) 的 LUMO 或 HOMO, 其能量差定义为能阶 $\Delta E = E_{\text{LUMO}}^{\text{D}} - E_{\text{LUMO}}^{A}$。对于传统的无机半导体, 由于电子-晶格相互作用非常弱, 能带结构不会因电荷转移发生变化, 电子受激从给体分子的 HOMO 跃迁至 LUMO 后, 电子-空穴之间的束缚能仅取决于

4.7 D/A 界面的激子行为

它们之间的库仑相互作用

$$V = \frac{e^2}{4\pi\varepsilon_r\varepsilon_0 r} \tag{4.7.1}$$

其中，ε_r 为材料相对介电常数，ε_0 为真空介电常数，r 为电子–空穴之间的距离。一般来说，无机半导体材料具有较大的介电常数 (如半导体 Si 的相对介电常数高达 12)，因此无机半导体内的激子束缚能非常小。激子束缚能也可以简单地由下式给出

$$E_B^{\text{exc}} = E_{\text{LUMO}}^{\text{D}} - E_{\text{exc}} \tag{4.7.2}$$

其中，E_{exc} 为激子能级能量。可见，在无机半导体中，由于激子束缚能非常弱，激子能级可视为与 LUMO 重合，如图 4.7.1(a) 所示。在此情况下，仅需非常小的 D/A 界面能阶 ΔE 便可以将给体分子内激发至 LUMO 的电子转移至受体分子的 LUMO，从而实现电子在 D/A 之间的转移过程。

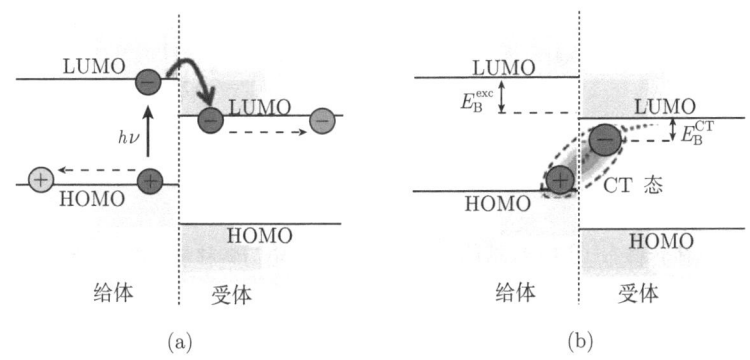

图 4.7.1　D/A 界面能级结构示意图

(a) 无机或刚性半导体; (b) 有机或柔性半导体; E_B^{exc} 代表激子束缚能，E_B^{CT} 代表电荷转移态束缚能

与传统的无机材料不同，有机材料通常具有结构上的软特性或强的电子–晶格相互作用。这导致电子的激发通常会同时诱导晶格畸变，晶格畸变产生的局域势场反过来会将电子–空穴对束缚在其中，从而产生如前所述的"自陷束缚"激子。该激子中电子–空穴的束缚能不仅取决于电子–空穴之间的库仑相互作用，而且还受到局域的晶格势场的影响。因此，有机材料中的激子束缚能较强，具体讨论已在本章第二节给出。当然，如果仅从有机材料介电常数通常较小的特点 ($\varepsilon_r \approx 2 \sim 4$)，由式 (4.7.1) 也可得到类似结论。基于此，由式 (4.7.2) 我们会发现激子能级将远离 LUMO 进入禁带，如图 4.7.1(b) 所示。因此，在有机 D/A 异质结界面处，如要实现激子解离，D/A 界面能阶要大于激子束缚能。这一点对于有机体异质结太阳能电池中 D/A 分子的选择是非常重要的。

激子在 D/A 界面能阶驱动下解离后，虽然电子由给体分子转移至受体分子，但是由于有机材料较低的介电常数，受体分子内的电子和存留在给体分子内的空穴仍存在较强的库仑束缚，从而在 D/A 界面上形成了电荷转移激子 (CT)，如图 4.7.1(b) 所示。从电荷分离程度来看，电荷转移激子是介于激子和自由荷电载流子之间的中间态，其束缚能 E_B^{CT} 要小于激子束缚能 E_B^{exc}，并由界面 (如界面能阶和界面耦合强度) 决定。图 4.7.2 实线给出了电荷转移态束缚能随能阶的变化关系。很明显，随能阶的增加，电荷转移态束缚能将很快降低。特别是，当能阶足够大时 ($\Delta E \geqslant E_B^{exc} + E_B^{CT}$)，电荷转移态束缚能将小于室温热能，此时可视为电荷转移态已完全解离为自由荷电载流子形成有机太阳能电池中的光电流。此外，从 D/A 分子间的电荷转移量随能阶的变化关系也可得到类似图像，如图 4.7.2 虚线所示。

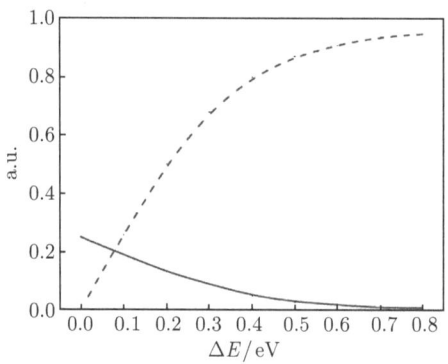

图 4.7.2　电荷转移态 (CT) 束缚能 (实线) 及 D/A 电荷转移量 (虚线) 随能阶的变化

参 考 文 献

[1] 帅志刚, 曹镛. 半导性与金属性聚合物 (译). 北京：科学出版社, 2010

[2] 孙鑫. 高聚物中的孤子和极化子. 成都：四川教育出版社, 1987

[3] 解士杰, 高琨. 低维量子物理. 济南：山东科学技术出版社, 2009

[4] (美) 谢尔盖. 雷舍夫斯基. Nano and Molecular Electronics Handbook. CRC Press, 2011

[5] Baeriswyl D, Degiorgi L. Strong Interactions in Low Dimensions. Kluwer Academic Publishers, 2004

[6] Madelung O. Introduction to Solid-state Theory. Springer-Verlag Publishers, 1978

[7] Murray V N. Progress in Ferromagnetism Research. Nova Science Publishers, 2006

[8] Heeger A J, Kivelson S, Schrieffer J R, et al. Solitons in conducting polymers. Rev. Mod. Phys., 1988, 60: 781

[9] Serguei B, Natasha K. Physical theory of excitons in conducting polymers. Chem. Soc. Rev., 2010, 39: 2453

[10] Sun X, Fu R L, Yonemitsu K, Nasu K. Photoinduced polarization inversion in a polymeric molecule. Phys. Rev. Lett., 2000, 84: 2830

[11] Lei J, Sun Z, Zhang Y B, Xie S J. Effect of spin polarization on exciton formation in conjugated polymers. Org. Electron., 2009, 10: 1489

[12] Phillpot S R, Bishop A R, Horovitz B. Amplitude breathers in conjugated polymers. Phys. Rev. B, 1989, 40: 1839

[13] Gao K, Xie S J, Yin S, Li Y, Liu D S, Zhao X. A theoretical study on photoexcitations in poly(p-phenylene vinylene). Org. Electron., 2009, 10: 1601

[14] Chandross M, Mazumdar S, et al. Excitons in poly(para-phenylenevinylene). Phys. Rev. B, 1994, 50: 14702

[15] Hendry E, Schins J M, Candeias L P, Siebbeles L D A, Bonn M. Efficiency of exciton and charge carrier photogeneration in a semiconducting polymer. Phys. Rev. Lett., 2004, 92: 196601

[16] An Z, Wu C Q. A dynamic study on polaron-pair scattering in a polymer chain. Synthetic Metals, 2003, 137: 1151

[17] Scholes G D, Rumbles G. Excitons in nanoscale systems. Nature Materials, 2006, 5: 683

[18] Brazovskii S, Kirova N. Physical theory of excitons in conducting polymers. Chem. Soc. Rev., 2010, 39: 2453

[19] Clarke T M, Durrant J R. Charge photogeneration in organic solar cells. Chem. Rev., 2010, 110: 6736

[20] Gao K, Xie S J, Yin S, Liu D S. Study on charge-transfer state in a donor-acceptor polymer heterojunction. Org. Electron., 2011, 12: 1010

[21] Sun Z, Li Y, Xie S J, An Z, Liu D S. Scattering processes between bipolaron and exciton in conjugated polymers. Phys. Rev. B, 2009, 79: 201310

[22] Meng R X, Gao K, Zhang G Y, Han S X, Yang F J, Li Y, Xie S J. Exciton intrachain transport induced by interchain packing configurations in conjugated polymers. Phys. Chem. Chem. Phys., 2015, 17: 18600

[23] Gao K, Xie S J, Yin S, Liu D S. Biexcitons generation in a polymer by a femtosecond electric pump pulse. Org. Electron., 2012, 13: 784

第5章 有机固体的导电性

20 世纪 80 年代起，人们围绕有机材料的导电性展开研究，合成了一大批具有导电性可调的有机小分子和高分子材料。在许多方面，有机半导体类似于传统的无机半导体，除了导电性质以外，有机半导体也可以发光、具有磁性等。但是，由于具有较强的电子–晶格耦合，有机半导体内的载流子与普通半导体有很大区别。这种耦合对载流子注入以及输运起着决定性的作用。以聚乙炔为例，反式聚乙炔的能隙处于可见光范围，属于半导体，然而将它暴露于卤素的蒸气中后，卤素元素会渗透到聚乙炔中，实施掺杂，这种掺杂聚乙炔的电导率会有很大程度的提高。这一发现也是 Heeger、MacDiarmid 和 Shirakawa 三人于 2000 年获得诺贝尔化学奖的重要原因之一。目前这类高分子通过掺杂呈现导电性已成为合成金属研究的重要内容。有机半导体掺杂与无机半导体掺杂有本质不同，无机掺杂是在主体晶格中引入不同化合价的其他原子；有机掺杂是有机分子与杂质原子、分子或酸根之间的氧化还原反应，如聚乙炔被碘的氧化。有机掺杂的剂量可以远大于无机掺杂，加入量可达到 50%。

对于普通的无机半导体，可采用载流子密度和迁移率等概念，用玻尔兹曼输运方程描述，空间电荷分布可采用泊松方程求解。有机半导体内的情况就有所不同，许多重要的性质是由单个分子链决定，尤其是高分子材料中，链内输运尤为重要，其他一些性质如宏观迁移率、电荷自陷态等则强烈依赖于分子结构以及分子之间的耦合。影响有机半导体器件性能的因素很多，首先需要准确理解有机分子的导电机理；其次，分子如何形成理想的块体 (或薄膜) 以利于载流子的输运；再次，了解有机分子与电极、与其他分子之间的接触。因此，探讨有机材料在电子学领域的新应用显然具有重要的基础研究价值和实际应用前景。有机固体中，内部分子的排列方式对材料的导电性有重要影响，如在单条孤立的高分子链中，载流子的传输总是沿着链共轭方向进行。形成二维薄膜或三维块体以后，载流子的传输必将涉及分子链之间的转移。一般而言，在有机材料中，载流子的传输是通过分子链内的相干输运和分子链之间的跳跃过程或隧穿过程而实现。图 5.1 给出了原子、分子以及分子聚集体 (有机固体) 的能级结构示意图，从中可以看出，分子内的电子形成能带结构，而分子之间存在较大的能垒，该能垒是影响有机固体导电性的关键因素。由于有机固体是由分子之间的范德瓦耳斯相互作用耦合在一起，有机固体的"带宽"很窄，大约 0.1eV 量级，这使得有机固体的电子结构仍保持着分子的特征，固体物理中的能带结构理论在此会受到一定的限制。因此有机固体的电导率与内部分子的构型密切相关,对分子进行取向或消除分子之间的"隔阂"可有效提高材料的电导率。实验表明,对分子取向后,载流子的迁移率要比无定形情况大 2~3 倍。由于有机分子的柔性特点,它们与金属电极等衬底形成界面时,不存在晶格匹配问题,有机分子可通过自身形变,与衬底形成较好的耦合甚至形成键合结构。这种键合的强度可以在较宽的范围内变动。最简单情况下,存在的相互作用就是由范德瓦耳斯力所引起的色散力。例如,分子的 π 电子可以和金属衬底的 d 电子形成 π-d 耦合,作用强度可从较弱 (如苯在金表面) 转为较强 (如苯在镍表面)。这种金属/有机界面结构对有机器件的导电性会有重要影响。图 5.2 给出了金属和有机固体界面电子能级结构示意图。无穷远处的真空能级以 VL(∞) 表示。对于固体来说,VL 会受到固体势能的影响,因此,这种受固体势能影响的 VL 也可称为表面上的真空能级 VL(s)。VL(s) 的固体效应非常强烈,这个可以通过已知单晶表面的功函数对不同晶面的依赖性予以说明。例如,钨的单晶存在不同的晶面,已经发现它在 100、110 以及 111 面上有着不同的功函数,分别为 4.63 eV、5.25 eV 以及 4.47eV。因此从功函数对晶面的依赖性可以说明不同材料的真空能级 VL(s) 是可以各不相同的。

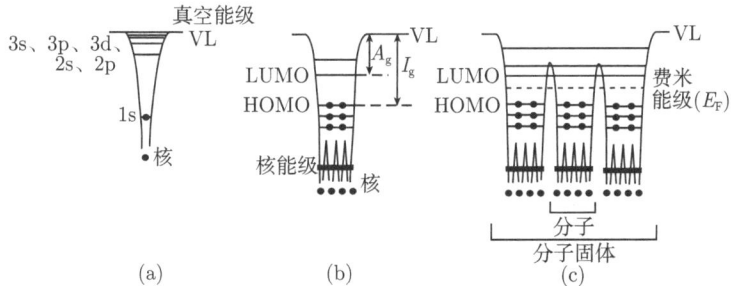

图 5.1　原子、分子以及分子聚集体 (有机固体) 的能级结构示意图

I_g: 离子化能;A_g: 电子亲和能;VL: 真空能级

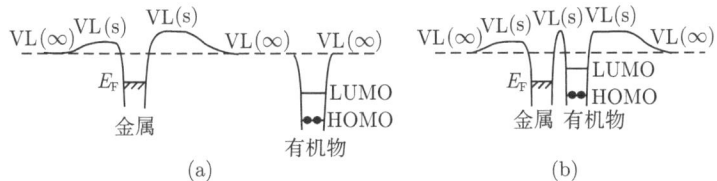

图 5.2　金属和有机固体界面电子能级结构示意图

5.1　有机固体电荷输运的一般理论

上面已提到,有机固体的分子之间相互作用很弱,因此,有机固体材料不能像无机材料那样具有较宽的能带结构,使载流子能在其中快速运动。有机材料内的分

子不仅排列可能无序,其分子取向也复杂,即使完全有序的有机晶体结构,温度或外界影响也会很容易破坏其有序性,因此有机固体最多只能形成较窄的能带,其态密度也是多样化的,载流子在其中的输运不再是单纯带输运,更多的是跳跃或隧穿形式。对于小分子固体,有两种模型可以描述这种跳跃图像,如图 5.1.1 所示,一是势垒无序模型,一是在位能无序模型。

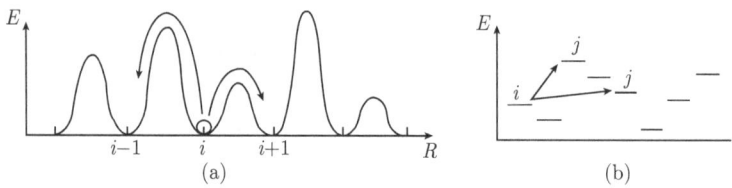

图 5.1.1 两种不同的跳跃模型
(a) 势垒无序模型;(b) 在位能无序模型

第 3 章已告诉我们,有机材料的一个重要特点就是强的电子-晶格相互作用,它将导致电子的局域化,或以极化子的形式出现,因此有机材料中载流子的局域化并不局限于无序材料,它可以在良好的有机晶体内出现,此时载流子的输运实际上是极化子从一个分子到另一个分子的跳跃过程。下面介绍材料载流子的迁移率,以期对有机固体的导电性有所认识。迁移率定义为载流子 (电子和空穴或有机半导体中的极化子) 在单位电场作用下的平均漂移速度

$$\mu = \frac{\langle v \rangle}{E} \tag{5.1.1}$$

载流子运动的平均速度

$$\langle v \rangle = \sum_i p_i v_i = \sum_i p_i \frac{\langle r_{/\!/} \rangle_i}{\tau_i} \tag{5.1.2}$$

其中,v_i 为格点 (或分子)i 处的粒子运动速度,p_i 为粒子处于位置 i 的几率 (或格点 i 被载流子占据的几率),格点 i 处载流子沿电场方向的平均运动距离

$$\langle r_{/\!/} \rangle_i = \frac{\sum_j \omega_{ji} \left(\vec{r}_{ji} \cdot \vec{E}/E \right)}{\sum_j \omega_{ji}} \tag{5.1.3}$$

其中,ω_{ji} 为载流子从格点 i 到格点 j 的跃迁率,其倒数 $\tau_i = 1/\sum_j \omega_{ji}$ 表示载流子在格点 i 处的停留时间。

Marcus 曾给出了跃迁机制中的跃迁率公式:

$$\omega_{ji} = \frac{t_{ji}^2}{\hbar} \sqrt{\frac{\pi}{E_r k_B T}} \exp\left[-\frac{(\Delta E_{ji} + E_r)^2}{4 E_r k_B T} \right] \tag{5.1.4}$$

其中，E_r 为分子内的重整能，t_{ji} 为两格点之间的电子转移积分，$\Delta E_{ji} = (E_j^0 - E_i^0) - q\vec{E} \cdot \vec{r}_{ji}$ 表示两格点的能量差，包含了外电场产生的电势的贡献。一般情况下，Marcus 跃迁适合于 $E_j^0 - E_i^0 = 0$ 或很小的情况。

重整能 $E_r = E_{\text{int}} + E_{\text{ext}}$ 可分为分子内和分子间两部分，它是有机分子的特点。分子内的重整能 E_{int} 来自于分子内部因载流子占据和离开所导致的分子能量变化；而分子外的重整能 E_{ext} 来自于分子周围的能量变化，包括晶格扭曲和极化。一般来说，$E_{\text{ext}} \ll E_{\text{int}}$。量化计算可以给出分子内的重整能，一般是选取一个孤立分子，优化得到其中性态和带电态位形。中性态位形下，计算分子掺杂前后的能量 E_0 和 E_c^*；带电态 (即载流子占据该分子) 位形下，也计算分子掺杂前后的能量 E_0^* 和 E_c，则重整能为 (图 5.1.2)

$$E_{\text{int}} = \lambda_c + \lambda_0 = (E_c^* - E_c) + (E_0^* - E_0) \tag{5.1.5}$$

电子转移积分则通过下式计算：

$$t_{ji} = \frac{H_{ji} - \frac{1}{2}(H_{ii} + H_{jj})S_{ji}}{1 - S_{ji}^2} \tag{5.1.6}$$

其中，$H_{ji} = \langle \varphi_j | H | \varphi_i \rangle$，$S_{ji} = \langle \varphi_j | \varphi_i \rangle$。对于电子 (空穴) 输运，$\varphi_i$ 即为孤立分子的 LUMO (HOMO) 轨道。H 为二分子体系的相互作用哈密顿。

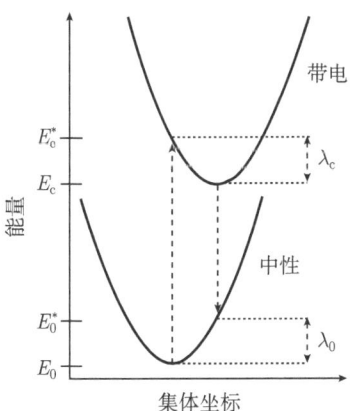

图 5.1.2　中性和带电分子的势能曲线，虚线箭头指出了载流子从一个态到另一个态的跃迁

占据几率 p_i 可通过主方程求解。低载流子浓度下，有机固体中的载流子跃迁具有简单的线性形式，即

$$\frac{\mathrm{d}p_i}{\mathrm{d}t} = \sum_j (\omega_{ij}p_j - \omega_{ji}p_i) \tag{5.1.7}$$

求解主方程，并注意到归一化条件 $\sum_i p_i = 1$，可得到载流子在格点 i 的占据几率。它与格点之间的跃迁率 ω_{ij} 密切相关。

通常情况下，人们提到材料的迁移率是指零外场下的值，此时无法按照上面的方法求解迁移率。若不考虑格点的无序 (图 5.1.3 所示)，那么载流子在每一格点上的占据几率是一样的，因此无需求解主方程，此时的迁移率可通过爱因斯坦关系给出

$$\mu = \frac{e}{k_B T} D \tag{5.1.8}$$

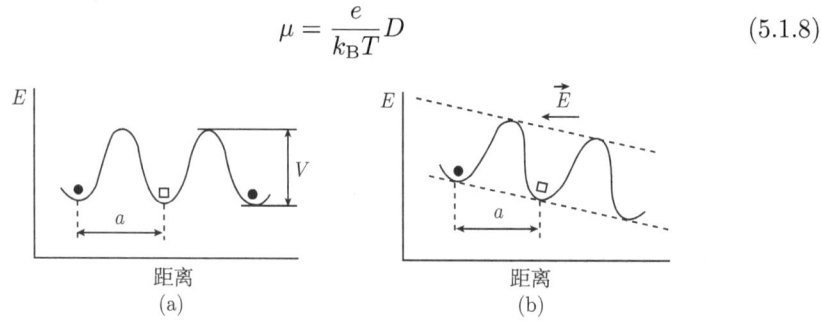

图 5.1.3 有机晶体晶格中载流子运动示意图

(a) 无外场；(b) 有外场

扩散系数

$$D = \frac{1}{2d} \frac{d}{dt} \langle r^2 \rangle = \frac{1}{2d} \sum_i p_i \frac{\langle r^2 \rangle_i}{\tau_i} \tag{5.1.9}$$

一维下 ($d=1$)，

$$D = \frac{1}{2} \sum_i p_i \frac{\langle r_{//}^2 \rangle_i}{\tau_i} \tag{5.1.10}$$

$$\langle r_{//}^2 \rangle_i = \frac{\sum_j \omega_{ji} (\vec{r_{ji}} \cdot \vec{e})^2}{\sum_j \omega_{ji}} \tag{5.1.11}$$

其中，$\vec{e}$ 为扩散方向的单位矢量。

假设没有外场，并且所有格点是等价的 (即 $\Delta E_{ji} = 0$)，扩散系数简化为

$$D = \frac{1}{2} \sum_i p_i \nu_i (\vec{r_i} \cdot \vec{e}) \tag{5.1.12}$$

对于图 5.1.1 所示的无序情况下，式 (5.1.10) 和 (5.1.12) 是不适合的，因为此时 $E_i^0 \neq E_j^0$，$\omega_{ij} \neq \omega_{ji}$，迁移率的计算仍需要前面的主方程。

对于强无序的有机固体，载流子的计算可通过高斯无序模型。态密度为

$$\rho(\varepsilon) = \frac{1}{\sqrt{2\pi}\sigma} \exp\left(-\frac{\varepsilon^2}{2\sigma^2}\right) \tag{5.1.13}$$

其中，σ 为态密度宽度。跃迁率由 Miller-Abrahams 公式给出

$$\omega_{ji} = \nu_0 \exp\left(-2\gamma r_{ji}\right) \times \begin{cases} \exp\left(-\dfrac{\Delta E_{ji}}{k_B T}\right), & \Delta E_{ji} \geqslant 0 \\ 1, & \Delta E_{ji} < 0 \end{cases} \tag{5.1.14}$$

其中，$\nu_0 = 1 \times 10^{13}\text{s}^{-1}$ 为逃逸频率，$\gamma = 5 \times 10^9 \text{m}^{-1}$ 为局域半径的倒数。

有机半导体中的极化子通过热激活而在相邻格点间跳跃移动时，计算得到迁移率

$$\mu = \mu_0 \exp\left[-\frac{E_r}{4k_B T} - \frac{(aE)^2}{4E_r k_B T}\right] \frac{\sinh(aE/2k_B T)}{aE/2k_B T} \tag{5.1.15}$$

很显然，载流子在电场作用下运动速度的快慢决定了迁移率的大小，运动得越快，迁移率越大；运动得越慢，迁移率越小。同一种半导体材料中，载流子类型不同，迁移率不同，一般是电子的迁移率高于空穴。如室温下，轻掺杂硅材料中，电子的迁移率为 $1350\text{cm}^2/(\text{V·s})$，而空穴的迁移率仅为 $480\text{cm}^2/(\text{V·s})$；有机小分子材料 Alq$_3$ 内的负电极化子的迁移率为 $10^{-5}\text{cm}^2/(\text{V·s})$，而正电极化子的迁移率比负电极化子的约小两个数量级。

5.2 有机小分子固体的导电性

从分子尺度上讲，有机材料可以分为高分子聚合物材料和小分子材料两类。高分子材料的分子链比较长，通常相互纠缠在一起形成无序结构，最典型的是有机共轭聚合物；而小分子的尺度比较小，相互之间通过范德瓦耳斯力结合在一起，容易形成有序结构，最典型的是有机分子晶体，常见的几种有机小分子晶体有齐分子并苯系列、齐分子噻吩系列和红荧烯，其中红荧烯可以看作并四苯的苯基取代衍生物。这些高分子或小分子材料的共同特点是存在不饱和的碳原子，即 sp 或 sp^2 杂化，其 π 态 (构成价带) 与 π^* 态 (构成导带) 在能量上比较接近，或者说它们之间的能隙不大 (1eV 左右)，而且 π 电子在空间具有扩展特征，因此有利于运动，具有半导体行为，从而有机功能材料通常也叫做有机半导体。后面的物理分析会详细介绍，这些有机材料若形成真正的导电态，必须对其进行掺杂。多数的有机材料属于空穴导电，即更易于空穴注入，因此具有 p 型传导能力的材料比 n 型的更为常见。

有机分子聚集构成固体或薄膜时，其行为方式与无机材料存在本质差别。无机材料是通过离子键、金属键或共价键构成，结构稳定，相互作用强，载流子在其间

的运动可以通过固体物理所描述的带输运形式进行。然而在有机固体中，分子间主要是弱的范德瓦耳斯力，这就决定了载流子在其间的输运是通过跳跃机制进行。为了便于比较，图 5.2.1 给出了一些有机材料与无机材料的电导率范围。

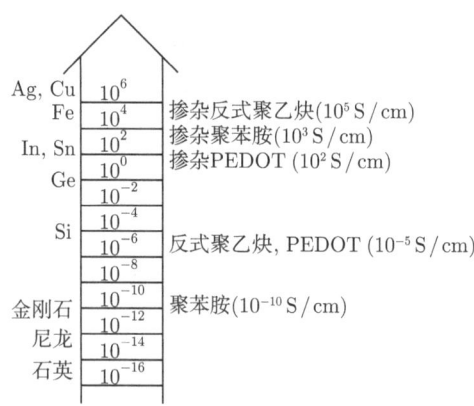

图 5.2.1 一些有机材料与无机材料的电导率范围

在有机小分子固体材料中，并五苯特别受人关注，早期测得并五苯材料的迁移率较低，仅在 $10^{-3}\mathrm{cm}^2/(\mathrm{V\cdot s})$ 量级。1995 年后，Dimitrakopoulos 等利用分子束外延生长得到的并五苯薄膜，发现随着膜的有序性增大，迁移率也随着增加；1997 年 Gundlach 可以使并五苯的迁移率达到 $0.3\sim 1.5\mathrm{cm}^2/(\mathrm{V\cdot s})$ 的水平；而 Jurchescu 在 2004 年发现高纯无缺陷的并五苯单晶的迁移率已达到 $35\mathrm{cm}^2/(\mathrm{V\cdot s})$。并五苯这一优越特性使之在众多的有机材料中得到了广泛的关注，是人们研究的热点。红荧烯也是最近备受关注的有机小分子固体材料，该化合物容易结晶，可形成迁移率较高的有机小分子晶体。

有机小分子形成晶体结构时，通常是分子之间通过范德瓦耳斯力结合在一起形成具有一定有序结构的分子层，分子层之间再通过有序的累积形成有机小分子晶体。作为一类非常重要的有机固体，有机分子的导电性研究可追溯到 20 世纪 40 年代，研究发现，有机分子晶体中载流子迁移率 μ 随温度 T 的变化规律大致为：在大的温度范围内，迁移率整体上随温度升高而减小，并且满足幂函数关系 $\mu\propto T^n$；在温度较低的区域 (室温以下)，迁移率随温度的变化比较明显，一般而言 $-3<n<-1.4$；而在温度较高的区域 (室温及以上)，迁移率对温度的依赖关系比较弱，通常 $-2<n<0.1$。理论上人们对有机小分子晶体中电荷输运机制的理解以及上述实验的解释主要基于 Holstein 极化子理论。该理论认为在低温区载流子迁移率随温度的变化关系与无机半导体中的相似，即载流子是处于扩展态的自由电子，其迁移率由有效质量和平均自由时间来决定，称为类带输运。在高温区，由于声子散射作用非常强，相干带输运已经消失，电荷输运表现为小极化子的热激

发跳跃机制。因此从低温到高温,有机分子晶体存在一个"带输运-跳跃输运"的转变。

上述物理图像虽然在一定程度上解决了一些问题,但对于全面理解有机固体电荷输运机制仍然不足。近来,人们逐渐认识到电子-晶格耦合在有机固体电荷输运中起着非常重要的作用。电子-晶格耦合的直接结果是影响电子在分子之间的跃迁能,这在以前的极化子理论中没有被充分重视。在第 2 章中已经给出了并五苯晶体中的分子堆叠情况及示意图,并给出了 Troisi 和 Orlandi 对有机小分子晶体建立的一个只考虑非局域电子-晶格耦合的模型。此模型可以很好地解释室温附近有机分子晶体的电荷输运性质。与 SSH 模型类似,晶格部分的演化采用经典牛顿力学处理,并通过求解含时薛定谔方程,可以得到系统电子态的演化与晶格的运动,从而得到有机分子晶体中电荷的输运性质。通过计算发现室温时并五苯和蒽等分子的跃迁积分存在很大的涨落,其幅度和跃迁积分的平均值在一个数量级上,这种热运动引起的跃迁积分的涨落足以破坏电子哈密顿量的平移对称性,从而使得电荷输运机制无法用能带理论来描述;而室温时并五苯和红荧烯等有机材料的输运机制既不是带输运也不是极化子输运,而由一种称之为热无序限制的扩散机制所决定。迁移率随温度的变化关系如图 5.2.2 所示,计算结果给出了迁移率随电声耦合强度和跃迁积分的关系,表明了这种输运机制的适用范围。实验结果也直接证明了上述理论的正确性,从而调和了理论和实验的矛盾。并五苯的电荷载流子在温度可测范围内与分子的低频运动存在很强的耦合,并且这种耦合在有机分子晶体中有一定的普遍性,这种电荷输运理论称为有机分子晶体的热无序理论。

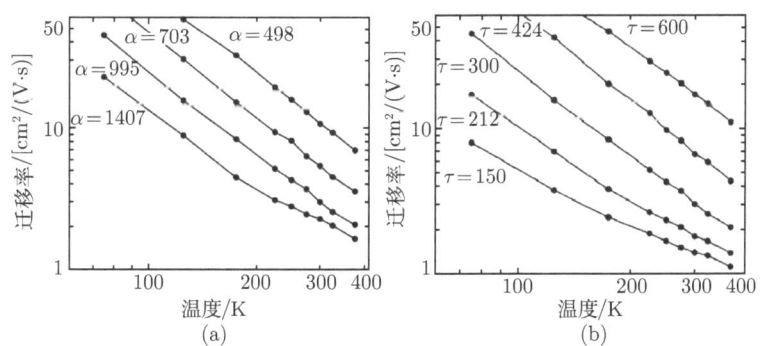

图 5.2.2　不同电声耦合与跃迁积分下迁移率随温度的变化

(a) $\tau=300\text{cm}^{-1}$;(b) $\alpha=995\text{cm}^{-1}/\text{Å}$

除温度对有机小分子晶体迁移率有影响以外,分子的堆积方式、杂质、电场强度、压强等也是影响电荷输运的主要因素。有机分子晶体内电荷输运具有明显的各向异性,实验上通过对四硫富瓦烯 (TTF) 不同的堆积方式进行研究,发现不同的晶体堆积方式下迁移率可改变近 6 个数量级,如图 5.2.3 所示。堆积方式不仅决定了分子之间的耦合强度,还决定了电荷传输通过怎样的通道进行。

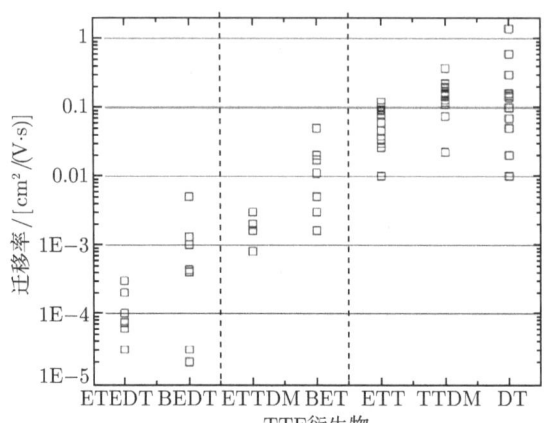

图 5.2.3 载流子迁移率与晶体堆积方式的关系

在有序或无序的有机小分子固体中,电场对其导电性起着不同的作用。有序晶体中,在温度较高的区域(室温附近)电荷迁移率很小,并且迁移率与电场无关;低温区,电荷的迁移率较大,其随电场的增加而减小。无序结构中,情况不同于有序的情况,迁移率会随电场增加而增大。由于分子间的距离决定着分子之间的电子耦合,对有机分子固体施加压力,能够很大程度上改变分子间距,从而提高迁移率。实验发现,并四苯和并五苯的光电流会随着压强增加而增大,如图 5.2.4 所示。

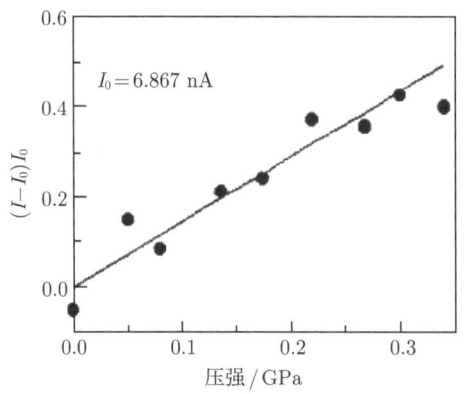

图 5.2.4 光电流随压强的变化

5.3 有机固体导电理论

认识材料的导电性可通过三个方面,一是根据费米面处能隙的大小简单判断;二是根据 Landauer 隧穿公式进行计算,可以给出零偏压下的电导;三是根据

Landauer-Büttiker 公式计算系统的 I-V 关系。基于电子是否受到热激活作用，半导体器件的导电机制通常有两类：①热激活或跃迁导电，其 I-V 关系与温度相关；②隧穿导电，其 I-V 关系与温度无关。表 5.3.1 列出了可能的导电机制。

表 5.3.1 几种可能的导电机制 (J: 电流密度, d: 垒宽, T: 温度, V: 偏压, Φ: 垒高)

导电机制	特征行为	温度依赖性	偏压依赖性
直接隧穿	$J \sim V \exp\left(-\dfrac{2d}{\hbar}\sqrt{2m^*\Phi}\right)$	无	$J \sim V$
Fowler-Nordheim 隧穿	$J \sim V^2 \exp\left(-\dfrac{4d}{3q\hbar V}\sqrt{2m^*\Phi^3}\right)$	无	$\ln(J/V^2) \sim 1/V$
热激活	$J \sim T^2 \exp\left(-\dfrac{\Phi - q\sqrt{qV/4\pi\varepsilon d}}{k_\mathrm{B}T}\right)$	$\ln(J/T^2) \sim 1/T$	$\ln J \sim V^{1/2}$
跃迁	$J \sim V \exp\left(-\dfrac{\Phi}{k_\mathrm{B}T}\right)$	$\ln(J/V) \sim 1/T$	$J \sim V$

5.3.1 隧穿理论

虽然有机固体导电机制与无机固体的存在差异，但其部分导电理论仍可以借鉴。电子可以穿越 (或存在于) 能量禁闭的势垒区域，尽管电子的能量小于垒高，但它在垒里面有一定的几率。束缚在某个区域的电子能够隧穿一个能量势垒进入另一个区域，如图 5.3.1 所示。

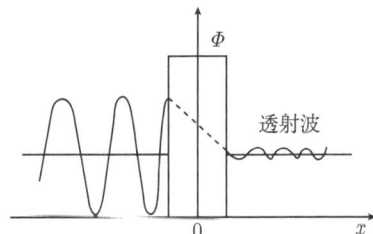

图 5.3.1 一个能量为 E 具有波动性的粒子从左边隧穿到势垒的右边

设势垒的高度为 Φ，对于入射能量 $E < \Phi$ 的情况，中间垒区的电子态呈现衰减趋势，其波函数可设为

$$\psi = De^{\alpha x} + Fe^{-\alpha x} \tag{5.3.1}$$

在势垒的左右边界，利用波函数以及其导数的连续性，可得到以能量 E 入射的电子透射系数

$$T(E) = \begin{cases} \dfrac{1}{1 + \left(\dfrac{k^2 + \alpha^2}{2k\alpha}\right) \mathrm{sh}^2(\alpha L)}, & E < \Phi \\[2mm] \dfrac{1}{1 + \left(\dfrac{k^2 - \alpha'^2}{2k\alpha'}\right) \sin^2(\alpha' L)}, & E > \Phi \end{cases} \tag{5.3.2}$$

其中，$k = \dfrac{\sqrt{2m^*E}}{\hbar}$，$\alpha = \dfrac{\sqrt{2m^*(\Phi-E)}}{\hbar}$，$\alpha' = \dfrac{\sqrt{2m^*(E-\Phi)}}{\hbar}$，$L$ 为势垒厚度。入射能量 $E > \Phi$ 时的求解与上述类似，只是将垒区的衰减波函数换为如下的振荡形式：

$$\psi = D\mathrm{e}^{\mathrm{i}\alpha'x} + F\mathrm{e}^{-\mathrm{i}\alpha'x} \tag{5.3.3}$$

可见，电子入射能 $E < \Phi$ 时，仍有电子穿越能垒。而当电子入射能量 $E > \Phi$ 时，也并非均能穿过势垒，而是出现振荡。特别地，当 $\alpha' L = n\pi$ 时，有 $T=1$，即隧穿几率为 1，电子全部穿越能垒，这种现象称为共振，此时要求的电子入射能量为

$$E = \dfrac{(n\hbar\pi)^2}{2m^*L^2} + \Phi \tag{5.3.4}$$

一个电子器件功能之一是通过施加外电压来观测器件电流的变化。隧穿是量子图像，其所表现的宏观量是电流。实际器件中，电子是在三维空间运动，横向若不受约束可以看作是自由的二维平面，态密度为常数，下面给出电子的隧穿电流。

电子在 x 方向穿越势垒，入射电流可写为

$$I_i = -eD(k_l)f_l(k_{x,l})v_x(k_{x,l})\mathrm{d}k_{xl} \tag{5.3.5}$$

其中，$D(k_l) = \dfrac{2}{(2\pi)^3}$ 为横向态密度，f_l 为势垒左边的密度分布函数，垂直垒方向的速度为

$$v_x(k_{x,l}) = \dfrac{1}{\hbar}\dfrac{\partial E(k_{x,l})}{\partial k_{x,l}} = \dfrac{\hbar k_{x,l}}{m^*} \tag{5.3.6}$$

从左边到右边的透射电流由式 (5.3.5) 乘以透射系数而得到

$$I_l = \dfrac{-2e\hbar}{(2\pi)^3 m^*}T(k_{x,l})f_l(k_t,k_{x,l})k_{x,l}\mathrm{d}k_{x,l}\mathrm{d}k_t \tag{5.3.7}$$

式中，k_t 为二维平面内的电子波矢，$T(k_{x,l})$ 是透射系数，仅是垂直方向动量或能量的函数。同样，对于相同能量或波矢的电子，从右向左的透射电流为

$$I_r = \dfrac{-2e\hbar}{(2\pi)^3 m^*}T(k_{x,r})f_r(k_t,k_{x,r})k_{x,r}\mathrm{d}k_{x,r}\mathrm{d}k_t \tag{5.3.8}$$

在垂直方向电子能量 E_x 给定的情况下，对于对称势场，透射系数是对称的，$T(E_{x,l}) = T(E_{x,r})$，且有 $k_{x,l}\mathrm{d}k_{x,l} = k_{x,r}\mathrm{d}k_{x,r} = m^*\mathrm{d}E_x/\hbar^2$，因此，沿电场方向的净电流是左边与右边透射流对所有 k 值积分的差，即

$$I_T = \dfrac{2e}{(2\pi)^3\hbar}\int_0^\infty \mathrm{d}E_x \int_0^\infty \mathrm{d}k_t k_l \int_0^{2\pi} \mathrm{d}\theta T(E_x)[f_l(E_x,k_t) - f_r(E_x,k_t)] \tag{5.3.9}$$

该式称为 Landauer-Büttiker 公式，被广泛用来计算隧穿器件的 I-V 关系。

5.3.2 跃迁理论

在周期性排列的晶体中，电子态在晶格中处于扩展态。当有序晶格中掺入少量杂质后，这时将有电子或空穴束缚在杂质上，并在带隙中形成施主或者受主能级，这时电子只能在杂质附近运动，区别于在晶体中的运动，称为电子局域态。在有机固体内，无需杂质势束缚，极化子本身就是束缚的电荷态。分子链并不是无限长也不是相互平行有序的排列，而是形成相互扭结、缠绕在一起的一种无序结构。因此极化子从一分子到另一分子的运动将会借助于热激活和隧穿机制，采取"跳跃"的方式，表现出跃迁电导。换句话说，跳跃是指极化子借助声子从一个分子到另一个分子的量子隧穿过程。跃迁电导包含两种传导过程：其一，极化子跃迁主要发生在最邻近的分子之间，称为定程跃迁电导；其二，极化子跃迁发生在相距更远、能量差别较小的两个分子之间，称为变程跃迁电导。

现在讨论位于 $\vec{R}_i$ 和 $\vec{R}_j$，能量分别为 E_i 和 $E_j (E_i < E_j)$ 的两个定域能级之间的极化子跃迁。根据量子力学，电子从 $\vec{R}_i$ 中心经过距离 $R = \left|\vec{R}_j - \vec{R}_i\right|$ 隧穿到 $\vec{R}_j$ 中心的几率正比于 i 与 j 定域态波函数的交叠积分的平方。对于定域态，$\psi(\vec{r} - \vec{R}_i) \propto \exp(-\left|\vec{r} - \vec{R}_i\right|/\lambda)$，其中 λ 为局域化长度。当两个定域态的局域化长度近似相等时，交叠积分可表示为

$$t_{ij} = \int \psi^*(\vec{r} - \vec{R}_i)\psi(\vec{r} - \vec{R}_j)\mathrm{d}^3 r \propto \exp(-R/\lambda) \tag{5.3.10}$$

因此，$\vec{R}_i$ 与 $\vec{R}_j$ 之间隧穿几率正比于 $\exp(-2\alpha R)$，其中 $\lambda \equiv \alpha^{-1}$。另一方面，两个定域态的能量不同，从 $\vec{R}_i$ 跃迁到 $\vec{R}_j$ 所需的能量必须由热声子提供。因此，在 $T=0\mathrm{K}$ 时，尽管相邻的定域态之间波函数有明显的重叠，但由于没有热声子的供给，极化子无法克服两个定域态之间的能量差，其实际的跃迁几率为零。这就是当 $T=0\mathrm{K}$ 时，定域态系统的电子电导为零的原因。当温度为有限值时，具有能量为 W 的平均声子数为

$$f = \frac{1}{\mathrm{e}^{W/k_\mathrm{B}T} - 1} \tag{5.3.11}$$

在 $k_\mathrm{B}T \ll W$ 时，可用玻尔兹曼因子 $\exp(-W/k_\mathrm{B}T)$ 表示。因此，从 $\vec{R}_i$ 到 $\vec{R}_j$ 的跃迁几率不仅正比于隧穿几率 $\exp(-2\alpha R)$，还应当正比于辅助这一跃迁传导的热平衡声子数 $\exp(-W/k_\mathrm{B}T)$，

$$\omega_{ij} = \omega_0 \exp\left(-2\alpha R - \frac{W}{k_\mathrm{B}T}\right), \quad W = E_j - E_i > 0 \tag{5.3.12}$$

这是讨论定程跃迁和变程跃迁电导的基本公式，ω_{ij} 表示单位时间内从已占据的态 j 到空态 i 的跃迁几率。

1. 定程跃迁电导

定程跃迁发生在最邻近的有机分子 (定域中心) 之间，设分子空间浓度为 n_1，根据 $(4\pi/3)R_0^3 n_1 = 1$ 得分子 (或定域极化子) 平均间距

$$R_0 = \left(\frac{3}{4\pi n_1}\right)^{\frac{1}{3}} \tag{5.3.13}$$

另一方面，极化子最邻近跃迁所需要的能量 W 高于远程跃迁所需要的能量 W。因此，定程跃迁往往出现在有足够的能量为 W 的声子可供给邻近跃迁的高温情况。此时式 (5.3.12) 中的 $\exp(-2\alpha R)$ 为常数，特别是在 $\alpha R_0 \leqslant 1$ 的弱局域化情形时，$\exp(-2\alpha R)$ 的数量级为 1，真正随温度变化的因子仅仅来自 $\exp(-W/k_B T)$，这时电导率可以写为下面的热激活形式

$$\sigma(T) = \sigma_0 \exp(-W/k_B T) \tag{5.3.14}$$

称为定程跃迁电导率。

2. 变程跃迁电导

当温度足够低，热激活声子的数目和能量都很小时，几乎没有能量为 W 的声子可辅助跃迁。但是极化子仍然可以吸收低能量的声子，跃迁到相距较远而能量差较小的分子中，跃迁距离 R 与声子能量 W 相关，此关系可以从态密度 $N(E)$ 求得。取极化子定域态 $\vec{R_i}$ 为中心，在半径为 R 的球体内，能量在 E 到 $E + \Delta E$ 之间的状态数为 $(4\pi/3)R^3 N(E)\Delta E$，考虑到电导率的主要贡献来自电子在费米能 E_F 及其附近的定域态之间的跃迁，因此在 $\vec{R_i}$ 周围半径 R 的球体内找到一个定域态 $E_j = E_i + W$ 的条件是

$$\frac{4\pi}{3} R^3 N(E_F) W = 1 \tag{5.3.15}$$

其中，$W = E_j - E_i$，$E_j > E_i$，且都在费米能及附近，因此可以得出

$$W(R) = \left[\frac{3}{4\pi R^3 N(E_F)}\right] \tag{5.3.16}$$

显然，上式在 W 较小，也就是 R 较大时才能成立。将 $W(R)$ 代入式 (5.3.12)，可以看出从 $\vec{R_i}$ 到 $\vec{R_j}$ 的跃迁几率决定于两个因子的相互竞争，随 R 的增大，尽管波函数的重叠因子 $\exp(-2\alpha R)$ 下降，但却可从吸收声子的玻尔兹曼因子 $\exp(-W/kT)$ 中得到更多的补偿，因此同时考虑两个因子的最可几跃迁几率，由式 (5.3.12) 中的指数因子的极值条件

$$\frac{\mathrm{d}}{\mathrm{d}R}\left(2\alpha R + \frac{3}{4\pi R^3 N(E_F) kT}\right) = 0 \tag{5.3.17}$$

决定，由此得到最可几跃迁步长为

$$\overline{R} = \left[\frac{9}{8\pi\alpha N(E_{\mathrm{F}})kT}\right]^{\frac{1}{4}} \tag{5.3.18}$$

显然，$\overline{R}$ 随温度降低而增大，这种跃迁距离随温度变化的传导过程可称为变程跃迁电导。将 $\overline{R}$ 代入指数项因子后，得变程跃迁的电导率为

$$\sigma(T) = \sigma_0 \exp(-B/T^{\frac{1}{4}}) \tag{5.3.19}$$

其中，$B = \dfrac{8}{3}\left(\dfrac{9}{4\pi}\right)^{\frac{1}{4}}\left[\dfrac{\alpha^3}{kN(E_{\mathrm{F}})}\right]^{\frac{1}{4}} \approx 2\left[\dfrac{\alpha^3}{kN(E_{\mathrm{F}})}\right]^{\frac{1}{4}}$。

5.3.3 扩散理论

一般来说，物质趋向于从密度高的地方流向密度低的地方，这种现象称为扩散。本节讨论有机固体中的扩散，尽管分子束外延 (MBE) 技术可以得到单原子层界面，但由于温度效应等客观情况的存在，扩散总有发生的可能，扩散使界面逐渐变得模糊。如在有机自旋阀 Co/Alq$_3$/LSMO 器件中，Co 原子将渗透到 Alq$_3$ 中，从而明显影响器件的功能。因此，异质界面不可能是数学上的理想界面。Fick 首先对扩散给予了定量描述，给出如下两个定律。

Fick 第一定律：扩散通量——单位时间通过单位面积的扩散粒子数目，它正比于密度梯度，但方向相反

$$S = -D\nabla n \tag{5.3.20}$$

其中，D 为扩散系数。

Fick 第二定律：由于扩散造成的密度时间变化率为

$$\frac{\partial n}{\partial t} = -\nabla \cdot S - \nabla \cdot (D\nabla n) \tag{5.3.21}$$

一维情况下即为 (若 D 为常数)

$$\frac{\partial n}{\partial t} = \frac{\partial}{\partial x} D \frac{\partial n}{\partial x} = D\frac{\partial^2 n}{\partial x^2} \tag{5.3.22}$$

设定初始条件为 $n(x, t=0) = 0$，对扩散方程的左右两边分别作拉普拉斯变换，扩散方程左边的变换为 $L\left[\dfrac{\partial n}{\partial t}\right] = p\cdot \overline{n}_{(p)}$。扩散方程右边的变换为 $L\left[D\dfrac{\partial^2 n}{\partial x^2}\right] = D\dfrac{\partial^2 \overline{n}_{(p)}}{\partial x^2}$，变换后的扩散方程为

$$p\cdot \overline{n}_{(p)} = D\frac{\partial^2 \overline{n}_{(p)}}{\partial x^2} \tag{5.3.23}$$

解为 $\overline{n}_{(p)} = A\exp(\lambda x) + B\exp(-\lambda x)$，其中 $\lambda = \sqrt{\dfrac{p}{D}}$，无穷远处浓度为零给出 $A=0$，$\overline{n}_{(p)} = B\exp(-\lambda x)$。设定边界处的浓度恒定为 n_0，则 $\overline{n}^0_{(p)} = L[n_0] = \dfrac{n_0}{p}$，因

此得到 $B = \dfrac{n_0}{p}$。拉普拉斯变换后方程的解为

$$\overline{n}_{(p)} = \frac{n_0}{p} \exp(-\lambda x) \tag{5.3.24}$$

通过查拉普拉斯变化表可以得到扩散方程的解为

$$n(x,t) = n_0 \mathrm{erfc}\left(\frac{x}{2\sqrt{Dt}}\right) \tag{5.3.25}$$

其中，erfc 为余误差函数，选取 D 为 $3\mathrm{nm}^2/\mathrm{s}$。不同时间下的扩散浓度随位置的变化如图 5.3.2 所示，随着时间的增加，粒子将扩散到整个系统，直到粒子均匀分布到整个系统中。

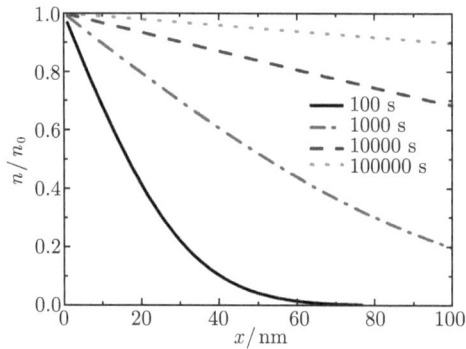

图 5.3.2　不同时间下的扩散情况 ($D=3\mathrm{nm}^2/\mathrm{s}$)

在实际的扩散系统中，扩散系数经常不是常数，可能会受空间位置和时间的影响。一种情况是扩散系数随时间变化 $D = D_0 \exp\left(-\dfrac{t}{\tau}\right)$；另一种是扩散系数随空间位置变化 $D = D_0 \exp\left[-\dfrac{(x-x_0)^2}{2\sigma^2}\right]$；还有一种情况是扩散系数和位置、时间都相关，可以写为 $D = D_0 \exp\left[-\dfrac{(x-x_0)^2}{2\sigma^2}\right] \exp\left(-\dfrac{t}{\tau}\right)$。选取 D_0 为 $3\mathrm{nm}^2/\mathrm{s}$，时间步长和位置步长分别为 $0.01\mathrm{s}$、$1\mathrm{nm}$，三种情况下的计算结果显示于图 5.3.3 中。

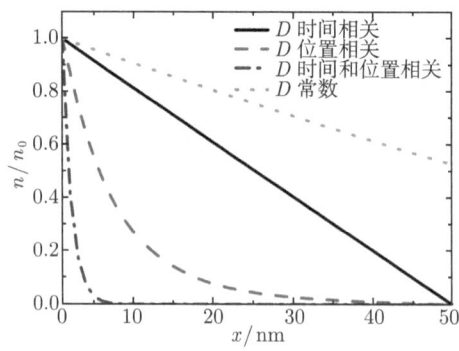

图 5.3.3　扩散系数 D 具有不同行为时的扩散情况

5.3 有机固体导电理论

实线表示扩散系数是时间的函数，随着时间的增加扩散能力变小 (扩散系数变小)，因此扩散的相对浓度比常数扩散系数 (点线) 的要小；虚线是扩散系数与扩散距离相关，随扩散距离增加，扩散系数也是变小，也使扩散能力变弱。如果扩散系数同时与时间和位置相关，这种情况下系统的扩散现象就非常微弱，如图 5.3.3 中的点虚线所示。

在稳定情况下，扩散造成的粒子数密度时间变化率应等于单位时间单位体积内粒子的变化量 $n(x)/\tau$，这里 τ 为粒子在该体积的寿命。因此，对于一维稳定扩散情况，Fick 第二定律可以写成

$$D\frac{\partial^2 n(x)}{\partial x^2} = \frac{n(x)}{\tau} \tag{5.3.26}$$

上面的方程是一种体现粒子数守恒的连续方程，方程的普遍解为

$$n(x) = A\exp\left(-\frac{x}{L}\right) + B\exp\left(\frac{x}{L}\right) \tag{5.3.27}$$

其中，$L = \sqrt{D\tau}$。

在 $x=L$ 处，粒子浓度下降为表面处的 $1/e$。L 就代表粒子深入样品的平均距离 $\bar{x}$，称为扩散长度。

有机固体中，带电极化子就像一个经典粒子，既有扩散运动也有在外场作用下的定向漂移运动，若正负极化子在固体内同时存在，它们还有可能湮灭。我们利用上面的理论建立有机固体中极化子运动的漂移扩散方程。正负极化子在有机固体内的电流密度可以表示为

$$\begin{aligned}\vec{j}_n &= \sigma_n \vec{E} + eD_n \nabla n \\ \vec{j}_p &= \sigma_p \vec{E} - eD_p \nabla p\end{aligned} \tag{5.3.28}$$

其中，n，p 分别为负电极化子和正电极化子的浓度；$\sigma_n = en\mu_n$ 和 $\sigma_p = ep\mu_p$ 分别为负电极化子和正电极化子的电导率；$\vec{E}$ 表示外加电场；D_n、μ_n、D_p 和 μ_p 分别表示负电极化子和正电极化子的扩散系数和迁移率，它们分别遵从爱因斯坦关系 $D/\mu = k_B T/e$，这里 k_B 是玻尔兹曼常数，T 是温度。载流子在有机固体内输运的动态演化方程为

$$\begin{aligned}\frac{\partial n}{\partial t} &= \frac{1}{e}\text{div}\,\vec{j}_n - \frac{\Delta n}{t} + g_n \\ \frac{\partial p}{\partial t} &= \frac{1}{e}\text{div}\,\vec{j}_p - \frac{\Delta p}{t} + g_p\end{aligned} \tag{5.3.29}$$

其中，$\frac{\Delta n}{t}$、$\frac{\Delta p}{t}$ 为单位时间单位体积内正负极化子复合湮灭的载流子数，g_n、g_p 表示由于其他一些因素引起的单位时间单位体积内载流子浓度的改变。将式 (5.3.28) 代入到式 (5.3.29) 得到

$$\frac{\partial n}{\partial t} = D_n \frac{\partial^2 n}{\partial x^2} + \mu_n E \frac{\partial n}{\partial x} + n\mu_n \frac{\partial E}{\partial x} - \frac{\Delta n}{t} + g_n$$
$$\frac{\partial p}{\partial t} = D_n \frac{\partial^2 p}{\partial x^2} - \mu_p E \frac{\partial p}{\partial x} - n\mu_p \frac{\partial E}{\partial x} - \frac{\Delta p}{t} + g_p \tag{5.3.30}$$

该方程组描述了有机固体内正负极化子的动力学行为。

5.4 有机高分子的极化子动力学理论

高分子聚合物的导电过程可以分为两部分,一是分子之间的电荷转移,是一种跃迁过程,可由上节给出的相关理论描述;二是高分子内的电荷输运,可理解为周期场中的类带输运。由于电子与晶格的耦合作用,注入的电荷是以极化子、双极化子或孤子的形式存在。在非简并基态聚合物中,极化子和双极化子是最主要的载流子,本节将介绍分子内的极化子输运。分子取向以后,聚合物的导电性主要由分子链内电荷输运决定,沿链方向的电导率可以达到很大值,使得聚合物呈现半导体甚至是导体性质。对其导电机理的研究可以深入到分子内部,人们发现通过对绝缘材料聚乙炔进行掺杂,其电导率急剧提高,可以增加几个甚至十几个数量级。目前,某些聚合物的电导率接近甚至超过金属铜(铜的电导率为 6×10^5S/m)。如 1980 年掺杂后的聚合物电导率达到 10^3S/m,1987 年达到 10^4S/m,到 1990 年达到了 8×10^5S/m,成为有机良导体。还有些聚合物材料如 (SN)$_x$ 在极低的温度 (T_c=0.15K) 下具有超导电性。总之,由于这类新材料的独特性质,使其具有广阔的应用前景。

由于有机固体掺杂或注入电子后会形成电子与晶格的耦合态,即极化子,它在空间是局域化的。因此,研究极化子的形成、解离和输运过程对于认识有机固体的电磁光特性是有帮助的。考虑沿电场方向的一维运动,从紧束缚 SSH 模型出发,建立晶格和电子的动力学方程。在紧束缚模型下,驱动电场通过磁场的矢势加在跃迁积分上,电子哈密顿量可写为

$$H_e = -\sum_{n,s} t_{n,n+1} (e^{i\gamma A} C_{n,s}^+ C_{n+1,s} + e^{-i\gamma A} C_{n+1,s}^+ C_{n,s}) \tag{5.4.1}$$

其中,$t_{n,n+1} = [t_0 - \alpha(u_{n+1} - u_n)]$。矢势 $A = A(t)$ 和外加电场的关系为

$$E(t) = -\frac{1}{c}\frac{\partial A(t)}{\partial t} \tag{5.4.2}$$

其中,$\gamma = \dfrac{ea}{\hbar c}$,$e$ 为电子电荷的绝对值,a 为体系未二聚化时的晶格常数,c 为光速,它相当于对环状的聚合物分子链施加垂直该环的含时磁场,变化的磁场产生沿链方向的电场 $E(t)$。

5.4 有机高分子的极化子动力学理论

晶格部分的哈密顿量为

$$H_{\mathrm{lat}} = \frac{K}{2}\sum_n (u_{n+1}-u_n)^2 + \frac{M}{2}\sum_n \dot{u}_n^2 \tag{5.4.3}$$

晶格部分的演化满足经典的牛顿运动方程

$$M\ddot{u}_n(t) = -K[2u_n(t)-u_{n+1}(t)-u_{n-1}(t)] + \sum_\nu F_\nu^{\mathrm{e\text{-}ph}}(n,t) - \lambda M\dot{u}_n \tag{5.4.4}$$

其中

$$F_\nu^{\mathrm{e\text{-}ph}}(n,t) = \alpha\left\{e^{i\gamma A}\left[\Psi_\nu^*(n,t)f_\nu\Psi_\nu(n+1,t) - \Psi_\nu^*(n-1,t)f_\nu\Psi_\nu(n,t)\right] + \mathrm{c.c}\right\} \tag{5.4.5}$$

表示通过电子-声子相互作用,处于 $\Psi_\nu(n,t)$ 态的电子与格点 n 处的原子的耦合作用力。$\Psi_\nu(n,t)$ 为 t 时刻第 ν 个状态波函数在第 n 格点上的分量,f_ν 为该态费米占据情况,可以为 0、1、2,分别对应于空占据、单占据和双占据。在牛顿运动方程中,引入了一个阻尼衰减因子 λ 来描述体系向周围环境的能量耗散,它将晶格原子多余的动能耗散掉。

电子态 $\Psi_\nu(n,t)$ 的演化满足含时的薛定谔方程

$$i\hbar\frac{\partial}{\partial t}\Psi_\nu(n,t) = -t_{n,n+1}e^{i\gamma A}\Psi_\nu(n+1,t) - t_{n-1,n}e^{-i\gamma A}\Psi_\nu(n-1,t) \tag{5.4.6}$$

对于任意给定的时刻,类似 4.3 节的描述,电子态 $\Psi_\nu(n,t)$ 可以在瞬时本征波函数这套完备的基矢上展开

$$\Psi_\nu(n,t) = \sum_\mu C_{\nu,\mu}(t)\phi_\mu(n,t) \tag{5.4.7}$$

其中,$\phi_\mu(n,t)$ 是 t 时刻的瞬时本征态,

$$H_{\mathrm{el}}(t)\phi_\mu(n,t) = \varepsilon_\mu(t)\phi_\mu(n,t) \tag{5.4.8}$$

因此,t 时刻电子在瞬时本征态 μ 上的占据数可以表示为

$$n_\mu(t) = \sum_\nu |C_{\nu,\mu}(t)|^2 \tag{5.4.9}$$

它可以给出演化过程中任意时刻电子在瞬时本征态上的重新分布情况,或在瞬时本征态表象中,人们所测到的电子处在瞬时本征态 μ 的几率。

极化子中电子的空间演化由密度 $\rho_{n,n}$ 给出,晶格缺陷的变化由格点位移 u_n 或键长变化 $u_{n+1}-u_n$ 给出。为了更仔细地探讨有机材料内电子与晶格的耦合情况,人们通常给出晶格声学模 y_n^{a} 和光学模 y_n^{o} 的演化情况,它们的定义是

$$y_n^{\mathrm{a}} = [(u_n-u_{n-1})+(u_{n+1}-u_n)] \tag{5.4.10a}$$

$$y_n^o = [(u_n - u_{n-1}) - (u_{n+1} - u_n)] \tag{5.4.10b}$$

电荷密度中心 ρ_c、声学模中心 y_c^a 和光学模中心 y_c^o 由下式计算

$$x_c = \begin{cases} N\theta_c/2\pi, & \langle\cos\theta\rangle \geqslant 0 \text{ 且 } \langle\sin\theta\rangle \geqslant 0 \\ N(\pi+\theta_c)/2\pi, & \langle\cos\theta\rangle < 0 \\ N(2\pi+\theta_c)/2\pi, & \text{其他情况} \end{cases} \tag{5.4.11}$$

其中,$\langle\cos\theta\rangle = \sum_n x_n \cos\theta_n$,$\langle\sin\theta\rangle = \sum_n x_n \sin\theta_n$,$\theta_n = 2\pi n/N$,$\theta_c = \arctan\dfrac{\langle\sin\theta\rangle}{\langle\cos\theta\rangle}$,$x_n = \rho_{n,n}$、$y_n^a$ 或 y_n^o。

5.5 极化子的形成与解离

早在 1980 年,Schrieffer 利用动力学方法研究了注入导电聚合物中的电子 (或空穴) 在无外场的条件下弛豫的动力学过程。结果发现,注入的电荷会引起晶格的畸变,经过大约 100fs,可以形成一个完好的极化子。极化子的净电荷完全局域在晶格缺陷中,深能级对应的电子态也局域在晶格缺陷里。当存在外场时,该带电极化子将会发生定向移动,由于电子和晶格的强耦合作用,这种运动实际上是局域的电子和晶格缺陷的一起运动。极化子运动与外加电场大小有密切的联系,极化子在弱电场和强电场下将呈现出不同的动力学过程。在弱电场下极化子的晶格态、电荷态耦合在一起,在电场的作用下同步运动。极化子能级也一直能保持深能级的特点,说明了弱场中极化子有较好的稳定性。在运动中其速度存在一个饱和值,达到饱和速度后,极化子将接近匀速运动,电场的能量被晶格吸收后转化为热能。如果加入的电场高于临界电场,极化子将解离,即电子将脱离晶格势场的束缚。

2004 年 Stafström 等更详细地研究了电场作用下分子链内极化子的运动行为,发现极化子的饱和速度由低于声速到高于声速是个不连续的变化过程。饱和速度值在电场为 0.14mV/Å 附近有一个从声速到超声速阶梯式的跃变,如图 5.5.1 所示。其原因可解释为:由于极化子形成后引起的晶格畸变中包括一个声学的畸变部分即声学模,当电场小于临界电场的时候,极化子被完全局限在声学的晶格畸变之中,一起以接近于声速同步运动。当电场大于临界值时,电荷从电场中获得了足够的能量以克服声学的畸变区域产生的势垒作用,极化子就跃过了这个声学的晶格畸变,达到几倍的声速。这时声学波落在极化子的后面,此时极化子不再被声学畸变包围,但仍旧被光学的晶格畸变所包围。因此无论从晶格畸变还是电子结构的特征上看,仍旧是极化子。当电场高于 40mV/nm 时,光学畸变也无法束缚电子,此时,电子将脱离晶格的束缚,形成类自由电子,极化子也不复存在。

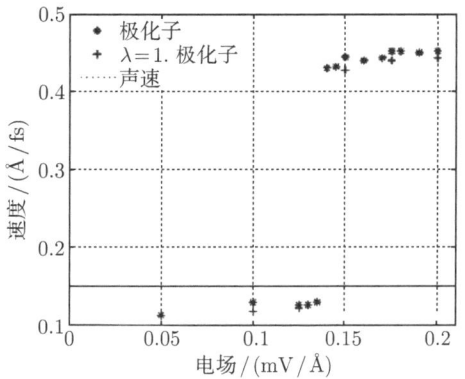

图 5.5.1　极化子的速度与电场之间的关系

5.5.1　有机半导体的电荷注入

电荷 (电子或空穴) 从金属电极注入有机层，形成带电载流子。金属/有机与金属/无机半导体界面不同。有机固体由于具有软性，界面不存在晶格匹配失调问题，电子 (空穴) 由金属电极注入到有机固体内，将形成带电的极化子和双极化子。这种注入不能用简单的势垒隧穿来描述。我们考虑垂直界面方向的电荷注入，设金属原子和有机分子形成一条链结构，SSH 模型下的电子态 $|\Psi_\mu(t)\rangle = \sum_n \psi_\mu(n,t)|n\rangle$ 的演化可以由含时薛定谔方程以及晶格动力学方程联立求解

$$i\hbar\dot{\psi}_\mu(n,t) = -t_{n,n+1}\psi_\mu(n+1,t) - t_{n-1,n}\psi_\mu(n-1,t) \\ + V_n(t)\psi_\mu(n,t) \tag{5.5.1}$$

$$M\ddot{u}_n(t) = K[u_{n+1}(t) + u_{n-1}(t) - 2u_n(t)] + 2\alpha[\rho_{n,n+1}(l) - \rho_{n-1,n}(t)] \\ - |e|E(t)[\rho_{n,n}(t) - 1] \tag{5.5.2}$$

其中，转移积分 $t_{n,n+1}$ 由式 (3.4.16) 给出，$\rho_{m,n} = \sum_\mu \psi_\mu^*(m,t)f_\mu\psi_\mu(n,t)$ 为电子密度矩阵。在金属电极层 $V_n(t) = V(t)$，偏压用来提高电极化学势进而实现电荷到有机层的注入。在有机层 $V_n(t) = -eE(t)[na + u_n]$。求解方程组 (5.5.1) 和 (5.5.2) 可获得电子从金属向有机分子中转移的动力学过程，结果如图 5.5.2 所示。由内插图可见，注入过程大约在 250fs 内完成，共有 2.7e 电荷注入到有机高分子内，其中大约有 0.1 e 的电荷分布在界面附近。注入的电子在分子内并非呈现扩展态，而是以聚集态的形式存在，并且从电荷密度分布可以看出，聚合物层中最终形成两个波包。当 $t = 200$fs 时，聚合物层中形成很多小的波包，这说明一个稳定波包的形成可能要经过一个电荷积累的过程。800fs 时就形成了两个稳定的波包，计算发现，较

大的波包含有电荷 $2e$,它实际上是一个双极化子,较小的波包含有电荷 $0.6\,e$,如图中 $t=800\mathrm{fs}$ 的电荷密度分布所示。束缚大约 $0.6\,e$ 电荷 (B 处) 的波包在前面运动,而双极化子 (A 处) 以较小的速度跟在后面,表明电荷量越大,引起的晶格缺陷也越大,有效质量也越大,因此速度也就越慢。同时,电荷的积累降低了聚合物中载流子的传输速度,分子的导电特性也会因此而变差。非整数电荷的出现来源于系统的开放性,还有电极存在,作为一种几率波,电荷是以电荷态转移的形式注入的,而这种转移也不会是瞬间完成的。

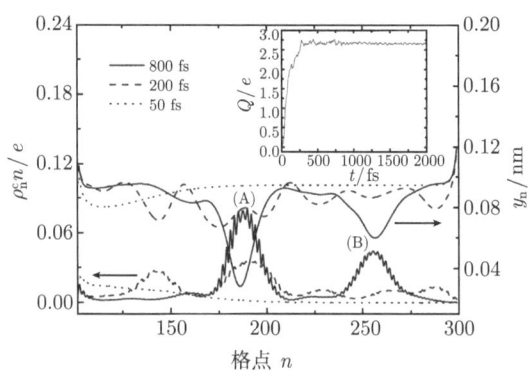

图 5.5.2 电荷注入与极化子 (双极化子) 的形成,内插图为注入电荷量随时间的变化

进一步计算发现,一旦注入的电荷量达到 $2e$,就会形成一个稳定的双极化子。目前的模型下,一个双极化子的形成能要低于两个独立极化子的形成能,因此,单极化子不易出现,随着转移电子的增多,两个独立的极化子会复合形成双极化子。

5.5.2 极化子的形成动力学

电荷注入到有机层后引起分子的晶格畸变,经过大约 $300\mathrm{fs}$,弛豫形成一个完好的极化子。电子从电极注入到有机材料时,通常具有一定的能量,它不仅占据 LUMO,同时也会占据到更高的分子轨道,如 LUMO+1, LUMO+2,$\cdots$,电子轨道不同,它与有机层内晶格原子的相互作用强度也是不同的。这种作用力的大小决定了电子是否会受晶格原子的束缚而形成局域的极化子。

图 5.5.3 给出了当一个电子分别占据 LUMO、LUMO+6、LUMO+50 和 LUMO+100 时的电子-晶格耦合力 (由式 (5.4.5) 给出)。可以明显地看出,当电子占据 LUMO 时,电子-晶格耦合力的强度最大,局域性也最强,这使得注入到 LUMO 上的电子可以很快地被束缚在晶格的缺陷中,弛豫形成一个极化子态。当电子注入到更高的能量轨道,电子-晶格的耦合作用力会变得越来越弱,其局域性也变得越来越差。从图中也可以看到,电子注入到 LUMO+6 的情况下,电子-晶格的耦合力仍局域在一个有限的区间,只是强度上略小于电子处于 LUMO 时的情况。若注入的

5.5 极化子的形成与解离

电子占据 LUMO+100, 此时的作用力已经没有了空间局域的特性, 而是平均分布在整条链中, 这使得注入的电子很难引起局域的晶格畸变, 极化子也很难形成。

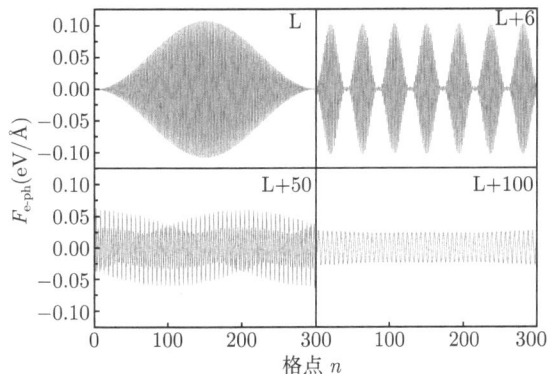

图 5.5.3　电子注入到 LUMO, LUMO+6, LUMO+50 和 LUMO+100 等不同能级上,
电子-晶格的耦合力 (链长为 300 格点)

随着电子初始占据轨道的能量越来越高, 形成极化子所需要的时间越来越长。图 5.5.4 描述了电子注入到 LUMO+10 和 LUMO+20 后, 晶格随时间的演化, 这里用平滑量 $y_n = (-1)^n(2u_n - u_{n+1} - u_{n-1})/4$ 来描述晶格位形。颜色越深的地方值越小, 代表晶格引发的畸变越深。可以看出, 随着时间的演化, 由于电子-晶格耦合作用, 电子不断由高能态向低能态跃迁, 并在链中逐渐引发晶格畸变, 电子随之被局域在其中。经过大约 600fs 后, 注入到 LUMO+10 上的电子已经完全被束缚在了分子链中央形成的一个局域晶格畸变之中, 如图 5.5.4(a) 所示。此时极化子的三个特征已具备, 即局域的晶格态、电子态, 以及极化子的深能级。因此可以说经过 600fs 注入到 LUMO+10 上的电子已弛豫形成了一个完好的极化子。然而, 当电子注入到 LUMO+20 时, 如图 5.5.4(b) 所示, 经过 1600fs 后在链中才观察到了局域的晶格畸变, 随时间的演化畸变越来越深, 局域在其中的电荷量也越来越多。若形成一个完好的极化子态, 仍旧需要几百飞秒的时间。因此随着电子注入到能量越来越高的轨道, 弛豫形成极化子态所需的时间也越来越长。

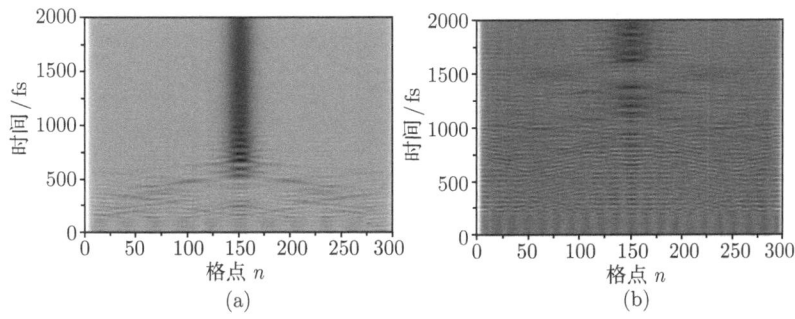

图 5.5.4　电荷注入到 LUMO+10(a), LUMO+20(b) 能级上, 晶格位形随时间的演化

从以上论述可以看出,极化子的形成与注入电子的能量密切相关。具有较低能量的电子注入时,晶格原子受到局域且较强的电子-晶格耦合力,在这样的力场下,通过电子和晶格之间的能量交换,电子很快跃迁到能量低态,形成局域的极化子。而当高能电子注入时,此时晶格原子感受到的电子-晶格耦合力很弱,且是扩展的,这使得电子很难被晶格束缚,极化子也就不容易形成。

5.5.3 极化子的解离

极化子在外场驱动下运动,形成电流。研究发现,电场大于或等于 4mV/Å 时,电子可获得很大的能量,由于其运动速度过快,笨重的晶格无法及时做出响应,极化子将发生解离,即电子与晶格的脱耦。图 5.5.5 给出了系统在电场下的晶格位形 y_n、电荷密度分布随时间的演化。由图看出,初始时刻一个完好的极化子位于链中。电场驱动下,经过大约 100fs,局域的晶格畸变消失,变成了一些散乱的晶格构形,电子态也变得扩展,表明此时极化子已经解离。

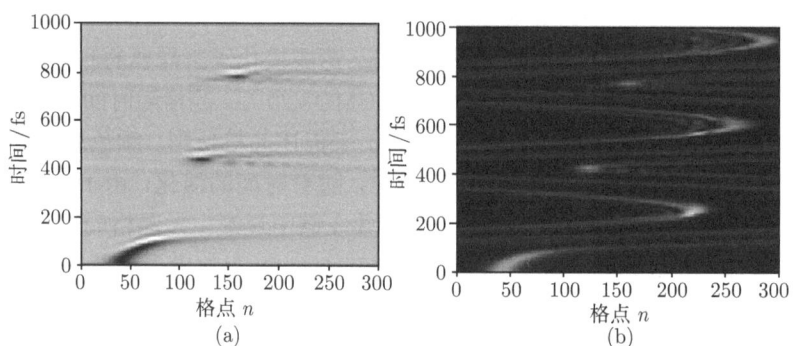

图 5.5.5 在电场为 $E=5\text{mV/Å}$ 下的晶格位形 (a) 和电荷随时间的演化 (b)

图 5.5.6 给出了极化子解离与电场强度的关系,所画出的是声学模、光学模及电荷中心随时间的演化。在初始的 0~600fs 内,加入强度为 $E=0.1\text{mV/Å}$ 的弱场,

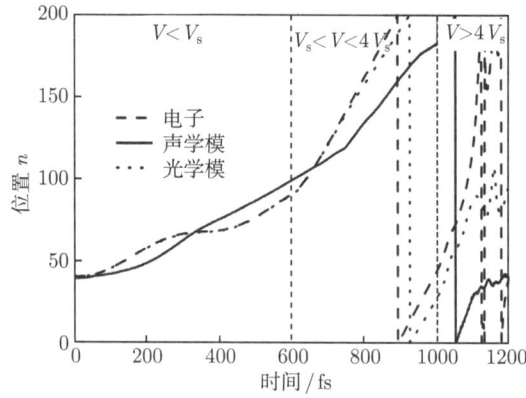

图 5.5.6 声学模、光学模和电荷密度在不同电场模式下随时间的演化

5.5 极化子的形成与解离

此时电荷与光学模的中心完全重合，由于声学声子的发射，声学模的中心稍有些偏离。极化子作为一个整体以小于声速在电场下稳定运动，不解离。在 600fs 时，电场加大到 $E=1.0$ mV/Å，极化子的速度突然增加，以 3.3 倍声速运动。光学模的中心与电荷的中心基本重合，声学模远远落在后面。晶格对于电荷的束缚主要来自于光学模。1000fs 时，再将电场增大到 $E=5.0$ mV/Å，电荷摆脱了晶格畸变的束缚，变成了类自由电子，极化子完全解离。

通过极化子电子态 $\Psi_{\nu=\mathrm{up}}(t)$ 在瞬时本征能谱上的占据数随时间的演化，可以观测强场下极化子解离后电荷部分的运动行为。如图5.5.7所示，初始时刻 $\Psi_{\nu=\mathrm{up}}(t=0)$ 与极化子能级的电子态是一致的。随着电场的加入，电荷获得能量。当极化子解离后，电子向更高能量的瞬时本征能态跃迁，同时也会向晶格释放能量。随着电场不断供给能量，电子不断向高能态跃迁。当电子到达导带顶端 (HUMO) 后 (t=260fs)，会向低能态跃迁。t= 425fs，电子又到达 LUMO。于是在动量空间中电子将在 HUMO 和 LUMO 之间振荡。我们将极化子解离后其电荷部分以类自由电子的形式在动量空间中的振荡行为称为有机体系中的布洛赫振荡。

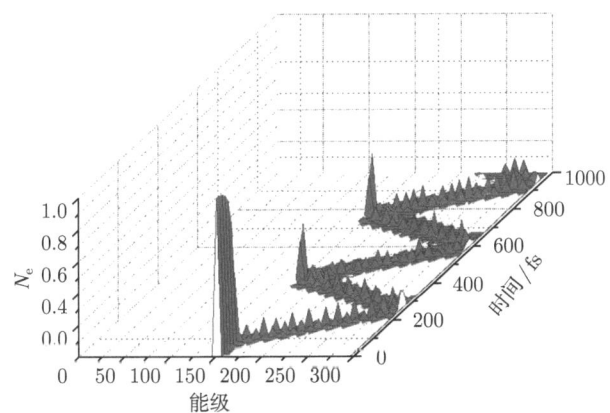

图 5.5.7　电子态 $\Psi_{\nu=\mathrm{up}}(t)$ 在瞬时本征能谱上的占据数随时间的演化 E=5.0 mV/Å

当电子分布在 HUMO 附近时，对应于 t=260fs 和 600fs，电子-晶格耦合作用几乎为零，因此电子不能够引发晶格的缺陷。然而当电子分布在 LUMO 附近时，对应于 t=425fs 和 770fs，电子-晶格耦合作用是最强的，而且局域性也很显著。电子会引发晶格畸变，在实空间中出现瞬时的电荷聚集和类极化子的晶格位形。这也是布洛赫振荡在有机固体与无机固体中的主要区别。

强电场下极化子在很短的时间内发生了解离，成为类自由电子，它比在弱场中具有更大的自由度，因此当极化子解离后，聚合物中电流会大大增加。实验中已观测到了这种现象，在 PPV 中电流电压观测实验表明，电场强度为 E=25 mV/Å 附近，电流会急剧升高，其迁移率大约为 $100\mathrm{cm}^2/(\mathrm{V\cdot s})$，比在低场中的极化子的迁移率高 5~6 个数量级，如图 5.5.8 所示。

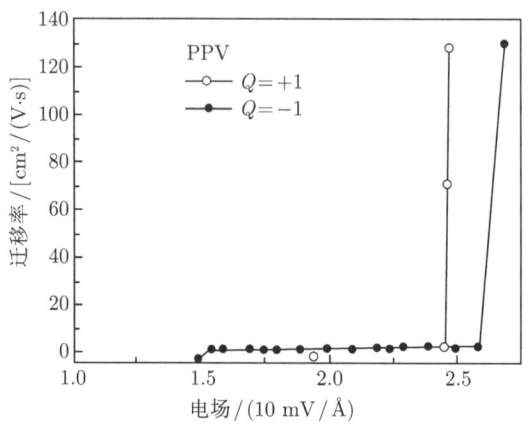

图 5.5.8　迁移率与外电场的关系

以上论述了极化子的运动与电场强度的依赖关系。实际上，极化子是电子或空穴与晶格的耦合态，外加电场下，极化子不仅与电场强度有关，也与施加电场的模式密切有关。假设我们让电场缓慢加上，经过时间 T_C 达到恒定值 E_0 后保持不变，其表达式为

$$E = \begin{cases} (E_0/T_C) \cdot t, & t < T_C \\ E_0, & t \geqslant T_C \end{cases} \tag{5.5.3}$$

选取强度为 $E_0 = 1.0$ mV/Å 的电场。

1. $T_C = 50$ fs

从图 5.5.9 可以看出，极化子内的电子很快就与声学模脱耦。整个运动过程中光学模始终与电子耦合在一起。电子的速度很快就超过了声速，最终饱和速度达到 3.3 倍声速，并有微小振荡，表明极化子部分解离。

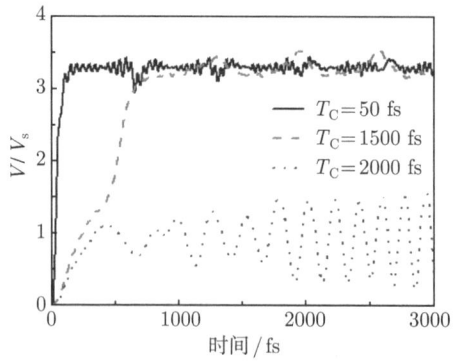

图 5.5.9　不同电场模式施加下极化子的运动速度随时间的演变 (V_s 为声速)

2. $T_C = 1500\mathrm{fs}$

较大 T_C 是指缓慢地加入电场。由图 5.5.9 可以看出，最初极化子中的电子与声学模、光学模仍束缚在一起，但共同运动了一段时间，在 300fs 左右声学模开始与电子发生分离，大约经过了 400fs 后电子与声学模完全脱耦。之后电子仍旧和光学模耦合在一起继续在电场下运动，最后速度达到与 $T_C = 50$ fs 时同样的饱和速度。比较这两种情况，除了在初始的 500fs，两种电场方式下极化子的运动方式有所差别，但最终都达到一个相同的运动形式，即电子与声学模部分脱耦，而仍与光学模耦合在一起以超声速运动。

3. $T_C = 2000\mathrm{fs}$

继续增大 T_C，使得电场以更加缓慢的方式加入。当 $T_C = 2000$ fs 时，不同于以上两种情况的现象出现了。运动过程中声学模、光学模与电子始终耦合在一起，并没有出现上两种情况中电子与声学模的分离。还可以注意到，同样在 3000fs 追踪时间内，极化子的速度始终没有突破声速，而是在声速附近作振荡。这表明当电子以足够缓慢的方式加入时，极化子将能保持住初始的状态，声学模、光学模和电子耦合在一起，作为一个整体在电场下运动，不会发生解离。

5.5.4 极化子的链间运动

由于有机分子的共轭长度具有有限性，且分子链之间并不是孤立的，而是耦合在一起，链间耦合作用对聚合物中的光电性质都有着重要的影响。为了描述有机固体材料的体性质，研究聚合物链之间的耦合对一些元激发的影响显得尤为必要。对 PPV 及其衍生物的光致发光实验表明，稀薄的溶液和固态薄膜的发光光谱有着明显的不同，由于固态薄膜内存在着较强的链间相互作用，薄膜的吸收边较溶液有一定的红移。另外有实验发现固态薄膜中载流子的产生率 ($\sim 10^3$) 比溶液中 ($\sim 10^5$) 小两个数量级。在载流子输运方面，链间耦合的作用还会导致电荷在近邻链之间的跃迁，如当极化子在某条链中遇到链端时，会跃迁到其他的链中继续运动，这对于共轭长度有限的体系中，载流子在宏观尺度上的输运是非常重要的。

由于链间耦合作用对于有机聚合物中的电导率以及其他电特性有着非常重要的作用，目前越来越多的实验显示，必须考虑高分子的链间耦合，以便来体现有机固体的整体性质。在理论研究工作中，Stafström 等模拟了外电场下极化子在两条平行耦合的聚乙炔链中跃迁的动力学过程，发现恒定的电场下，极化子是否可以由一条链跃迁至邻近的链中，取决于电场的强度。在低电场中，极化子无法实现链间跃迁；当所加电场强度增强时，极化子在链端停滞一段时间等到获得足够的能量后就可以被散射到邻近链中，并继续在第二条链中传输。因此电场大小的施加对分子链内和分子链间极化子的输运都起着至关重要的作用。极化子在两条链中的跃迁如图 5.5.10 所示。

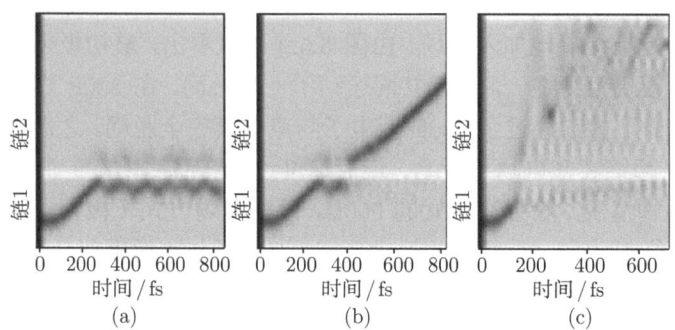

图 5.5.10　不同电场强度下，极化子在两条分子链系统的晶格位形随时间的变化
(a)E_0=0.8mV/Å; (b) E_0=1.0mV/Å; (c)E_0=3.0mV/Å

电荷在链间运动的难易主要依赖于链间耦合强度，即式 (4.5.12) 中 $t_\perp$ 的大小，增加电场总能够使极化子实现链间跃迁。图 5.5.11 给出了不同耦合强度与其相应的临界电场的关系。由图中可以看出在弱耦合区域，随着链间耦合强度的增加，极化子由一条链被跃迁到邻近链中变得越来越容易，当 $t_\perp = 0.06$eV 时，仅需要 E_0=0.4mV/Å 的电场就可以实现极化子的链间跃迁。然而，当 $t_\perp > 0.06$eV 时，电场的临界值又开始变大。当 $t_\perp = 0.06$eV 时，存在最小值。在此耦合强度下，极化子运动到一条链的端点后最容易被散射到邻近链中。

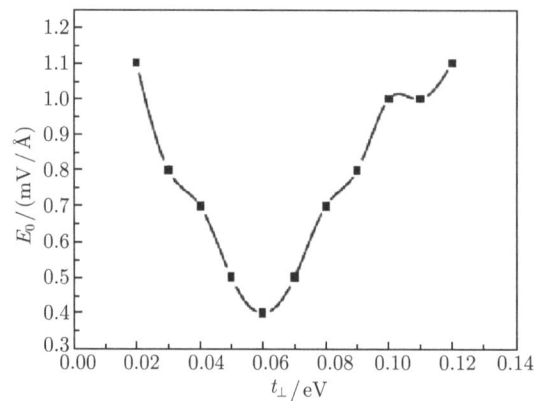

图 5.5.11　临界电场 E_0 随链间耦合强度 $t_\perp$ 的变化

在多条链平行排列的系统中，分子间耦合较强时极化子并不局域在某一条链，而是分布于整个系统。稳态下，电荷主要分布在中间的链上，如图 5.5.12(a) 所示。在垂直链长的方向上施加电场，电荷很快移动到低电位的链上去，如图 5.5.12(b) 和 (c) 所示，这个过程可以在几十飞秒内完成，说明有序排列的多条链系统链间的载流子具有较高的迁移率。

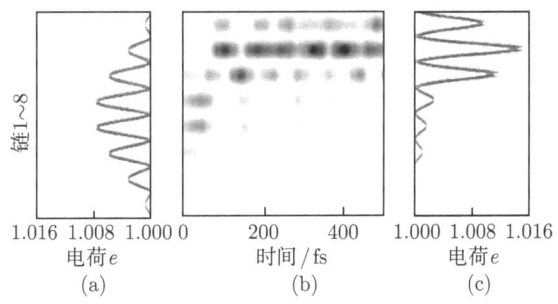

图 5.5.12 外电场作用下 8 条链系统内电荷分布随时间的变化

若给系统的链间耦合强度引入无序，极化子则局域在耦合强度大的区域。垂直于链的方向加入电场，这时电荷沿电场方向运动到耦合强度大的区域边界来回振荡，但无法到达耦合较小的区域。只有当电场足够大时，才能发生电荷的转移。因此可以得到极化子在较有序的区域中停留的时间长，而停留在无序区域的平均时间可以被忽略。

5.6 有机场效应晶体管

1960 年，Kahng 和 Atalla 研制出第一个硅–二氧化硅、金属氧化物半导体场效应管 (MOSFET)，实现了电流的可控输运，目前已成为电子器件中的重要元件，广泛地应用于计算机、移动电话等各种各样的电子产品之中。场效应管还可用于基础物理研究，如测定材料中电荷的传输速度或迁移率。1986 年以后，人们尝试研制有机场效应管 (OFET)，但因为有机材料的迁移率太低，加之有机薄膜制备的困难，进展十分困难。OFET 的基本结构如图 5.6.1 所示，包括绝缘层 (或介电层)、有机半导体层和三个电极。其中的源电极和漏电极与有机层直接接触，第三个电极称为门电极，则通过绝缘层与半导体层相隔离。由于大部分有机材料熔点较低而且较脆，因此将有机半导体材料沉积于绝缘层上，要比将绝缘材料沉积于半导体层上容易。施以门电压 V_g，可在有机半导体层与绝缘层的界面上诱导出定量的电荷，从而使源极与漏极导通。因此，若对门电压加以控制，就可等效地控制界面层的电荷聚集，从而达到控制源极与漏极间的导电特性，使器件达到开关或放大器的功能。图 5.6.2 给出了并五苯场效应管的输出曲线，源和漏采用金电极。

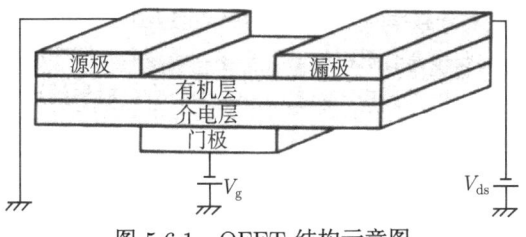

图 5.6.1 OFET 结构示意图

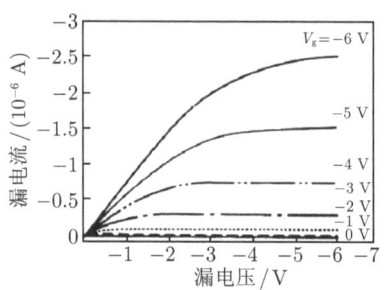

图 5.6.2　并五苯场效应管的电流输出曲线，源和漏采用金电极

开关比是指当 OFET 分别处于 "开" 和 "关" 两种状态下，所通过电流大小的比值 I_{on}/I_{off}，它是 OFET 性能优劣的一个重要指标。高的开关比意味着有较低的关闭电流 (暗电流)，也就意味着器件在非活性状态下，漏电很小。当 OFET 的开关比达到 10^6 时，器件在许多不同的应用场合下，都处于比较有利的条件。所以，开关比的大小反映了器件效率的高低。

对于有机材料，小分子化合物和共轭的高分子聚合物都可用来制备场效应管。一般来说，小分子 OFET 性能会更好一些。固态条件下，小分子倾向于彼此平行的堆积，形成层状结构，每层厚度粗略地等于分子长度，如并五苯可以 "站立" 于绝缘层表面，单层厚度大约为 2nm。由于同一层内的分子相互靠拢，相比于不同层内的分子，同一层内的分子堆积更为紧密，因此电荷在同一层方向上的传输要比相互交叉的层间传输有效得多，这已通过六噻吩场效应管的 X 射线衍射测定证实。发现当分子以 "站立" 于绝缘层表面的姿势排列时，器件的性能最好。

OFET 的通道层厚度，即门电压所控制的载流子聚集层厚度，是从绝缘层/有机层到有机半导体内部连续分布并逐渐减小的。密度分布可通过 Poisson 公式给出

$$\frac{d^2V(z)}{dz^2} = -\rho(z)/\varepsilon_s \tag{5.6.1}$$

其中，$V(z)$ 为电势分布，z 为垂直于界面方向的坐标，ρ 为空间电荷密度，ε_s 为有机半导体层的介电常数。一种可能的电荷分布由下式给出：

$$\rho(z) = e\frac{(C_i V_g)^2}{2k_B T \varepsilon_s}\left(1 + \frac{z}{\sqrt{2}L_D}\right)^{-2} \tag{5.6.2}$$

其中，C_i 为绝缘层单位面积的电容；Debye 长度 $L_D = \sqrt{2k_B T \varepsilon_s/(qC_i V_g)}$ 表征了通道的厚度，其典型值在 0.1~1.0nm。它实际上要小于单分子层的厚度，因此可以说，通道内大部分电荷都聚集于绝缘体–有机半导体界面后的第一个单分子层内。

有机器件容易制备是它优于无机器件的一个特点。除了像无机半导体材料那样用气相沉积法对一些低聚物或小分子进行成膜制备外，还可以利用有机材料的

易溶性进行旋涂或印刷成膜。在有机材料的器件制备中,对可溶解的有机材料,旋涂法和溶液浇铸法是两种常用的方法。将其易溶解的有机化合物溶于合适的溶剂之中,如 MEH-PPV 在甲醛中的溶解,然后将溶液滴在高速旋转的衬底之上,一层有机薄膜就这样简单地做成了。制备过程中,溶液的浓度、溶解度、溶剂的挥发速度以及基底表面的性质等对成膜质量有重要影响。溶液浇铸法是将涂布漆浇铸到载体上 (涂布漆包含聚合物和溶剂),干燥涂布漆,将涂布漆剥离后成为膜。使用固定装置固定薄膜的两侧,通过拉伸膜可以增大有机膜的宽度。对于不可溶解的有机材料,常使用的方法是真空热蒸镀法。在真空腔体中加热原材料,使原材料的分子从原材料表面气化形成蒸汽,入射到基片表面,沉积形成有机材料薄膜。

为了实现有机器件的大规模生产,人们还发展了一些其他制备有机薄膜的新方法,如丝网印刷法、软石印刷法以及喷墨印刷法等。在丝网印刷中,通过基底表面亲水/疏水性质的不同来选择性地实现印刷油墨的沉积。它一般是通过滚筒挤压,将特制的油墨经丝网模板涂于基底的表面,该方法可将所有的活性有机分子附着于基底,但每个样品的尺寸受网膜的限制,通常在 75μm 附近或更大一些。软石印刷法类似于印章的复制技术,印章材料通常采用硅橡胶 (即二甲基硅氧烷)。将蘸有金油墨的印章在需要印制金电极的基底上 "盖章",即可制得所需器件。盖章技术也可采用另一种方法,先在基底上涂一层金,然后将蘸有硫醇墨水的印章在金面上 "盖章",使金面出现硫醇印迹,然后再用高铁/亚铁氰化物除去裸露的金层,从而得到所需的图形。喷墨印刷法类似于计算机打印机的方法,将有机半导体材料、绝缘材料以及电极材料等制成不同的 "墨汁" 溶液,通过计算机程序控制,使墨汁选择性地喷射沉积到基底之上,再经溶剂去除或干燥过程制得器件。

5.7 有机超导体

1911 年荷兰莱顿大学的 Onnes 教授通过实验发现,当汞冷却至 4.2K 时,汞具有失去电阻的特性,由此揭开了超导电性的帷幕,Onnes 也因此获得了 1913 年诺贝尔物理学奖。1957 年,Bardeen、Cooper 和 Schrieffer 三人提出了 BCS 理论,成功地解释了金属和合金的低温超导电性。但从 1911 年以后长达 75 年的时间内所有已发现的超导体都只是在极低的温度 (23 K) 下才显示超导电性,因此它们的应用受到了极大的限制。1986 年 Bednorz 和 Müller 发现镧钡铜氧体系在 35K 时具有超导特性。这一突破性发现导致了更高温度的一系列稀土钡铜氧化物超导体的发现。Bednorz 和 Müller 也因为他们的开创性工作而荣获了 1987 年度诺贝尔物理学奖。通过对元素的替换,1987 年初吴茂昆、朱经武和赵忠贤等宣布了 90K 钇钡铜氧超导体的发现,第一次实现了液氮温度 (77 K) 这个界限的突破。表 5.7.1 列出了各类超导体及其转变温度。

表 5.7.1　各类超导材料的转变温度

转变温度/K	材料	种类
138	$Hg_{12}Ti_3Ba_{30}Ca_{30}Cu_{45}O_{127}$	
110	$Bi_2Sr_2Ca_2Cu_3O_{10}$	铜氧化物超导体
92	$YBa_2Cu_3O_7$	
77	液态氮的沸点	
43	$SmFeAs(O,F)$	
41	$CeFeAs(O,F)$	铁基超导体
26	$LaFeAs(O,F)$	
20	液态氢的沸点	
18	Nb_3Sn	
10	NbTi	金属低温超导体
4.2	Hg	

第一个有机导体 TTF-TCNQ 合成于 1973 年，是一种电荷转移复合物。如图 5.7.1 所示，它由两种平板分子组成，各自形成平行的导电堆积。载流子受到极化的侧基分子的约束，沿主链方向运动形成导电。很显然，TTF-TCNQ 是一维导体。同一年，宾夕法尼亚大学研究小组曾在 60K 温度下获得 10^5S/cm 的高电导，并认为这是 TTF-TCNQ 超导体出现的信号。他们的推测仍是基于传统的超导理论，但这一发现很难被重复，人们仍然认为这只是这种新颖有机材料的金属特性，而非超导态。随着研究的深入，人们认识到电子极化是减少电子-电子排斥相互作用，进而实现高导电性的关键因素，如用硒取代 TTF 主链上的硫获得 TSeF 分子。特别是 TSeF 的四甲基衍生物与二甲基 TCNQ 结合形成 TMTSF-DMTCNQ 的研究向有机超导体迈进了坚实的一步。1979 年，Montpellier 小组基于 TMTTF(TMTSF 分子的硫取代物) 合成了一系列阳离子侧基导体，这些材料在大气压下都是绝缘体，但后来发现高压下它们可以呈现超导态。

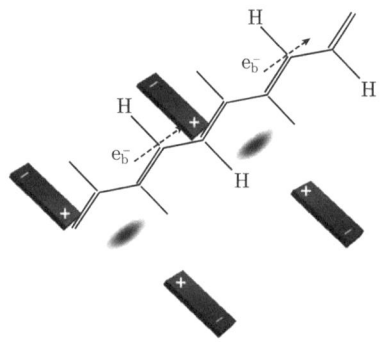

图 5.7.1　TTF-TCNQ 结构示意图

同时，哥本哈根的 Bechgaard 研究小组在 TMTSF 基础上成功地合成了一系列新型导电盐，即 $(TMTSF)_2X$，其中 X 为具有一定对称性的无机负离子，如球对称

的 PF_6, AsF_6, SbF_6, TaF_6, 四面体的 BF_4, ReO_4 或三角形的 NO_3。所有这些材料现今统称为 Bechgaard 盐，它们具有图 5.7.2 所示的相图。特别地，$(TMTTF)_2PF_6$ 在 45kbar 压力下可以出现低温超导性。这种材料沿 c 轴方向在 80K 以上呈现绝缘行为，低温下呈现金属性。温度 T^* 既表征了材料的一维/二维特征边界，也表征了 c 轴方向绝缘-金属转变的温度。低于该温度，电荷载流子将丢掉其一维特征，趋向于费米液体中的准粒子，其电阻呈现温度二次方的依赖性。

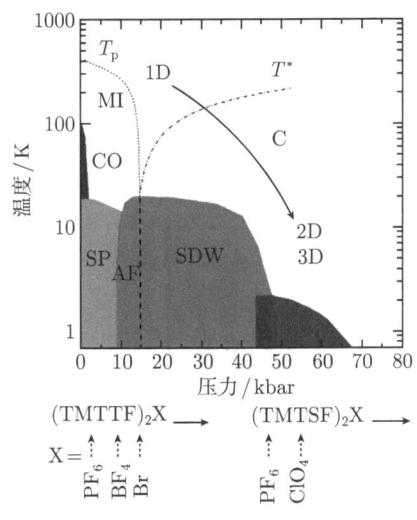

图 5.7.2 $(TM)_2X$ 相图

T_p 表示一维电荷局域性出现，T^* 表示一维/二维特征边界

有机超导体的机理目前仍不是很清楚。起初，人们基于 SDW 绝缘相与超导态边界的发现，对超导展开研究，热导率数据支持 s 型 BCS 带隙模型。考虑到超导波函数的自旋部分，人们从临界场 $H_{c2}(T)$ 的测量中提出了三重态对的图像。但是，对 $(TMTSF)_2ClO_4$ 所做的更低场测量则支持单态对的图像。另外，人们也对 $(TMTSF)_2ClO_4$ 的各向异性超导情况进行了研究，并指出其超导态在不同方向上存在不同的外磁场行为。

参 考 文 献

[1] 冯端, 金国钧. 凝聚态物理. 北京: 高等教育出版社, 2003
[2] 黄昆. 固体物理学. 北京: 高等教育出版社, 1985
[3] 解士杰, 高琨. 低维量子物理. 济南: 山东科学技术出版社, 2009
[4] 汪志诚. 热力学·统计物理. 3 版. 北京: 高等教育出版社, 2000
[5] 吴世康, 汪鹏飞. 有机电子学概论. 北京: 化学工业出版社, 2010
[6] 曾谨严. 量子力学. 3 版. 北京: 科学出版社, 2000

[7] 谢尔盖·雷舍夫斯基. 纳米与分子电子学手册. 帅志刚, 李启楷, 朱道本, 译. 北京: 科学出版社, 2011

[8] Franky S. Organic Electronics Material Processing Device and Applications. Boca Raton: CRC Press, 2009

[9] Christof W. Physical Chemical Aspects of Organic Electronics. New York: John Wiley & Sons, 2009

[10] Wolfgang B. Physics of Organic Semiconductors. New York: John Wiley & Sons, 2005

[11] Richard A P. Polymer Structure Characterization From Nano to Macro Organization. Cambridge: RES Publishing, 2007

[12] Wan M X. Conducting Polymers with Micro or Nanometer Structure. Beijing: Tsinghua University Press, 2008

[13] Coropceanu V, Cornil J, Da Silva D A, Olivier Y, Silbey R, Bredas J L. Charge transport in organic semiconductors. Chem. Rev., 2007, 107: 2165

[14] Fu J Y, Ren J F, Liu X J, Liu D S, Xie S J. Dynamics of charge injection into an open conjugated polymer: A nonadiabatic approach. Phys. Rev. B, 2006, 73: 195401

[15] Johansson A, Stafstrom S. Interchain charge transport in disordered pi-conjugated chain systems. Phys. Rev. B, 2002, 66: 085208

[16] Liu X J, Gao K, Li Y, Wei J H, Xie S J. Effect of the electric field mode on the dynamic process of a polaron. Phys. Rev. B, 2006, 74: 17230

[17] Liu X J, Gao K, Li Y, Wei J H, Xie S J. Two-step dissociation of a polaron in conjugated polymers. Chinese. Phys., 2007, 16: 2091

[18] Mas-Torrent M, Hadley P, Bromley S T, Ribas X, Tarres J, Mas M, Molins E, Veciana J, Rovira C. Correlation between crystal structure and mobility in organic field-effect transistors based on single crystals of tetrathiafulvalene derivatives. J. Am. Chem. Soc., 2004, 126: 8546

[19] Ortmann F, Bechstedt F, Hannewald K. Theory of charge transport in organic crystals: Beyond Holstein's small-polaron model. Phys. Rev. B, 2009, 79: 235206

[20] Rang Z, Haraldsson A, Kim D M, Ruden P P, Nathan M I, Chesterfield R J, Frisbie C D. Hydrostatic-pressure dependence of the photoconductivity of single-crystal pentacene and tetracene. Appl. Phys. Lett., 2001, 79: 2731

[21] Troisi A, Orlandi G. Charge-transport regime of crystalline organic semiconductors: Diffusion limited by thermal off-diagonal electronic disorder. Phys. Rev. Lett., 2006, 96: 086601

[22] Lyshevski S. Nano and Molecular Electronics Handbook. Boca Raton: CRC Press, 2007

第6章 有机固体的光学特性

1979 年，美国 Kodak 公司的邓青云发现了有机半导体的发光现象。1987 年，他使用有机小分子 8-羟基喹啉铝 (Alq_3) 成功制备出第一个有机发光二极管 (organic light emitting diodes, OLED)。1990 年，英国剑桥大学的 Burroughes 实验小组利用聚对苯乙炔 poly(*p*-phenylene vinylene)(PPV)，制备出了第一个有机高分子发光器件，由此开始了有机材料的光学特性及其应用的研究，这也是继 80 年代有机导电特性研究之后，在有机固体中发现的又一个重大功能特性。OLED 的成功制备，一方面促使人们进一步开发新的有机功能固体材料，另一方面激发了人们对有机发光机理的研究。本章将介绍有机固体的光学特性及其应用。

6.1 有机固体的红外与拉曼特性

有机固体的结构表征是从分子水平上认识有机固体的基本手段，是有机化学的重要组成部分。过去，人们主要是依靠化学手段来进行有机固体的结构测定，这种方式对时间、人力、资金方面要求较高，需要的样品量大。现在的结构测定则是采用仪器测定数据分析方法，即使用精密的现代仪器设备，对被测样品的某些物理量进行测定，并对所得数据进行详细分析，继而得到被测样品结构特征的方法。它解决了上述化学手段的缺点，不仅可以研究分子的结构，还可以探索分子间的各种聚集态，即有机固体的结构类型。目前最常用的两种分析方法是红外和拉曼光谱分析法。

6.1.1 红外光谱及拉曼光谱

本节先对有机固体中各种可能的光吸收过程做一简要的说明。各类固体材料的吸收光谱，其具体情况可以有很大的差别，图 6.1.1 给出了一个假想的半导体吸收光谱，以它作为典型的例子，可以将吸收区划分为 6 个区：①基本吸收，也叫本征吸收，对应于价带电子吸收光子跃迁至导带。由于各类材料能带结构的差别，它可以处于紫外、可见光以至近红外光区。②吸收边，在本征吸收区的低能量一端，吸收系数下降很快，该吸收区对应于电子跃迁跨越的最小能量间隙，其能量位置与带隙宽度相对应。③激子吸收，价带中的电子吸收小于禁带宽度的光子能量也能离开价带，但因能量不够还不能跃迁到导带成为自由电子。这时，电子实际还与空穴保持着库仑力的相互作用，形成激子。这种能产生激子的光吸收称为激子吸收。

④自由载流子吸收，该吸收是由导带中电子或价带中空穴带内跃迁所引起的，可以扩展到整个红外波段和微波波段。⑤晶格吸收，由入射光子和晶格振动 (声子) 相互作用引起，波长在 20~50μm。⑥杂质吸收，杂质在本征能带结构中引入浅能级，电离能在0.01eV左右，这种杂质吸收只能在较低的温度下 (使k_BT<杂质电离能) 才能被观察到。⑦回旋共振吸收，由自旋波量子、回旋共振与入射光产生作用所引起。

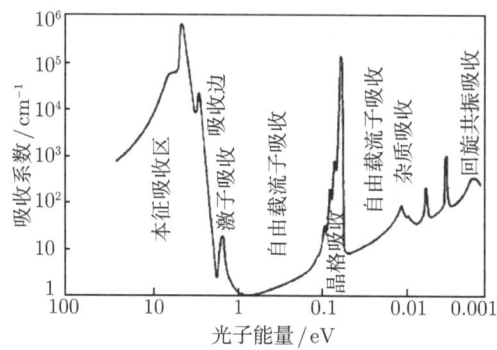

图 6.1.1　一个设想的半导体吸收光谱

红外 (infrared，IR) 和拉曼 (Raman) 光谱在有机固体材料的研究中占有十分重要的地位，它们是研究固体材料的化学和物理结构及其表征的基本手段。通过实验得到的红外光谱和拉曼光谱，对细致分析有机固体的结构具有极其重要的作用。

红外和拉曼光谱统称为分子振动光谱，但它们分别对振动基团的偶极矩和极化率的变化敏感。可以说，红外光谱为极性基团的鉴定提供最有效的信息，而拉曼光谱对研究物质的骨架特征特别有效。在研究高聚物结构的对称性方面，红外和拉曼光谱可以相互补充。一般非对称振动产生强的红外吸收，而对称振动则出现显著的拉曼谱带。红外和拉曼分析法相结合，可以更完整地研究分子的振动和转动能级，从而更可靠地鉴定分子结构。

1. 红外光谱

红外辐射光的波数可分为近红外区 (10000~4000cm^{-1})、中红外区 (4000~400cm^{-1}) 和远红外区 (400~10cm^{-1})。其中最常用的是中红外区，大多数有机固体的化学键振动能级的跃迁发生在这一区域，在此区域出现的光谱为分子振动光谱，即红外光谱。例如，将双原子分子的振动行为用谐振子模型描述，分子的振动频率为

$$\omega = \frac{1}{2\pi}\sqrt{\frac{k}{M}} \tag{6.1.1}$$

对于有机分子中的 C—H 键伸缩振动频率，$k_{C-H}=5\text{N/cm}$，折合质量 $M=0.92\text{amu}$，得到 $\omega \approx 3000\text{cm}^{-1}$。与实验值基本一致。例如，实验测定 $CHCl_3$ 的 C—H 伸缩振动频率是 2915cm^{-1}。

2. 拉曼光谱

拉曼光谱为散射光谱。1928 年，拉曼通过实验发现，一束频率为 ν_0 的入射光穿过透明介质，被分子散射的光发生频率变化，这一现象称为拉曼散射。在透明介质的散射光谱中，频率与入射光频率 ν_0 相同的成分称为瑞利散射；频率对称分布在 ν_0 两侧的谱线或谱带 $\nu_0 \pm \nu_1$ 即为拉曼光谱，其中频率较小的成分 $\nu_0 - \nu_1$ 又称为斯托克斯线，频率较大的成分 $\nu_0 + \nu_1$ 又称为反斯托克斯线。处于基态的分子与光子发生非弹性碰撞，获得能量到激发态可以得到斯托克斯线；反之，如果分子处于激发态，与光子发生非弹性碰撞就会释放能量而回到基态，得到反斯托克斯线。斯托克斯线或反斯托克斯线与入射光频率之差称为拉曼位移。拉曼位移的大小和分子的跃迁能级差相同，因此，对应于同一分子能级，斯托克斯线与反斯托克斯线的拉曼位移应该是相等的。但在正常情况下，由于分子大多数是处于基态，测量得到的斯托克斯线强度比反斯托克斯线强得多，所以在一般拉曼光谱分析中，都采用斯托克斯线研究拉曼位移。

6.1.2 聚乙炔的光谱性质

下面以聚乙炔为例，介绍有机分子材料的红外与拉曼特性。通过对多种形式的聚乙炔 (如顺式、反式、掺杂和未掺杂) 红外、拉曼光谱的分析，可以了解聚乙炔中分子结构、电子结构以及各种激发态的性质。

1. 红外光谱

聚乙炔的红外光谱谱线，按其能量可以分为三组：第一组，能量最高 ($\nu > 3000 \text{cm}^{-1}$)，对应于 C—H 伸缩振动；第二组，能量居中 ($1000 < \nu < 1500 \text{cm}^{-1}$)，对应于 C—C 伸缩振动和 C—H 面内弯曲；第三组，能量最低 ($\nu < 1000 \text{cm}^{-1}$)，对应于 C—H 面外弯曲。顺式和反式聚乙炔的红外光谱见图 6.1.2。反式比顺式的光谱简单些，这是由于顺式聚乙炔有两种结构，即顺-反式和反-顺式，二者中 C—H 不是完全等价的，因而对 C—H 伸缩振动和面内弯曲多产生两个吸收峰，而在反式

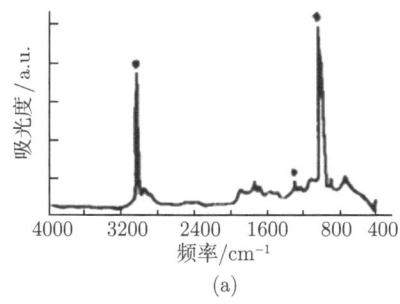
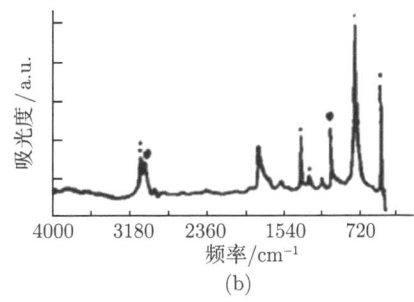

图 6.1.2 聚乙炔的红外吸收光谱
(a) 反式聚乙炔; (b) 顺式聚乙炔

结构中,只有一种 C—H,所以也就只能产生单个吸收峰。现将顺式和反式聚乙炔红外光谱的振动频率和振动模式总结于表 6.1.1。

表 6.1.1 聚乙炔红外光谱的频率及振动模式

聚乙炔	频率/cm^{-1}	振动模式
反式	3011	C—H 伸缩振动
	1470	C=C 伸缩振动
	1253	C—H 面内弯曲
	1070	C—C 伸缩振动
	1015	C—H 面内弯曲
顺式	3058	C—H 伸缩振动
	3045	C—H 伸缩振动
	1545	C=C 伸缩振动
	1330	C—H 面内弯曲
	1248	C—H 面内弯曲
	995	C—C 伸缩振动
	745	C—H 面外弯曲
	450	C—C=C 角形变

当聚乙炔掺杂以后,对红外光谱中原来的吸收峰影响不大,但会产生新的吸收峰。例如,碘掺杂聚乙炔的红外光谱如图 6.1.3 所示。从图中可以看出,掺杂后在红外区出现两个新的吸收峰:一个在 1370cm^{-1},比较窄。由于掺杂后在分子链中生成孤子,化学键长趋于平均,介于单、双键之间,所以孤子中心处的 CC 伸缩振动频率也介于 C=C 和 C—C 之间,说明 1370cm^{-1} 峰是孤子中 CC 伸缩振动吸收峰;另一个在 900cm^{-1},比较宽,该峰是 Goldstone 模受分子端点或掺杂离子势的钉扎,其频率上移而形成的。基于 3.6 节的孤子振动理论,可以很好地解释这些新出现的吸收峰。

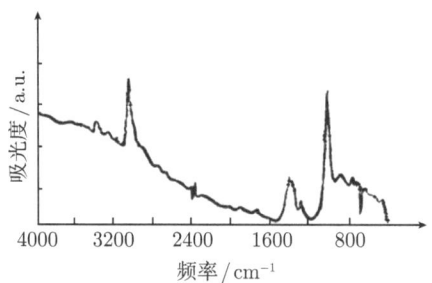

图 6.1.3 碘掺杂聚乙炔的红外光谱

2. 拉曼光谱

1979 年,Lefrant 等研究了低温下顺式和反式聚乙炔的拉曼光谱,如图 6.1.4 所示。顺式有三条尖锐峰,分别为 908cm^{-1}、1247cm^{-1} 和 1541cm^{-1};反式有两条较宽的峰，1050~1150cm^{-1} 和 1450~1550cm^{-1}，还有三条较弱的峰，分别为 1015cm^{-1}、1175cm^{-1} 和 1290cm^{-1}。顺式聚乙炔中的 908cm^{-1} 和 1247cm^{-1} 峰是 C—C 伸缩振动吸收，1514cm^{-1} 是 C═C 伸缩振动吸收。反式聚乙炔中两个较宽的拉曼带，对应于 C—C 和 C═C 伸缩振动。Lefrant 对三条弱拉曼线没做明确解释，Streitwolf 则解释为：1015cm^{-1} 是一种弯曲振动吸收，1290cm^{-1} 是 C—C 伸缩振动吸收。

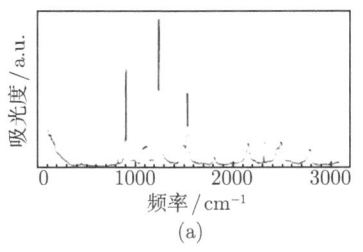 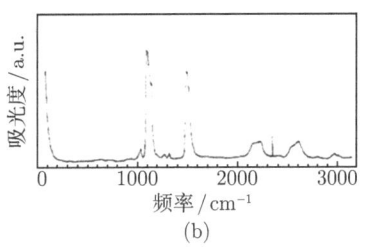

(a) (b)

图 6.1.4 聚乙炔的拉曼光谱

(a) 顺式聚乙炔；(b) 反式聚乙炔

顺式和反式聚乙炔的拉曼线对不同波长的入射光有不同的变化。对于顺式聚乙炔，用红色激光作光源得到的拉曼线较强，而用蓝光则得到较弱的拉曼线，且其线形及位置不随激光的波长而变。但是反式聚乙炔的两个主要拉曼带的线形及位置随激光波长不同而变化。激光波长增大，拉曼线向低频方向移动。

6.2 有机固体的发光特性

有机固体发光是一种相当重要和普遍的现象，涉及物理学、化学、材料和电子学等多学科研究领域。具有大共轭体系的有机固体分子在电或光等的激发下，电子在能级间的跃迁、变化、复合导致发光。由于其电子所在的能级不同，在不同能级之间跃迁时，会发出不同波长的光来。由于有机固体的种类繁多，结构多种多样，可以满足各种不同的用途，在发光领域中，有机固体的研究日益受到人们的重视。

6.2.1 有机固体发光

有机固体电致发光的研究起始于 20 世纪五六十年代，它比无机电致发光晚了 20 年左右。最早关于有机固体发光现象的报道应追溯到 1963 年，Pope 等用蒽单晶制备了有机电致发光器件，但当时需要在两端施加 400V 的电压才能观察到蒽的蓝色荧光。之后，Helfrich 和 Williams 等继续进行研究，使电压降至 100V 左右。

1979 年，在 Kodak 公司从事科研工作的华裔科学家邓青云博士在实验中偶然发现，有机蓄电池能够发光，OLED 的研究就此开始。1987 年，邓青云等对有机电致发光做出了开创性的工作,制备了以芳香二胺为空穴传输层,低功函数的镁银合金 (原子比为 10:1) 为阴极的双层电致发光器件,极大地提高了空穴和电子的注入效率,引起世界工业界和科技界的广泛重视,促进了 OLED 的迅速发展。1988 年,日本 Adachi 等又提出了夹层式多层结构的 OLED 模式,极大扩展了功能有机材料的选择。1990 年,英国剑桥大学的 Burroughs 等用简单的旋涂法将聚对苯乙炔 (PPV) 的预聚体制成薄膜,在真空干燥下转化成 PPV 薄膜,成功制备了单层结构聚合物电致发光器件,开创了聚合物电致发光研究。

在过去的几十年里,有机固体的发光特性得到了广泛关注,有机发光显示技术得到了巨大的发展,发光材料从最初的小分子发展到高分子聚合物。通过多年的研究,人们总结出,能够发光的有机固体材料应同时具备以下条件:

(1) 具有较高的荧光量子效率,荧光光谱主要分布在 400~700nm 的可见光区域内;

(2) 具有良好的半导体特性,或传导电子,或传导空穴,或既传导电子又传导空穴;

(3) 具有良好的成膜特性,在很薄 (几十纳米) 的情况下能形成均匀、致密、无针孔的薄膜;

(4) 在薄膜状态下具有稳定性,不易产生重结晶,不与传输层的材料形成电荷转移络合物或聚集激发态。

有机小分子发光材料以金属络合物和稀土配合物为代表。表 6.2.1 和表 6.2.2 分别列出了几种金属络合物和稀土配合物及其发光性能。在实验上,人们最常采用 Alq_3、TPD、TAZ、TPP 等有机小分子作为发光材料,并通过蒸发成膜。Alq_3 作为电子传输材料有着十分优越的性能,它是无定形薄膜的典型材料,可通过真空蒸镀法进行薄膜制备,其玻璃转化温度约为 17°C。Alq_3 有两种同分异构体结构——子

表 6.2.1 金属络合物的发光性能

发光材料	发光颜色	最高亮度/(cd/m^2)
CaQ_2	黄绿	7200
$CaMQ_2$	蓝绿	5700
$BebQ_2$	绿	8700
$BeMQ_2$	绿	8800
$BePrQ_2$	黄绿	4600
MgQ_2	绿	3700
$MgMQ_2$	黄绿	5600
ZnQ_2	黄	16200
$ZnMQ_2$	黄绿	8900
$ZnPrQ_2$	黄	2700

注:Q:8-羟基喹啉,PrQ:7-丙基 8-羟基喹啉,MQ:2-甲基 8-羟基喹啉。

6.2 有机固体的发光特性

表 6.2.2 稀土配合物器件的发光性能

配合物	发光颜色	最高亮度/(cd/m²)
Eu(TTA)$_3$	红	0.3
Eu(TTA)$_3$phen	红	100
Eu(TTA)$_3$bath	红	30
Eu(DBM)$_3$phen	红	460
Eu(DBM)$_3$bath	绿	820
Tb(ACA)$_3$	绿	7
Tb(ACA)$_3$phen	绿	210

注：phen：邻二氮杂菲，TTA：α-噻吩甲酰三氟丙酮，DBM：二苯甲酰基甲烷，bath：3,8-二苯基邻二氮杂菲，ACA：乙酰丙酮。

午线型和面型，二者在高温下可以互相转换。近年研究发现 Alq$_3$ 和噻吩带电后还可呈现自旋极化特征，有机材料的这些特性为有机自旋电子学研究提供了丰富的课题。上述小分子发光材料的分子结构如图 6.2.1 所示。

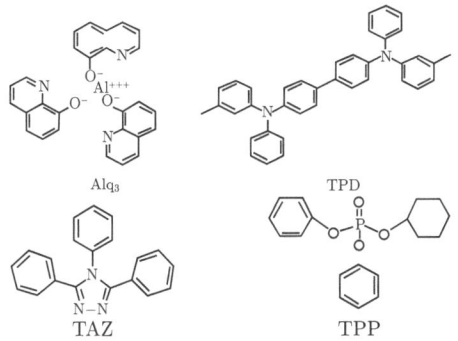

图 6.2.1 小分子发光材料的分子结构

有机小分子发光材料性能差，容易重结晶或与发光层物质形成电荷转移络合物，而高分子聚合物结构与性能都很稳定，从而可以克服上述缺点。但高分子耐热性差，通常采用旋涂成膜。从原理上讲，有机材料比无机半导体更易于处理和制造，电荷输运与量子效率也不逊色。目前所研究的高分子发光材料主要是共轭聚合物，如聚苯、聚噻吩、聚芴、聚三苯基胺及其衍生物等。常见的有机高分子发光材料有 PPV、MEH-PPV、PFO、PEDOT 和 PSS 等，上述高分子发光材料的分子结构如图 6.2.2 所示。

小分子和高分子也可混合或复合用作有机发光材料，一些高分子聚合物常需要添加一些小分子材料。例如，有时需要采用染料掺杂的方法来调节发光的颜色。另外，由于聚合物材料一般只传输空穴而阻挡电子，因而常需要加入起传输电子作用的小分子薄膜，以提高电子、空穴的复合效率。

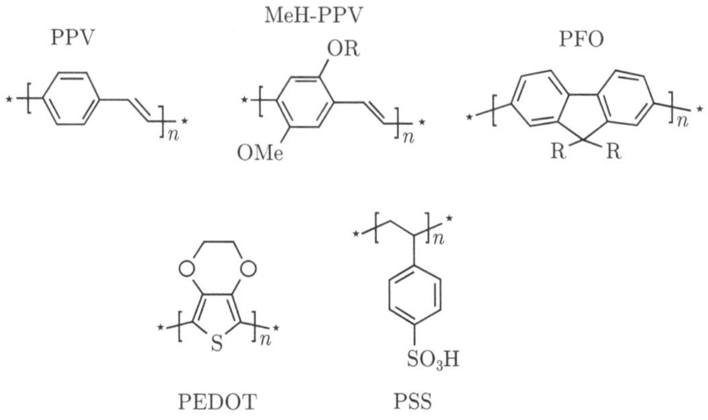

图 6.2.2　高分子发光材料的分子结构

6.2.2　有机固体发光的基本图像

分子的激发需要吸收一定的能量，吸收能量之后，分子就处于激发态，这种激发态是不稳定的，很容易以各种方式将能量释放出来。有机固体中的分子通过光激发吸收能量，从基态跃迁到激发态，然后又重新回到稳定的基态，从激发态跃迁回到基态的过程又称为激发态的失活。失活的过程既可以是分子内的，也可以是分子间的，主要包括辐射跃迁和非辐射跃迁两种方式。辐射跃迁是通过释放光子从高能激发态失活到低能基态的过程，是光吸收的逆过程；相反，如果能量的释放不是通过发射光子的形式实现的，则是非辐射跃迁。荧光和磷光都是辐射跃迁过程，跃迁的终态都是基态，两者的不同点就是前者的跃迁始态是激发单态，而后者是激发三重态。

按照激发方式的不同，常见的有机固体发光可分为光致发光 (photoluminescence, PL) 和电致发光 (electroluminescence, EL) 两种。光致发光是有机固体材料通过吸收一定的光子能量所诱导的发光现象。有机固体是非常好的光致发光材料，由于其具有极强的吸光–蓄光–发光能力，在装饰、印刷及安全生产方面具有较为普遍的应用。有机固体材料在一定电场下被相应的电能激发所产生的发光现象称之为电致发光。基于有机固体电致发光器件实用化及商业化的美好前景，我们将在下面几节对有机固体的电致发光现象做详细的介绍。

图 6.2.3 是光致发光和电致发光的原理图。其中，下标 R(S) 和 R(T) 分别表示单态激子和三态激子的辐射跃迁；下标 NR(S) 和 NR(T) 分别表示单态激子和三态激子的非辐射跃迁；N_S 和 N_T 分别表示辐射跃迁的单态激子和三态激子数目。χ_S 表示在电致发光过程中，由正负电极注入的载流子复合形成单态激子的概率，χ_T 表示复合形成三态激子的概率。

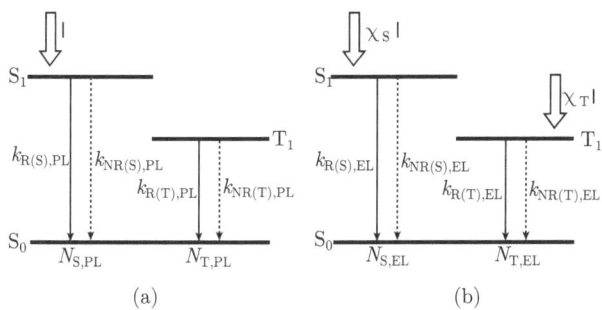

图 6.2.3 光致发光 (a) 和电致发光 (b) 原理图

6.3 有机发光器件

随着信息时代的到来,显示器在仪器仪表、计算机、通信设备、家用电器等领域得到广泛使用。当前正在使用的显示器件主要有阴极射线管 (CRT)、液晶显示屏 (LCD)、等离子显示器 (PDP)、发光二极管 (LED) 等。有机发光器件作为一种新型的显示器件,其开发和应用将进一步丰富显示家族。

OLED 的发光效率高、亮度大,发光颜色从红外到紫外,可以覆盖整个可见光,这是实现全彩色显示的前提。OLED 的驱动电压低,能与半导体集成电路的电压相匹配,使大屏幕平板显示的驱动电路容易实现。从制作材料上讲,有机发光材料众多、价廉,且易大规模、大面积生产,可以实现超薄、大面积平板显示,机械性能良好,易加工成各种不同形状。更为重要的一点,有机材料具有可塑性,可以制作柔性可弯曲的显示屏,这是无机半导体材料难以做到的。

有机器件的制备主要涉及在金属衬底上制备有机薄膜或者在有机表面制备金属电极,分别如图 6.3.1(a) 和 (b) 所示。有机材料在金属表面的沉积通常采用旋涂或蒸发两种手段,能够得到清晰的金属/有机界面结构。而相反的制备过程,即金属在有机表面的沉积,则往往导致金属原子或颗粒在有机层内的扩散,形成一种扩散界面,如 Co 颗粒在 Alq_3 中的扩散。

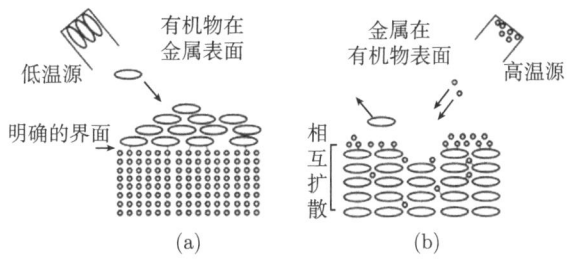

图 6.3.1 两种不同的金属/有机界面形成方式

6.3.1 OLED 的结构

从器件制备的构型上来讲，OLED 的发展大致经历了单层结构、双层结构、三层结构和多层结构四个阶段。

1. 单层结构

最简单的有机发光器件是由上、下电极和发光层组成的单层结构器件，即三明治结构 (图 6.3.2)。这种结构在以有机物为发光材料的电致发光器件中较为常见。单层有机固体薄膜被夹在 ITO 阳极和金属阴极之间，其中的有机层，既作发光层 (emitting light layer, ELL)，又兼作电子传输层 (electron transport layer, ETL) 和空穴传输层 (hole transport layer, HTL)。然而，多数有机固体材料主要是单种载流子传输的，所以单层器件的载流子注入很不平衡。而且，载流子迁移率的巨大差距，容易使发光区域靠近迁移率小的载流子的注入电极一侧，如果是金属电极，则容易导致电极对发光的淬灭，而使得器件效率降低。

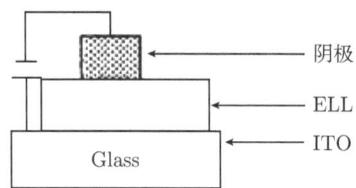

图 6.3.2 OLED 的单层结构示意图

2. 双层结构

1987 年，邓青云首先提出双层有机薄膜结构，这种结构的主要特点是发光材料具有电子传输性，需要加入一层空穴传输材料去调节空穴和电子注入到发光层的速率，这层空穴传输材料还起着阻挡电子的作用，使注入的电子和空穴在发光层中复合。由两层不同功能的有机材料共同构成 OLED，根据材料的作用不同，可分为两种类型：一种是由有机电子传输材料既作 ETL 又作 ELL，与有机空穴传输材料做成的 HTL 一起构成 OLED，如图 6.3.3(a)；另一种是 HTL、ELL 共用一层有机材料，ETL 单独作为一层有机材料，如图 6.3.3(b)。空穴传输层的引入在很大程度上解决了电子和空穴的不平衡注入问题，极大地提高了器件发光效率，使 OLED 的研究进入了一个新的阶段。

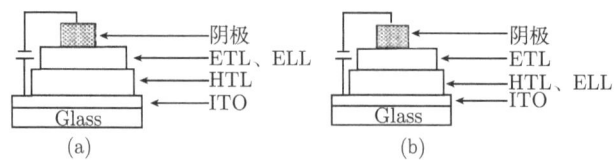

图 6.3.3 OLED 的双层结构示意图

3. 三层结构

由 HTL、ELL 和 ETL 组成的三层结构有机发光器件由日本的 Adachi 首次提出，其结构示意图如图 6.3.4 所示。这种结构的优点是各层有机材料各司其职。HTL 负责调节空穴的注入速度和注入量，ETL 负责调节电子的注入速度和注入量，注入的电子和空穴在 ELL 中因库仑相互作用，结合在束缚状态中形成激子，激子湮灭辐射出光子。这种结构便于调整 OLED 的光电特性，对于材料选择和优化器件结构性能十分有利，是目前 OLED 中最常用的一种结构。

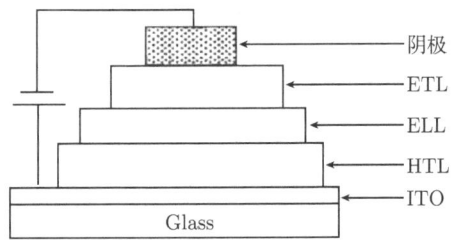

图 6.3.4　OLED 的三层结构示意图

4. 多层结构

除以上提到的三种结构以外，人们为了提高 OLED 的发光亮度和发光效率，在研究设计 OLED 时，还采取了多层结构，主要有两种形式：一是在两电极内侧加缓冲层，如图 6.3.5(a)，以增加电子和空穴的注入量；另一种是为提高器件的发光效率，使用了空穴阻挡层 (hole blocking layer, HBL)，这是由于空穴的迁移率大于电子，为阻止空穴过快越过 ELL 进入 ETL 猝灭，在 ELL 与 ETL 间增加 HBL，使部分空穴滞留在 ELL，与注入的电子在 ELL 中形成激子，以提高发光效率。同时，为使三态激子参与发光，发光层由数层有机磷光掺杂层与荧光掺杂层交叠而成，利用磷光材料轨道角动量大，使三态激子发磷光，再通过有机荧光层转换为荧光，其结构示意图如图 6.3.5(b) 所示。

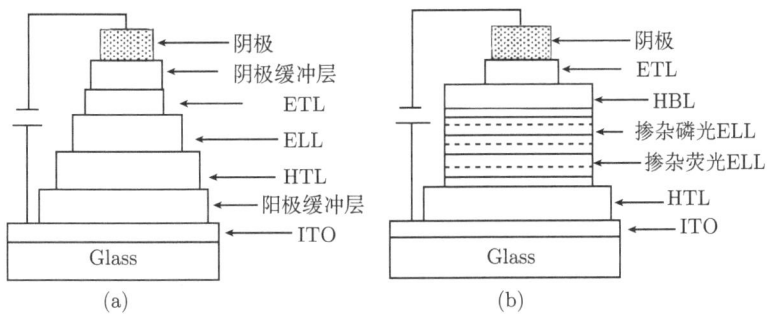

图 6.3.5　OLED 的多层结构示意图

考虑在有机材料中,电子和空穴的迁移率都很小,因此为了减少载流子在传输过程中的损耗,各功能层的厚度及厚度匹配问题也应当考虑。另外,量子阱/超晶格结构也经常采用,使用该结构的器件在设计时不受载流子传输层和发光材料能带匹配等要求的限制,还可提高器件的发光效率。此外,贝尔实验室的 Dodabalapar 等利用微腔结构改善了器件的发光性能,这种结构还能改变器件的发光颜色,实现彩色显示。

5. 叠层结构

在有机发光二极管发光性能的改进过程中,人们采用堆叠(叠层)结构可以制备出高的亮度和效率的器件。将两个或者多个发光层串联起来,每个发光单元的发光不但相互独立,而且叠层器件的电流效率和亮度几乎与所堆叠的层数成正比。如图 6.3.6 所示,50nm NPB 作为空穴传输层,DPVBi 作为蓝色荧光发光材料,DCJTB 掺入 Alq_3 作为红光发光层,0.5nm LiF 作为缓冲层有利于电子注入,100nm 的 Al 为器件的阴极。这类叠层器件中的两个或者多个发光单元相互独立,同样电流密度时,发光二极管的发光效率是单层器件的两倍或者多倍。

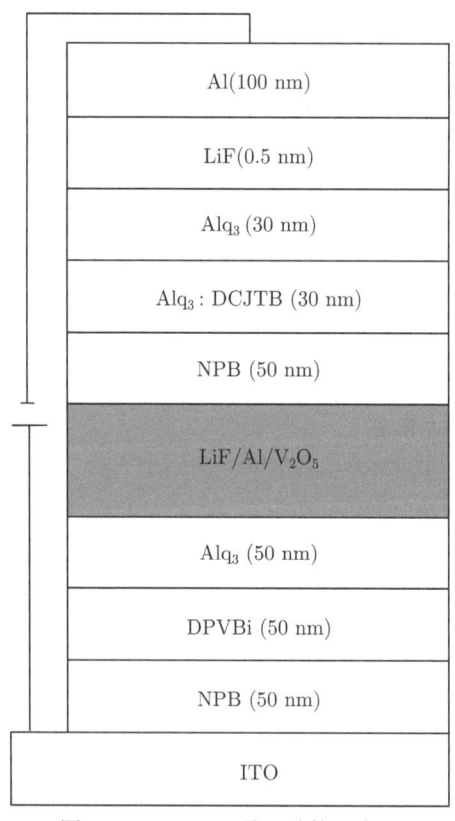

图 6.3.6 OLED 叠层结构示意图

6.3.2 OLED 发光的基本原理

电致发光能够使电能转化成光能，这种发光不是通过热辐射的方式实现的。与无机固体发光有所不同的是，有机固体的电致发光属于直流注入式的复合发光。在有机发光器件中，有机固体的电致发光是一个极其复杂的过程，为形象起见，我们将其简化为 4 步：①载流子的注入；②载流子的传输；③正负载流子复合形成激子；④激子经辐射跃迁释放出光子。如图 6.3.7 所示。

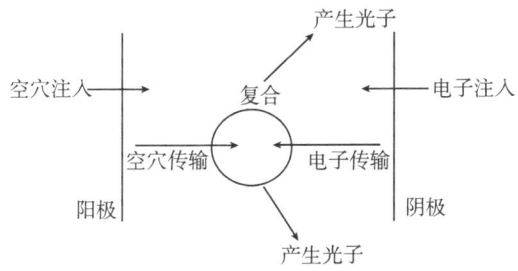

图 6.3.7 OLED 的电致发光过程

1994 年，Parker 等对 OLED 中的载流子注入机制进行了系统研究。他们认为，在有机薄膜与金属界面，其电荷的注入机制是载流子隧穿一个三角形肖特基势垒。载流子从电极注入有机层的过程如图 6.3.8 所示。具有较高功函数的是 ITO 阳极，具有较低功函数的是金属阴极，它们介于有机半导体的禁带内，外电场 $E=0$ 时，电子（空穴）无法进入有机层；施加外电场后，电子（空穴）将会隧穿界面处的肖特基势垒而进入有机层，势垒的大小与外加偏压、电极功函数相关。采用 Fowler-Nordheim 模型，得到

$$I \propto E^2 \exp\left(\frac{-\kappa}{E}\right) \tag{6.3.1}$$

其中，I 表示电流，E 表示电场强度，参数 κ 由势垒的形状决定。若注入的电荷隧穿一个三角形势垒，那么 $\kappa = \dfrac{8\pi\sqrt{2m^*}\varphi^{3/2}}{3qh}$，其中，$\varphi$ 表示势垒高度，m^* 表示有效质量。注入的电子和空穴在有机层内相遇，形成激子，然后湮灭发光。

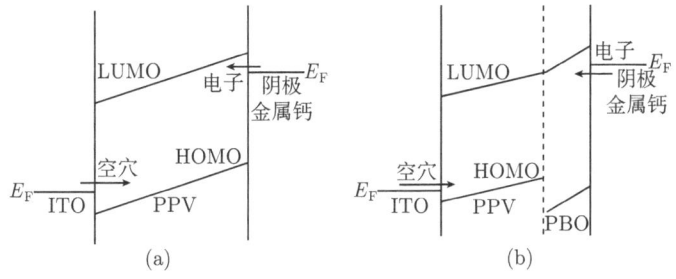

图 6.3.8 载流子注入有机层示意图
(a) 单层器件；(b) 带有电子传输层 (PBO) 器件

基于电极向有机层注入载流子的多少是由隧穿几率决定的，Parker 等给出了隧穿注入几率与势垒高度之间的关系，并与实验值进行了比较，如图 6.3.9 所示。从图中我们可以看到，通过该隧穿模型得到的理论值与实验结果符合得很好。

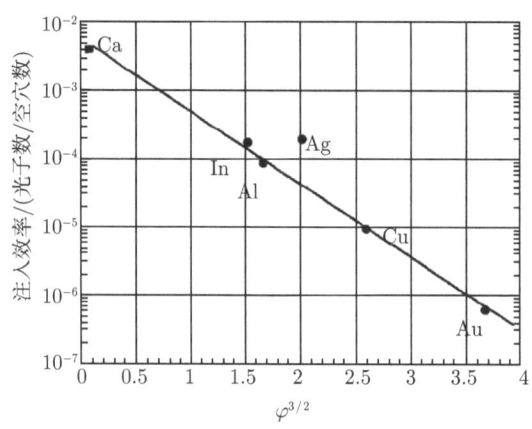

图 6.3.9 不同阴极的器件注入效率与势垒高度之间的关系

上面的器件能带结构模型过于简单，实际情况要复杂一些，主要是金属/有机界面的电子结构。人们研究发现，界面处的电子或空穴势垒并非简单地可由金属和有机固体的功函数之差来描述。几乎所有的界面都存在偶极势垒，从金属到有机分子的电子转移形成负偶极势垒，而对于一些电子给体或弱电子受体 (如 Alq_3)，则易于向金属提供电子，形成正的偶极势垒。

6.3.3 OLED 的发光效率

分子的发光效率由激发态的辐射与无辐射跃迁过程竞争决定。如前所述，从阴极注入的电子和从阳极注入的空穴在有机层分子中分别形成负电极化子 ($P_\uparrow^-$、$P_\downarrow^-$) 和正电极化子 ($P_\uparrow^+$、$P_\downarrow^+$)。正、负极化子复合形成四种激子态，即总自旋为 0 的单态和总自旋为 1 的三重态。根据量子统计，若不计自旋相关的相互作用，单态/三重态激子形成率为 1:3。简单来说，注入电子和空穴时，只有 25% 的电子和空穴能够形成单态激子，另外 75% 形成三重态激子。三重态激子到基态的跃迁是自旋禁阻的，只有单态激子能够直接跃迁，形成辐射发光。因此，单态激子的形成率成为决定有机发光器件效率的主导因素。人们一直以来都致力于采用各种手段提高单态激子的形成率。

根据量子统计，若不计自旋相关的相互作用，即使充分利用单态激子，有机固体发光的内部量子效率也只能达到 25%。因此目前对有机发光材料研究的重点转向充分利用三重激子，使其转化成单态激子。加入重金属原子的配合物的磷光染料后,由于重金属原子的引入增大了自旋-轨道耦合,缩短了磷光寿命,原有的三重态增加了某些单态的性质,增大了系间穿越能力,导致禁阻的三重态激子向基态跃迁变为局部允许,使磷光可以顺利发射。三重态发光材料的研制成功,使有机固体的发光效率有了较大的提高。

在实验方面,曹镛等通过在共轭聚合物中掺入电子传输材料来改善电子的注入性能,以使电子-空穴的结合能足够小,从而其内部量子效率达到了 50%。Baldo 等也报道了一种磷光染料 PtOEP 的高效率电致发光器件,使单态和三重态同时参与能量的传递,从而其内部能量传输效率达到 90%。因此,基于实验测量一直存在的各种关于有机电致发光内部量子效率的各种分歧和争议,国际学术界对于其是否存在 25% 这一极限进行了深入的研究。

针对这一问题,帅志刚等系统地研究了高分子与小分子的激子形成过程,在电子-晶格耦合的基础上,又用 Marcus 的电荷转移理论,考虑了驱动力的贡献,分析了电荷从电极注入到共轭高分子中的两个基本过程:①电荷通过迁移形成具有特定自旋对称性的链间极化子对;②从链间极化子对形成束缚激子态。这一理论克服了在之前的理论中只考虑激子形成过程的电子-晶格耦合项的贡献,而没有考虑电荷转移过程中驱动力的影响的不足。根据新的理论模型,第一步过程满足自旋统计规律,即被注入的电荷有 25% 形成单态极化子对,75% 形成三重态极化子对。由于电子-晶格耦合或者极化子电离等过程都会比第二步的激子形成过程快,同时计算表明,在高分子中单态极化子对与三重态极化子对具有极其不同的形成率,单态极化子对的形成率比三重态极化子对大得多。而在小分子中,形成率与自旋关系不大,两者的形成率接近。因此,动态来讲,在高分子中形成的激子的自旋比例会远远偏离 1:3,而在小分子中,则基本满足 1:3 的规律。通过热激荧光和热激磷光与温度的关系,实验可以精确测量在第一步过程中形成的极化子对的单态与三重态之间的交换能,得到的结果与用耦合运动方程方法的计算结果完全一致。因此更加明确地指出高分子的电致发光效率可以远远大于自旋统计给出的 25% 极限。对于外电场对激子形成率的影响,计算结果表明,外场有助于单态激子的形成,与有关实验一致。2004 年,飞利浦公司的科学家宣布通过修饰发光器件的阳极,增大了电子-空穴复合区域,得到了外量子效率高达 12% 的高分子器件,是以前结果的 3 倍,换算成内量子效率为 50%~70%,这是超过 25% 极限的最直接的实验证据。这一成果将大力推动高分子显示器件的产业化,揭示了塑料显示工业更加广阔的应用前景。

由此可见,进一步改进有机发光器件的性能,尤其是器件的稳定性和发光效率,对于有机发光器件的实际应用是至关重要的。下面将介绍影响 OLED 发光效率和寿命的主要因素及改善方法。

1. 发光效率

在反映一个有机发光器件性能时,人们最常采用的一个物理量,就是发光效率。一般来讲,有机发光器件的发光效率涉及以下几个概念:量子效率、光度效率和功率效率。

量子效率是指器件向外发射的光子数与注入的电子空穴对的数量之比。通常量子效率又分为内量子效率和外量子效率。内量子效率 η_{int} 是指器件中产生的所有光子的总数 (包括在产生后被器件本身所吸收以及被器件表面反射出来的光子)与注入的电子空穴对数量之比。外量子效率 η_{ext} 是指有机电致发光器件在衬底发射出来的光子数与注入的电子空穴对数量之比。内量子效率反映的是载流子在器件内部形成激子并复合发光的效率,阐述的是器件内部发光层的物理机制,而外量子效率反映了器件对外的发光效率。可见,内量子效率比外量子效率要高。两者之间有如下关系:

$$\eta_{\text{ext}} = \gamma \eta_{\text{r}} \eta_{\text{c}} \phi_{\text{p}} = \eta_{\text{c}} \eta_{\text{int}} \qquad (6.3.2)$$

其中,γ 为电子-空穴平衡因子;η_{r} 为发光层中辐射跃迁激子的形成几率,对于荧光发光材料为 1/4,对于磷光发光材料为 1;ϕ_{p} 为激子辐射衰减的效率 (包括荧光和磷光);η_{c} 为光耦合输出效率。

此外,还可以定义光度效率 η_{L},也称流明效率

$$\eta_{\text{L}} = AL/I_{\text{L}} \qquad (6.3.3)$$

其中,A 是器件有效发光面积,L 是器件发光亮度,I_{L} 是有机发光器件发光亮度为 L 时的工作电流。多数情况下,光度效率与外量子效率在数值上是一致的。但光度效率只适用于可见光区域内的发光效率,它所定义的光子数是与肉眼的光谱光视效率函数有关的那部分;而外量子效率则将不可见光的发光效率也包括在内。

功率效率 η_{W} 是指器件发射出来的光功率 L_{P} 与在任意某个驱动电压 V 下驱动有机电致发光器件的总电功率之比,即

$$\eta_{\text{W}} = L_{\text{P}}/I_{\text{L}}V \qquad (6.3.4)$$

另外,有机发光器件的效率不仅取决于发光材料本身的发光效率,而且也和载流子在输运层和发光层内部的输运有关。影响发光效率的因素主要有:激子的非辐射衰减、电子和空穴注入的不平衡和光输出效率。概括来讲,一个发光效率较高的有机发光器件,必须满足以下几个条件:首先,发光材料要有较高的荧光效率;其次,要有一个比较合理的器件结构来提高载流子的注入效率和平衡载流子的注入速率,以求形成激子的几率最大化;使激子的复合区远离电极/有机界面,减少由金属电极引起的激子的淬灭效应;第三,有机电致发光器件还要具有较高的光耦合

输出效率。发光层发出的光,要经过有机层、ITO 和玻璃衬底的吸收、反射与折射等光耦合的过程,才能够输出,被我们观测到。由于玻璃衬底的波导及其全反射,从有机层发出的光射出器件外部,只有大约 17% 能被我们探测到。可见,光的耦合作用不可忽视。为了减少光耦合的损失,提高光的有效输出,可以在玻璃和 ITO 之间蒸镀消反射膜,如 SiO_2、SiO 或 SiO_3N_4,或在衬底底部增加层状透镜排列或 SiO_2 层等,在半透明阴极上生长 Alq_3 也能提高阴极的透过率,从而提高发射器件的效率。

为了优化 OLED 的性能,选择材料使得电极功函数与聚合物能带结构相匹配非常重要。ITO、聚苯胺、聚吡咯和聚 (3,4-乙二醚噻吩)(即 PEDOT) 都是最常用的材料,它们也都是半透明的,允许发射光透出器件。金属钙、钡、镁功函数较低,因此常被选作阴极材料。但这些金属太活泼,必须对器件进行封装,如在镁阴极表面再蒸镀一层铝等。图 6.3.10 给出了制作 OLED 所用金属电极的相关数据。

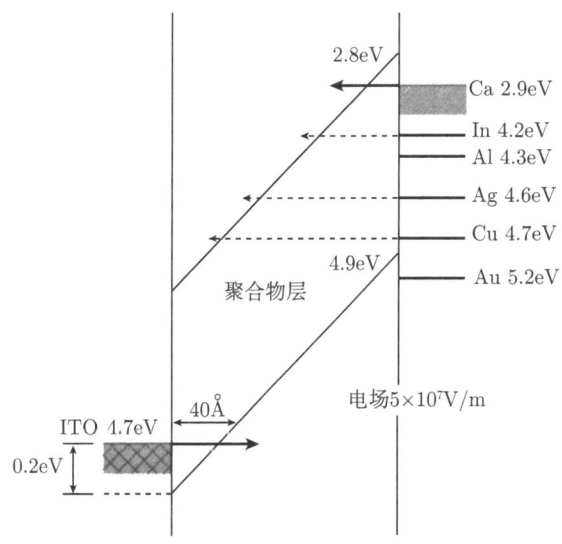

图 6.3.10　OLED 的相关数据,显示不同阴极材料三角形隧穿势垒的大小

2. 工作寿命

OLED 的亮度与工作时间的关系可近似表示为

$$B(t) = B_0 \exp(-tj/\tau) \tag{6.3.5}$$

其中,B_0 为初始亮度,$B(t)$ 为时间 t 以后的亮度,j 为电流密度,τ 为老化时间常数。发光二极管的寿命定义为 $B(t) = B_0/2$ 时的时间。影响器件寿命的因素很多,主要取决于发光材料的性能、器件结构和器件封装等。Parker 等采用聚苯胺为空

穴传输材料，PPV 的衍生物 OC_1C_{10} 为发光材料，研究了 OLED 的老化机理，讨论了温度对发光性能的影响，如图 6.3.11 所示。发现随着温度的增高，器件的工作寿命逐渐减少，这是由于 OLED 器件中有机层随温度升高其老化加剧造成的。

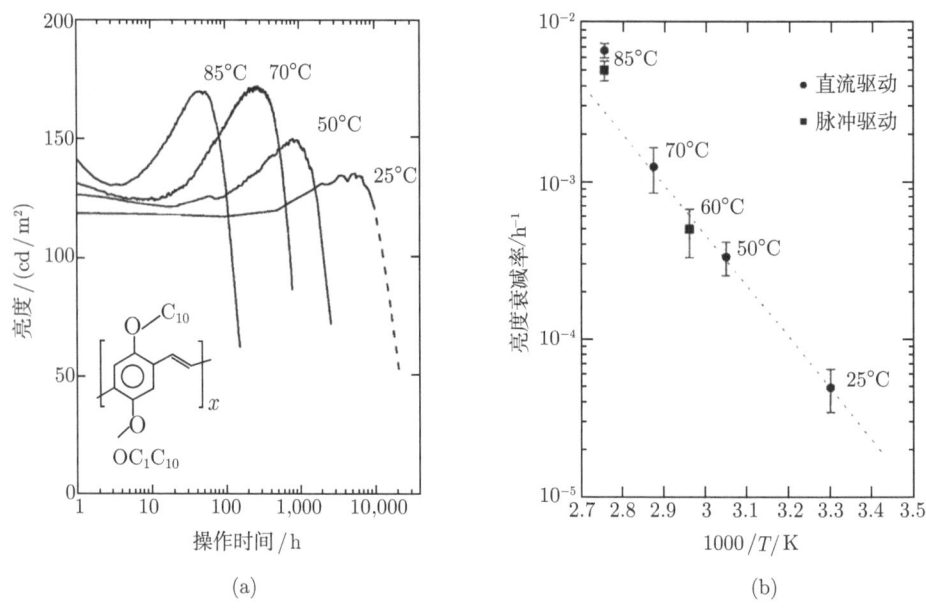

图 6.3.11 不同温度下，OLED发光亮度随时间的变化(a)，OLED亮度衰减率随温度的变化(b)

6.3.4 OLED 的应用前景

有机电致发光是一个涉及物理学、化学、材料学和电子学等多学科的研究领域，经过几十年的研究发展已经取得了巨大的成就。有机电致发光相对发展较早的无机电致发光而言，具有材料选择范围宽、可实现由蓝光到红光的全色彩显示、驱动电压低、发光亮度和发光效率高、视角宽、响应速度快、制作过程相对简单、费用低，并可实现柔性显示等诸多优点，因而在过去的二十多年中得到了迅速的发展，有机电致发光器件被普遍认为是新一代显示器件的主流。

就目前情况来说，以有机小分子材料做成的电致发光器件已经实用化，产品主要集中在小屏幕显示方面，如荷兰的 Philips 公司已经建造了一条有机电致发光器件生产线，主要用于生产手机和其他手提电子设备的背光显示；三星电子自 2008 年开始生产有机 EL 面板，并用于自身的智能手机。以有机聚合物材料为主的发光器件已在进行实用化的研究，市场前景非常广阔。近年来，有机电致发光技术研究工作主要集中在以下几个方面：

(1) 设计新型有机材料，提高其发光效率，这是使器件实用化、应用多样化的前提条件，也是今后有机电致发光器件的主要发展方向。

(2) 提高器件的寿命和稳定性，如 Carger 等用改进的共轭聚对苯乙炔 (PPV) 制成发光器件，在空气中的寿命可达到 7000 小时，在 80℃的空气环境下，寿命可达 1100 小时；Sakamoto 等报道了一种高稳定的器件在常态下连续工作 1000 小时后，仍能保持原来 85% 的光能量连续输出。

(3) 白光发光，Kido 等已经用 ITO/PVK/TAZ/Alq$_3$/Mg:Ag 制备了波长分别在 450nm、510nm 和 550nm 处的混合白光器件，如图 6.3.12 所示；Hosokawa 等取得了发光效率为 6lm/W 的红绿蓝三色有机电致显示，并且响应时间可以小于 600ns。

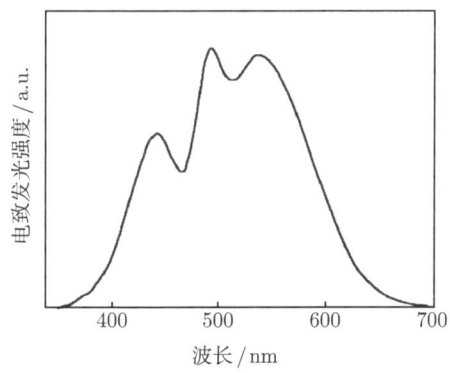

图 6.3.12 电致发光光谱曲线图

目前，有机电致发光器件主要应用于平板型大屏幕显示方面。虽然传统的阴极射线管技术已经非常成熟，而且等离子体平板显示 (PDF) 也已实用化，但是具有高的蓝光稳定性、高效率、高亮度、低驱动电压的有机电致发光显示器件仍是下一代发展的方向。世界上很多研究机构和公司都相继投入了大量的人力和物力进行有机电致发光方面的研究。剑桥显示公司 (CDT)、美国 UNIAX 公司、韩国的三星、LG 公司以及 TDK 等公司都走到了研究的前列，并且都先后有成熟的产品推出。相信在不久的将来，由有机电致发光器件做成的超薄型大屏幕彩色电视将进入到人们的日常生活中，有机电致发光显示技术将有望代替传统的阴极射线管和液晶显示技术。

此外，OLED 还存在其他可能的应用：用 OLED 加上光学微腔，可以制备出无阈值激光器，尤其是无机领域较难实现的蓝光激光器，有机发光材料则有这种可能性。另外，Curry 和 Gillin 用掺稀土 Er 元素制成长波长 (1540nm) 的有机发光二极管，这就意味着有可能将有机发光器件应用到长波长通信领域之中。

6.3.5 有机发光的研究进展

正像前一小节讲到的，在小分子发光器件中，统计来说激子的自旋单态和三重态的比例为 1:3，目前成本较低的荧光材料只能应用占 25% 的部分，因此发光效率比较低。为了进一步提高有机发光二极管的发光效率，有必要寻找新的发光原理，打破量子统计的限制，应用其余 75%的部分。目前比较有代表性的原理是三重态-三重态湮灭增强荧光、热延迟荧光与热激子理论三种。

1. **三重态-三重态湮灭增强荧光 (triplet-triplet annihilation, TTA) 原理**

最早的三重态-三重态延迟荧光由 Parker 和 Hatchard 于 20 世纪 60 年代在菲和萘的混合溶液中看到。他们发现延迟荧光的发射波长短于激发波长，因此提出是由于两个三重态费米子相互作用产生一个自旋单态的分子和一个基态的分子，而自旋单态跃迁发出荧光。后来 Castellano 课题组选用过渡金属络合物作为三重态能量给体，观察到了高效率的延迟荧光，促进了这个方向的发展。

TTA 过程可见示意图 6.3.13，也可以表示为

$$T_1(\uparrow\uparrow) + T_1(\downarrow\downarrow) \rightarrow S_0(\downarrow\uparrow) + S_1(\downarrow\uparrow)$$

从能量的角度来说，TTA 要想发生，必须要求自旋单态分子能量略小于两个自旋三重态的两个分子的能量之和。从几率分析上来看，理论上利用 TTA 的器件其内转换效率最大为 25%+75%/2=62.5%，达不到完全利用三重态激子的目的，因此需要进一步寻求其他原理来提高器件的发光效率。影响 TTA 效率的因素很多，例如，从原理图上来看，ISC，TTET 等都可以影响最终的 TTA 效率。

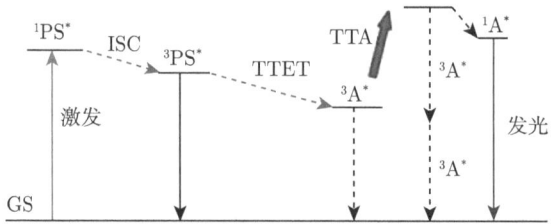

图 6.3.13 TTA 过程：光激发形成激发分子，通过系间穿越 (ISC) 以及三重态-三重态能量传递 (TTET) 形成两个激发的三重态分子，通过 TTA 形成自旋单态激发的分子，然后发出荧光回到基态

2. **热活化延迟荧光原理 (thermally activated delayed fluorescence, TADF)**

热活化延迟荧光是目前发展比较快的一种电致发光手段。热活化延迟荧光材料的研究开始于 1961 年，Parker 和 Hatchard 在四溴荧光素中发现了 TADF 现象。最早将 TADF 应用在 OLED 上的是 Adachi 研究组。在 2009 年，他们提出了内转换效率可以达到 100%的热活化延迟荧光机理，并测量了锡卟啉复合物电致发光器件的发光效率。虽然当时测得的发光效率比较低 (400K 温度时仅有 0.3%)，但是在随后的几年中此类材料的研究获得了较大的进展，外发光效率已经达到了 19%

以上。目前对于 OLED 的 TADF 材料和原理的研究进展很快，外发光效率稳步提高，绿、蓝、红、黄光等材料在实验室中已经很多。

热活化延迟荧光的原理显示在图 6.3.14 中，相关的过程由粗线表示。在外加偏压的驱动下，电子和空穴分别从两个电极注入系统，在材料中复合形成激子。统计来说，自旋单态的比例为 25%，而自旋三重态激子 T_1 的比例为 75%。自旋单态可以直接通过辐射发光回到基态，这种光属于瞬时荧光。在三重态激子 T_1 的能量与单态激子 S_1 的能量相近的情况下，可以通过热驱动形成三重态激子 T_1 到自旋单态 S_1 的反向系间穿越过程 (RISC)，再通过 S_1 发射荧光。这种荧光属于延迟荧光，因此整个过程叫做热活化延迟荧光。从上述原理上来说，TADF 材料应具有三种特点：① 荧光由 T_1 通过反向系间穿越形成 S_1 态，然后再辐射发光，因此，荧光寿命较长。② 荧光光谱与瞬时荧光光谱相同，因为都是由 S_1 态辐射产生。③ 温度影响荧光强度，温度越大，荧光强度越大。

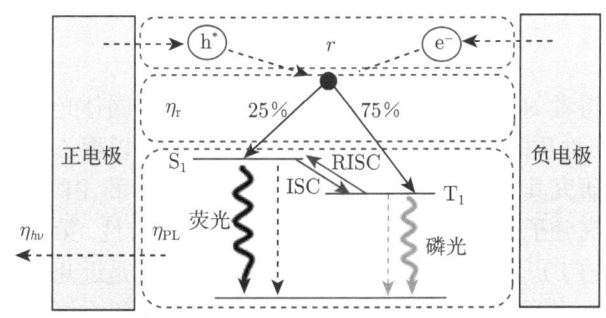

图 6.3.14 热活化延迟荧光的原理

占比 75% 的三重态激子通过反向系间穿越 (RISC) 成为自旋单态激子，此激子辐射放出荧光

目前，TADF 的发展虽然快速，但是仍然存在一些问题。例如，TADF 材料对于掺杂的要求比较高，另外，TADF 器件的稳定性还需要进一步增加，而且器件的亮度也偏小。这些都是需要克服的问题。

3. 热激子理论 (hot excitons)

另外一个利用三重态激子反向系间穿越的方法叫做热激子方法。近来，马於光课题组提出了一个新的机制，在高能态的三重态自旋的激子向低能级弛豫时，先通过反向系间穿越转化为高能量的自旋单态激子，然后再弛豫到低激发态单态激子，最后形成荧光。他们叫做热激子理论机制。相关的热激子机理示意地表示在图 6.3.15 中。

热激子机理的优势在于高能级的反向系间穿越的速度比较快，相应的长寿命激子 T_1 的数量积累就会减少，这对于提高器件的稳定性有很大意义。但是，热激子材料的发光效率还需要进一步提高。

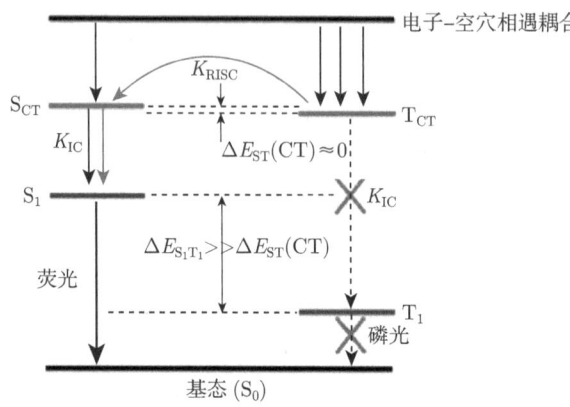

图 6.3.15　热激子机理示意图

6.4　有机太阳能电池

诺贝尔奖获得者 Heeger 教授在总结过去几十年有机固体光电性质的发展时认为,有机固体光电性质的发展经历了三个时代:第一代是以聚乙炔为代表的高分子聚合物,侧重于研究其导电性;第二代是以聚-烷基噻吩和 PPV 为代表的具有可溶性和易加工的高分子聚合物,侧重于研究其电致发光特性;第三代大体可以分为两组,一是以 PDTTT 为代表的高度有序的结晶材料,二是近几年蓬勃发展起来的给体-受体共聚物,如并噻吩-受体共聚物和聚咔唑,这两组有机固体材料均侧重于研究其光伏特性。

6.4.1　固体中的光伏特性

前面我们提到的有机固体的电致发光是有机体系中电能转化为光能的现象。其逆过程,即光能到电能的转换,可以通过有机固体中的光伏效应来实现。

光伏效应,也叫光生伏特效应,指光照使不均匀半导体或半导体与金属结合的不同部位之间产生电位差的现象。它首先是由光子(光波)转化为电子、由光能量转化为电能量的过程;其次,是形成电压的过程。有了电压,就像筑高了大坝,如果两者之间连通,就会形成电流的回路。早在 1839 年,法国科学家埃德蒙·贝克雷尔就发现,光照能使半导体材料的不同部位之间产生电位差。这种现象后来被称为"光生伏特效应"。20 世纪 40 年代,电子工业的发展和对硅材料及硅平面工艺的研究催生了单晶硅太阳能电池。1941 年,美国科学家 Ohl 首次提出这种硅基 pn 结光伏器件,当时的效率仅为 1%。1953 年,Ohl 报道了转换效率为 6% 的硅太阳能电池。1954 年,美国科学家 Chapin 等在美国贝尔实验室首次制成了实用的单晶硅太阳能电池,把效率提高到了 6%。1958 年,人们研制出最高光电转换效率达到 12%

6.4 有机太阳能电池

的硅太阳能电池。20 世纪 60 年代，在能源需求的驱动下，单晶硅电池的效率很快达到了 15% 以上。将太阳光能转换为电能的实用光伏发电技术由此诞生。目前无机光生伏特电池的效率在实验室条件下已达 30%，实际应用下的效率约为 17%。

太阳能电池是一种能吸收光子能量并将光能转换成电能的器件。能够产生光伏效应的材料有许多种，如单晶硅、多晶硅、非晶硅、砷化镓等。它们的发电原理基本相同，现以晶体为例，详细描述一下太阳能电池的工作原理：p 型晶体硅掺杂磷后可得 n 型硅，形成 pn 结。当光照射太阳能电池表面时，一部分光子被硅材料吸收，光子的能量传递给了硅原子，使电子发生了跃迁，成为自由电子并在 pn 结两侧聚集，形成了电位差。当外部接通电路时，在该电压的作用下，将会有电流流过外部电路并产生一定的输出功率。这个过程的实质是光子能量转换成电能的过程，如图 6.4.1 所示。

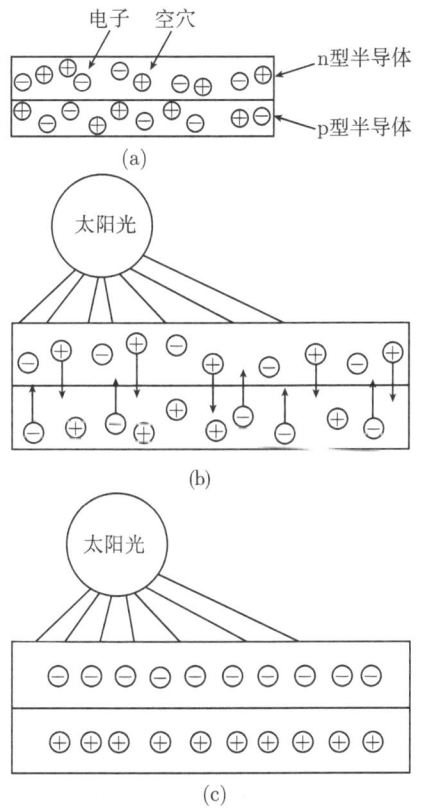

图 6.4.1 太阳能电池工作原理图

(a) 太阳能半导体晶片；(b) 晶片受太阳光照过程中带正电的空穴向 p 型半导体区移动，带负电的电子向 n 型半导体区移动；(c) 外部接通电路后电子从 n 区向负电极流出，空穴从 p 区向正电极流出

传统的无机半导体材料制作光伏电池存在生产工艺复杂、成本高、难设计、不透明和制作过程耗能高等不足,同时,其成熟技术的转换效率已基本达到极限值,使进一步改进受到相当大程度的限制。近年来,随着有机聚合物研究向广度与深度的不断发展,许多在传统材料中发现的光电现象在有机半导体聚合物中也同样被观测到,这使得研究开发有机光伏器件 (organic photovoltaics, OPV)——有机太阳能电池成为可能。

6.4.2 有机光伏器件

1970 年前后,人们就观察到单层有机小分子材料的光生伏特效应。后来,聚合物单层的光伏现象也被发现,但效率都很低。不久人们发现,将两种不同的有机材料结合在一起形成异质结,器件的效率和性能会大大提高。有机材料载流子迁移率低,通常比对应的无机材料低几个数量级,这将大大影响有机光伏电池的工作效率。但另一方面,有机材料有着相对较高的光吸收系数,通常可达 $10^5 cm^{-1}$,甚至对厚度小于 100nm 的很薄的器件也能达到很高的吸收值,这就可以部分地弥补迁移率低的不足。另外,有机半导体材料大多是空穴性导电,其光学带隙约 2eV,比硅半导体的带隙大一些,这在某种程度上也限制了有机器件对太阳光谱中一些辐射能量的收集。但通过化学反应,可以对有机小分子或高分子进行修饰,调整其带隙的大小,从而实现对太阳光尽可能全吸收的目的。

1. 光电转换的基本图像

根本上讲,有机光伏器件 (OPV) 光电转换的基本图像与有机电致发光二极管正好相反。在 OLED 中,电子和空穴分别从低功函的阴极和高功函的阳极平衡地注入,注入的电子和空穴在发光层相遇并复合发光。在 OPV 器件中,发生的是相反的过程。当吸收光子后,电子从最高分子占据轨道 (HOMO) 跃迁到最低分子未占据轨道 (LUMO),形成激子。如果激子解离,解离后的电子传输到一个电极,而空穴则必须到达另一个电极,形成电位差。为了获得解离的自由电荷,需要一个电场,这个电场由不对称的电极功函数提供。这一不对称使电子趋向低功函数的电极,空穴趋向高功函数的电极,这一现象叫整流。OPV 器件中光获取过程以及能级位置在图 6.4.2 中示出,其中 Φ 表示功函数,EA 表示电子亲和势,IP 表示电离势,E_g 表示光学带隙。

细分起来,光电转换可分为如下几步:

(1) 光子吸收:在大部分有机太阳能电池中,由于材料的带隙过高,只有一小部分入射光被吸收。通常情况下,带隙为 1.1eV(1100nm) 的材料可以吸收 77% 的太阳辐射,然而大部分半导体聚合物的带隙都高于 2.0eV(600nm),这使得吸收效率只能达到 30%。在光跃迁过程中,被激发到导带中的电子和在价带中的空穴由

6.4 有机太阳能电池

于库仑相互作用,将形成一个束缚态,称为激子。

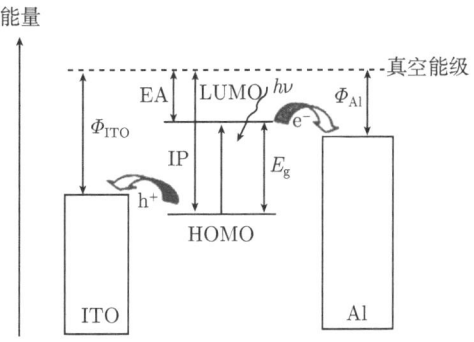

图 6.4.2 有机光伏器件光电转化原理图

(2) 激子扩散:光伏器件在理想情况下,所有的光激发激子都应该到达一个解离的位置。由于这样一个位置有可能在半导体层的一侧,所以激子的扩散长度应该至少等于薄膜的厚度 (满足足够的吸收),使其能够在解离或湮灭前达到界面处,否则激子就会通过辐射或无辐射的方式失活,造成吸收光子的浪费。

(3) 激子解离:激子的解离发生在半导体/金属界面处、杂质处或在两种具有足够不同电子亲合势和电离势的材料之间,此时一种材料作为电子受体,另一种材料作为电子给体。如果电子亲合势和电离势之差不足,激子有可能只是跳跃到具有较低带隙的材料上而没有解离,对光电流没有贡献。结是激子解离的一个位置,对于单层器件,在其中一个电极处形成肖特基结,激子在电极与有机半导体界面处解离。对于双层器件,激子在给体-受体界面处形成 pn 结解离。

(4) 电荷输运:解离的电荷向电极的传输过程中,有可能重新复合为激子或其他耦合态,尤其是电子和空穴在同一材料中传输时;而且,电荷与原子或其他电荷相互作用可能会降低输运速度,因而限制电流的产生。正负电荷载流子在输运过程中可能存在三种情况:I. 两种载流子相遇而湮灭;II. 两种载流子不相遇;III. 载流子被杂质或缺陷俘获。显然,I 和 III 两种情况都有可能造成载流子的损失。

(5) 电荷收集:电荷的收集效率也是影响光伏器件功率转换效率的关键因素。金属与半导体接触时会产生一个阻挡层,阻碍电荷顺利地到达金属电极。

2. 有机光伏器件的制备及性能

有机太阳能电池以其成本低、可弯曲和面积大的优点备受学术界和工业部门的关注。尽管目前有机光伏电池的光电转换效率低,不足 10%,还不能与无机半导体光伏电池相抗衡,还没达到普遍商业化的要求,但它可作为用于高日照、尚不具备开发价值地区 (如沙漠) 等的低值光电转换设备而投入实际应用。为此,各国研究人员都在不断进行有机光伏电池的研究,期望能得到新的多功能和高效率的光电池。有机光伏器件的制备过程及其性能是决定其发展的关键因素，其中，器件结构的发展大致经历了单层、双层、共混、级联等几个阶段。

在各种器件结构的制备过程中，单层太阳能电池是最简单的，最早采用它的是肖特基势垒电池，能级结构如图 6.4.2 所示。

然而，由于电子和空穴是在同一种材料中输运的，所以复合几率较大，因此单层结构器件能量转换效率比较低。为了提高聚合物太阳能电池激子的解离效率，电子给体和受体材料被同时用于器件制备中，出现了双层结构的太阳能电池，其结构如图 6.4.3 所示。作为给体的有机层吸收光子之后产生电子-空穴对，电子注入到作为受体的有机层后，空穴和电子得到分离。在这种体系中，电子给体为 p 型，电子受体则为 n 型，从而空穴和电子分别到达两个电极上。与单层器件相比，双层器件的最大优点是同时提供了电子和空穴传输的材料。当激子在给体/受体 (D/A) 界面产生电荷转移后，电子在 n 型受体材料中传输，而空穴则在 p 型给体材料中传输，因此电荷分离效率较高，自由电荷重新复合的几率也降低。

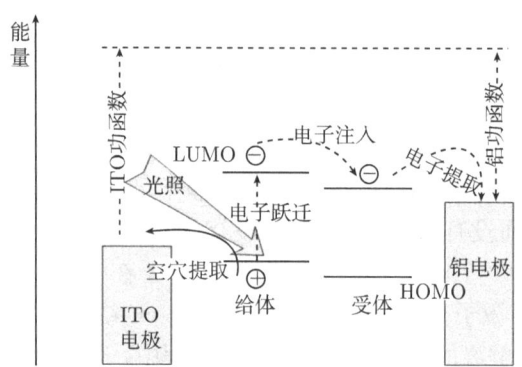

图 6.4.3 双层结构有机太阳能电池光电转化原理示意图

体相异质结器件的出现是有机光伏电池发展的重要一步。它是利用受光照激发后，电子 (空穴) 在不同分子间转移的性质，如共轭高分子 (PPV) 在受到光照激发后与 C_{60} 分子间的电子转移过程。这种从 PPV 的激发单态将一个电子转移到 C_{60} 的过程，在能量上是有利的。在溶液中混合电子给体和电子受体的两类分子，经旋涂或浇注工艺得到有机固态混合薄膜。这样的薄膜可以使电子给体和受体之间产生一个扩散的界面。图 6.4.4 给出了平面异质结与体相异质结电池的结构形貌示意图，从中可以看出二者的异同。

为进一步提高有机太阳能电池的效率，人们还提出了另一种结构——级联结构。级联结构是一种串联的叠层结构，是将两个或以上的器件单元以串接的方式做成一个器件，以便最大程度地吸收太阳光，提高电池的开路电压和效率。众所周知，材料的吸收范围有限，而太阳光谱的能量分布很宽，单一材料只能吸收部分太阳光谱能量。另外，由于电池中未被吸收的太阳能量可使材料产生热效应，电池性能退化。级联结构的有机太阳能电池可利用不同材料的不同吸收范围，增加对太阳光谱的吸收，提高效率和减少退化。级联电池的基本结构如图 6.4.5 所示。

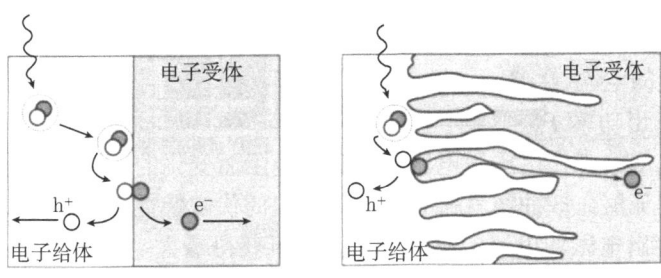

图 6.4.4　平面异质结与体相异质结电池的结构形貌示意图

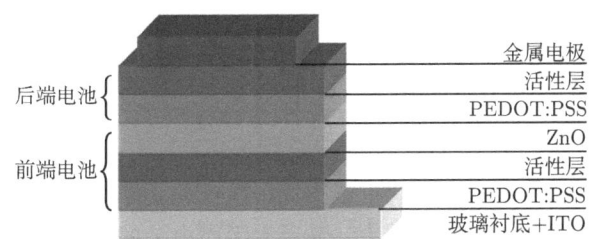

图 6.4.5　有机太阳能电池级联结构示意图

3. 决定太阳能电池性能的参数

如图 6.4.6 所示，太阳能电池有五个重要的输出特征参数：开路电压 U_{OC}、短路电流 I_{SC}、最大输出功率 P_m、填充因子 FF 和转换效率 η。

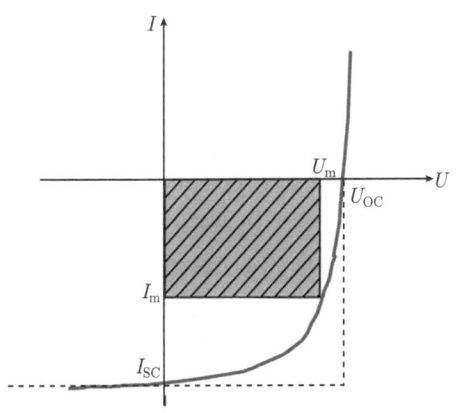

图 6.4.6　太阳能电池在光照时的 I-V 曲线

1) 开路电压 U_{OC}

所谓开路电压,是指将太阳能电池置于 $100\mathrm{mW/cm^2}$ 的标准光源照射下,在两端开路时,太阳能电池的输出电压值。

2) 短路电流 I_{SC}

短路电流就是将太阳能电池置于标准光源的照射下,在输出端短路时,流过太阳能电池两端的电流。

3) 最大输出功率 P_m

太阳能电池的工作电压和电流是随负载电阻而变化的,将不同阻值所对应的工作电压和电流值作成曲线就得到太阳能电池的伏安特性曲线。如果选择的负载电阻值能使输出电压和电流的乘积最大,即可获得最大输出功率 P_m。此时的工作电压和工作电流称为最佳工作电压和最佳工作电流,分别用符号 U_m 和 I_m 表示,$P_m = U_m I_m$。

4) 填充因子 FF

填充因子是指太阳能电池的最大输出功率与开路电压和短路电流乘积之比值,即

$$\mathrm{FF} = \frac{P_m}{U_{OC} I_{SC}} = \frac{U_m I_m}{U_{OC} I_{SC}} \tag{6.4.1}$$

FF 是衡量太阳能电池输出特性的重要指标,是代表太阳能电池在带最佳负载时,能输出的最大功率的特性,其值越大,表示太阳能电池的输出功率越大。FF 的值始终小于 1。

5) 转换效率

太阳能电池的转换效率指在外部回路上连接最佳负载电阻时的最大能量转换效率,等于太阳能电池的输出功率与入射到太阳能电池表面的能量之比

$$\eta = \frac{P_m}{P_{in}} = \frac{\mathrm{FF} \cdot U_{OC} \cdot I_{SC}}{P_{in}} \tag{6.4.2}$$

太阳能电池的光电转换效率是衡量电池质量和技术水平的重要参数,它与电池的结构、结特性、材料性质、工作温度、放射性粒子辐射损伤和环境变化等有关。其中与制造电池的半导体材料禁带宽度的关系最为直接。首先,禁带宽度直接影响最大光生电流即短路电流的大小。由于太阳光频带宽,其光子能量有大有小,只有那些能量比禁带宽度大的光子才能在半导体中产生光生电子空穴对,从而形成光生电流。所以,材料禁带宽度小,大于它的光子数量就多,获得的短路电流就大;反之,禁带宽度大,大于它的光子数量就少,获得的短路电流就小。但禁带宽度太小也不合适,因为能量大于禁带宽度的光子在激发出电子–空穴对后剩余的能量转变为热能,从而降低了光子能量的利用率。其次,禁带宽度又直接影响开路电压的大小。开路电压的大小和 pn 结反向饱和电流的大小成反比,禁带宽度越大,反向饱和电流越小,开路电压越高。

6.4.3 有机光伏器件的应用前景

近几年,有机太阳能电池的研究与应用均取得了很大进展,这使人类对太阳能的利用向前跨进了一步,为有机太阳能电池从实验室走向市场积累了经验。绿色植物在阳光照射下吸收太阳能,然后通过光合作用可实现光能到化学能的转换,这是自然界利用太阳能的最好实例。植物以叶绿素及其他染料分子作为天线吸收光能,形成激子,然后通过传输过程将激子输送到反应中心,实现激子的分解,即电子转移和电荷分离。早期的光伏电池中,人们采用酞菁类化合物为吸收材料。实际上,酞菁有着和叶绿素相类似的结构,并具有较高的化学稳定性。在以聚合物为基的光伏电池中,采用具有良好载流子传输功能的共轭高分子材料作为光吸收和传输材料。由此可见,"人造"有机太阳能电池与天然有机太阳能转换器之间存在必然的联系,这是绿色能源发展的重要方向。

目前,人们对有机太阳能电池研究的热点主要集中在以下几个方面:

(1) 优化电池表面结构,将电池表面反射的光重新聚集进入电池;

(2) 寻找禁带宽度合适的光敏材料,提高吸收范围与太阳光光谱的匹配;

(3) 选择合适的金属电极,使正负极都能形成良好的欧姆接触,以利于电荷的收集;

(4) 采用具有不同吸收波长范围的多结多层结构,充分吸收和利用太阳光谱的能量;

(5) 制造由纳米材料组成的有机光电池,因为纳米材料是由超细微粒组成,而这些微粒边界区的体积大约是材料总体积的 50%,这样的结构可能会带来奇特性能;

(6) 开发研制具有高迁移率的新型共轭聚合物,使用具有高迁移率的无机纳米材料,优化共混体系的相分离,提高共混体系的载流子传输能力;

(7) 引入三元混合材料,调节有机光伏聚合物的结晶性、相区尺寸、相区纯度以及相界面等,提高光吸收的效率以及电荷的转移程度。

近些年来,关于有机太阳能电池的研究吸引了越来越多国家的科学家的关注。美国、日本、欧洲和中国等都制订了自己的太阳能利用计划。有机材料对环境稳定性强,价格便宜。虽然与无机光电池相比,有机太阳能电池的能量转换效率还较低,但其所具有的高稳定性、低成本、大有效面积等特点使其非常适合于在土地利用率较低、强日照的沙漠区域使用。随着研究的不断深入,相信在不久的将来,有机太阳能电池就将全面进入我们的生活当中。

6.4.4 有机-无机杂化钙钛矿光伏器件

在太阳能电池的发展过程中,很多材料被拿来做太阳能电池。M. Green 将太阳能电池技术分为三代:第一代为单晶形态的硅制造的太阳能电池;第二代为薄膜太阳能电池,如碲化镉薄膜等。第三代则是基于新材料和纳米技术的新型太阳能电池。其中,第一、二代太阳能电池已经商业化,但是面临着材料、成本以及环境污染诸多问题。因此,发展第三代太阳能电池已经成为大家的共识。目前第三代太阳能电池的发展速度非常快,而有机–无机杂化(混合)钙钛矿太阳能电池的性能在短短五六年中已经获得了巨大的发展,成为有商业应用价值的重要的发展方向。美国国家可再生能源实验室(NREL)每年推出一张世界太阳能电池效率的进展图,总结了 20 世纪 70 年代到最近实验室里取得的最好的太阳能电池效率,发现钙钛矿电池效率增长速度是最快的。

有机–无机杂化(混合)钙钛矿太阳能电池发展最初受到染料敏化太阳能电池研究的影响。染料敏化太阳能电池主要由纳米多孔结构载体、染料敏化剂、电解液、电极和导电基底等几部分组成,其中纳米多孔结构载体主要是呈纳米结构的 TiO_2 等金属氧化物。这种电池具有造价低、原材料丰富而且生产工艺和材料没有污染等优点,因此引起了人们的重视。但是,由于光吸收的主体材料——燃料敏化剂的光吸收频率较低,在染料敏化太阳能电池的效率达到 10% 的时候,进一步提升遇到了困难。人们需要寻找和发展具有更高光吸收效率的新的材料或者燃料。

2006 年,Miyasaka 课题组引入钙钛矿结构的 $CH_3NH_3PbBr_3$ 作为敏化剂,构建了液态的染料敏化太阳能电池,光电转换效率达到 2.2%;2009 年利用 $CH_3NH_3PbI_3$ 又将效率提高到 3.8%。后来,通过材料学家的努力基于钙钛矿 $CH_3NH_3PbI_3$ 液态染料敏化太阳能电池的效率被提高到 6.5% 左右,但是由于液态电池中存在钙钛矿材料不稳定、容易溶解的问题,因此电池的效率没能做到进一步提高。人们开始寻求固态的钙钛矿太阳能电池。

2012 年,Park 和 Grätzel 课题组做出了第一个固态钙钛矿太阳能电池,所用的结构仍然是固态染料敏化构架,使用了 TiO_2 多孔层作为骨架,电池的能量转换效率达到了 9.7%。几乎同时,Snaith 和 Miyasaka 课题组也给出了自己的固态钙钛矿太阳能电池,但是使用了 TiO_2 和绝缘体氧化铝作为骨架。他们的电池效率更高,达到了 10%,而且开路电压也更大。此工作证明了传统的染料敏化太阳能电池结构的电子注入过程在以钙钛矿材料作为光吸收材料的太阳能电池中并不是必需的。2013 年,Snaith 课题组制成了不含有多孔骨架金属氧化物层的平面结构的钙钛矿太阳能电池,能量转化效率达到 15.4%,FF 达到了 0.68。同时,Grätzel 课题组也报道了效率超过 15% 的钙钛矿太阳能电池,这两个工作引起了巨大反响。在随后的几年内,钙钛矿太阳能电池的能量转换效率不断被刷新。Seok 课题组在 2013 年底获得了效率为 16.2% 的钙钛矿太阳能电池。2014 年 UCLA 的 Yang 课题组通过改善界面性质将效率提高到 19.3%。目前报道的钙钛矿太阳能电池的效率已经达到了 22.1%,而且正在稳步提高。

钙钛矿材料是一类具有 ABX_3 化学式的材料,晶体具有面心立方结构。其中

6.4 有机太阳能电池

的 A 原子位于立方的顶角，B 原子位于立方的中心，X 原子则位于面心上。具有钙钛矿结构的材料在发现之后的一百多年时间内已经进行过很多研究，例如，很多氧基钙钛矿材料具有铁电性和磁性，是典型的多铁材料。目前在有机太阳能电池上应用最广泛的钙钛矿为 $CH_3NH_3PbI_3$，其中 CH_3NH_3(也表示为 MA) 作为一个原子团处在 A 的位置，Pb 处在 B 的位置，I(有时候是其他的卤族元素如 Br，Cl 等)则处于 X 的位置，晶体结构见图 6.4.7。此材料含铅，故有时候也被称为铅卤钙钛矿材料。这种钙钛矿材料中含有有机原子团 CH_3NH_3(MA)，而其他元素都是普通无机元素，因此这种钙钛矿材料称为有机-无机混合 (杂化) 材料。

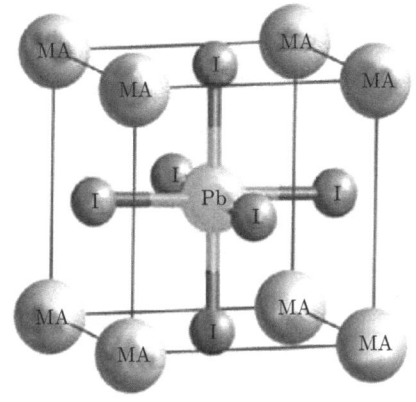

图 6.4.7　铅卤钙钛矿电池 $CH_3NH_3PbI_3$(MAPbI$_3$) 的晶体结构

1. 钙钛矿太阳能电池的结构

目前常用的钙钛矿太阳能电池器件的结构如图 6.4.8 所示，可以分为三种。其中敏化型完全是将钙钛矿材料代替了染料敏化太阳能电池中的染料，继承了染料敏化太阳能电池器件的思想。而在多孔型器件中，钙钛矿材料作为一层，其中含有金属氧化物如氧化铝构成的多孔骨架。在平面型的器件中，则不再含有多孔骨架，在结构上类似于普通的有机光伏器件结构。

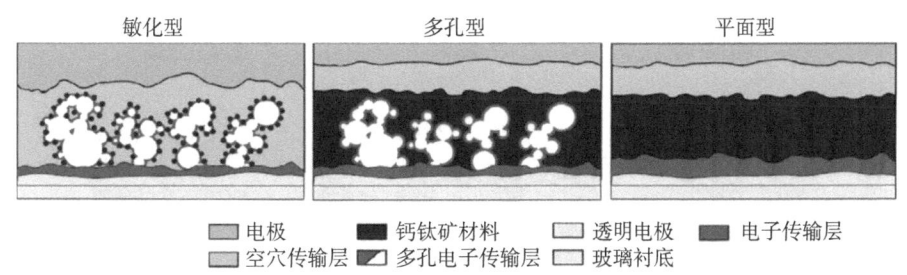

图 6.4.8　典型钙钛矿太阳能器件的结构：敏化型，多孔型与平面型

(扫描书后二维码可看彩图)

应用最广的器件结构是后两种：多孔型和平面型。多孔型吸取了染料敏化太阳能电池的优点，而平面型的结构可以应用有机光伏的薄膜合成技术，两种结构也得到了进一步的发展和改进。在这两种结构中，钙钛矿材料都是作为吸收材料，吸收光子产生激子，激子解离后的电子和空穴分别通过电子传输层和空穴传输层达到两个电极。需要注意的是，电子传输层和空穴传输层并不是必不可少的，目前有些器件结构中不使用电子传输层或者空穴传输层，也得到了较好的电池效率。在器件结构中，界面性质、电子传输层、空穴传输层、多孔层的性质都会对整个器件的性能有重要的影响，具体的内容可参看相关文献。

2. 钙钛矿太阳能电池的制备

对于钙钛矿太阳能电池中钙钛矿材料的合成主要使用溶液沉积的方法。主流使用的具体合成方法包括一步法和两步法，另外一个较有影响力的方法是热铸法。三种方法示意地显示在图 6.4.9 中。

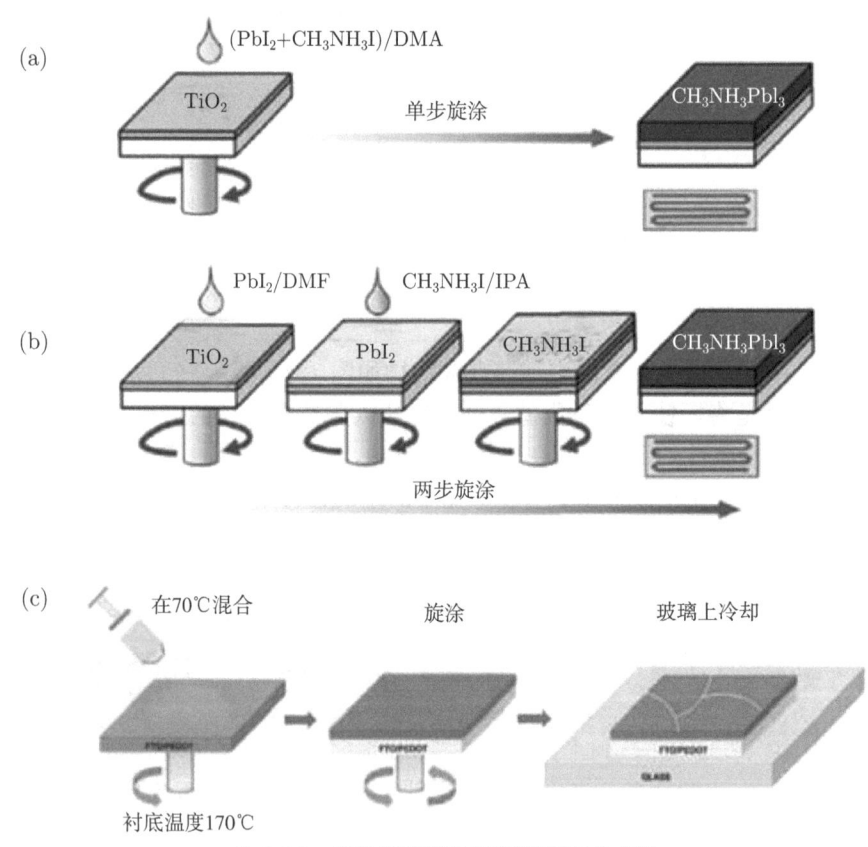

图 6.4.9 钙钛矿薄膜的溶液沉积制备方法
(a) 一步法；(b) 两步法；(c) 热铸法

如图所示，一步法是将 PbI_2 和 MAI 溶解在有机溶剂中，通过旋涂的方法沉积在 TiO_2 膜上，再通过淬火得到钙钛矿材料。早期多孔型的钙钛矿太阳能电池使用这种方法较多。为了得到更好的钙钛矿材料，一步法得到了迅速发展，两种材料的配方、制备技术不断改进，材料生成的温度、加热时间、溶液添加剂等都可以进行控制。

两步法中，PbI_2 溶液先旋涂在 TiO_2 薄膜上，等薄膜干燥后再浸泡在 MAI 溶液中，获得致密的钙钛矿材料。两步法相对于一步法钙钛矿材料在多孔薄膜中填充度高，有利于提高太阳能电池的效率，因此迅速成为主流的制备方法。目前两步法也已经做了改进，以克服此方法的弱点，诸如钙钛矿材料会被溶解等。

热铸法主要是借鉴了平面有机光伏的制备方法，在 ITO/PEDOT:PPS 上喷涂混合液，然后旋涂，最后在玻璃上降温结晶。在这种方法中，温度的控制非常关键。各个过程温度的高低和温度变化率都对制成的钙钛矿器件的效率有很大的影响。此种方法生成的钙钛矿材料在测量器件的 I-V 曲线时，发现几乎看不到回路现象，即增加外加偏压和减少外加偏压对确定偏压值的电流几乎没有影响。而回路现象在很多钙钛矿器件中能很明显地观察到。

6.5 有机半导体激光器

1960 年，第一个红宝石激光器问世，其原理可追溯到 1917 年爱因斯坦的一篇著名论文。论文中爱因斯坦预测了受激发射，他指出，一个能量为 $h\nu$ 的光子可以激发粒子在两能级 (能级差 $h\nu = \Delta E = E_2 - E_1$) 之间发生跃迁，当处于高能态的原子或分子数目比处于基态的数目更多 (粒子数发生了反转) 时，大量粒子会跳回基态，产生辐射，导致能量为 $h\nu - \Delta E$ 的光被放大 (图 6.5.1(a))。因此，受激发射与粒子数反转是实现光增益的两个基本物理条件。一个好的激光材料必须具有强的吸收。但是，爱因斯坦同时指出，这样的二能级体系，吸收与受激发射的跃迁概率是相同的，即

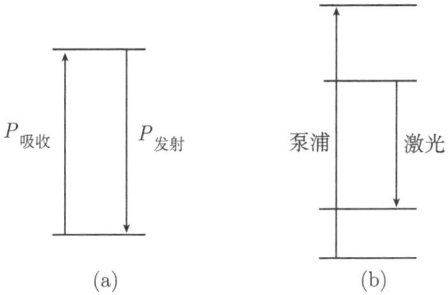

图 6.5.1　激光体系的吸收与受激发射示意图
(a) 二能级；(b) 四能级

$$P_{吸收} = P_{发射} \tag{6.5.1}$$

因此，一般情况下很难实现粒子数的反转。

在一个二能级体系中，粒子数反转只能通过间接方式实现，如通过另一物质激发态的转移，或是向半导体的 LUMO 注入电子和向 HOMO 注入空穴。通过外电场注入电荷的方式实现粒子数反转是半导体二极管激光器的基本工作原理。

对于光泵浦放大效应来说，理想的材料应具有四能级体系的电子结构 (图 6.5.1(b))。粒子数反转原则上可以通过单光子吸收实现，吸收与发射光谱可以分开。共轭聚合物就是典型的四能级体系，如图 4.2.4 给出的 PTCDA 的吸收与发射光谱。图 6.5.2 也给出了 MEH-PPV 的吸收与发射光谱，发射光谱产生明显红移。MEH-PPV 是很有代表性的共轭高分子聚合物，其薄膜可以吸收超过 90% 的泵源光子。同时在光致荧光光谱峰位处发射的光子可以长距离 (几毫米) 传输而不被材料自身吸收。

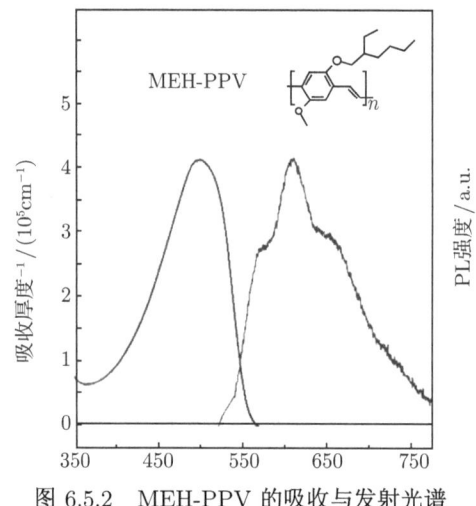

图 6.5.2 MEH-PPV 的吸收与发射光谱

第 4 章的激子理论已经告诉我们，一个电子从价带 (成键态或 π 键) 激发到导带 (反键态或 π* 键) 后，晶格 (分子) 结构会发生弛豫，形成局域的激子态。伴随局域激子的形成，成键与反键能级会发生移动，导致 π-π* 能隙的减小，从而引起发射波长的红移，也称为斯托克斯频移。除了晶格弛豫外也有其他原因造成斯托克斯频移。例如，薄膜制备过程中造成的分子之间相互作用的变化，高分子链长度的变化等。能量可以先被耦合较弱或长分子链吸收，然后转移到耦合较强或短分子链的地方发射。一束强激光输出应该满足：① 与共振腔模吻合的窄谱线发射；② 发射光具有空间相干性；③ 强输出；④ 存在阈值；⑤ 3~7 次方的增益 ($J_{out} \propto J_{in}^x$, $3 < x < 7$)。

一台激光器通常由两种基本的结构组成：一为光学的增益介质，它可通过受激发射，实现光的放大。增益介质既可以通过光激发 (光泵浦激光)，也可以通过电场

6.5 有机半导体激光器

激发(电注入激光,即激光二极管)达到高能态。二为光学的反馈结构,它是为辐射能在整个增益介质中重复运转并为建立共振、相干光场所必须具备的一种光学结构,通常称为共振腔。

为了获得相干发射和真实的激射,必须将增益介质引入到共振腔结构中。最常用的方法是在增益介质端面放置反射镜共振结构。聚合物可柔性加工的特性使得包括分布式反馈 (distributed feedback, DFB) 共振腔在内的微型共振腔的制备及大范围应用成为可能。DFB 共振腔应用特别广,它由集成到器件中的衍射光栅组成(图 6.5.3),可通过简单的光刻工艺进行制作。

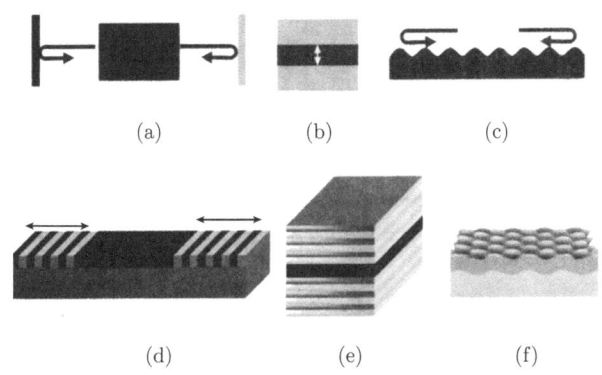

图 6.5.3 各种共振腔结构示意图

平面微腔由夹在两镜面间的增益薄膜组成 (a),(b),(e);在分布式反馈共振腔中增益介质呈波状,导致光在介质上衍射形成反馈 (c),(d),(f)

利用这样的共振腔结构,由两个镜面之间的距离所决定的某些波长在共振腔内形成特殊的模式。当发射波长与腔模式发生共振时产生反馈,并且当光子在某一模式中传输被充分放大足以克服增益介质中及穿越镜面的损耗时即产生激光。

良好的激光材料必须具备高发光效率。大部分有机半导体可以胜任这一点。通过设计聚合物侧链结构避免聚合物链间聚集,可以使一些高分子薄膜达到 60% 的光致发光效率。总之,有机分子作为激光材料具有如下优势:

(1) 有机分子,尤其是高分子聚合物,本征上是四能级体系,粒子数反转可以通过简单的方式实现。

(2) 半导体聚合物具有较大的光吸收截面 ($\sigma \approx 10^{-15} \mathrm{cm}^2$),这是因为直接的 π-π^* 跃迁是允许的,并且准一维分子的电子波函数在带边具有很高的态密度,因此可以预见受激激发可以获得高增益。

(3) 由于斯托克斯频移,有机发射光谱与吸收光谱重叠较小,自吸收与无机半导体相比明显降低。

1999 年，Tessler 等制备了第一台有机激光器。他们利用共轭聚合物 PPV 作为增益介质，将其薄膜置于一个介电材料镜面与一个热蒸镀的银镜之间形成微腔 (图 6.5.3(b))。在这样的垂直微腔激光器中，激光发射具有高度的方向性，最大密度垂直于反馈镜面。从单一模式微腔发射的激光角度依赖性如图 6.5.4 所示。可以发现，即使偏离很小的角度，其发射密度也迅速减小，使得激光具有高度的方向性。

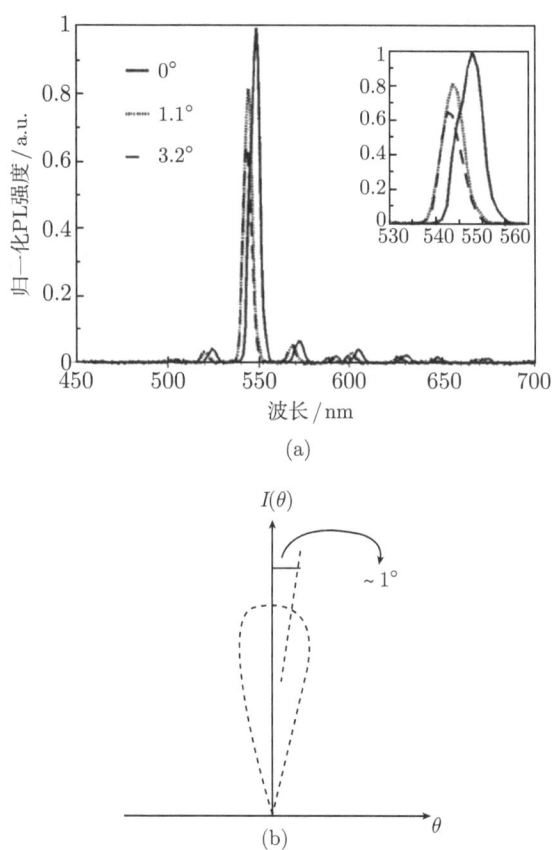

图 6.5.4 微腔激光器的发射角度依赖性

(a) 数据展示；(b) 数据汇总在极坐标图中

另一种在有机光波导中实现光反射的方法是引入折射率周期性变化的结构，光可通过布拉格散射实现反射，称为分布式反馈激光器，如图 6.5.3(c),(d),(f) 所示。反射镜面被嵌入到增益区，DFB 结构也可被认为是一维"光子晶体"。它的制作方式是，首先用全息光刻技术和反应离子刻蚀技术在 SiO_2 基底上制备周期长度为 170~180nm 范围的光刻图案，然后旋涂厚度 150~300nm 的有机薄膜 (如 BuEH-PPV) 到制备的光栅基底，最后在有机薄膜上面再旋涂厚度 1μm 的聚甲基戊二酰

亚胺 (PMG) 作为保护覆盖层。通过膜厚调节有效折射率可使得光波导的模式局限于有机层内进行传播 (图 6.5.5)。

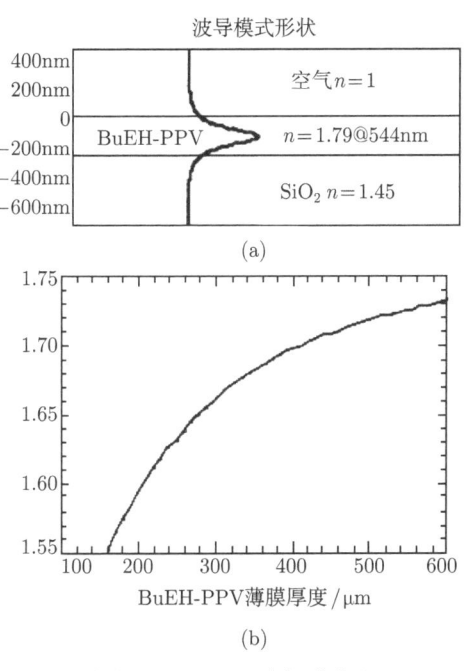

图 6.5.5　DFB 有机激光器

(a) 模式形状；(b) 有效折射率与有机层厚度的关系

直接电泵浦有机激光仍是一个极具挑战性的问题。这主要是由于有机材料的迁移率太低，很难获得大的电流密度。有机/电极的界面光损耗也比较大。与光泵浦激光器相比，载流子的注入会引起额外的电荷诱导吸收，增加了损耗。此外，如前面章节所述，当相反电荷载流子在有机层复合时，形成大量不直接发光的三重态激子，它们也会引起损耗。因此，总体来看，电泵浦激光器比光泵浦激光器具有高得多的阈值能量。

参 考 文 献

[1] 黄昆. 固体物理学. 北京：高等教育出版社, 1988
[2] 孙鑫. 高聚物中的孤子和极化子. 成都：四川教育出版社, 1987
[3] 解士杰, 高琨. 低维量子物理. 济南：山东科学技术出版社, 2009
[4] 解士杰, 韩圣浩. 凝聚态物理. 济南：山东教育出版社, 2001
[5] 解士杰, 梅良模, 孙国昌. 掺杂聚乙炔中的孤子振动定域模. 物理学报, 1993, 42: 792

[6] Lefrant S, Lichtmann L S, Temkin H, Fitchen D B. Raman scattering in $(CH)_x$ and $(CH)_x$ treated with bromine and iodine. Solid State Commun., 1979, 29: 191

[7] Davids P S, Kogan S M, Parker I D, Smith D L. Charge injection in organic light-emitting diodes: Tunneling into low mobility materials. Appl. Phys. Lett., 1996, 69: 2270

[8] 王晋, 赵永年, 林德厚. 激光拉曼光谱在高分子中的应用. 高分子通报, 1989, 2: 32

[9] Parker I D. Carrier tunneling and device characteristics in polymer light-emitting diodes. J. Appl. Phys., 1994, 75: 1656

[10] Parker I D, Cao Y, Yang C Y. Lifetime and degradation effects in polymer light-emitting diodes. J. Appl. Phys., 1999, 85: 2441

[11] Cumpston B H, Parker I D, Jensen K F. In situ characterization of the oxidative degradation of a polymeric light emitting device. J. Appl. Phys., 1997, 81: 3716

[12] Cao Y, Yu G, Parker I D, Heeger A J. Ultrathin layer alkaline earth metals as stable electron-injecting electrodes for polymer light emitting diodes. J. Appl. Phys., 2000, 88: 3618

[13] Davids P S, Kogan S M, Parker I D, Smith D L. Charge injection in organic light-emitting diodes: Tunneling into low mobility materials. Appl. Phys. Lett., 1996, 69: 2270

[14] 程光煦. 极化激元与拉曼散射. 物理学进展, 2003, 23: 82

[15] 王晋, 赵永年, 林德厚. 激光拉曼光谱在高分子中的应用. 高分子通报, 1989, 2: 32

[16] 武霞, 刘云圻, 朱道本. 多功能有机及聚合物电致发光材料. 高分子通报, 2000, 2: 39

[17] Kymakis E, Amaratunga G A J. Single-wall carbon nanotube/conjugated polymer photovoltaic devices. Appl.Phys.Lett., 2002, 80: 112

[18] Kido J, Hongawa K, Okuyama K, Nagai K. White light-emitting organic electroluminescent devices using the poly(N-vinylcarbazole) emitter layer doped with three fluorescent dyes. Appl.Phys.Lett., 1994, 64: 815

[19] Dhoot A S, Ginger D S, Beljonne D, Shuai Z, Greenham N C. Triplet formation and decay in conjugated polymer devices. Chem.Phys.Lett., 2002, 360: 195

[20] 锁钒, 于军胜, 黎威志, 娄双玲, 邓静, 蒋亚东. 基于 Alq3 的有机电致发光器件温度特性的研究. 科学通报, 2007, 52: 2569

[21] Lyshevski S E. Nano and Molecular Electronics Handbook. Boca Raton: CRC Press, 2007

[22] 谢尔盖·雷舍夫斯基. 纳米与分子电子学手册. 帅志刚, 李启楷, 朱道本, 译. 北京: 科学出版社, 2011

[23] 伍晚花, 郭颂, 赵建章. 三重态–三重态湮灭上转换的研究进展. 中国科学: 化学, 2012, 42: 1381

[24] 杨兵, 马於光. 新一代有机电致发光材料突破激子统计. 中国科学: 化学, 2013, 43: 1457

[25] 李晨森, 任忠杰, 闫寿科. 热活性延迟荧光材料的设计合成及其在 OLED 上的应用. 科学通报, 2015, 60: 1

[26] Endo A, Ogasawara M, Takahashi A, et al. Thermally activated delayed fluorescence from Sn4+-porphyrin complexes and their applicationto organic light-emitting diodes—A novel mechanism for electroluminescence. Adv. Mater., 2009, 21: 4802

[27] 姚亮. 有机给受体型荧光分子的设计合成、光谱性质及电致发光新机制研究. 吉林大学博士学位论文, 2015

[28] 王储. 基于受体苯并噻二唑、萘并噻二唑的有机给受体型荧光小分子的设计合成、光物理性质及电致发光性能研究. 吉林大学博士学位论文, 2016

[29] 张太阳, 赵一新. 铅卤钙钛矿敏化型太阳能电池的研究进展, 化学学报, 2015, 73: 202

[30] Green M A, Ho-Baillie A, Snaith H J. The emergence of perovskite solar cell. Nat. Photon., 2014, 8: 506

[31] Chen Q, De Marco N, Yang Y (M), Song T B, Chen C C, Zhao H, Hong Z, Zhou H, Yang Y. Under the spotlight: The organic—inorganichybrid halide perovskite for optoelectronicapplications. Nano Today, 2015, 10: 355

[32] Shi S, Li Y, Li X, Wang H. Advancements in all-solid-state hybrid solar cellsbased on organometal halide perovskites. Material Horizons, 2015, 2: 378

第7章 有机自旋电子学

前面几章主要介绍了有机固体的光电特性,包括有机材料的导电性和光电之间的相互转换,以及有机太阳能电池、有机发光器件等一些新型有机功能器件。过去几年中,有机半导体的又一个重大进展是其在自旋电子学方面的应用,包括有机功能材料及其相关器件中的磁场效应,自旋产生、输运、储存及探测等新物理现象和其独特的物理机理。有机自旋电子学包含与化学交叉的有机功能材料和与物理交叉的自旋电子学两个领域。一方面,人们寻求电磁光等物理特征更加明显的有机材料,是软材料科学的重要研究课题之一;另一方面,自旋电子学是电子学的重大发展,二十多年来不仅导致了如高密度存储器这类重大应用性器件的出现,而且还导致了一些基础物理的革命,如自旋流、自旋压、自旋霍尔效应、自旋整流等新物理概念或现象的出现。将二者结合,探讨有机功能材料在自旋电子学领域的新应用显然具有重要的基础研究价值和潜在的应用背景,并由此形成一门新的学科——有机自旋电子学 (organic spintronics),这也是当前国际上许多课题组密切关注的一个研究方向。2004 年在澳大利亚召开的 ICSM(合成金属国际会议),首次将有机自旋电子学专门列为一个分会,标志着这一新领域开始引起人们的关注。2007 年在意大利博洛尼亚召开了首届有机自旋电子学国际会议,来自世界各地物理、化学和材料学的同行对有机自旋电子学的内涵及外延展开了热烈的讨论。2010 年在日本召开的 ICSM 会议上,有机自旋电子学已成为物理、化学和材料学研究者共同关注的焦点,大量的研究进展在大会上报告,极大地推动了该领域的发展。

有机自旋电子学的研究目前主要关注两类结构器件,一类是含有磁性电极的有机器件,如 $La_{1-x}Sr_xMnO_3/6T/ La_{1-x}Sr_xMnO_3$ 和 $Co/Alq_3/ La_{1-x}Sr_xMnO_3$ 等器件,主要研究自旋极化电子 (空穴) 的注入、输运与探测,体现为器件的磁电阻或自旋阀效应。2002 年 Dediu 研究组首次报道了有机材料中的自旋注入和输运。他们采用庞磁电阻 (colossal magnetoresistance,CMR) 半金属材料 $La_{1-x}Sr_xMnO_3$ 作极化电子给体,有机层采用 sexithienyl(6T),实验发现了磁电阻,表明铁磁电极之间通过有机层存在自旋极化耦合,即有机体内存在自旋极化注入,两电极之间的输运电流是自旋极化的。2004 年,熊祖洪等制备了 $Co/Alq_3/ La_{1-x}Sr_xMnO_3$ 器件,测得低温下可以实现 40% 的磁电阻,从而实现有机器件的自旋阀效应。为进一步改善器件功能,克服 Co 渗透对器件质量的影响,Santos 等提出增加绝缘缓冲层,在室温下制备出 $Co/Al_2O_3/Alq_3/La_{1-x}Sr_xMnO_3$、$Co/Al_2O_3/Alq_3/NiFe$ 等磁性隧穿结器件,室温下获得了 8%的隧穿磁阻。缓冲层的加入丰富了自旋极化电子在器件内的输运过程,同时也为有机自旋器件的机理研究提供了更大的空间。

另一类器件是不含有任何磁性元素的有机器件,如 ITO/PEDOT/polyfluorene/Ca 和 ITO/PEDOT/6T/Ca/Al 等器件。2004 年 Francis 等发现通过施加弱磁场 (≤100mT),有机器件 ITO/PEDOT/polyfluorene/Ca 室温下可出现 10%以上的磁电阻,磁电阻的大小和正负与有机层的厚度以及外加偏压有关。由于该现象在无机器件中很难出现,有机磁电阻 (OMR) 很快受到物理、化学、材料和电子学界的广泛关注。十几年来的研究初步发现,OMR 不仅有重大的潜在应用价值,而且内容丰富,机理复杂。有机半导体 (器件) 不仅存在磁电阻,而且其光致发光 (PL)、电致发光 (EL) 和光电流 (PC) 等都存在不同程度的强磁响应现象,我们将其统称为有机磁场效应 (OMFE),这成为当前有机功能材料和器件研究的一个重要热点,对其弱磁场强响应机理的探索更是吸引了物理学工作者的兴趣。有机磁场效应的费解之处是弱磁场下的塞曼能 $\left(1\mathrm{T}\ \text{下},\frac{1}{2}g\mu_\mathrm{B}\sigma\cdot B\sim 10^{-5}\mathrm{eV}\right)$ 远小于热能 (室温下, $k_\mathrm{B}T\sim 0.026\mathrm{eV}$),如此小的塞曼能是如何克服热效应来对电子的自旋进行控制的?这或许与有机半导体中的载流子以及自旋扩散长度有关,也可能与其他磁相互作用有关。

近年来,一些更有趣的现象被发现,有机电荷转移复合物中,人们发现了室温铁电、铁磁和磁电耦合等特性,通过超分子设计技术,可以把电子给体和受体分子组装成有序电荷转移网络来实现铁电性。有机材料中的自旋热电子学 (spin caloritronics) 也悄然出现,这种效应侧重于自旋和热流的相互作用,可应用于温度计、发电机和冷却器。研究内容包括热电导和自旋依赖的 Seebeck 系数、Peltier 系数,热自旋转移力矩 (thermal spin-transfer torques),以及自旋反常热电霍尔效应等。2012 年,任申强等在 P3HT 纳米线晶体中掺杂 C_{60},通过测量样品的磁滞回线发现,在没有光照时,样品最大磁化率约为 $10\mathrm{emu/cm}^3$。当以 615nm、20mW 的红光照射时,样品最大磁化率升高到约 $30\mathrm{emu/cm}^3$。实验还发现,外加电场和应力都可以调控磁化率的大小。同时,在 P3HT 纳米线单晶和 C_{60} 单质中均没有测到磁化率。这说明光照引起电荷转移是系统磁性的来源,这种光激发铁磁性同时可以被电场调控,说明材料具有磁电耦合的特性。之后,在单壁碳纳米管/C_{60} 体系和 nw-P3HT/Au 等体系中也观测到了光激发铁磁性现象。2013 年,日本 Tohoku 大学的 Ando 和英国剑桥大学的 Watanabe 等课题组发现有机半导体中存在纯自旋流,即自旋的输运不需施加驱动电场。他们制备了 $\mathrm{Ni_{80}Fe_{20}}$/PBTTT/Pt 器件,通过微波激发,自旋被泵浦到有机聚合物层 PBTTT。在 Pt 端,自旋流通过自旋-轨道耦合转化为电流 (逆自旋霍尔效应, ISHE) 而被探测到。实验中没有施加任何外电场,因此有机层内不存在载流子的定向运动,应是纯自旋流,它被认为是通过自旋极化子输运的。

在表 7.1 中，列出了有机自旋电子学研究中常用的一些分子结构及其相关性质。

表 7.1　有机自旋电子学研究中常用的一些分子结构及其相关性质

分子名称	分子结构	能级	迁移率/[cm²/(V·s)]	自旋扩散长度/nm
6T		HOMO=4.9 eV LUMO=2.3 eV	0.1 p型	70
Alq$_3$		HOMO=5.7 eV LUMO=2.7 eV	10^{-5} n型	45~100
RR-P3HT		HOMO=5.1 eV LUMO=3.5 eV	0.1 p型	80
Rubrene		HOMO=5.2 eV LUMO=3.0 eV	1 p型	13.3
Pentacene		HOMO=4.9 eV LUMO=2.7 eV	0.02 p型	—
α-NPD		HOMO=5.4 eV LUMO=2.3 eV	10^{-5} p型	—

7.1　电荷–自旋–磁场相互作用

与传统的半导体相比，有机半导体的合成要容易得多。有机半导体制作器件具有众多的优势，如成本低，可大面积制作，并可通过物理或化学方法进行必要的人工"剪裁"，尤其值得强调的是有机材料主要由 C、H 等轻元素组成，其自旋–轨道耦合作用较弱。另外，由于有机材料的"软"性，有机材料中载流子是孤子、极化子、双极化子等准粒子，它们具有更复杂的电荷–自旋关系，使有机自旋电子学器件具有更丰富的特性。表 7.1.1 中，列出了各种材料中载流子的电荷–自旋关系。

自旋电子学的研究首先必须清楚电荷–自旋–电 (磁) 场之间的关系。当涉及自旋时，量子力学的准确描述为狄拉克方程

$$i\hbar \frac{\partial}{\partial t}\psi = H\psi \tag{7.1.1}$$

其中，哈密顿量

$$H = c\vec{\alpha} \cdot \left(\vec{P} - \frac{e}{c}\vec{A}\right) + V + mc^2\beta \tag{7.1.2}$$

7.1 电荷–自旋–磁场相互作用

表 7.1.1　各种材料中的载流子特征

材料	载流子	电荷 (e)	自旋 (h)
绝缘体	—	—	—
超导体	库柏对	2	0
金属	电子 (扩展态、无带隙)	1	$\pm 1/2$
无机半导体	电子或空穴 (扩展态、有带隙)	± 1	$\pm 1/2$
有机半导体 (小分子, 聚合物)	孤子 (soliton) (局域态)	0	$\pm 1/2$
		± 1	0
	极化子 (polaron) (局域态)	± 1	$\pm 1/2$
	双极化子 (bipolaron) (局域态)	± 2	0
	激子 (exciton) (局域态)	0	0 (自旋单态)
			± 1 (自旋三态)
	双激子 (biexciton) (局域态)	0	0
	三子 (trion) (高能极化子)	± 1	$\pm 1/2$

电磁势为 $(\vec{A}, V)$,$\vec{B} = \nabla \times \vec{A}$,$V$ 既包含晶格场 $V(\vec{r})$ 也包含光的电场分量 $\vec{E}$ 对电子产生的电势能,电荷 $e > 0$。当材料内的电子速度远小于光速时,可对狄拉克方程作非相对论近似,得到哈密顿量为

$$H = \frac{1}{2m}\left(\vec{p} - \frac{e}{c}\vec{A}\right)^2 + V(\vec{r}) + e\vec{E}\cdot\vec{r} + \frac{\hbar}{4m^2c^2}\left[\nabla V \times \left(\vec{p} - \frac{e}{c}\vec{A}\right)\right]\cdot\vec{s} - g\mu_B \vec{s}\cdot\vec{B} \tag{7.1.3}$$

上式右边第一项包含了洛伦兹轨道与磁场的相互作用,第三项为光的电场分量与电子的相互作用。

式 (7.1.3) 右边第四项为自旋–轨道耦合。中心力场下,在没有光场的情况,自旋–轨道耦合具有下面的形式:

$$H_{\text{so}} = \frac{1}{4m^2c^2}\frac{1}{r}\frac{dV}{dr}\left(\vec{s}\cdot\vec{l}\right) = \frac{1}{2}\xi(r)\left(\vec{s}\cdot\vec{l}\right) \tag{7.1.4}$$

很显然,自旋–轨道耦合只对电子空间角动量 $l \neq 0$ 态有影响。对于围绕原子核运动的电子,$V = Ze^2/r$,$r \propto Z$,给出自旋–轨道耦合强度 $\xi \propto Z^4$,表明重原子有更大的自旋–轨道耦合强度。一般来说,有机材料主要由原子序数较低的元素组成,因此,有机材料的自旋–轨道耦合通常被认为是较弱的。

最后一项为自旋与光的磁场分量相互作用 (塞曼项),其中 g 为朗德因子,$\mu_B = 5.796 \times 10^{-5}$ eV/T 为玻尔磁子,$\vec{s} = \hbar\vec{\sigma}/2$ 为自旋算符,$\vec{\sigma}$ 为泡利矩阵。

除此之外,材料内还可能存在下面两项自旋相关的相互作用。

1. 海森伯交换相互作用

这是根据泡利不相容原理得到的,起源于波函数交换反对称性。以二电子系统为例,体系波函数 $\psi(1,2)$ 必须是交换反对称的,即 $\psi = \Phi_S\chi_S$ 或 $\Phi_A\chi_T$,其中,$\chi_{S/T}$

为二电子自旋单/三重态，分别为反对称和对称的自旋函数，$\Phi_{S/A}$ 为空间对称/反对称二电子态。若电子之间的相互作用 $V(\vec{r_1},\vec{r_2})$ 与自旋无关，一阶微扰下，$\Phi_{S/A}$ 可以用单电子态 $\varphi_\mu(r)$ 的组合来表示，即

$$\Phi_S = \frac{1}{\sqrt{2}}[\varphi_a(\vec{r_1})\varphi_b(\vec{r_2})+\varphi_a(\vec{r_2})\varphi_b(\vec{r_1})] \qquad (7.1.5a)$$

$$\Phi_A = \frac{1}{\sqrt{2}}[\varphi_a(\vec{r_1})\varphi_b(\vec{r_2})-\varphi_a(\vec{r_2})\varphi_b(\vec{r_1})] \qquad (7.1.5b)$$

因此，两电子的相互作用能，即一阶微扰项为

$$H_{\text{int}} = \begin{cases} \int \Phi_S^* V(\vec{r}_1,\vec{r}_2)\Phi_S d\tau = \frac{1}{2}\int[\varphi_a^*(\vec{r}_1)\varphi_b^*(\vec{r}_2)V(\vec{r}_1,\vec{r}_2)\varphi_a(\vec{r}_1)\varphi_b(\vec{r}_2) \\ \quad +\varphi_a^*(\vec{r}_2)\varphi_b^*(\vec{r}_1)V(\vec{r}_1,\vec{r}_2)\varphi_a(\vec{r}_2)\varphi_b(\vec{r}_1)]d\tau_1 d\tau_2 = A+J \\ \int \Phi_A^* V(\vec{r}_1,\vec{r}_2)\Phi_A d\tau = \frac{1}{2}\int[\varphi_a^*(\vec{r}_1)\varphi_b^*(\vec{r}_2)V(\vec{r}_1,\vec{r}_2)\varphi_a(\vec{r}_1)\varphi_b(\vec{r}_2) \\ \quad -\varphi_a^*(\vec{r}_2)\varphi_b^*(\vec{r}_1)V(\vec{r}_1,\vec{r}_2)\varphi_a(\vec{r}_2)\varphi_b(\vec{r}_1)]d\tau_1 d\tau_2 = A-J \end{cases}$$
$$(7.1.6)$$

其中，$\mu = a,b$。A,J 为两个积分系数，分别称为电子库仑能和交换能。上式表明两电子系统不同的自旋组态能量是有差别的，这种能量差别取决于交换能。因为两个电子的总自旋 $\vec{s} = \vec{s}_1 + \vec{s}_2$，故 $\vec{s}^2 = (\vec{s}_1+\vec{s}_1)^2 = \vec{s}_1^2 + \vec{s}_2^2 + 2\vec{s}_1 \cdot \vec{s}_2$。单态总自旋 $\vec{s}^2$ 的本征值为 0，三重态为 2(取 $\hbar = 1$)，所以 $\vec{s}_1 \cdot \vec{s}_2 = -3/4$(单态)，$\vec{s}_1 \cdot \vec{s}_2 = 1/4$(三重态)，式 (7.1.6) 可写为

$$H_{\text{int}} = A - \frac{J}{2} - 2J\vec{s}_1 \cdot \vec{s}_2 = A' - J\vec{s}_1 \cdot \vec{s}_2 \qquad (7.1.7)$$

海森伯将其推广到多电子系统，被认为是铁磁体的起源。

2. 超精细相互作用

由于原子核并非质点，它的电荷有一定的分布 (电四极矩)，它还有自旋角动量和磁矩，这些性质都将对电子的运动产生影响，从而使电子光谱进一步分裂，其分裂程度比精细相互作用还要小，称为超精细相互作用。其表达式为

$$H_f = \alpha \sum_i \vec{S}_i \cdot \vec{I}_i \qquad (7.1.8)$$

其中，α 代表相互作用的强度，$\vec{S}_i$、$\vec{I}_i$ 分别代表分子或格点之处的电子自旋和核自旋角动量。

在自旋电子学的研究中，上述所有的相互作用都应考虑，只不过在具体的情况下，可以对其主次进行相应地取舍罢了。

7.2 有机磁性分子

具有特殊结构的有机化合物可能具有磁性,如分子-金属配合物、分子内含氮氧自由基团结构的有机化合物、平面大 π 键结构的有机物以及电子转移复合物等。传统的磁体由带未成对的 d 或 f 电子的过渡金属及其氧化物或稀土元素组成。通常的有机物都是共价键结合,不含有未成对电子,因而以 C 为主体的有机化合物虽然很多,但能成为磁性材料的却很少。20 世纪 60 年代初,Little 和 Mcconnell 等分别从理论上提出某些含有芳香族或烯族自由基的分子中可能出现铁磁性耦合,从此开启了人们对有机磁体研究的大门。1986 年 Ovchinnikov 首次在实验室合成出第一个有机铁磁性聚合物,1988 年美国科学家 Torrance 和 Miller 等几乎同时报道了几种具有铁磁性的有机分子化合物,此后有机磁性分子的研究得到迅速发展。

根据有机磁性材料顺磁中心种类的不同可以将其分为两类。一类为非纯有机材料,是指在有机高分子基体中加入各种磁性金属离子而形成的具有磁性的高分子。和传统磁体的高温冶炼过程不同,这些磁体是通过传统的无机化学合成的方法制成的,在这类材料中,金属离子作为顺磁中心被引入,其磁性相互作用的机理与无机材料相似。其中两个典型的材料如图 7.2.1 所示。

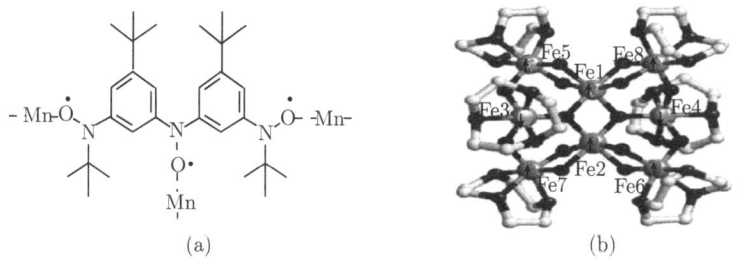

图 7.2.1 $[\{Mn(hfac)_2\}_3 \cdot R_2]$(a) 和 $[Fe_8O_2(OH)_{12}(tacn)_6]^{8+}$(b) 的结构示意图

图 7.2.1(a) 展示了 $[\{Mn(hfac)_2\}_3 \cdot R_2]$ 的结构,是由金属和一种带有三个平行排列的单电子的自由基 ($S=3/2$) 结合生成的高分子络合物。因为这种自由基在室温下和空气中都具有高度的稳定性,在外磁场下居里温度 T_c 可达到 46K。图 7.2.1(b) 是所谓的单分子磁体 Fe_8。图中描述的构型中,单分子磁体的磁矩有序排列,其中 4 个 Fe^{3+} 通过含 O 桥连形成 "蝴蝶结构",而 "蝴蝶结构" 再通过 OH 桥连与另外四个 Fe^{3+} 联结,反铁磁耦合与簇的拓扑交换使得 Fe_8 在基态具有极高的自旋 ($S=10$)。

另一类为纯有机磁性材料,是指只含有 C、N、O、S 和 H 等而不含过渡金属或稀土元素的有机磁体,它们的磁性来源于 s 和 p 轨道电子自旋的长程有序,由于不含任何过渡族元素,其合成具有更大的难度。但因其不含过渡元素,具有很高的探索价值,在科学上也具有很大的挑战性,因此备受人们关注。

纯有机固体的磁性主要来源于带单电子自旋的有机自由基,其自旋仅限于 p 轨道电子。同过渡族金属或稀土元素等的磁性主要来源于 $3d$ 和 $4f$ 轨道单电子自旋的磁性体系相比,有机自由基有两个明显的特点:一是只含轻元素的分子中,弱自旋-轨道耦合导致了电子自旋极高的各向同性;二是分子内各原子的自旋密度分布,自旋密度分布调整了不同磁单元间磁性相互作用,也成为衡量磁性相互作用的一个重要参数。

比较典型的纯有机磁性材料又分为两类,一类是具有高自旋多重度的有机磁体。1968 年,Mataga 提出了高自旋多重度模型,指出由间位取代的三线态二苯卡宾组成的大平面交替烃将出现铁磁耦合。从此人们开始设计和合成这类高自旋的分子。高自旋分子具有大量的能进行铁磁性耦合的单电子,设计和合成这类分子必须克服的问题是在分子中如何保留多重态间的键的相互作用。未成对电子的铁磁性耦合使得高自旋聚合物可以具有很高的自旋量子数。2001 年,Rajca 等制备了一种在低温下呈现磁有序状态的有机 π 共轭高分子,其结构和测得的磁化率如图 7.2.2 所示。这是一个具有交联的高密度自由基的分子,由带有不相等的自旋量子数的大环结构交联形成,大环的自旋量子数 $S=2$,交联键的自旋量子数 $S=1/2$。分子之间的铁磁性或反铁磁性交换耦合都会使这种网络结构具有很大的 S 值。在这种高度交换的聚合物中,与有效磁矩相关的平均自旋量子数 S 约为 5000,并且这类聚合物在温度为 10K 以下时,其自旋在很小的外加磁场下就会进行缓慢地重新排列。

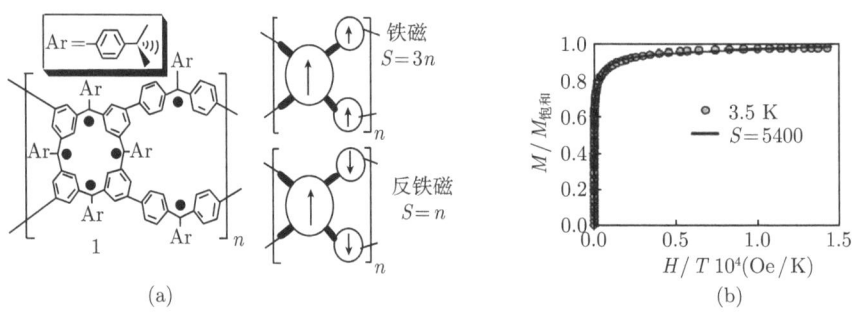

图 7.2.2 有机 π 共轭高分子的结构和低温下的磁化率

另一类是含自由基的磁性高分子,是通过高分子制备使得分子自由基稳定并呈现铁磁性有序,如图 7.2.3 所示。从合成有机聚合物铁磁体来看,聚二乙炔衍生物要比聚乙炔衍生物更易使其中的自由基稳定并呈现铁磁性。将含有有机自由基的单体聚合,通过高分子链的传递作用使自由基中的电子自旋发生耦合,从而表现出宏观的磁性。1987 年 Ovchinnikov 等首次合成了这种铁磁性的聚合物 poly-BIPO,

全称为 [poly(1,4-bis(2,2,6,6,tetramethyl-4-piperidyl-loxyl)butadiin)]。他们是通过聚合带氮氧自由基的丁二炔的单体的方法合成的。将两个稳定的 4- 氧 -2,2,6,6- 四甲基哌啶 -1- 氧自由基接到丁二炔单体上，得到的 BIPO 在紫外线照射或 80~100℃下，聚合成单晶或多晶聚合物 poly-BIPO，在 150℃以下显示出铁磁性。但 poly-BIPO 的聚合度很小，转化率低，且实验数据的重复性非常差。这种铁磁性的聚合物作为第一个有机铁磁性聚合物的出现引起了全世界有机化学和理论物理工作者的广泛重视。图 7.2.3 中是 BIPO 及类似结构的两种磁性高分子 BIPENO 和 BIOPC 单体。

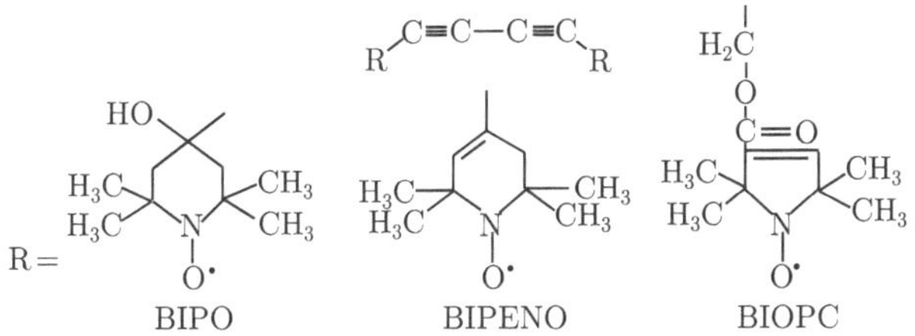

图 7.2.3 BIPO、BIPENO 与 BIOPC 的结构示意图

2009 年，Sugawara 等在实验中制备出有机单分子磁体，具有局域的自旋。在利用这种单分子磁体制成的器件中，传导电子的自旋与局域自旋相互耦合，产生极化电流。图 7.2.4 中显示了其中一种典型的有机单分子磁体。这种含自由基的磁性高分子由于主链具有共轭的 π 轨道，可作为分子导电通道。侧基自旋与主链电子产生自旋关联，使主链出现自旋密度波。

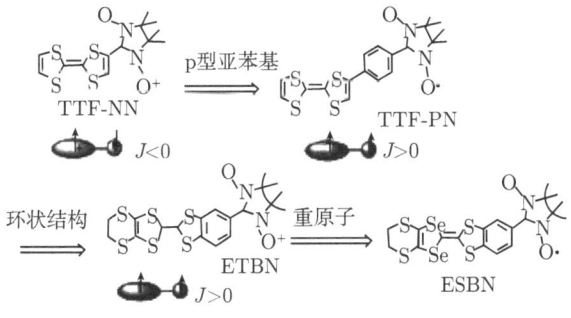

图 7.2.4 有机单分子磁体示意图

7.3 有机磁性分子理论

目前对于有机磁体的理论研究主要限于对其磁性机制的理解，本节将介绍几种主要的物理模型，这也是设计合成有机磁体的理论依据。

1. Heiter-London 自旋交换模型

20 世纪 60 年代初美国科学家 Mcconnell 为预测和解释分子间磁的相互作用,提出了自旋交换模型,涉及电子组态间相互作用产生的自旋极化。模型如图 7.3.1 所示,相邻的两分子单元 A 和 B 均具有未成对电子,由于自旋极化作用,每个分子单元都有可能出现正负两种自旋密度波区域。图中虚线所示是两分子间自旋密度的强重叠区域,当正自旋密度远大于负自旋密度时,就有可能出现铁磁耦合。

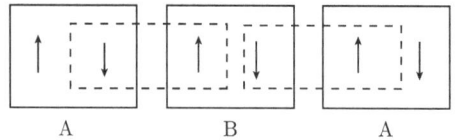

图 7.3.1　A, B 的自旋极化和铁磁耦合示意图

2. 分子间电子转移模型

1967 年,Mcconnell 指出,对于自由基正离子和自由基负离子交替排列构成的链状体系,三重激发态混入基态将导致分子间铁磁相互作用。模型原理如图 7.3.2 所示。

图 7.3.2　分子间电子转移模型

这一模型的主要思路是通过电荷转移后形成中性的或离子型的基态三重态复合物盐,在复合物中电子给体 D 和电子受体 A 成为三重态,此模型欲使分子呈铁磁性堆积,必须要求堆积组分之一的基态应为稳定的三重态。

3. 高自旋多重度模型

1968 年 Metaga 提出由间位取代的三线态二苯卡宾组成的大平面交替烃,通过洪特规则将出现铁磁耦合的高自旋态。当整个固体自旋排列有序 (分子间和分子内铁磁耦合) 时便可产生铁磁性。模型原理如图 7.3.3 所示。模型中整个分子间和分子内的自旋耦合将产生宏观铁磁性,高自旋多重态自由基本身就是铁磁畴。

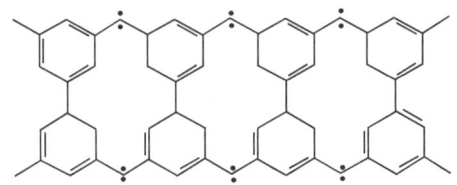

图 7.3.3　高自旋多重态的分子模型

7.3 有机磁性分子理论

4. 超交换模型

1987 年，Ovchinnikov 提出了一种超交换模型，从理论上分析了含自由基的高分子的磁性来源。如图 7.3.4 所示，黑球所示的链状分子体系通常由于相邻的未成对电子自旋间的反向排列使整个链的自旋完全抵消，如果通过化学方法将带有自旋的白色球所示的自由基以每隔一个黑球的间隔连接到黑球所示的分子链上，尽管黑球与白球自由基之间的相互作用也是反铁磁性的，但白球之间可通过主链上 π 电子的超交换作用，使白球上的自旋呈现平行排列，从而使整个分子呈现铁磁性。

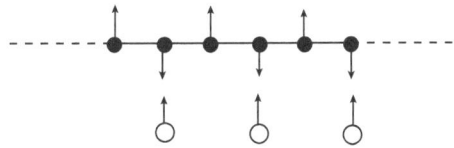

图 7.3.4 超交换模型示意图

基于超交换模型，姚凯伦等对 poly-BIPO 进行了研究，他们强调了主链上 π 电子与侧基局域自旋的耦合作用，并考虑到主链上电子–晶格耦合和 Hubbard 电子–电子相互作用。闭环结构下的计算显示，这类系统的基态是一稳定的铁磁态，即侧基自旋通过 π 电子耦合呈现平行排列，如图 7.3.4 所示。

考虑到实际材料中由于缺陷的存在或分子尺寸的限制，π 电子的巡游性将会严重受阻，研究发现系统的铁磁序将受到分子链端边界效应的影响。对于一维 poly-BIPO 链，主链采用扩展的紧束缚 SSH 模型，系统的哈密顿量可写为

$$H = H_{\text{e-l}} + H_{\text{R-S}} + H_{\text{e-e}} \tag{7.3.1}$$

其中

$$H_{\text{e-l}} = -\sum_{n,s}[t_0 - \alpha(u_{n+1}-u_n)](C^+_{n+1,s}C_{n,s} + \text{h.c.}) \\ + K/2\sum_n(u_{n+1}-u_n)^2 + 4\alpha/\pi\sum_n(u_{n+1}-u_n) \tag{7.3.2}$$

上式最后一项将对自由的分子链端点起到稳定作用。周期性边界条件下，最后一项自然消失。$H_{\text{R-S}}$ 为链上 π 电子与自由基上局域电子之间的自旋交换耦合作用

$$H_{\text{R-S}} = J_{\text{f}}\sum_n \delta_{n,o} \vec{S}_{n,\text{R}} \cdot \vec{S}_n \tag{7.3.3}$$

$\delta_{n,o}$ 表示链上奇数格点连接有自由基，$\vec{S}_{n,\text{R}}$ 为自由基上自旋，$\vec{S}_n$ 为 π 电子自旋，$H_{\text{e-e}}$ 为电子–电子相互作用，采用 Hubbard 模型

$$H_{\text{e-e}} = U\sum_n C^+_{n,\uparrow}C_{n,\uparrow}C^+_{n,\downarrow}C_{n,\downarrow} + V\sum_{n,s,s'}C^+_{n,s}C_{n,s}C^+_{n+1,s'}C_{n+1,s'} \tag{7.3.4}$$

π 电子与自由基之间自旋耦合 J_f 的存在将导致电子能谱自旋不对称，主链上呈现自旋密度波，定义自旋密度序参量

$$m_s = \frac{1}{N}\sum_n (-1)^n m_{n,s} = \frac{1}{N}\sum_n (-1)^n \sum_\mu{}' (Z_{\mu,n,\uparrow}Z_{\mu,n,\uparrow} - Z_{\mu,n,\downarrow}Z_{\mu,n,\downarrow}) \quad (7.3.5)$$

其中，$m_{n,s} = \sum_\mu{}' (Z_{\mu,n,\uparrow}Z_{\mu,n,\uparrow} - Z_{\mu,n,\downarrow}Z_{\mu,n,\downarrow})$ 代表格点 n 处的自旋密度。$Z_{\mu,n,s}$ 是自旋为 s，本征能为 $\varepsilon_{\mu,s}$ 的 π 电子在主链格点 n 上的几率振幅，电子态为 $\Psi_{\mu,s} = \sum_n Z_{\mu,n,s}|n\rangle$。

通过计算发现，当 $J_\mathrm{f} = 0$ 时，电子能谱和本征态与自旋无关，$m_s = 0$，主链上不存在自旋分布，基态也不存在铁磁性；随着自旋耦合 J_f 的增加，能量最低态时，主链上出现自旋分布，自旋密度序参量 m_s 不再为零，而且自由基上的自旋呈现平行排列，体系呈现铁磁态；当 $J_\mathrm{f} \to \infty$ 时，主链上的 π 电子与自由基上的电子强烈耦合，自旋密度振幅达到最大，$m_s \to 1$。图 7.3.5 给出了链长为 $N=40$ 时，不同边界条件下自旋密度序参量随自旋耦合强度 J_f 的变化关系。

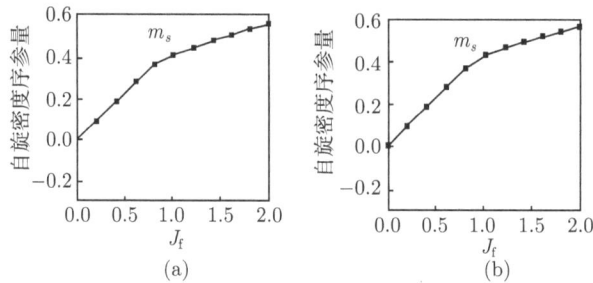

图 7.3.5　闭环 (a)、开链 (b) 情况下，自旋密度序参量 m_s 与自旋耦合 J_f 的关系

7.4　有机磁性分子器件

有机自旋电子学的研究目前主要关注两类结构器件：一类是有机磁性器件，其中又分为磁性电极和磁性分子两种情况，主要研究自旋极化电子 (空穴) 的注入、输运与探测；另一类是有机非磁器件，主要研究器件在外磁场调控下各种性质的变化，包括器件的电导、电致发光、光电流、光致发光的改变，即有机磁场效应。

本节介绍一个输运通道为有机磁性分子的自旋器件，认识磁性分子中自旋的变化对器件性能的影响。假设有机分子介于两金属电极之间，在输运通道上采用一维模型，整个体系的哈密顿量可以写为

$$H = H_\mathrm{OF} + H_\mathrm{L} + H_\mathrm{R} + H_\mathrm{Coup} + H_\mathrm{E} \quad (7.4.1)$$

其中，H_{OF} 为有机铁磁分子的哈密顿量，由式 (7.3.1) 给出。$H_{\text{L(R)}}$ 是左 (右) 半无限大电极的哈密顿量，

$$H_{\text{L(R)}} = \sum_{m,s} \varepsilon_{\text{L(R)}} a^+_{m,s} a_{m,s} + \sum_{m,s} t_{\text{L(R)}} (a^+_{m,s} a_{m+1,s} + \text{h.c.}) \qquad (7.4.2)$$

假定只在电极和分子的端点之间存在界面耦合

$$H_{\text{Coup}} = \sum_s t_{\text{LM},s} (a^+_{-1,s} C_{1,s} + \text{h.c.}) + \sum_s t_{\text{RM},s} (a^+_{N,s} C_{N+1,s} + \text{h.c.}) \qquad (7.4.3)$$

其中，界面耦合 $t_{\text{L(R)M},s}$ 表示电极与分子之间的耦合，可以是自旋相关的。最后一项为作用在分子上的外加偏压 ($e > 0$)

$$H_{\text{E}} = -\sum_{n,s} eE[na + u_n] C^+_{n,s} C_{n,s} \qquad (7.4.4)$$

自旋相关的电流通过 Landauer-Büttiker 公式计算

$$I_s(V) = \frac{e}{h} \int_{-\infty}^{+\infty} \sum_{s'} T_{s's}(E,V) [f(E - \mu_{\text{L}}) - f(E - \mu_{\text{R}})] \, dE \qquad (7.4.5)$$

其中，$T_{s's}(E,V)$ 表示在外加偏压 V 下，左边能量为 E、自旋为 s' 的电子隧穿到右端自旋 s 态的几率，$f(E - \mu_{\text{L(R)}}) = 1/\{1 + \exp[(E - \mu_{\text{L(R)}})/k_\text{B} T]\}$ 为费米分布函数。

定义通过器件的电流自旋极化率为

$$P = (I_\uparrow - I_\downarrow)/(I_\uparrow + I_\downarrow) \qquad (7.4.6)$$

对于自旋无关的界面耦合情况，令 $t_{\text{LM},s} = t_{\text{RM},s} = 0.5\text{eV}$，图 7.4.1 给出了器件电流及其自旋极化与外加偏压的关系。从图中可以看出器件的起始偏压约为 0.5V，电流的自旋极化随外加偏压呈现振荡行为，这是由于分子能级的离散性，随着偏压的增大，参与导电的自旋相关分子轨道逐渐增多。

由于有机材料的自调节功能，分子与电极的界面耦合也可能是自旋相关的。如果考虑到界面耦合是自旋相关的，则通过器件的电流自旋极化率将与自旋相关界面耦合有关。图 7.4.2 显示了偏压为 1.4V 时电流自旋极化率随自旋向上的界面耦合的变化，计算中固定自旋向下的界面耦合 $t_{\text{LM},\downarrow} = 0.5\text{eV}$。从图中可以看出当 $t_{\text{LM},\uparrow} = 0\text{eV}$ 时，自旋向上的电子无法隧穿有机层，只有自旋向下的电子可以隧穿。这时器件电流极化率为 -100%，是完全自旋极化的。随着界面处自旋向上轨道的开通，电流变得部分自旋极化。以上结果表明，通过调节分子和电极的界面耦合，如在分子和电极之间插入自旋相关的辅助中间层，或在界面处施加磁场，可以调节电流的自旋极化率。

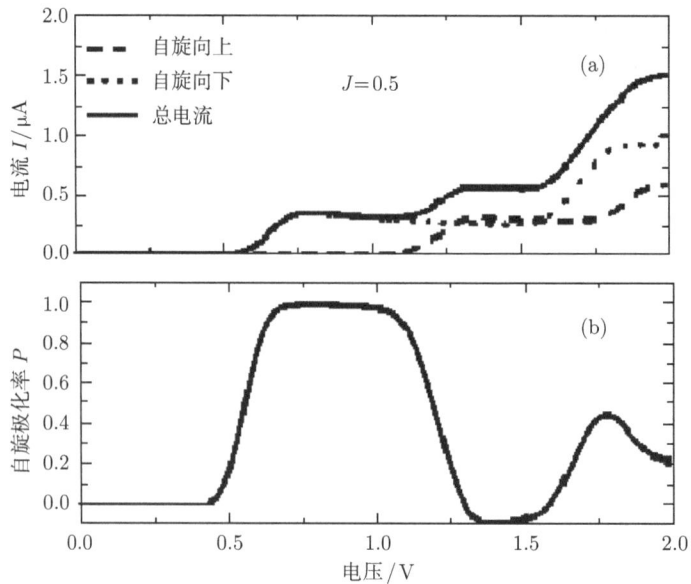

图 7.4.1　器件的 $I\text{-}V$ 曲线特性 (a)，电流极化率随偏压的改变 (b)

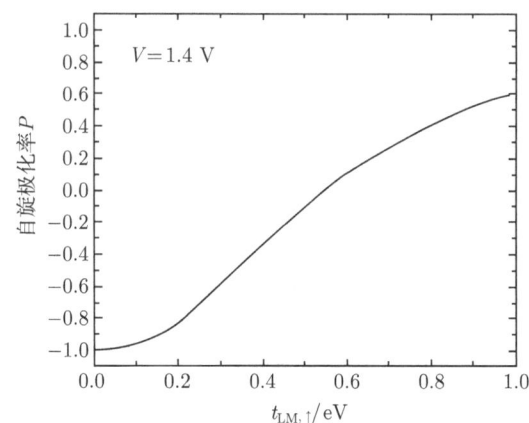

图 7.4.2　电流自旋极化率 P 随界面耦合参数的变化

实际中，由于温度的扰动或外加局域磁场的调节，有机铁磁分子的侧基自旋有可能发生反转，使有机分子处于能量较高的自旋激发态。侧基自旋反转将导致相应格点上的自旋密度取向改变，从而影响器件的电流自旋极化。图 7.4.3 显示了有机铁磁分子侧基自旋处于不同激发态时，器件电流自旋极化率的变化。可以看出，当分子处于基态时，起始电压下只存在一种自旋的电流，即只有自旋向上的电流出现，出现自旋过滤的现象。随着自旋激发态的出现，自旋向上电子的隧穿受到自旋激发态 (局域自旋缺陷) 的散射，其透射率下降，因此自旋向上的电流值降低，起始偏压也慢慢增大。在高自旋激发态下 (图中 4/10 表示 10 个侧基中有 4 个发生从上向下的反转) 自旋向上和向下的电子都会受到自旋激发态的强烈散射，器件起始偏压增加，电流下降。更重要的是电流自旋极化率明显减小，因此通过改变侧基自旋极化可实现有机铁磁分子器件的自旋过滤功能。

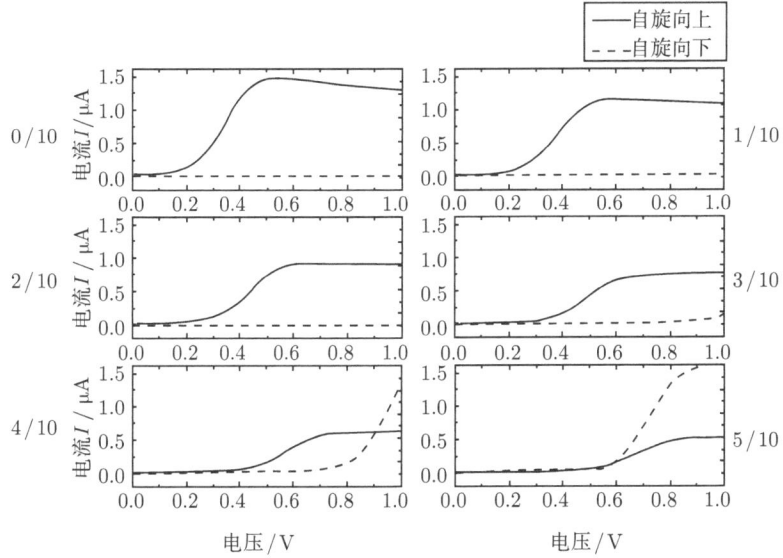

图 7.4.3　自旋反转对电流自旋极化率的影响

上面的处理是基于"二电路"模型近似，即电子在隧穿过程中，自旋不发生反转。实际上，除非有机层很薄或自旋-轨道耦合很弱，系统总存在自旋相关的隧穿，即电子在隧穿过程中自旋发生反转，隧穿几率 $T_{s's}$ 的非对角项将不再为零。有机材料内的迁移率通常较低，可等效认为电子在分子或格点上的停留时间较长，因此，发生自旋反转的概率较大。自旋相关的相互作用可以写为

$$H_{sf} = -\sum_n t_{sf}(C^+_{n,\uparrow}C_{n,\downarrow} + C^+_{n,\downarrow}C_{n,\uparrow}) \tag{7.4.7}$$

其中，t_{sf} 表示自旋反转的强度，其大小一般与自旋-轨道耦合作用、磁场环境及温度相关。

考虑到有机层中载流子自旋反转后，在探测端测得的自旋向上的电子就不仅来自于注入端的自旋向上的电子，也包括自旋向下的电子，对自旋向下的电子亦是如此。因此式 (7.4.5) 应变为

$$I_s(V) = \frac{e}{h}\int_{-\infty}^{+\infty}[T_{ss}(E,V) + T_{-ss}(E,V)][f(E-\mu_L) - f(E-\mu_R)]dE \tag{7.4.8}$$

图 7.4.4 为费米面附近电子态的示意图，其中 (a)、(b) 是不考虑自旋反转的情况，可以看到电子态是自旋分离的，最低未占据轨道 (LUMO) 是自旋向上，而更高一能级 (LUMO+1) 是自旋向下的，所以当施加偏压后，LUMO 能级上的电子态最先进入偏压窗参与导电，此时电流极化率为 100%。继续增大偏压，LUMO+1 能级上的电子态也将进入偏压窗，电流极化率下降。当考虑到自旋反转后，每个轨道上的电子态就变成了自旋向上与向下的混合态，如图 (c)、(d) 所示，所以隧穿电流就不能达到 100% 的极化。

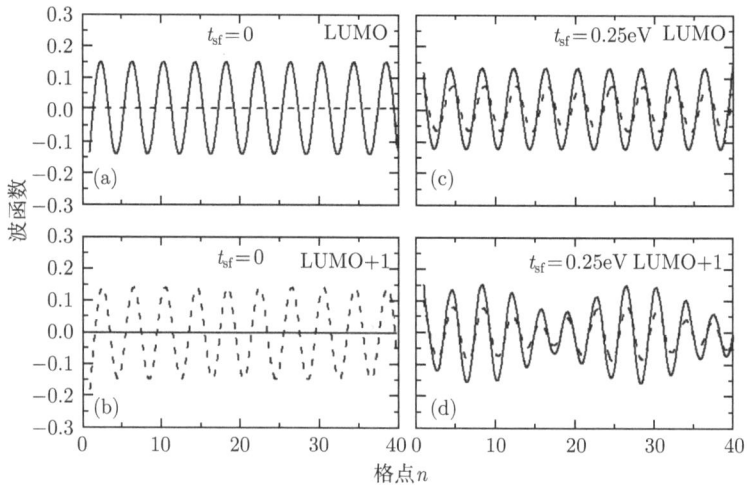

图 7.4.4　LUMO 与 LUMO+1 能级上的波函数
实线：自旋向上态 (分量)；虚线：自旋向下态 (分量)

图 7.4.5 给出了电流的自旋极化率与自旋反转强度的关系。此时偏压为 0.8eV，对比图 7.4.1(b)，考虑自旋反转后，电流的自旋极化率随自旋反转强度的增大而减

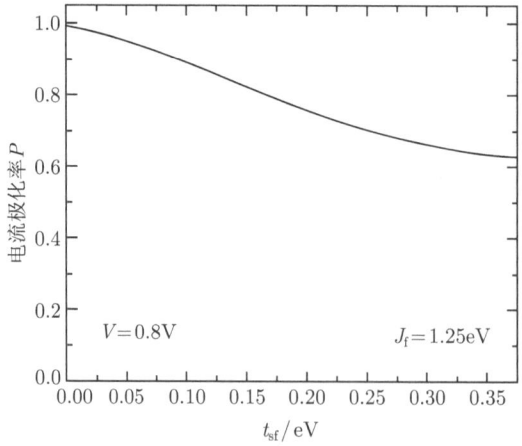

图 7.4.5　自旋极化率与自旋反转强度的关系

小。但应当注意到，由于有机材料中自旋弛豫时间较长，所以自旋反转系数应较小，因此，即使考虑自旋反转效应，有机磁性分子器件仍能保持很高的自旋极化率。

7.5 有机自旋器件

7.5.1 实验概述

2002 年，Dediu 研究组首次报道了有机半导体中的自旋极化注入和输运，他们采用半金属庞磁电阻钙钛矿材料 $La_{0.7}Sr_{0.3}MnO_3$(LSMO) 作极化电子给体，有机层采用六噻吩 6T，器件结构如图 7.5.1 所示。两个 LSMO 电极之间的宽度在 70~500nm，厚度为 100~150nm 的 6T 薄膜沉积在两个 LSMO 电极之间。加磁场之前，电极中的磁化方向是随机的，加磁场后两电极中的磁化方向为平行排列。他们给出的磁电阻为

$$\mathrm{MR} = R(H) - R(0) \tag{7.5.1}$$

实验中得到了负磁电阻 (negative magnetoresistance，NMR)，如图 7.5.2 所示。当有机层厚度小于 300nm 时，器件存在明显的磁电阻，表明有机层内存在自旋极化的注入，两电极之间的输运电流是自旋极化的。有机层厚度大于 300nm 时，基本观测不到磁电阻，这是因为有机层内的自旋弛豫长度并非无限大，而是有限值，自旋极化在有机材料内的长距离输运得不到保障。从图中还可以看到所有的 I-V 曲线几乎都可以用欧姆定律来描述。

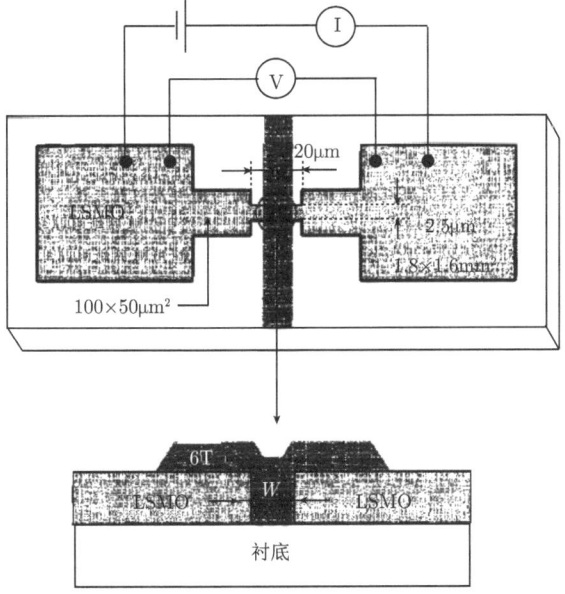

图 7.5.1 LSMO/6T/LSMO 三明治结构示意图

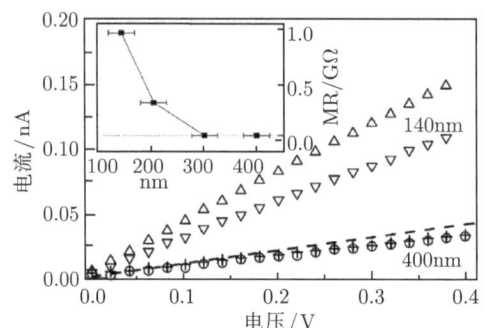

图 7.5.2 LSMO/6T/LSMO 器件厚度分别为 140nm 和 400nm 时的磁场相关的 I-V 特性曲线
"○" 和 "▽" 表示 H=0 的情况,"△" 和 "+" 表示 H=3.4kOe 的情况;内嵌图为
MR=R(0)−R(3.4kOe) 随有机层厚度的变化关系

2004 年,熊祖洪等采用有机小分子 Alq_3 作中间层制成了有机自旋阀,采用 LSMO/Alq_3/Co 三明治结构,如图 7.5.3 所示。由于两侧电极 Co 和 LSMO 的矫顽力不同,因此可以通过调节外加磁场使得两铁磁层磁化方向平行或者反平行排列。这种情况下定义磁电阻为

$$\mathrm{MR} = \frac{R_{\mathrm{AP}} - R_{\mathrm{P}}}{R_{\mathrm{AP}}} \tag{7.5.2}$$

其中,R_{AP} 和 R_{P} 分别表示两铁磁层磁化方向反平行或平行时器件的电阻。实验中测得该自旋阀低温下可以实现 40% 的磁电阻。实验结果如图 7.5.4 所示。该磁电阻为反常磁电阻,即两端电极磁化方向平行时电阻大,反平行时电阻小,这是由于 Co 电极费米面处的自旋多子态密度小于自旋少子态密度。

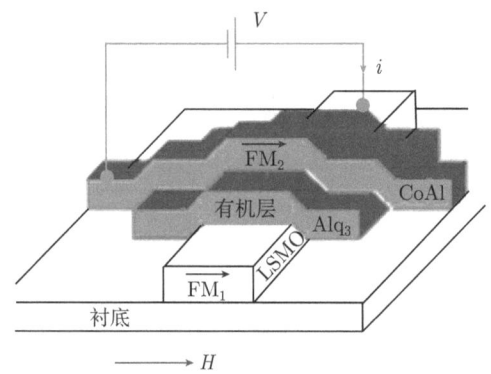

图 7.5.3 不同铁磁电极的有机自旋阀

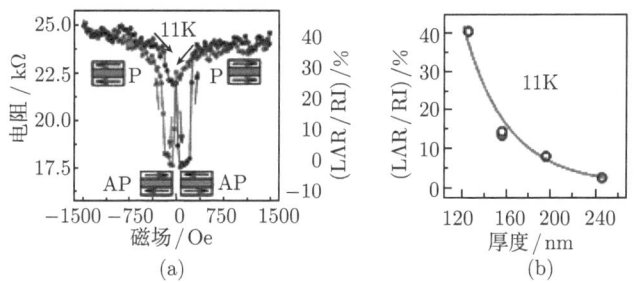

图 7.5.4　有机自旋阀的磁性相关输运 11K 下 LSMO(100nm)/Alq$_3$(130nm)/Co(3.5nm) 的 MR 曲线 (a); 不同厚度下的 LSMO/Alq$_3$/Co 器件的 MR 值 (b)

实验进一步发现磁电阻在室温下消失。为了获得室温下的磁电阻,人们试图采用高居里温度的铁磁金属作电极,这样在室温下铁磁金属可以保持很好的铁磁性。实验装置采用 Fe/Alq$_3$/Co 的三明治结构,其中 Fe 和 Co 的居里温度分别为 1043K 和 1388K。实验结果如图 7.5.5 所示,在 11K 的低温下可以得到 5% 的磁电阻。但是当温度升高到 90K 时,虽然这时电极仍保持有很好的铁磁性,但磁电阻却迅速下降至零左右,表明自旋在有机层内输运的过程中受到了温度的干扰,于是可认为室温下磁电阻的消失是有机体内自旋弛豫的结果。

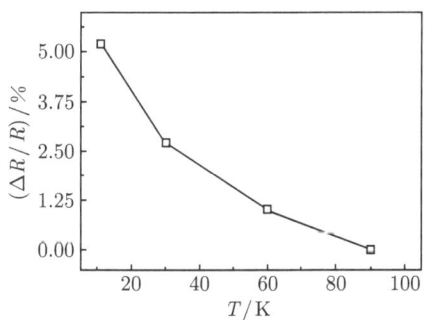

图 7.5.5　Fe(25nm)/Alq$_3$(140nm)/Co(3.5nm) 自旋阀结构中磁电阻随温度的变化

为了探讨自旋弛豫对有机层内自旋输运的影响,Majumdar 等分别合成了有机小分子和高分子自旋阀,来对比在同样条件下器件所表现出来的磁电阻。实验测得器件 LSMO/RRaP3HT/Co 的磁电阻在室温下约 1%,而小分子器件此时已经观测不到任何磁电阻了,这说明高分子中的自旋弛豫长度大于小分子中的。Pramanik 合成出了 Ni/Alq$_3$/Co 纳米线自旋阀,器件的直径大约为 50nm,有机层 Alq$_3$ 的厚度约为 30nm。测量结果发现,这种纳米线有机自旋阀的性质和上面提到的有机自旋阀性质基本相同,也是随着温度的升高磁电阻效应减弱。令人感兴趣的是 Pramanik 在这个实验中间接测量到了有机材料内的自旋弛豫时间。与无机材料相比，其自旋弛豫时间相当大，在温度为 1.9K 时可以达到 1 秒。

由于较大的自旋弛豫时间，有机材料相对于无机材料在自旋电子输运方面具有一定的优势，但如何能够使有机自旋器件在室温下有较大的磁电阻是人们需要克服的技术难题。由于有机材料会和铁磁金属发生化学反应影响铁磁金属界面的磁有序，Dediu 课题组在 Co 和 Alq$_3$ 之间插入绝缘薄层合成了隧穿器件 LSMO/Alq$_3$/Al$_2$O$_3$/Co，阻止金属和有机材料之间的相互扩散及反应，使其形成清晰的界面。令人惊奇的是，这个器件在室温下观测到了磁电阻效应，结果如图 7.5.6 所示；并且随着 Al$_2$O$_3$ 厚度增加，界面的磁有序会有所改观。这一实验让人们认识到，即便是小分子，在器件结构改良的情况下也可以观测到室温磁电阻。

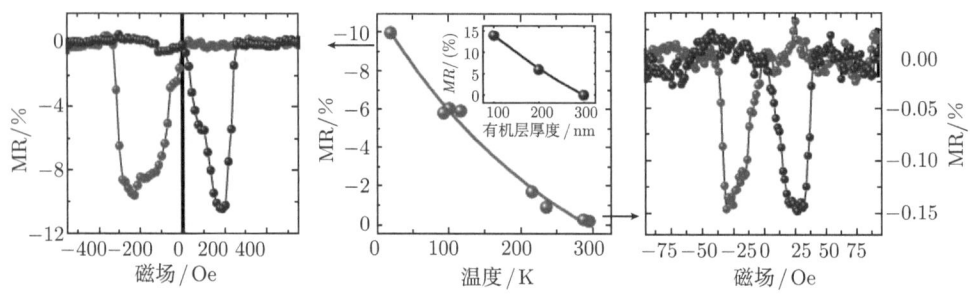

图 7.5.6　器件磁电阻随温度的变化情况

7.5.2　有机自旋阀隧穿理论

"铁磁金属/有机半导体/铁磁金属"的三明治结构是实现自旋注入和输运的基本构型。对磁性材料而言，当铁磁材料费米面处多子 (或少子) 的自旋取向与铁磁层的磁矩相互平行时，载流子受到与自旋相关的散射小，对应小的电阻；而当其自旋取向与铁磁层的磁矩为反平行时，载流子受到与自旋相关的散射大，对应的电阻大。铁磁材料磁矩的方向可以由外磁场控制，当相邻铁磁层磁矩反向时，在一个铁磁层中受散射较弱的电子进入另一铁磁层必定受到较强的散射，故从整体上说，所有电子都受到较强的散射，因而系统的电阻值较大；反之，当相邻铁磁层磁矩平行时，虽然和铁磁层磁矩反平行的电子受到较强的散射，但是和磁矩平行的电子在所有的铁磁层中受到的散射都弱，因此系统的电阻较小，这就是所谓的磁电阻效应。

对于一个磁性器件，自旋极化与器件电子结构及电子输运性质相关。一个简单近似是电流正比于电极费米面的态密度 N_F 和费米速度 v_F^n，其中 $n=2$ 对应扩散输运；$n=1$ 对应弹道输运；$n=0$ 对应隧穿输运。假设电子从左电极隧穿到右电极时，电子的自旋取向保持不变。由于电子的隧穿几率正比于态密度的乘积，对于左右两侧电极磁化取向一致的情况 (即平行排列)，隧穿几率为

$$p_\text{隧穿} \propto N_{1\uparrow}N_{2\uparrow} + N_{1\downarrow}N_{2\downarrow} \tag{7.5.3}$$

7.5 有机自旋器件

其中，$N_{1(2)s}$ 分别代表左右电极费米面处不同的自旋态密度。由于电导与隧穿几率成正比，故

$$G_{\rm P} \propto N_{1\uparrow}N_{2\uparrow} + N_{1\downarrow}N_{2\downarrow} \tag{7.5.4}$$

同样的，对于左右两侧电极磁化取向相反的情况（即反平行排列），可以得到

$$G_{\rm AP} \propto N_{1\uparrow}N_{2\downarrow} + N_{1\downarrow}N_{2\uparrow} \tag{7.5.5}$$

通过式 (7.5.2)，得到磁电阻

$$\text{MR} = \frac{G_{\rm P} - G_{\rm AP}}{G_{\rm P}} = \frac{N_{1\uparrow}N_{2\uparrow} + N_{1\downarrow}N_{2\downarrow} - N_{1\uparrow}N_{2\downarrow} - N_{1\downarrow}N_{2\uparrow}}{N_{1\uparrow}N_{2\uparrow} + N_{1\downarrow}N_{2\downarrow}} \tag{7.5.6}$$

定义铁磁层极化率（隧穿输运下 $n=0$）

$$P = \frac{N_\uparrow(v_{\rm F}^\uparrow)^n - N_\downarrow(v_{\rm F}^\downarrow)^n}{N_\uparrow(v_{\rm F}^\uparrow)^n + N_\downarrow(v_{\rm F}^\downarrow)^n} = \frac{N_\uparrow - N_\downarrow}{N_\uparrow + N_\downarrow} \tag{7.5.7}$$

则隧穿磁电阻可用左右两侧铁磁电极的极化率来表示

$$\text{MR} = \frac{2P_1P_2}{1 + P_1P_2} \tag{7.5.8}$$

上式表明，器件的隧穿磁电阻仅取决于两侧铁磁电极的极化率。

实际器件中，在有机层上蒸发制备金属电极往往造成金属颗粒向有机层内的渗透，如 LSMO/Alq$_3$/Co 器件中，蒸发的 Co 原子会渗透到有机层中，它会改变有机层内输运电子的自旋取向，即所谓的自旋扩散。为此，将有机层分为两部分：靠近 Co 电极的厚度为 d_0 的 Co 颗粒渗透层和厚度为 $d-d_0$ 的纯净层。假设纯有机层内电子自旋极化率指数衰减为 $P_1 \text{e}^{[-(d-d_0)/\lambda_{\rm S}]}$，其中 $\lambda_{\rm S}$ 为纯有机层的自旋扩散长度。因此当考虑电子在有机层内的自旋扩散后，磁电阻的表达式将变为

$$\text{MR} = \frac{2P_1P_2\text{e}^{-(d-d_0)/\lambda_{\rm S}}}{1 + P_1P_2\text{e}^{-(d-d_0)/\lambda_{\rm S}}} \tag{7.5.9}$$

通过选择参数 P_1、P_2、d_0 和 $\lambda_{\rm S}$，图 7.5.4(b) 给出了数值模拟（实线）与相应的实验结果（圆），二者符合得很好。理论模拟还给出了 Alq$_3$ 有机薄膜内的自旋扩散长度 $\lambda_{\rm S} \approx 45\text{nm}$，其数值要小于 6T 中的 $\lambda_{\rm S} \approx 200\text{nm}$。一个可能的原因是 Alq$_3$ 中的金属 Al 增加了材料的自旋-轨道耦合，因此减小了自旋扩散长度。

由于实验条件和设备的限制，人们很难杜绝铁磁金属和有机半导体之间的相互扩散。为进一步改善有机自旋阀器件的性能，使其能够在室温下表现出磁电阻行为，实验方面的研究人员尝试着在铁磁金属与有机层之间加入一个缓冲层（图 7.5.7）。令人惊奇的是，原本在室温下观测不到磁电阻的器件在加入缓冲层后室

温下能够出现磁电阻效应。如制备出的 Co/Al$_2$O$_3$/Alq$_3$/LSMO、Co/Al$_2$O$_3$/Alq$_3$/NiFe 等磁性隧穿结器件，室温下获得了 8% 的隧穿磁电阻，向人们日常应用的温度要求范围迈出了重要的一步。因此进一步研究缓冲层的作用具有重要意义。

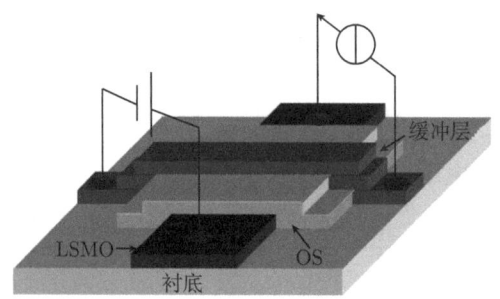

图 7.5.7　加入缓冲层的有机自旋阀器件

缓冲层的作用基本可以分为以下两类：

首先，缓冲层的加入与否最明显的区别就是在有机材料内有没有金属原子 (离子) 出现。因为铁磁金属 Co 的稳定性较差，易与其他的物质发生反应。在 Co 扩散到有机材料后，便与有机分子发生反应，生成 Co$^+$。有机材料区别于无机材料的最大优点之一是：有机材料内的自旋–轨道耦合和超精细相互作用较弱，使有机材料内的自旋弛豫时间较长。Co$^+$ 的出现增加了对载流子自旋的散射，使其自旋弛豫时间大大减少，严重影响了自旋极化的输运。缓冲层的加入正好可以避免这一现象的出现，是提高自旋极化输运的有效手段之一。

其次，由于铁磁金属与有机半导体的电导率并不匹配，其自旋极化的注入和电导率的匹配与否有着密切的关系 (参见式 (7.6.9))。缓冲层的加入恰好可以形成一个自旋相关的界面电阻，使这种器件有一个相对较大的自旋注入。铁磁金属界面的磁有序程度也是一个关键的因素。例如，铁磁金属 Co 体内的载流子浓度自旋极化率为 40%，界面处有序程度较差，其值未必是 40%。从实验上可以明显地发现，缓冲层可以很大程度上改变铁磁金属的界面磁有序 (图 7.5.8)，也是提高自旋注入的手段之一。

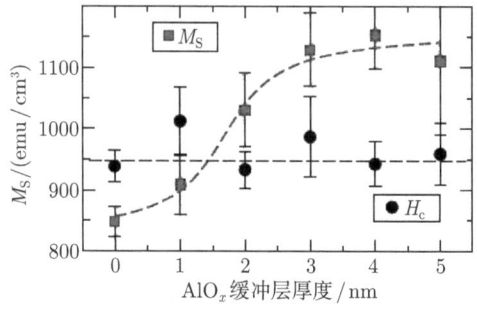

图 7.5.8　铁磁金属的界面磁有序随绝缘层厚度的变化

7.6 有机器件自旋极化的扩散理论

隧穿理论主要适用于绝缘性好、有机层很薄的器件。虽然该理论较好地解释了有机自旋阀的磁电阻,但它并没有提供更多有机自旋器件的微观图像。本节结合有机器件的载流子特征,介绍描述电流自旋极化的漂移-扩散理论。

有机器件中,从电极注入的电子在有机层中将形成极化子和双极化子,此时的传输层有三个载流子通道:自旋向上的极化子、自旋向下的极化子和不带自旋的双极化子。由于注入电子的极化程度不同,形成极化子或双极化子的浓度比也会不同。整个"铁磁/有机/铁磁"三明治结构及载流子情况如图 7.6.1 所示。

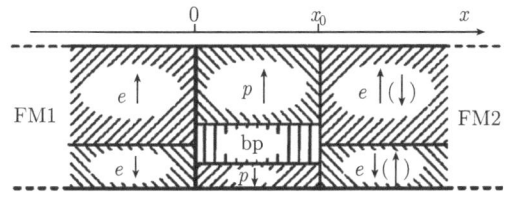

图 7.6.1 "铁磁/有机/铁磁"器件载流子及其自旋示意图

从扩散方程和欧姆定律以及相应的边界条件出发可以得到有机层内的电流自旋极化率。假设每一层内自旋载流子的电化学势 $\mu_\uparrow$ 与 $\mu_\downarrow$ 是相互独立的,满足扩散方程

$$\frac{\mu_\uparrow - \mu_\downarrow}{\lambda^2} = \frac{\partial^2 (\mu_\uparrow - \mu_\downarrow)}{\partial x^2} \tag{7.6.1}$$

及欧姆定律

$$j_s = -\sigma_s \frac{\partial (\mu_s/e)}{\partial x} \tag{7.6.2}$$

其中,$s = \uparrow, \downarrow$,λ 为自旋扩散长度,σ 为电导率。铁磁层从 $x = -\infty$ 到 $x = 0$, 有机半导体层从 $x = 0$ 到 $x = x_0$, x_0 为有机层厚度。

铁磁层/有机层界面处,有

$$j_s^0 = -\left[G_s \left(\Delta \mu_s/e \right) + \frac{1}{2} G_{\rm bp} \left(\Delta \mu_{\rm bp}/e \right) \right] \tag{7.6.3}$$

其中,j_s^0 为界面处的电流,包括极化子和双极化子两种载流子的贡献,G_s 和 $G_{\rm bp}$ 为相应的界面电导。

考虑欧姆接触的情况,即当不考虑界面电阻时,$\Delta \mu_s = 0$,它意味着界面处电化学势是连续的。载流子(铁磁层中的自旋极化电子)进入有机半导体层后形成极化子和双极化子,设极化子所占比重为 γ,其中自旋向上极化子占总极化子总量的

γ_p,即 $j_{p\uparrow} = \gamma\gamma_p j$。有机层内极化子电流极化率则可以表示为 $\alpha_p = 2\gamma_p - 1$,于是形成极化子的那部分载流子在铁磁层内的电导率为

$$\sigma_{\mathrm{FM}1\uparrow} = \left(\frac{1+\beta_0}{2} - \frac{1-\gamma}{2}\right)\sigma_{\mathrm{FM}} = \frac{\gamma+\beta_0}{2}\sigma_{\mathrm{FM}}$$

$$\sigma_{\mathrm{FM}1\downarrow} = \left(\frac{1-\beta_0}{2} - \frac{1-\gamma}{2}\right)\sigma_{\mathrm{FM}} = \frac{\gamma-\beta_0}{2}\sigma_{\mathrm{FM}} \tag{7.6.4}$$

电导率在有机层内是自旋无关的,即

$$\sigma_{p\uparrow} = \sigma_{p\downarrow} = \gamma\sigma/2 \tag{7.6.5}$$

其中,σ_{FM} 和 σ 分别为铁磁层和有机半导体层的总电导率,

$$\beta_0 = (\sigma_{\mathrm{FM}\uparrow} - \sigma_{\mathrm{FM}\downarrow})/(\sigma_{\mathrm{FM}\uparrow} + \sigma_{\mathrm{FM}\downarrow}) \tag{7.6.6}$$

为铁磁层极化率。

对于极化子部分,由式 (7.6.1) 可得

$$\begin{aligned}\mu_\uparrow - \mu_\downarrow &= A\mathrm{e}^{x/\lambda_{\mathrm{FM}}}, \quad x < 0 \\ \mu_\uparrow - \mu_\downarrow &= B\mathrm{e}^{-x/x_0}, \quad 0 < x < x_0\end{aligned} \tag{7.6.7}$$

其中,假设有机层内极化子的自旋扩散长度远大于有机层厚度。又从式 (7.6.2) 得

$$\frac{\partial(\mu_\uparrow - \mu_\downarrow)}{\partial x} = -e\left(\frac{j_\uparrow}{\sigma_\uparrow} - \frac{j_\downarrow}{\sigma_\downarrow}\right) = \begin{cases} -\dfrac{2ej}{\sigma_{\mathrm{FM}}} \cdot \dfrac{[(2\gamma_p - 1)\cdot\gamma - \beta_0]\cdot\gamma}{(\gamma^2 - \beta_0^2)}, & x < 0 \\ -\dfrac{2ej}{\sigma}\cdot(2\gamma_p - 1), & 0 < x < x_0\end{cases}$$
$$\tag{7.6.8}$$

联合式 (7.6.3)、(7.6.4) 和 (7.6.7) 可以得到有机层界面处极化子电流自旋极化率表达式为

$$\begin{aligned}\alpha_p &= (2\gamma_p - 1) \\ &= \frac{1}{\gamma}\cdot\beta_0\cdot\frac{\lambda_{\mathrm{FM}}}{\sigma_{\mathrm{FM}}}\cdot\frac{\sigma}{x_0}\cdot\frac{1}{\left(\dfrac{\lambda_{\mathrm{FM}}}{\sigma_{\mathrm{FM}}}\cdot\dfrac{\sigma}{x_0} + 1\right) - \left(\dfrac{1}{\gamma}\cdot\beta_0\right)^2}\end{aligned} \tag{7.6.9}$$

如果存在界面电导 G_s,则得到的界面处电流自旋极化率表达式为

$$\alpha_0 = \gamma\cdot\beta_0\cdot\frac{\lambda_{\mathrm{FM}}}{\sigma_{\mathrm{FM}}}\cdot\frac{\sigma}{\lambda_p}\cdot\frac{1 + \dfrac{1}{4\beta_0}\cdot\dfrac{\sigma_{\mathrm{FM}}}{\lambda_{\mathrm{FM}}}\cdot\left(\dfrac{1}{G_\downarrow} - \dfrac{1}{G_\uparrow}\right)\cdot(1-\beta_0^2)}{\left(\gamma\cdot\dfrac{\lambda_{\mathrm{FM}}}{\sigma_{\mathrm{FM}}}\cdot\dfrac{\sigma}{\lambda_p} + 1\right) - \beta_0^2 + \dfrac{\gamma}{4}\cdot\dfrac{\sigma}{\lambda_p}\cdot\left(\dfrac{1}{G_\downarrow} + \dfrac{1}{G_\uparrow}\right)\cdot(1-\beta_0^2)}$$
$$\tag{7.6.10}$$

7.6 有机器件自旋极化的扩散理论

选定一组参数,图 7.6.2 给出了界面处电流自旋极化率与极化子的比率 γ 的变化关系。很明显,$\gamma = 0$ 时电流自旋极化率为 0,此时有机半导体中载流子全部是不带自旋的双极化子。电流极化率最大值出现在 $\gamma = 1$ 处,此时载流子全部为带自旋的极化子,与自旋注入无机半导体的情况类似 (无机半导体中载流子为携带自旋的电子或空穴)。另外,发现只要有极化子出现就可以有明显的电流自旋极化率。例如,极化子只占 20% 时的电流自旋极化率为载流子全为极化子时极化率的 90%。因此,极化子是自旋极化电流的有效自旋载流子,即使极化子只占很少的一部分,有机半导体中也可以获得很大的电流自旋极化率。

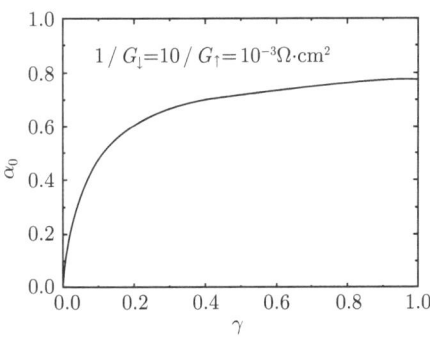

图 7.6.2 界面处电流自旋极化率 α_0 随极化子比率 γ 的变化关系

在原有的扩散方程基础上,加入电场的驱动,并考虑有机层内的极化子和双极化子之间的动态转化,可以得到极化子浓度 n_s 和双极化子浓度 N 的动态演化方程

$$\frac{\partial n_{\uparrow(\downarrow)}}{\partial t} = D_n \frac{\partial^2 n_{\uparrow(\downarrow)}}{\partial x^2} + \mu_n E \frac{\partial n_{\uparrow(\downarrow)}}{\partial x} + n_{\uparrow(\downarrow)} \mu_n \frac{\partial E}{\partial x} \pm \left(\frac{n_{\downarrow}}{\tau_{\downarrow\uparrow}} - \frac{n_{\uparrow}}{\tau_{\uparrow\downarrow}} \right) - k n_{\uparrow} n_{\downarrow} + bN$$

$$\frac{\partial N}{\partial t} = D_N \frac{\partial^2 N}{\partial x^2} + \mu_N E \frac{\partial N}{\partial x} + N \mu_N \frac{\partial E}{\partial x} + k n_{\uparrow} n_{\downarrow} - bN \tag{7.6.11}$$

其中,k 为一常数,反映了极化子-双极化子的相互转化;b 是与温度相关的量,$b = \omega_B e^{-U/k_B T}$,反映了双极化子的解离 (形成两个独立的极化子),其中 ω_B 为双极化子的解离频率,U 为双极化子的形成能。因此,不同的温度下,极化子和双极化子转化达到动态平衡时的时间以及浓度都会有所不同。

根据上面的理论计算自旋极化率 $P = (n_{\uparrow} - n_{\downarrow})/(n_{\uparrow} + n_{\downarrow})$,结果如图 7.6.3 所示。如果输运过程中没有双极化子载流子,自旋极化率将在有机层中呈现指数形式衰减,这与无机半导体中的结果是一致的。不携带自旋的双极化子载流子的出现将改变携带自旋的极化子的分布,进而影响自旋极化率。在自旋极化率曲线 $P(x)$ 上有一个拐点 x_0,它意味着在这一点极化子和双极化子之间的转化达到了动态平衡。如图 7.6.3 中的插图所示,在 x_0 之后双极化子的浓度保持不变。综上所述,有机半导体中双极化子的存在使自旋输运比在传统无机半导体中复杂得多。

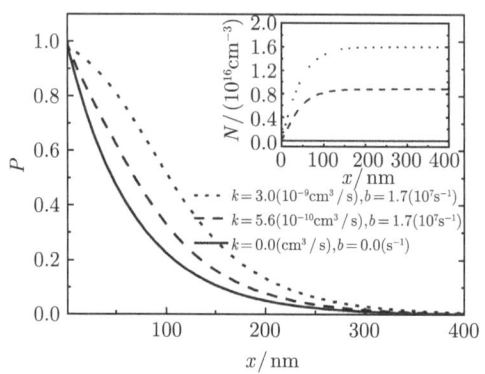

图 7.6.3　自旋极化率随位置的变化

分析一下注入后产生的载流子是极化子还是双极化子对于理解有机器件中的电流自旋极化至关重要。基于第 3 章中的 SSH 模型，一个双极化子在能量上总是比两个独立的极化子小。即使考虑到两个电子之间的库仑排斥，两个极化子相遇后似乎也会被强大的晶格势场约束而形成双极化子。但由于电子-电子相互作用的精确处理非常困难，两个极化子融合成双极化子的过程是否有利于能量降低并无定论。从熵的角度来分析，假设注入总电荷 $Q = (N_p + 2N_{bp})e$，若注入的电荷全部为一种载流子，那么在总电荷数一定的情况下，极化子数将是双极化子数的两倍，因此当载流子为极化子时，体系的熵将会增大。如果极化子与双极化子的能量差较小，两种载流子的密度将由自由能之差，即熵来决定。由于极化子携带自旋，有机材料的磁化率由极化子密度决定。一个实验结果如图 7.6.4 所示。对磁化率数据的最佳拟合给出 $2E_p - E_{bp} \approx 0.16$ eV。虽然双极化子能量较低，但由于自由度数目增加会使熵增大，低注入 (或掺杂) 下，材料内仍有极化子产生。

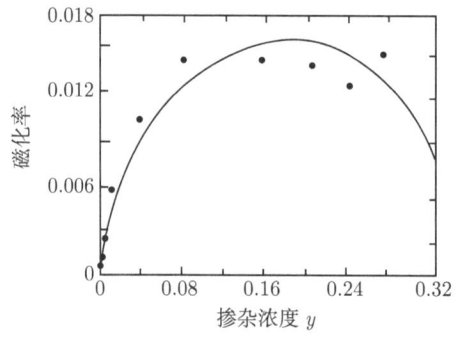

图 7.6.4　在溶液中聚合物浓度固定时，磁化率随掺杂浓度的变化 (实线为拟合曲线)

7.7 有机器件自旋极化的量子理论

由于构成有机半导体的元素多为 C、H 等轻元素，其自旋-轨道耦合弱，因而具有自旋弛豫时间长等优点，当然也具有信号不容易探测的缺点。另一方面由于有机半导体内的电子-晶格相互作用强，其载流子不再是通常的电子或空穴，而是一些带电自陷态 (如孤子、极化子和双极化子等)，它们所具有的独特的电荷-自旋关系，在有机自旋电子学中显得非常关键。

7.7.1 自旋极化电流注入

下面以 CMR/有机半导体系统为例来简要介绍有机半导体中的自旋注入的微观过程。取聚乙炔或聚噻吩为有机层，CMR 钙钛矿材料 LSMO 为自旋注入层，采用一维紧束缚哈密顿量来描述系统的界面耦合和电子跃迁过程。对于基态非简并的聚合物，哈密顿量可写为

$$H_{\mathrm{P}} = -\sum_{n,s} e_{\mathrm{P}} C_{n,s}^+ C_{n,s} - \sum_{n,s}[t_0 - \alpha(u_{n+1}-u_n) - t_1\cos(n\pi)](C_{n,s}^+ C_{n+1,s} + \mathrm{h.c.})$$
$$+ \frac{1}{2}K\sum_n (u_{n+1}-u_n)^2 + \frac{1}{2}M\sum_n \dot{u}_n^2 \tag{7.7.1}$$

其中，t_1 为简并破缺参数，其他各项的物理意义在前面都已经有所表述。

沿 LSMO 的 Mn—O 链方向建立一维紧束缚模型来描述该材料的基本性质

$$H_{\mathrm{CMR}} = H_{\mathrm{Ke}} + H_{\mathrm{Hund}} + H_{\mathrm{el\text{-}lat}} + H_{\mathrm{elastic}} \tag{7.7.2}$$

$$H_{\mathrm{Ke}} = -\sum_{n,s} t_{\mathrm{F}}(a_{n,s}^+ a_{n+1,s} + \mathrm{h.c.}) \tag{7.7.3}$$

$$H_{\mathrm{Hund}} = -\sum_n J_n(a_{n,\uparrow}^+ a_{n,\uparrow} - a_{n,\downarrow}^+ a_{n,\downarrow}) \tag{7.7.4}$$

$$H_{\mathrm{el\text{-}lat}} = -\sum_{n,s} \lambda_{\mathrm{F}}(\varphi_{n+1}-\varphi_n) a_{n,s}^+ a_{n,s} \tag{7.7.5}$$

$$H_{\mathrm{elastic}} = \sum_n \frac{1}{2}K_{\mathrm{F}}[(\delta_n - \varphi_n)^2 + (\varphi_{n+1}-\delta_n)^2] \tag{7.7.6}$$

其中，φ_n 和 δ_n 分别是 O 和 Mn 原子的位移，H_{Ke} 描述电子在两个最近邻 Mn 原子间的电子跃迁，H_{Hund} 描述磁性 Mn 原子内由于电子自旋与核自旋相互作用而

引起的自旋劈裂, $H_{\text{el-lat}}$ 描述 Mn 原子的在位能, 其修正来源于 O 原子相对于 Mn 原子的位置偏离, 最后一项 H_{elastic} 代表晶格的弹性能。CMR/有机界面处的耦合可以写为

$$H_{\text{F-P}} = -\sum_{ss'} t_{\text{F-P}}^{ss'}(a_{\text{F}s}^+ C_{\text{P}s'} + \text{h.c.}) \tag{7.7.7}$$

$t_{\text{F-P}}^{ss'}$ 表示自旋相关界面耦合。

采用非绝热动力学方法, 对电子注入有机层的动力学过程进行研究。电子态 $\psi_{\mu,s}(t) = \sum_n Z_{\mu,n,s}(t)|n\rangle$ 在有机层内的演化满足耦合方程组

$$i\hbar \dot{Z}_{\mu,n,s}(t) = -t_{n,n+1} Z_{\mu,n+1,s}(t) - t_{n-1,n} Z_{\mu,n-1,s}(t) + V_n Z_{\mu,n+1,s}(t)$$
$$M\ddot{u}_n(t) = K[u_{n+1}(t) + u_{n-1}(t) - 2u_n(t)]$$
$$+ 2\alpha[\rho_{n,n+1}(t) - \rho_{n,n-1}(t)] - eE(t)[\rho_{n,n}(t) - 1] \tag{7.7.8}$$

其中, $V_n(t) = -eE(t)(na + u_n)$ 为驱动电场所产生的电势。自旋相关电荷密度矩阵元 $\rho_{n,n'}(t) = \sum_{\mu,s} Z_{\mu,n,s}^*(t) f_{\mu,s} Z_{\mu,n',s}(t)$, 其中 $f_{\mu,s}$ 是费米分布函数, 若不考虑电子在演化态之间的跃迁, 它是时间无关的, 由初始时刻的占据状态 (0 或 1) 来决定。

对于普通金属电极的非极化注入, 注入电荷是量子几率波, 在有机层内以波包的形式存在。每个波包内所包含的电荷数是 0~2e 的任意值, 即波包的电荷数可以是非整数。如果不考虑任何自旋极化和自旋相互作用, 那么波包这个 "准粒子" 虽然带电, 但并不携带自旋。特别地, 波包带一个电子电荷时, 虽然晶格缺陷也呈现极化子特征, 但这个 "波包" 极化子自旋为零。由于泡利不相容原理的限制, 每个波包所容纳的电荷数不超过 2e。对于铁磁金属电极的极化注入, 自旋简并将被破坏, 每个波包将携带自旋。图 7.7.1 给出了自旋极化在有机层的计算结果。注入 200fs 后波包已经形成, 并在外电场驱动下在有机层内运动; 1000fs 后, 系统仍有明显的自旋极化。定义自旋极化率

$$\eta = \frac{\sum_n |\rho_{n,n,\uparrow} - \rho_{n,n,\downarrow}|}{\sum_n |\rho_{n,n,\uparrow} + \rho_{n,n,\downarrow}|}$$

图 7.7.2 给出不同偏压下自旋极化率随时间的演化。起初自旋极化率最大, 而后振荡衰减。

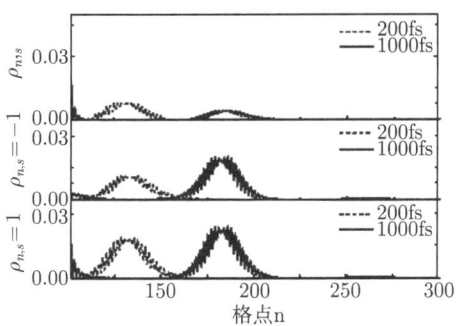

图 7.7.1　有机层内自旋向上、下和净自旋密度在不同时刻的分布，偏压 $V=0.85\text{eV}$，电场 $E=0.5\text{mV/nm}$

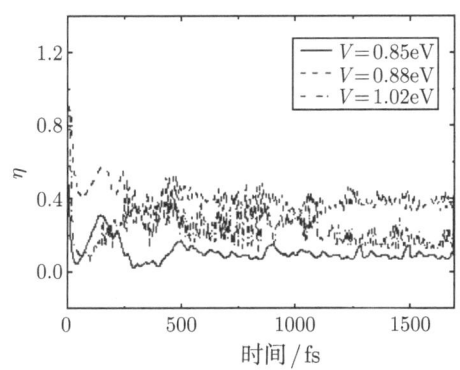

图 7.7.2　不同偏压下自旋极化率随时间的演化，电场 $E=0.5\text{mV/nm}$

7.7.2　极化子自旋动力学

由于自旋-轨道耦合等自旋相关作用的存在，输运过程中电子的自旋不是一个好量子数，其方向会发生变化，即通常所说的自旋弛豫。自旋弛豫的一种图像为，自旋围绕有效磁场的方向进动，假设其进动周期为 T，若有效磁场保持恒定不变，则自旋会一直围绕磁场进动；当进动发生一定时间 T_C 后，磁场的大小和方向发生了随机变化，自旋开始围绕磁场的新方向进动，这样进行若干次之后，初始时刻的自旋方向就完全被遗忘了。半导体电子学中人们对自旋弛豫提出了多种机制，主要有 EY 机制、DP 机制和 BAP 机制。由于 Rashba 自旋-轨道耦合的强度可以通过电场控制，因此对此类型的自旋-轨道耦合作用有较多研究。1990 年，Datta 和 Das 基于 Rashba 自旋-轨道耦合在理论上构建了自旋场效应管。目前实验上已经在 InGaAs/InAlAs 量子阱中实现了利用门电压调节自旋-轨道耦合的强度。有报道说，在准一维纳米线中强的 Rashba 自旋-轨道耦合会引起明显的子带交叠，并且会导致能级间自旋反转而不是能级内自旋反转。虽然有机材料中的自旋–轨道耦合作用较弱，但通过施加门电压，也会产生明显的效果，对极化子的自旋输运还是有影响的。下面将介绍在门电压作用下极化子自旋输运的动力学过程。

考虑一基态非简并聚合物链，初始时刻链中存在一极化子，在运动过程中通过施加门电压来控制极化子的自旋进动。设门电压的方向沿垂直链的 $\vec{z}$ 方向，相应的哈密顿量为

$$H_{\mathrm{so}} = -\frac{\beta}{\hbar}\vec{\sigma}\cdot(\vec{p}\times\vec{z}) = \mathrm{i}\beta\left(\sigma_x\frac{\partial}{\partial y} - \sigma_y\frac{\partial}{\partial x}\right) \tag{7.7.9}$$

其中，β 为门电压相关的自旋–轨道耦合强度，$\vec{\sigma}$ 为泡利矩阵。设分子链沿 $\vec{x}$ 方向，则式 (7.7.9) 中的第一项为零。在准一维紧束缚近似下，可以得到其二次量子化形式为

$$H_{\mathrm{so}} = -t_{\mathrm{so}}\sum_n\left[C_{n+1,\uparrow}^+C_{n,\downarrow} - C_{n+1,\downarrow}^+C_{n,\uparrow} + C_{n,\downarrow}^+C_{n+1,\uparrow} - C_{n,\uparrow}^+C_{n+1,\downarrow}\right] \tag{7.7.10}$$

其中，$t_{\mathrm{so}} = \beta/2a$，$a$ 为晶格常数，$C_{n,s}^+$ $(C_{n,s})$ 为电子的产生 (湮灭) 算符。它与电子在格点之间的跃迁有关，因此是与电子的运动 (轨道) 相关的一项相互作用。对分子链采用周期性边界条件，施加环形驱动电场，系统哈密顿量为

$$\begin{aligned}H =& H_{\mathrm{e}} + H_{\mathrm{so}} + H_{\mathrm{K}}\\ =& -\sum_{n,s}t_{n,n+1}(\mathrm{e}^{-\mathrm{i}\gamma A}C_{n+1,s}^+C_{n,s} + \mathrm{h.c.})\\ & -\sum_n t_{\mathrm{so}}[\mathrm{e}^{-\mathrm{i}\gamma A}(C_{n+1,\uparrow}^+C_{n,\downarrow} - C_{n+1,\downarrow}^+C_{n,\uparrow} + \mathrm{h.c.})]\\ & +\frac{1}{2}K\sum_n(u_{n+1}-u_n)^2 + \frac{1}{2}M\sum_n\dot{u}_n^2\end{aligned} \tag{7.7.11}$$

此时电子态是自旋的混合态，写成二维列矢量形式

$$|\Psi_\mu(t)\rangle = \begin{pmatrix}|\Psi_{\mu,\uparrow}(t)\rangle\\ |\Psi_{\mu,\downarrow}(t)\rangle\end{pmatrix} = \begin{pmatrix}\sum\limits_n Z_{\mu,\uparrow}(t)|n\rangle\\ \sum\limits_n Z_{\mu,\downarrow}(t)|n\rangle\end{pmatrix} \tag{7.7.12}$$

其演化通过含时薛定谔方程确定

$$\begin{aligned}\mathrm{i}\hbar\dot{Z}_{\mu,n,s} =& -t_{n-1,n}\mathrm{e}^{-\mathrm{i}\gamma A}Z_{\mu,n-1,s}(n-1,t) - t_{n,n+1}\mathrm{e}^{\mathrm{i}\gamma A}Z_{\mu,n+1,s}(n+1,t)\\ & -s\cdot t_{\mathrm{so}}(\mathrm{e}^{-\mathrm{i}\gamma A}Z_{\mu,n-1,-s}(n-1,t) - \mathrm{e}^{\mathrm{i}\gamma A}Z_{\mu,n+1,-s}(n+1,t))\end{aligned} \tag{7.7.13}$$

分子 (CH) 基团的运动由牛顿运动方程给出

7.7 有机器件自旋极化的量子理论

$$M\ddot{u}_n(t) = K[u_{n+1}(t) + u_{n-1}(t) - 2u_n(t)] \\ + \alpha \left\{ e^{i\gamma A} \left[\rho^c_{n,n+1}(t) - \rho^c_{n-1,n}(t) \right] + \text{h.c.} \right\} \tag{7.7.14}$$

自旋相关电荷密度矩阵和总电荷密度矩阵分别为

$$\rho^{s,s'}_{n,n'}(t) = \sum_\mu Z^*_{\mu,n,s}(t) f_\mu Z_{\mu,n',s'}(t) \tag{7.7.15}$$

$$\rho^c_{n,n'}(t) = \sum_s \rho^{s,s'}_{n,n'}(t) \tag{7.7.16}$$

格点上的自旋及其总自旋为

$$S^z_n(t) = \frac{1}{2}(\rho^{\uparrow,\uparrow}_{n,n}(t) - \rho^{\downarrow,\downarrow}_{n,n}(t)) \tag{7.7.17}$$

$$S^z(t) = \sum_n S^z_n(t) \tag{7.7.18}$$

求解耦合方程组 (7.7.13) 和 (7.7.14) 可得到系统自旋演化图像。

图 7.7.3(a) 给出了极化子的自旋演化 $S^z_n(t)$。开始时刻，极化子的自旋是向上的，在极化子区域内有一局域的分布。随着极化子的运动，其自旋取向开始变化，大约 5000 fs 后，极化子自旋变为向下，也就是说，此时极化子的自旋完全反转了。图 7.7.3(b) 表示极化子自旋 $S^z(t)$ 随极化子中心位置的变化，可以明显看出，极化子在运动过程中，由于自旋–轨道耦合的作用其自旋发生进动。调整门电压可以调节自旋–轨道耦合 t_{so} 的大小，进而改变自旋进动速度。如图 7.7.4 所示，虽然极化子运动的速度没有变化，但是随自旋–轨道耦合的增强，其自旋进动速度变快。因此，通过调整门电压，可以控制在注出端得到的载流子自旋取向。

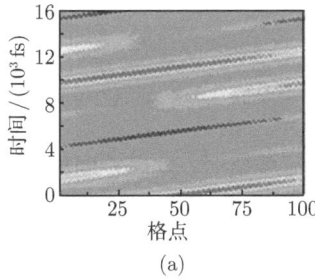
(a)

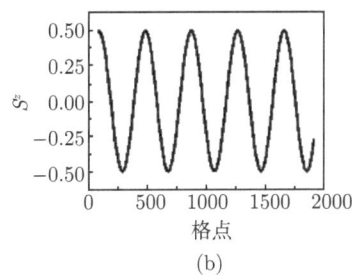
(b)

图 7.7.3 极化子的自旋演化 (链长 $N=100$，周期性边界条件)(a)；极化子自旋随中心位置的变化(b)

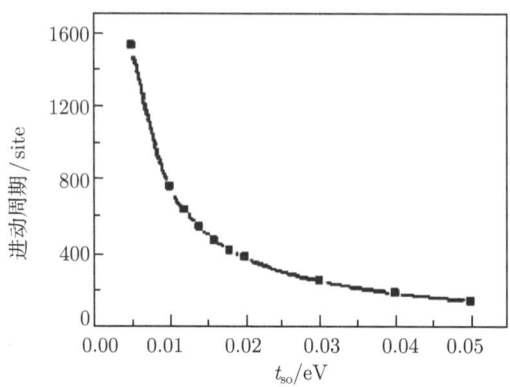

图 7.7.4 不同自旋-轨道耦合强度下的自旋进动

7.8 有机磁场效应

对于通常的非磁器件,由于外磁场磁场强度为 1T 引起的材料 Zeeman 劈裂在 10^{-5}eV 量级,因此磁场对器件的影响并不明显。但最近实验表明,对于一个完全非磁的有机器件,即使在很小磁场下器件也能表现出明显的磁效应。由于在这类器件中两侧的电极都为普通金属,不存在向有机材料中自旋极化注入,因此这种磁效应被认为是有机半导体的内在属性。有机强磁效应的发现为有机固体或器件的应用开辟了新的领域。

7.8.1 有机磁场效应

首先给出有机磁场效应 (organic magnetic field effect, OMFE) 的定义:器件性能在加磁场前后的相对变化率,即

$$\text{OMFE} = \frac{S_B - S_0}{S_0} \times 100\% \tag{7.8.1}$$

其中,S_0 和 S_B 分别为加磁场前后的信号强度。

1992 年,Frankevich 在研究聚合物光致电流效应时,发现较弱磁场就能明显提高有机聚合物的光致电流效率。图 7.8.1 显示了磁场对聚合物 PPPV 光致电流效率的影响,在其他类似有机聚合物 PPV, DMOP-PPV 中也发现了类似现象。

图 7.8.2 绘出了测量磁场对器件电致发光效率影响的实验装置。图 7.8.3 是 Mermer 等发现的在有机聚合物 polyfluorene 中磁场对电阻和发光效率的影响。对应于各不同的偏压,实粗线对应于磁电阻,细线对应于发光效率的改变。

7.8 有机磁场效应

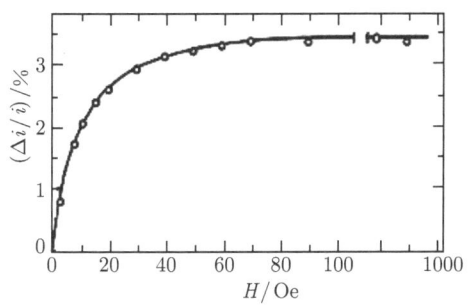

图 7.8.1　PPPV 聚合物光致电流效率与磁场的关系

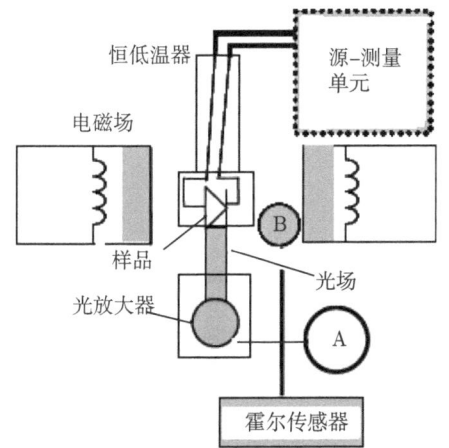

图 7.8.2　磁场对电致发光效率影响实验装置图

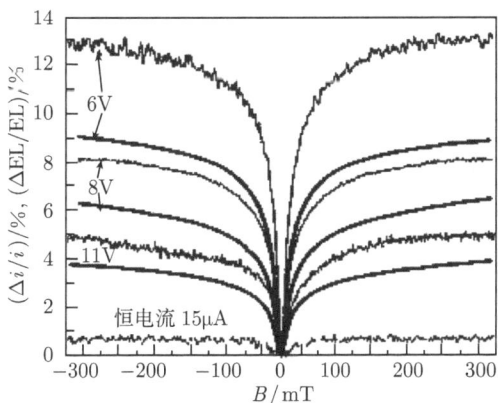

图 7.8.3　PEDOT/polyfluorene(100nm)/Ca 器件中的磁场效应

有机磁场效应不仅出现在聚合物中，在有机小分子中也同样存在比较明显的磁效应，这显示出有机磁场效应是普遍存在于有机固体中的。2008 年，Nguyen 等在室温下观测到了有机小分子 Alq_3 器件中的磁场效应。实验结果如图 7.8.4 所示，实线与细线分别对应于电流和发光效率随磁场的改变，100mT 的弱磁场下，电流的改变可高达 20%，电致发光效率的改变更是可高达 55%。

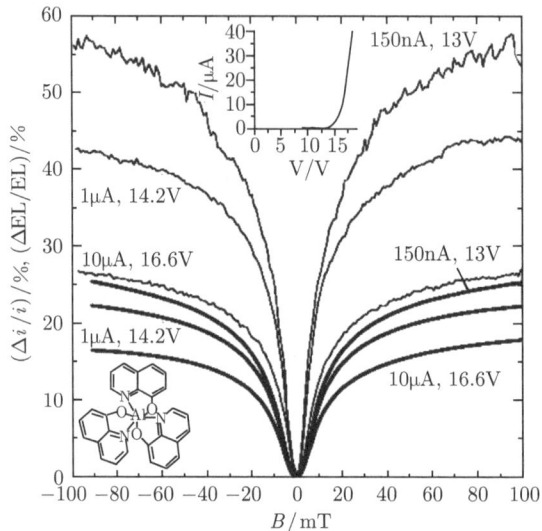

图 7.8.4　PEDOT/Alq$_3$(150nm)/Ca 器件中的磁效应

此外人们还发现有机器件中，磁场对光电流也有一定的影响。图 7.8.5 显示了测量磁场对光电流影响的实验装置。图 7.8.6 显示了 PEDOT/PFO($\approx$ 150nm)/Ca 器件中的磁场效应，其中粗实线是在黑暗条件下器件电流的变化，点线是光照下器件电流的变化 ($\Delta I/I$)，细实线表示的是器件光电流的变化 (ΔPC/PC)，类似的结果在有机小分子中也同样存在。

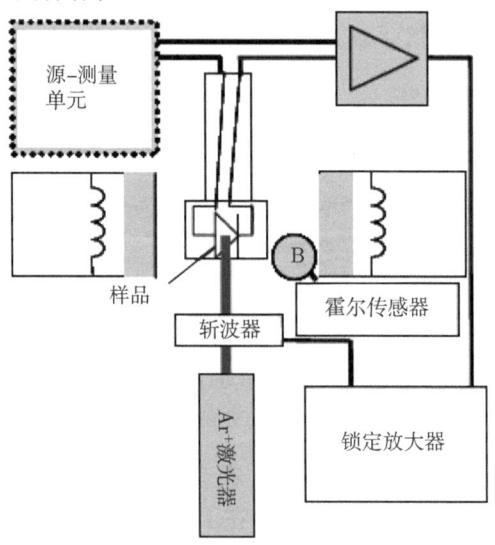

图 7.8.5　磁场对光电流影响的实验装置图

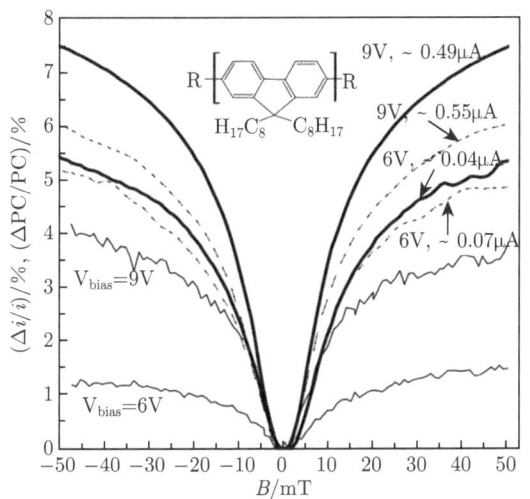

图 7.8.6 PEDOT/PFO(150nm)/Ca 器件的各种磁效应

2009 年，胡斌等在实验中发现磁场对器件中光致发光效率也会产生影响，实验结果如图 7.8.7 所示。令人惊奇的是，磁场对纯净的有机物 TPD 与 BBOT 没有影响，但掺杂一定量的 PMMA 后，磁场便可以提高混合物中的光致发光效率，产生正的磁场效应，且不同比例的混合物中磁场效应大小不同。

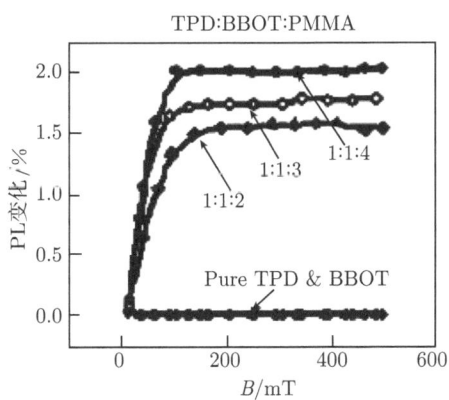

图 7.8.7 磁场对不同比例的有机混合物材料的光致发光效率的调节

有机器件的磁场效应是其特有的性质，各种磁场效应之间应有着某种内在的关系。随着有机器件各种磁场效应研究的深入，人们不仅将获得一种新型的光–电–磁一体化的有机功能器件，也必将加深对有机半导体这一新兴功能材料本身性质的认识。

7.8.2 有机磁电阻

有机磁电阻是一种重要的有机磁场效应，其定义为

$$\mathrm{MR} = \frac{\Delta R}{R(0)} = \frac{R(B) - R(0)}{R(0)} \times 100\% \tag{7.8.2}$$

$R(0)$ 和 $R(B)$ 分别表示施加磁场前后器件的电阻值。图 7.8.8 是一个典型的有机器件，器件两侧均为普通金属，中间层为有机聚合物或者有机小分子。近年来，人们已经在多种有机半导体如聚 3-已基噻吩 (RR-P3HT)、聚 3-辛基噻吩 (RRa-P3OT)、聚乙撑二氧噻吩 (PEDOT)、聚丙乙烯 (PPE)、聚对苯乙烯撑 (MEHPPV) 以及 π 共轭有机小分子半导体如 $\mathrm{Alq_3}$ 和并五苯等中观察到了有机磁电阻。实验装置的搭建最先是在一清洁的衬底上镀一层 ITO，作为器件的阳极，导电聚合物通过溶液旋涂的方式在阳极上面得到一层薄膜，而有机小分子由于其热稳定性好，可通过热蒸发的方式产生有机小分子膜，最后通过电子束蒸发的方法将金属作为阴极覆在器件最上层。图 7.8.9(a) 和 (b) 分别是室温下有机聚合物聚芴和有机小分子 $\mathrm{Alq_3}$ 的磁电阻测量结果。从图中可以看出室温下仅在 10mT 量级的弱磁场下，磁电阻值就可以达到 10% 左右。

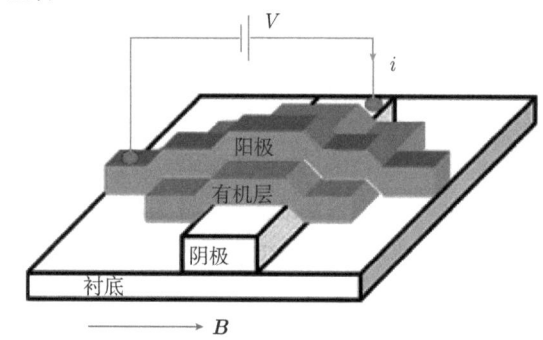

图 7.8.8　有机磁电阻测量实验示意图

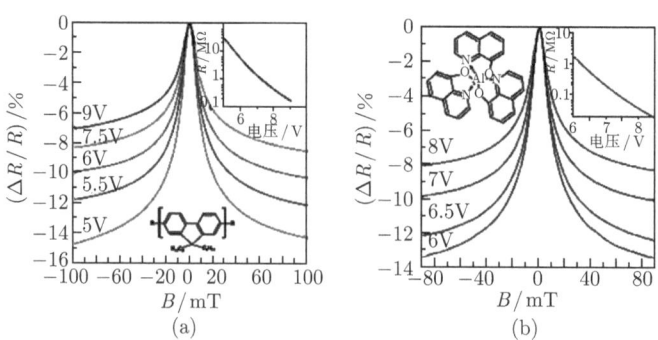

图 7.8.9　(a) 室温下 ITO(30nm)/PEDOT(100nm)/PFO(100nm)/Ca(50nm) 在不同偏压下的磁电阻值；(b) 室温下 ITO(30nm)/PEDOT(100nm)/Alq$_3$(50nm)/Ca(50nm) 在不同偏压下的磁电阻值，插图为电阻随偏压的变化

7.8 有机磁场效应

人们通过大量的实验逐渐总结出有机磁电阻的一些特征:

(1) 有机磁电阻是弱磁场强响应。一般情况下,有机磁电阻在室温和几十 mT 量级的磁场下就可达到 10% 左右,且不依赖于磁场的方向。

(2) 有机磁电阻有正负之分。图 7.8.10 显示了不同的有机层厚度下磁电阻的正负会发生变化。图 7.8.11 显示了随偏压的改变,磁电阻也会发生正负的改变。

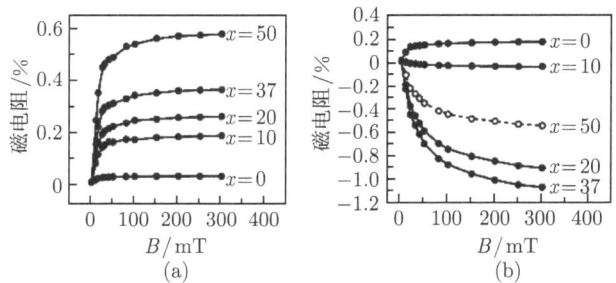

图 7.8.10 PMMA 层厚度 x 对器件磁电阻的影响

(a) 正向偏压; (b) 反向偏压

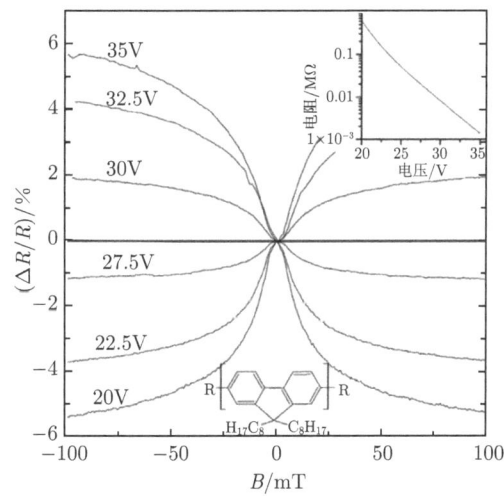

图 7.8.11 ITO/polyfluorene(60nm)/Ca 的磁电阻随偏压变化

此外,实验还发现温度的改变也可导致有机磁电阻正负的变化。图 7.8.12 给出了在器件 ITO/Alq$_3$(100nm)/LiF(1nm)/Al(100nm) 中的测量结果,实验中固定施加到器件的偏压为 10V,测量了不同温度下的磁电阻。结果显示,低温下得到正磁电阻,高温下得到负磁电阻。

(3) 由于有机半导体本身不具有磁性且电极材料也都是非磁材料,因此有机磁场效应不是外部自旋极化电流注入引起的。此外,这种效应对有机/电极界面不敏感，说明有机磁场效应是有机材料的内禀性质。

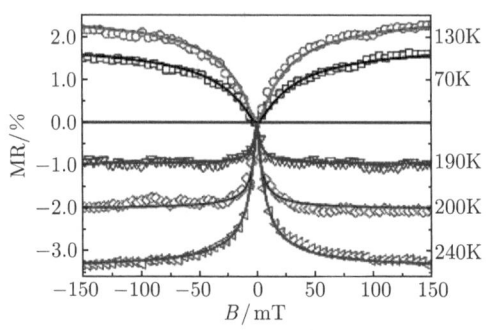

图 7.8.12 不同温度下的磁电阻

(4) 人们发现虽然有机磁电阻曲线随材料、偏压和温度略有变化，但总体来说总能满足以下两个拟合公式：

$$\Delta R/R = (\Delta R/R)_{\max}[B/(|B|+B_0)]^2 \quad \text{非洛伦兹型}$$

$$\Delta R/R = (\Delta R/R)_{\max}[B^2/(B^2+B_0^2)] \quad \text{洛伦兹型}$$

其中，B_0 为常数，值约为几个 mT，显示出不同材料中有机磁电阻具有相同的起源和影响因素。

有机器件不仅存在强磁电阻现象，其光致发光 (PL) 和电致发光 (EL) 等也具有明显的磁场效应。为了寻找其机理，人们合成了各种结构类型的有机器件，如单极器件 (只有一种载流子注入)、双极器件 (电子、空穴同时注入) 和多通道器件 (电子和空穴在不同的有机材料内输运，以减少复合几率)。为了认识氢核自旋的超精细相互作用，人们进行了有机分子氘化实验，等等。下一节中我们将对当前有机磁场效应机理的各种探讨作简要介绍。

7.9 有机磁场效应机理

目前对有机磁场效应的机理研究仍在探讨之中，本节对当前的研究状况给予简要介绍。正如前面所指出的，有机磁场效应不同于其他磁效应的一个显著特点是器件不包含任何磁性元素。传统非磁材料磁电阻效应的几种可能机制，如①正常磁电阻效应，②跳跃磁电阻，③电子-电子相互作用和④弱定域和弱反定域的影响等都很难解释有机磁电阻。有机磁电阻完全是非磁有机半导体本身的性质。另一方面，注意到有机半导体是一种弱有序材料，分子间相互作用弱而电子-晶格相互耦合作用强，因此有机半导体内的载流子是具有复杂电荷-自旋关系的孤子、极化子、双极化子、激子等自陷束缚态。目前为止虽然实验方面人们对有机磁场效应进行了

7.9 有机磁场效应机理

大量深入的研究,但理论上对其内在机制并没有统一的解释。最令人费解的是,为什么如此弱的磁场 (10~100mT 量级) 能够克服热效应在室温下产生如此明显的磁效应,这需要结合有机材料的特点进行深入的研究。针对有机器件的极性,人们提出三种机制:极化子对机制、激子–极化子淬灭机制和双极化子机制。它们最初的提出都是基于自旋相关的相互作用,即塞曼自旋–磁场相互作用。另外,基于电荷相关的相互作用即洛伦兹电荷–磁场相互作用,也可对这三种机制进行认识,都在一定程度上揭示了有机磁场效应。

7.9.1 极化子对机制

从正负电极注入到有机层中的电子和空穴会复合在一起形成激子,这是有机发光器件的基本原理。注入的电子和空穴最终复合成激子是一个两步过程:初始,电子和空穴在不同的分子内,它们之间距离 $r > 1\text{nm}$,形成极化子对,有较低的束缚能;随着两者不断靠近,最终在一个分子内相遇,形成激子,此时具有较高的束缚能。由于电子和空穴的自旋有上下两种可能,所以它们复合形成极化子对或激子的自旋就有四种组合,分别为单态 $\chi_S = \frac{1}{\sqrt{2}}(|\uparrow\downarrow\rangle - |\downarrow\uparrow\rangle)$ 和三重态 $\chi_{T_1} = |\uparrow\uparrow\rangle, \chi_{T_0} = \frac{1}{\sqrt{2}}(|\uparrow\downarrow\rangle + |\downarrow\uparrow\rangle), \chi_{T_{-1}} = |\downarrow\downarrow\rangle$,其示意图如图 7.9.1 所示。

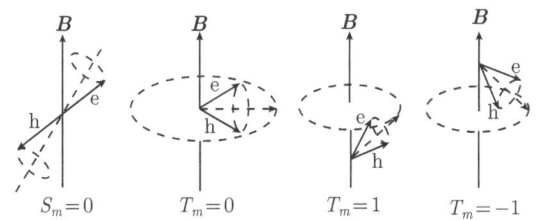

图 7.9.1 激子 (或极化子对) 的自旋单态和三重态示意图

若不考虑自旋相关的相互作用,这四种产物的几率分别为 25%,所以单态和三重态之间的几率比为 1:3,这是一种统计平均的结果。由于极化子对与激子内,正负电荷的距离不同,单态和三重态之间能级的劈裂也不同。极化子对中,正负电荷距离较大,交换相互作用能小,单态和三重态之间能量近乎是简并的;激子内,正负电荷几乎相互重叠,交换相互作用能大,单态和三重态之间能量有一定的差别。所以只有单态和三重态的极化子对才可能发生相互的转化。图 7.9.2 显示了单态和三重态之间能量差别与正负电荷距离的关系。图 7.9.2(a) 表明加入磁场之前,单态极化子对可以与全部三个三重态之间相互转化。加入磁场后,由于塞曼能级劈裂,如图 7.9.2 (b) 所示,自旋不为 0 的三重态能级将发生移动,单态的极化子对将只与自旋为 0 的三重态相互转化。由于单态和三重态极化子对在导电过程中的贡献不同,单态的极化子对更容易解离;另一方面,三重态极化子对的减少导致相应的三重态激子的减少。由于三重态激子具有较长的寿命,更容易跟载流子碰撞,磁场导致的三重态激子的减少会导致通过碰撞产生的载流子的减少。这样磁场通过调控单态与三重态极化子对之间的比率来实现对器件导电性和发光性的调控。

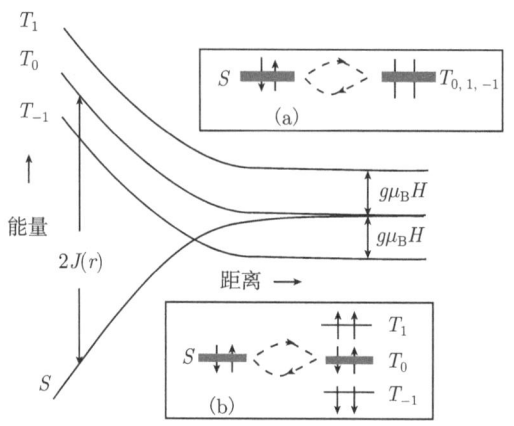

图 7.9.2　极化子对与激子对磁场的不同反应

7.9.2　激子与极化子淬灭机制

2007 年,Desai 等利用极化子对三重态激子的淬灭来解释有机磁电阻,认为三重态激子与极化子的相互作用是产生磁电阻的原因。由于三重态激子具有较长的寿命,在 Alq_3 中可达到 25μs,当器件中所加偏压达到开启电压后,三重态激子会迅速产生并且在有机层扩散输运,最终在界面处复合或湮灭。输运过程中三重态激子将不可避免地与运动的极化子相互作用,4.6.3 节曾给出极化子与激子碰撞的微观动力学,这一过程可表示为

$$T_{\pm 1} + P_{\pm 1/2} \overset{k_1}{\leftrightarrow} (T_1 \cdots P_{\pm 1/2}) \overset{k_2}{\rightarrow} P_{\pm 1/2} + S_0^* \tag{7.9.1}$$

$T_{\pm 1}$ 表示三重态激子,$P_{\pm 1/2}$ 表示自旋为 $\pm 1/2$ 的极化子,$(T_1 \cdots P_{\pm 1/2})$ 是具有相互作用的对态,k_1 是形成对态或散射回相互独立状态的比率。式 (7.9.1) 左边代表三重态激子和极化子之间的散射过程,这将导致极化子迁移率的下降。所以当三重态激子浓度增加时这种碰撞几率同时也会增加,因此极化子的迁移率将会下降。加入磁场使三重态激子转换为单态激子后,碰撞几率也随之减少,因此会相对地增加极化子的迁移率。式 (7.9.1) 的右边表明对态同时以比率 k_2 解离为自由的载流子和高激发态。由于磁场的加入会改变三重态激子的比率,因此会影响器件的导电性。

7.9.3 双极化子机制

对于单极器件，只有一种载流子注入，无激子产生，前面所述的两种机制无法适用。2007 年 Bobbert 等提出了双极化子机制。有机半导体中同时存在极化子和双极化子等多种形式的载流子，由于极化子和双极化子的有效质量不同，迁移率不同，所以它们对导电的贡献也就不同。外磁场和超精细作用场将影响极化子和双极化子之间的相互转换，从而产生有机磁电阻。

由于有机材料的无序性，电荷的输运形式主要为载流子在格点间的跃迁。考虑一双格点 (分子) 模型，载流子由格点 α 跃迁到格点 β。考虑电子自旋与氢核自旋间的超精细相互作用，并将其等效为有效磁场 $B_{\rm hf}$，则电子在格点 α 上受到有效磁场 $\vec{B}_\alpha = \vec{B}_{\rm ext} + \vec{B}_{\rm hfi}$ 的作用。由于同格点上强的交换相互作用，构成双极化子的两个极化子的自旋必须相反。假设在格点 β 处已存在一电子，其自旋与 β 处有效场方向相反，如图 7.9.3 所示，如果格点 α 处的电子跃迁到 β 处形成双极化子，格点 α 处的电子自旋有两种情况，与 α 处的有效场方向相同或相反，由此可以得到双极化子的形成几率与磁场的关系为

$$P_\beta \propto \frac{P_{\rm P} + P_{\rm AP} + 1/4b}{P_{\rm P} + P_{\rm AP} + 1/2b + 1/b^2} \tag{7.9.2}$$

其中，$P_{\rm P} = \frac{1}{2}\sin^2(\theta/2)$ 表示两格点处电子自旋都与有效场相反时的跃迁几率，即与格点 β 相同的 α 处电子自旋也与有效场相反；$P_{\rm AP} = \frac{1}{2}\cos^2(\theta/2)$ 则表示 α 处电子自旋与有效场方向相同时跃迁到格点 β 的几率，θ 为两有效场之间的夹角。参数 $b = \omega_{\alpha\beta}/\omega_{\alpha e}$ 是极化子由分子 α 跳跃到 β 的几率 $\omega_{\alpha\beta}$ 与返回环境的几率 $\omega_{\alpha e}$ 之比。调节参数 b 可获得洛伦兹型和非洛伦兹型两种有机磁电阻曲线。

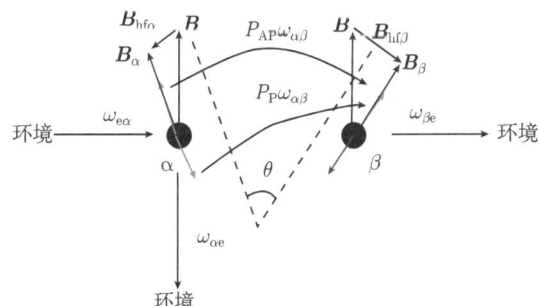

图 7.9.3 磁场调控的双极化子形成

7.9.4 磁致跃迁理论

前面提到的三种机制都是从自旋的角度出发描述的，由于自旋与磁场的相互作用导致激子或极化子的自旋相关性。为了明确说明磁场确实是通过自旋相关的

相互作用来影响器件的性能，人们甚至对有机材料中的氢进行氘化，发现有机材料的磁效应确实产生了一定的变化。但是对于如何理解 mT 量级下的磁场即产生如此明显的磁效应，人们并没有一致的观点。

众所周知，磁场不仅通过塞曼作用影响载流子的自旋，还会通过洛伦兹作用影响电子的运动。下面将基于洛伦兹效应探讨有机材料中磁场对极化子运动的影响。有机材料中，分子之间的耦合是比较弱的范德瓦耳斯力，这就使得分子间的电子跃迁积分比较小。图 7.9.4 表示了两个有机小分子之间的电子跃迁，其中分子 1 的中心在原点处，分子 2 的中心在 $(d,0,0)$ 处，两分子沿 x 方向排列，施加的外磁场沿 z 方向。ψ_1 与 ψ_2 是两分子上的电子局域态，局域长度分别为 ξ_1、ξ_2。加入外部磁场之后，系统的哈密顿量可写为 $H = -\frac{1}{2m}\left(\vec{p} - \frac{e}{c}\vec{A}\right)^2 + V_1 + V_2$，其中 V_1、V_2 分别表示两分子势能，$\vec{A}$ 是由于外加磁场产生的矢量势。紧束缚模型下，载流子的跃迁矩阵元可写为

$$t = \frac{\hbar^2}{m}\int\left[\left(\psi_1^*\frac{\partial\psi_2}{\partial x} - \psi_2\frac{\partial\psi_1^*}{\partial x}\right) - \frac{2i}{\phi_0}(\vec{A}\cdot\hat{x})\psi_1^*\psi_2\right]\Big|_{x=\frac{d}{2}}dydz \tag{7.9.3}$$

其中，$\phi_0 = c\hbar/e$ 是磁通量子，定义 $\xi^{-1} = \xi_2^{-1} + \xi_1^{-1}$。积分区域是 $x = d/2$ 的平面。当外加磁场比较小的时候，跃迁矩阵元可以写成如下两部分：

$$t = t_0 + it_B = \frac{\hbar^2}{m\xi}\int\psi_1^*\psi_2\Big|_{x=d/2}dydz + i\frac{\hbar^2}{m}\frac{1}{l_B^2}\int\psi_1^*y\psi_2\Big|_{x=d/2}dydz \tag{7.9.4}$$

第一项是加磁场之前两分子之间的跃迁矩阵元，第二项是由磁场导致的跃迁矩阵元的变化。对有机固体或薄膜来说，分子之间的距离通常较大，因此 t_B 可以对分子间的跃迁有一明显的调节。根据爱因斯坦关系式，材料的迁移率为 $\mu = eD/k_BT$，其中 D 为扩散长度，$D \propto |t|^2\exp(-\Delta\varepsilon_{12}/k_BT)\cdot d^2$。由于载流子的跃迁积分是与材料的迁移率紧密相连的，所以磁场能够有效地改变载流子的迁移率。磁致跃迁机制表明，磁场可以通过影响载流子的跃迁积分来影响材料的导电性。

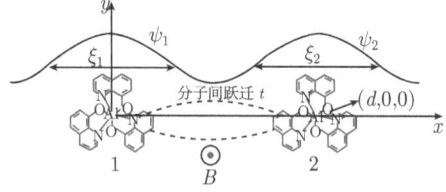

图 7.9.4　两有机小分子 (Alq$_3$) 之间的电子跃迁示意图

考虑光激发过程，若激发的电子--空穴对在同一分子内，则形成激子；若激发的电子--空穴对在不同分子内，则形成极化子对，即光致载流子。由于分子之间的耦合，形成极化子对的几率显然与分子之间的转移积分有关。设电子--空穴对在同

7.9 有机磁场效应机理

一分子内形成激子的几率为 P_0,在不同分子间形成极化子对的几率为 P(图 7.9.5),则光照下,有机材料内形成极化子载流子的比例为 $JP/(P_0+P)$,其中 J 为单位体积内的光子吸收率。光激发前设极化子浓度平衡值为 n_0,光照后极化子浓度的变化为 $\gamma(n-n_0)$,其中 γ 为极化子衰减率。达到平衡后,有 $JP/(P_0+P)=\gamma(n-n_0)$,由此得到光激发产生的极化子浓度为

$$n = n_0 + JP/[\gamma(P_0+P)] \tag{7.9.5}$$

因为 $P \propto |t|^2$,所以跃迁积分对磁场的依赖性导致了极化子浓度对磁场的依赖性。式 (7.9.4) 中取 $t = B_0 + \mathrm{i}aB$,其中 B_0 和 a 为实数,则有 $P \propto |t|^2 = a(B^2+B_0^2)$,由此得 ($B \gg B_0$ 下)

$$n = n_0 + JP/[\gamma(P_0+P)] = n_0' + aB^2/(B^2+B_0^2) \tag{7.9.6}$$

其中,n_0,n_0',a 和 B_0 是与磁场无关的参数,决定于分子结构和固体结构。式 (7.9.6) 正是实验得到的洛伦兹型磁电阻形式。如果取 $t = \mathrm{i}(B_0+aB)$,相当于在一些简并分子体系之中,则可得到非洛伦兹型磁电阻。因此,基于洛伦兹作用的磁致跃迁可以对有机磁场效应给以合理的解释。

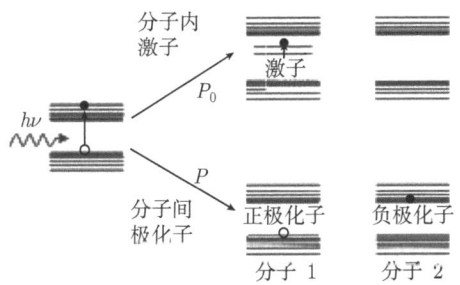

图 7.9.5 光激发产生分子内激子和分子间极化子示意图

激发的电子有几率 P_0 在分子内与空穴形成激子,有几率 P 跃迁到其他分子上形成极化子

7.9.5 有机磁电阻理论

以上给出了有机磁效应的三种机制,分别从自旋和轨道两个方面做了解释。下面进一步从自旋角度出发,给出有机磁电阻定量的计算。

首先考虑分子晶体或弱无序系统,此时可以采用带输运机制。该理论下,可以认为有机分子材料内的输运主要由费米面处的态密度决定,即电导率 $\sigma \propto \rho(E_\mathrm{F})$。如图 7.9.6(a) 所示,无外磁场时,由于自旋简并性,费米面处两种自旋的态密度是相等的;加入磁场后,由于塞曼作用,能级发生劈裂 $2\Delta\varepsilon = g\mu_\mathrm{B} \vec{\sigma} \cdot \vec{B}$,电子态处于非平衡态,如图 7.9.6(b) 所示;电子态经过重新排布达到新的平衡,如图 7.9.6(c)

所示，此时系统的费米面将由 E_F^0 变为 E_F。加入磁场前后费米面处态密度的改变导致材料的导电性发生变化。

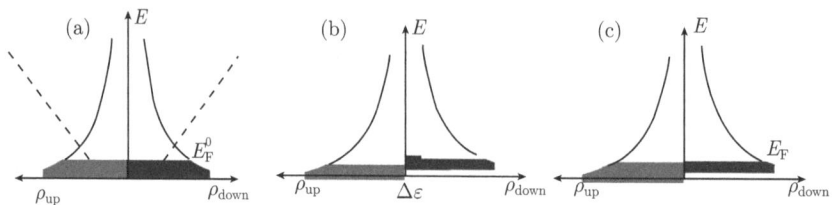

图 7.9.6　电子态密度示意图

(a) 无外磁场时，电子态是自旋简并的；(b) 加入外磁场后，电子处于非平衡态；(c) 电子重新分布后，达到新的平衡，虚线为三维系统的态密度

在给定载流子浓度的情况下，可以计算出磁场施加前后的费米面 E_F^0 和 E_F，由此得到器件的磁电阻为

$$\mathrm{MR} = \frac{\sigma^{-1}(B) - \sigma^{-1}(0)}{\sigma^{-1}(0)} = \frac{\rho_0(E_F^0) - \rho_B(E_F)}{\rho_B(E_F)} \tag{7.9.7}$$

其中，$\rho_0(E_F^0) = \rho_{0\uparrow}(E_F^0) + \rho_{0\downarrow}(E_F^0)$ 为加入磁场前的费米面态密度，$\rho_B(E_F)$ 为加入磁场后新费米面处的态密度。

为了获得材料的态密度，需要结合具体模型计算电子的能带结构。作为例子我们考虑分子晶体，输运方向上的紧束缚哈密顿量为

$$H = -\sum_{j,s}[\tau - \alpha(u_{j+1} - u_j)](C_{j+1,s}^+ C_{j,s} + C_{j,s}^+ C_{j+1,s}) + \frac{1}{2}K\sum_j(u_{j+1} - u_j)^2 \tag{7.9.8}$$

其中，τ 为两相邻分子间的跃迁积分，α 为电子-晶格耦合作用，通过分子对其平衡位置的偏离来调制分子间的耦合。由于有机分子间的耦合为弱的范德瓦耳斯力，所以跃迁积分 τ 比较小，通常在几十 meV，电子-晶格耦合作用 α 为 80~140meV/Å。K 为分子之间的弹性力常数。

磁场产生的自旋能级劈裂由塞曼相互作用确定

$$H_z = g\mu_B\sum_j \vec{B}\cdot\vec{\sigma}_j = g\mu_B B\sum_j\left(C_{j,\uparrow}^+ C_{j,\uparrow} - C_{j,\downarrow}^+ C_{j,\downarrow}\right) \tag{7.9.9}$$

求解 (7.9.8) 和 (7.9.9) 组成的薛定谔方程，可以得到电子能谱，进而获得态密度。计算结果如图 7.9.7 所示，实线是通过计算得到的磁电阻，点是实验结果。可以发现理论计算与实验结果有比较好的一致性。特别地，理论计算结果与洛伦兹公式 $\mathrm{MR}(B) = \mathrm{MR}_{\max}[B/(|B| + B_0)]^2$ 可以很好地拟合，经验公式中的 B_0 与电子-晶格耦合强度 α 成正比。进一步的研究发现，器件的磁电阻与电子-晶格耦合强度密切相关，如图 7.9.8 所示。有机材料中的电子-晶格耦合强度越大，磁电阻越明显。

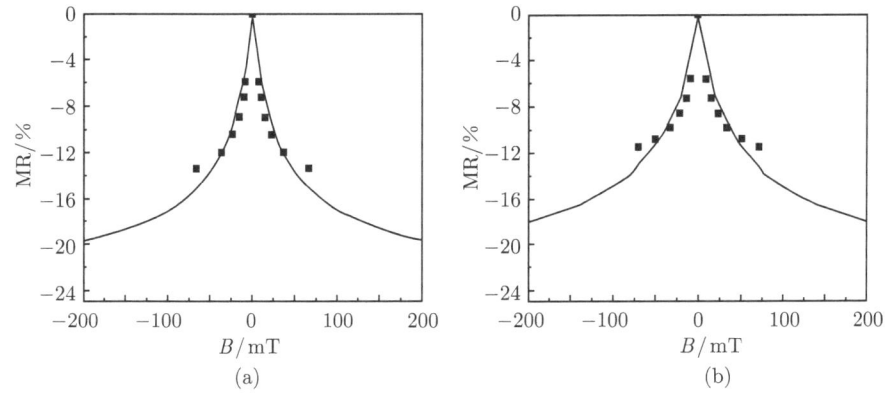

图 7.9.7 理论计算 MR 与实验结果比较

实线为理论计算结果，点线为实验结果，(a) 载流子浓度 $n_e = 0.2$，点线对应偏压 5V; (b) 载流子浓度 $n_e = 0.24$，点线对应偏压 5.5V

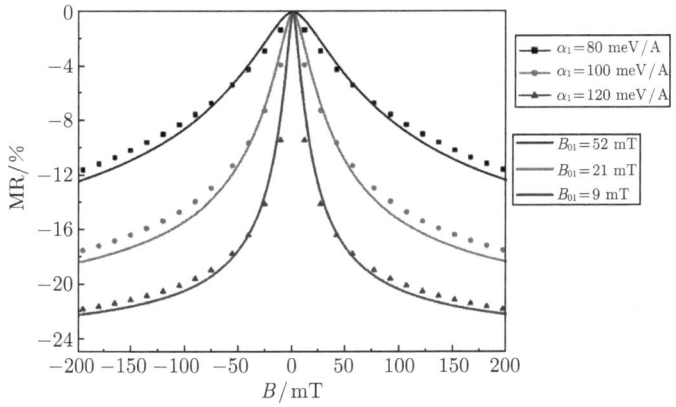

图 7.9.8 有机材料中不同电子–晶格耦合强度下的磁电阻与经验公式
$$\mathrm{MR}(B) = \mathrm{MR}_{\max}\left[B/(|B|+B_0)\right]^2 \text{ 的比较}$$

下面分析无序分子固体或薄膜中的电子输运，此时载流子呈现空间局域特点，上面的带输运机制不再有效。此时载流子的输运是分子间的跃迁方式，根据 Marcus 跃迁理论，载流子在两格点间的跃迁几率由式 (5.1.4) 给出。如图 7.9.9(a) 所示，无外磁场时，格点在位能是自旋简并的，跃迁是自旋无关的。外磁场的加入将导致格

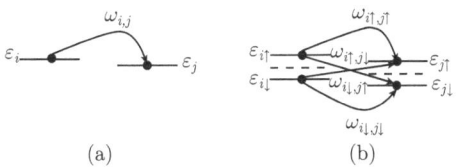

图 7.9.9 电子跃迁示意图

(a) 无外磁场时的跃迁；(b) 外磁场下的跃迁

点在位能自旋简并消除，$\varepsilon_i \to \varepsilon_i \pm g\mu_B S_z B = \varepsilon_i \pm \Delta\varepsilon$，如图 7.9.9(b) 所示，格点间将存在四种自旋相关的跃迁。

$$\omega_{is,js'}^B = \begin{cases} \omega_{i\uparrow,j\uparrow} = \dfrac{t_{ij}^2}{\hbar}\left[\dfrac{\pi}{k_B T E_r}\right]^{\frac{1}{2}} \exp\left[-\dfrac{(\Delta E_{ji} + E_r)^2}{4k_B T E_r}\right] \\ \omega_{i\downarrow,j\downarrow} = \dfrac{t_{ij}^2}{\hbar}\left[\dfrac{\pi}{k_B T E_r}\right]^{\frac{1}{2}} \exp\left[-\dfrac{(\Delta E_{ji} + E_r)^2}{4k_B T E_r}\right] \\ \omega_{i\uparrow,j\downarrow} = \dfrac{t_{ij}^2}{\hbar}\left[\dfrac{\pi}{k_B T E_r}\right]^{\frac{1}{2}} \exp\left[-\dfrac{(\Delta E_{ji} + E_r + 2\Delta\varepsilon)^2}{4k_B T E_r}\right] \\ \omega_{i\downarrow,j\uparrow} = \dfrac{t_{ij}^2}{\hbar}\left[\dfrac{\pi}{k_B T E_r}\right]^{\frac{1}{2}} \exp\left[-\dfrac{(\Delta E_{ji} + E_r - 2\Delta\varepsilon)^2}{4k_B T E_r}\right] \end{cases} \quad (7.9.10)$$

若假设这四种跃迁均以相同的几率发生，弱磁场下 ($|2\Delta\varepsilon| \Delta E_{ji} + E_r$)，将上式作泰勒展开，并保留到二阶项，则外磁场存在下的跃迁几率为

$$\kappa_{ij}^B = \dfrac{2\pi}{\hbar} t_{ij}^2 \dfrac{1}{\sqrt{4k_B T E_r}} \exp\left[-\dfrac{(\Delta E_{ji} + E_r)^2}{4k_B T E_r}\right] \left\{1 + \left[\left(\dfrac{\Delta E_{ji} + E_r}{2k_B T E_r}\right)^2 - \dfrac{1}{2k_B T E_r}\right]\Delta\varepsilon^2\right\} \quad (7.9.11)$$

我们发现格点间的跃迁是磁场相关的。进一步假设电导率正比于格点间的跃迁几率，由此可以得到磁电阻

$$\text{MR} = \dfrac{\sigma(0) - \sigma(B)}{\sigma(B)} = \dfrac{-\left[\left(\dfrac{-(E_r + \langle\Delta E_{ji}\rangle)}{2k_B T E_r}\right)^2 - \dfrac{1}{2k_B T E_r}\right]\Delta\varepsilon^2}{1 + \left[\left(\dfrac{-(E_r + \langle\Delta E_{ji}\rangle)}{2k_B T E_r}\right)^2 - \dfrac{1}{2k_B T E_r}\right]\Delta\varepsilon^2} = \dfrac{B^2}{B^2 + B_0^2} \quad (7.9.12)$$

其中

$$B_0^2 = \dfrac{1}{\left[\left(\dfrac{-(E_r + \langle\Delta E_{ji}\rangle)}{2k_B T E_r}\right)^2 - \dfrac{1}{2k_B T E_r}\right] g^2 \mu_B^2 S_Z^2}$$

在跃迁理论下我们得到了洛伦兹型的经验公式。

更精确的计算需要从主方程出发。计入极化子自旋后，我们需要推广主方程为

$$\dfrac{dP_{is}}{dt} = \sum_{j \neq i, s'} [-W_{is,js'} P_{is}(1 - P_{js'}) + W_{js',is} P_{js'}(1 - P_{is})] \quad (7.9.13)$$

其中，P_{is} 为格点 i 处自旋 s 的极化子的占据数。体系的迁移率可以表示为

$$\mu = \dfrac{1}{PE} \sum_{is,js'} W_{is,js'} P_{is}(1 - P_{js'}) R_{ij,x} \quad (7.9.14)$$

进而得到体系的磁电导

$$\text{MR} = \dfrac{\mu(0) - \mu(B)}{\mu(B)} \quad (7.9.15)$$

7.10 有机多铁

自从 2003 年多铁性材料 $BiMnO_3$ 和 $BiFeO_3$ 被发现以来，多铁材料以其丰富的物理性质和在功能器件中潜在的巨大应用，迅速成为物理和材料科学领域的研究热点。多铁材料中，载流子的电荷、自旋、轨道和晶格中的声子都互相强烈地耦合在一起，使得多铁材料具有丰富的物理性质，促进了凝聚态物理和材料科学的快速发展。除了无机材料，有机多铁材料的发现也开始引起人们越来越多的关注，为磁电耦合多铁器件的应用提供了新的思路。有机电荷转移复合物中，人们发现了室温铁电、铁磁和磁电耦合等特性，通过超分子设计技术，可以把电子给体和受体分子组装成有序电荷转移网络来实现铁电性。

2009 年，Giovannetti 等用 DFT 结合模型方法，计算发现 TTF-CA 有机分子晶体有多铁性。TTF-CA 是一种电荷转移盐，TTF 是电子给体，CA 是电子受体。两种分子交替排列 ⋯ TTF-CA-TTF-CA⋯ 形成 D-A 阵列。计算发现，TTF 上的电子会自发跃迁到 CA 上，整个阵列会发生如图 7.10.1(a) 所示的二聚化，此时系统的对称性降低，整体出现电偶极矩，电极化强度约为 3.5 $\mu C/cm^2$。计算还发现，这个系统基态是反铁磁耦合的。对于有机电荷转移系统 TTF-BA，在居里温度 53K 以下，由于系统的自旋–晶格相互作用，发现系统整体呈现铁磁性，并有电极化。TTF-BA 的中性到离子性转变温度为 84K，高于这个温度，不会发生电荷转移。因此只能在低温下，观测到 TTF-BA 中的多铁性。之后，人们在很多电荷转移盐体系中观测到了铁电现象，并测到了完整的电滞回线。

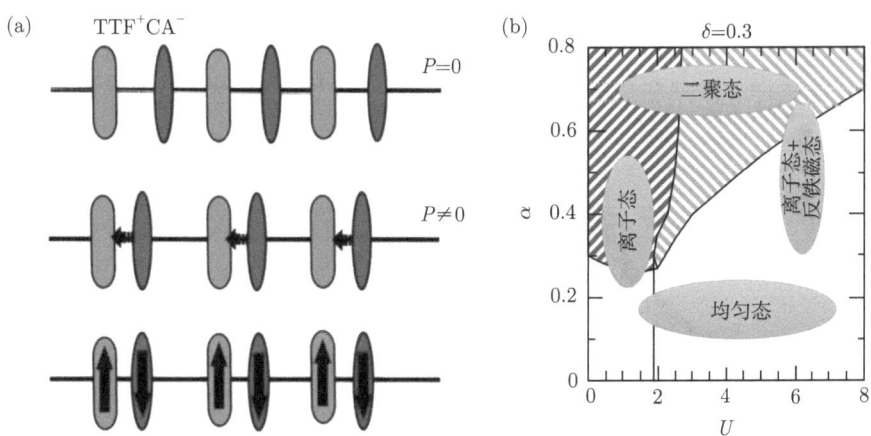

图 7.10.1 (a) TTF-CA 分子晶体示意图；上图是均匀分布时分子排列图，此时系统电极化为零；中图是发生二聚化后的分子排列图，此时系统出现电极化，下图是系统反铁磁耦合示意图。(b) 系统磁性随电–声耦合和电子–电子相互作用变化的相图

除了在电荷转移盐体系的研究，有机复合物的光激发研究也发现了有趣的现象。2012 年，任申强等在 P3HT 纳米线晶体中掺杂 C_{60}，通过测量样品的磁滞回线发现，在没有光照时，样品最大磁化率约为 $10emu/cm^3$。当以 615nm、20mW 的红光光照时，样品最大磁化率升高到约 $30emu/cm^3$(图 7.10.2)。实验还发现，外加电场和应力都可以调控磁化率的大小。同时，在 P3HT 纳米线单晶和 C_{60} 单质中均没有测到磁化率。这说明光照引起电荷转移是系统磁性的来源，这种光激发铁磁性同时可以被电场调控，说明材料具有磁电耦合的特性。之后，在单壁碳纳米管/C_{60} 体系和 nw-P3HT/Au 体系中也观测到了光激发铁磁性现象，并且，外界应力可以较好地调节此类多铁性体系的磁化强度 (图 7.10.3)。

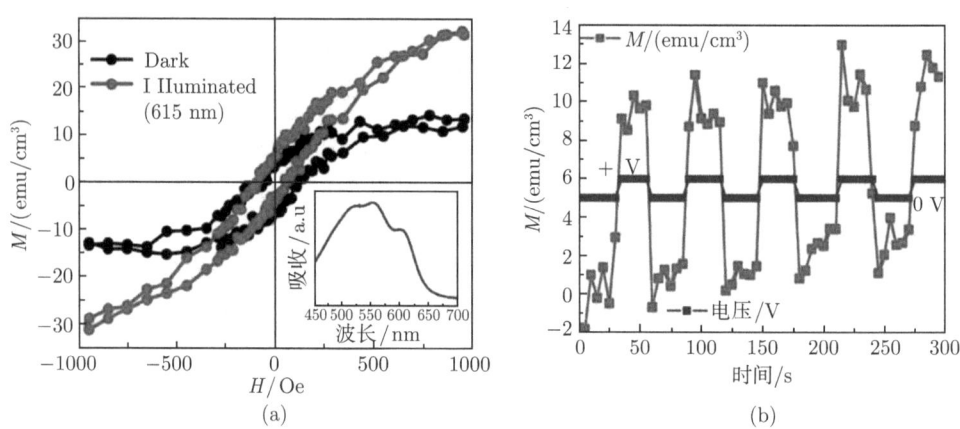

图 7.10.2 (a) nw-P3HT/C_{60} 器件中，光照前后器件的磁滞回线，插图为器件的吸收谱；(b) 器件磁化强度随外电场的响应 (扫描书后二维码可看彩图)

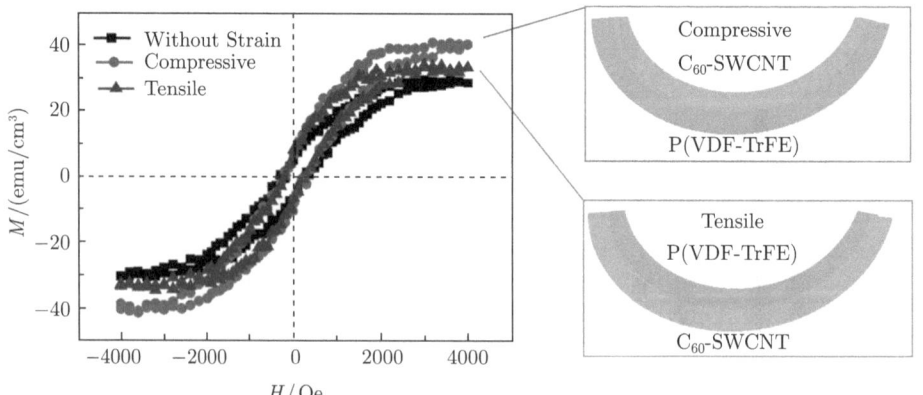

图 7.10.3 外界应力对 C_{60}:SWCNT/P(VDF-TrFE) 多铁性体系磁化强度的调节 (扫描书后二维码可看彩图)

7.10 有机多铁

有机复合材料的光激发铁磁性是一个重要启示，人们可以通过激发获得材料基态时不存在的新现象，设计出一些动态敏感器件。目前还没有对这些新现象有充分的理解。一个简单的模型是电子给体和受体组成的一个有机复合系统，如 nw-P3HT/C_{60}(图 7.10.4(a))，哈密顿量包括三个部分

$$H = H_D + H_A + H_{DA} \tag{7.10.1}$$

分别描述给体、受体以及它们之间的耦合。

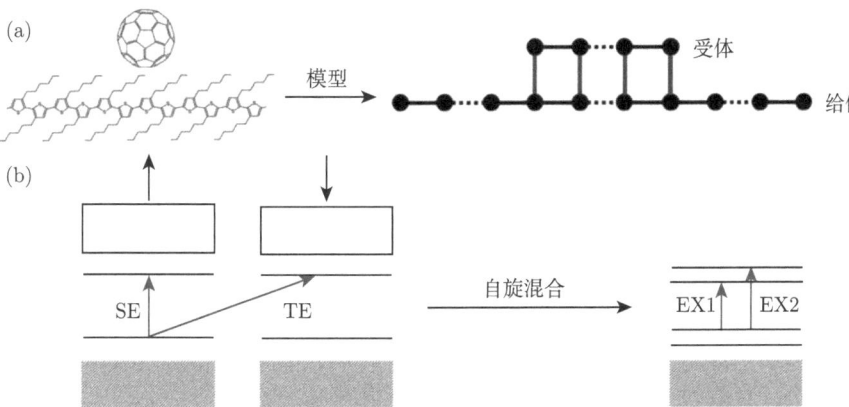

图 7.10.4 (a) nw-P3HT/C_{60} 电荷转移复合物器件和相应的理论建模示意图；(b) 自旋混合前后，光激发电子在 HOMO 和 LUMO 之间的跃迁示意图

$$\begin{aligned}
H_j = & -\sum_{n,s} \varepsilon_j^0 C_{j,n,s}^+ C_{j,n,s} - \sum_{j,n,s} t_{j,n,n+1} \left(C_{j,n,s}^+ C_{j,n+1,s} + C_{j,n+1,s}^+ C_{j,n,s} \right) \\
& + \sum_n U_j C_{j,n,\uparrow}^\dagger C_{j,n,\uparrow} C_{j,n,\downarrow}^\dagger C_{j,n,\downarrow} - \sum_n t_j^{\text{sf}} \left(C_{j,n,\uparrow}^\dagger C_{j,n,\downarrow} + C_{j,n,\downarrow}^\dagger C_{j,n,\uparrow} \right) \\
& - \sum_{n,s} t_{\text{so}} \left(C_{n+1,s}^\dagger C_{n,-s} - C_{n+1,-s}^\dagger C_{n,s} + C_{n,-s}^\dagger C_{n+1,s} - C_{n,s}^\dagger C_{n+1,s} \right) \\
& + \sum_n \frac{1}{2} K_j (u_{j,n+1} - u_{j,n})^2 + \sum_n \frac{1}{2} K_j' (u_{j,n+1} - u_{j,n})
\end{aligned} \tag{7.10.2}$$

其中，ε_j^0 表示分子 j 上 π 电子的在位能，给出了给体和受体分子之间的在位能差。式 (7.10.2) 第二项描述了 π 电子在分子内相邻碳原子之间的跃迁积分，其表达式为

$$t_{j,n,n+1} = t_j^0 - \alpha_j (u_{j,n+1} - u_{j,n}) - (-1)^n t_j'$$

α_j 表示电–声耦合相互作用; $C^+_{j,n,s}(C_{j,n,s})$ 是电子的产生 (湮灭) 算符; 第三项表示 Hubbard 近似下的电子–电子相互作用; 第四项表示格点 (或 CH 基团) 上 π 电子自旋反转效应, 来自电子–电子相互作用、氢原子核的超精细相互作用和热效应等自旋相关散射, 因为大部分有机材料的迁移率都很低, 电子在格点上停留时发生自旋反转的几率会很大; 第五项为自旋–轨道耦合效应; 第六项为晶格部分的能量, K_j 为弹性系数; 最后一项为分子边界稳定项, $K'_j = (4/\pi)\alpha_j$。

给体与受体之间的耦合为

$$H_{\mathrm{DA}} = -\sum_{jn,jm} t_{\mathrm{DA}} \delta_{jn,jm} C^+_{j,n,s} C_{j,m,s} \tag{7.10.3}$$

其中, t_{DA} 表示分子间的电荷转移积分。

在这种情况下, 每个电子态都是自旋混合的。电子波函数既包含自旋向上分量, 也包含自旋向下分量, 可以用 Wannier 基矢展开为

$$\psi_\mu = \begin{pmatrix} \sum_{j,n} Z_{\mu,j,n,\uparrow} |j,n\rangle \\ \sum_{j,n} Z_{\mu,j,n,\downarrow} |j,n\rangle \end{pmatrix} \tag{7.10.4}$$

其中, $Z_{\mu,j,n,s}(s=\uparrow,\downarrow)$ 表示波函数 ψ_μ 在分子 j 中格点 n 处自旋为 s 的几率幅。若电子态 μ 上的占有数为 f_μ, 则其自旋为 s 的电子几率为 $P_{\mu,s} = \sum_{j,n} f_\mu Z^*_{\mu,j,n,s} Z_{\mu,j,n,s}$。那么系统的净磁矩为 $m = m_\uparrow - m_\downarrow = \sum_\mu{}' (P_{\mu,\uparrow} - P_{\mu,\downarrow})$ (单位是 $\sim \hbar/2$)。电子态 ψ_μ 的本征能量 ε_μ 通过求解本征方程 $H\psi_\mu = \varepsilon_\mu \psi_\mu$ 得到。

在有机半导体中, 激子是通过光激发, 将电子从 HOMO 激发到 LUMO 而产生的。电子跃迁几率由带间跃迁矩阵元 $\langle \psi_{\mathrm{LUMO}}|H'|\psi_{\mathrm{HOMO}}\rangle$ 决定, 其中 H' 表示光–电相互作用。在非相对论近似下, 光–电相互作用主要影响电子的空间分量, 跃迁过程中自旋保持守恒, 带间跃迁光激发产物主要是自旋单态激子 (SE)。自旋三态激子 (TE) 由于跃迁禁止, 其产量很少, 可以忽略不计。然而如果 H' 中包含了自旋相关的相互作用, 例如, 自旋反转效应, 三态激子的产率会有明显的上升。如果电子处于自旋混合态, 则不存在纯态跃迁, SE 和 TE 跃迁就会演化成 EX1 和 EX2 跃迁 (图 7.10.4(b))。例如, 对于激发 EX1, 跃迁矩阵元是 $\langle \psi_{\mathrm{LUMO}}|H'|\psi_{\mathrm{HOMO}}\rangle = \sum_{ss'} \langle \psi_{\mathrm{LUMO},s}|H'|\psi_{\mathrm{HOMO},s'}\rangle$, 既包含自旋守恒跃迁, 也包含自旋反转跃迁。在有机电荷转移复合物中, 光激发可能发生在分子内部 (给体分子或受体分子) 形成分子内激子; 也可能发生在分子间, 出现电荷转移形成链间激子, 也叫电荷转移态。对于分子内激子, 两种激发态的自旋密度分布分别见图 7.10.5(a) 和 7.10.5(c)。可以发现, EX1 有局域自旋密度分布, 总的净自旋磁矩为 $1.98\mu_{\mathrm{B}}$, 其中 μ_{B} 表示玻尔磁

子。EX2 没有自旋。图 7.10.5(b) 和 7.10.5(d) 分别给出了分子间激子 EX1 和 EX2 的自旋密度分布。对于 EX1，计算发现，电子给体上的净磁矩为 $0.91\mu_B$，受体上的净磁矩为 $0.96\mu_B$，两者自旋极化方向相同，总的净磁矩为 $1.87\mu_B$。对于 EX2，电子给体上的净磁矩为 $-0.85\mu_B$，受体上的净磁矩为 $0.93\mu_B$，两者自旋极化方向相反，总的净磁矩为 $0.08\mu_B$。

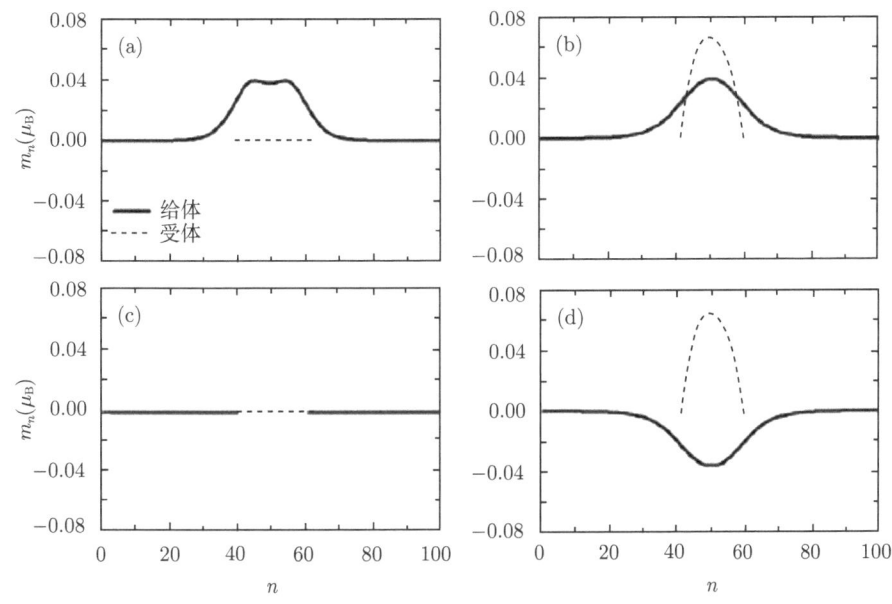

图 7.10.5　分子内 (a)、(c) 和分子间 (b)、(d) 激子自旋密度分布

(a) 和 (b) 对应激子 EX1；(c) 和 (d) 对应激子 EX2

激发态自发磁化的出现对于理解有机复合物中激发铁磁性是至关重要的。图 7.10.2 显示，激光照射后，nw-P_3HT/C_{60} 的磁化强度明显增加，一个简单的解释是光照增加了三态激子的产率，但实际上光照的直接产物应是单态激子。考虑到自旋相关的相互作用后，系统的激发态是自旋混合的分子间 EX1 态和 EX2 态，由于有机材料内在的强电子–晶格相互作用，它们在空间上是局域的，类似于自旋准粒子，分别具有局域自旋 $\vec{s}_1$ 和 $\vec{s}_2$。如图 7.10.6 所示，不管 $\vec{s}_1$ 和 $\vec{s}_2$ 呈现铁磁耦合还是反铁磁耦合，因为 $|\vec{s}_1| \neq |\vec{s}_2|$，系统总会出现净磁矩。实验也表明，nw-$P_3$HT/$C_{60}$ 要出现激发铁磁性，两种分子的耦合构型有一定要求。如果它们出现类似于图 7.10.6 所示的构型，系统就很有可能出现激发铁磁性。实际上，图 7.10.6(b) 的构型类似于有机铁磁分子 poly-BIPO 的模型，EX1 和 EX2 之间的自旋耦合由海森伯模型 $H_H = -J_{12}\vec{s}_1 \cdot \vec{s}_2$ 描述。耦合强度与激子态的交叠积分或激子密度相关，因此，通过光激发，复合物的磁性会明显改变。

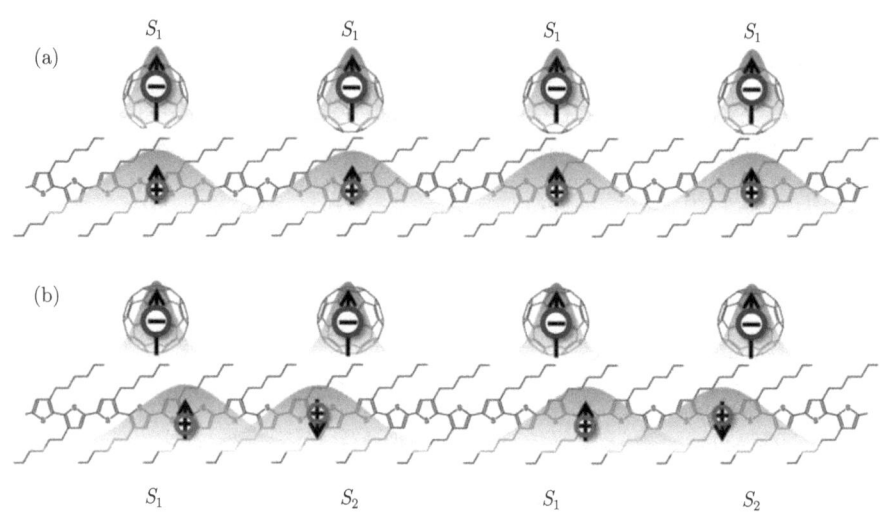

图 7.10.6　有机复合物激子耦合构型示意图

7.11　有机自旋泵浦与自旋流

伴随着无机自旋电子学的发展，有机材料中纯自旋流的研究也悄然兴起，如侧重于自旋流和热流相互作用的自旋热电子学。热电和热磁效应如今已经广泛应用于温度计、发电机和冷却器。自旋热电子学研究包括热电导和自旋依赖的 Seebeck/Paltier 系数、热自旋转移力矩以及自旋反常热电霍尔效应等。一般来讲，在有机自旋阀中，极化电流是通过驱动电压从铁磁电极注入到有机层内的。2013 年，日本 Tohoku 大学的 Ando 和英国剑桥大学的 Watanabe 等课题组发现有机半导体中存在纯自旋流，即自旋的输运不需施加驱动电场。他们制备了 $Ni_{80}Fe_{20}/PBTTT/Pt$ 器件，结构如图 7.11.1 所示 (PBTTT=poly(2,5-bis(3-alkyl thiophen-2-yl)thieno[3,2-b]thiophene)。

通过微波激发，自旋被泵浦到有机聚合物层 PBTTT，在 Pt 端，自旋流通过自旋--轨道耦合转化为电流 (逆自旋霍尔效应,ISHE) 而被探测到。实验中没有施加外电场，因此有机层内不存在载流子的定向运动。Pt 层测到的霍尔电压正比于通过有机层到达该层的自旋流强度，测到的 Pt 层霍尔电压随有机层厚度的变化关系如图 7.11.2 所示，近似于指数形式，

$$V_{\text{ISHE}}(d) \propto e^{-d/\lambda_s} \tag{7.11.1}$$

$\lambda_s = (153 \pm 32)$ nm 表征了有机层内自旋衰减长度。指数行为进一步表明电压是非磁性 Pt 层内通过 ISHE 产生的。同时，指数行为也表明有机层内的自旋流很可能

是通过扩散机制传输的。该研究表明有机半导体可以实现纯自旋流,而且是通过自旋极化子输运的。

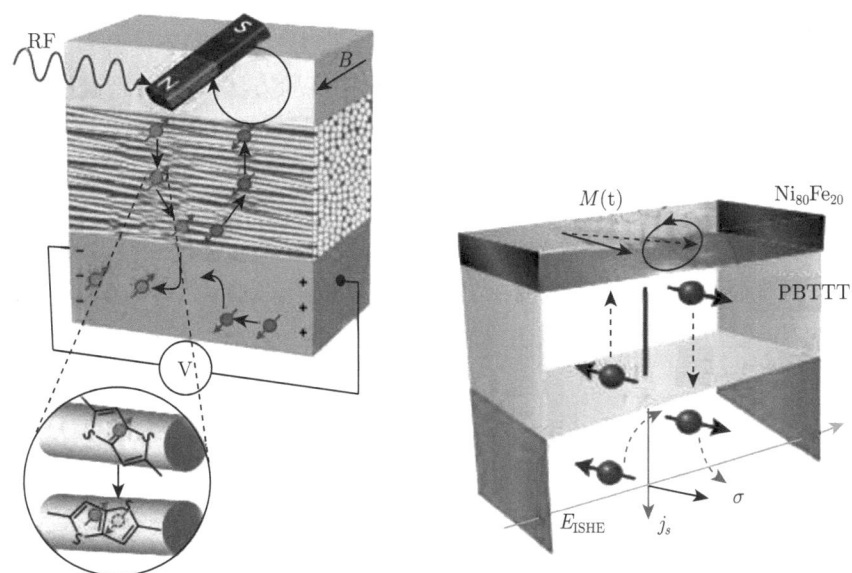

图 7.11.1 有机纯自旋流装置示意图,中间层为有机聚合物薄膜
(扫描书后二维码可看彩图)

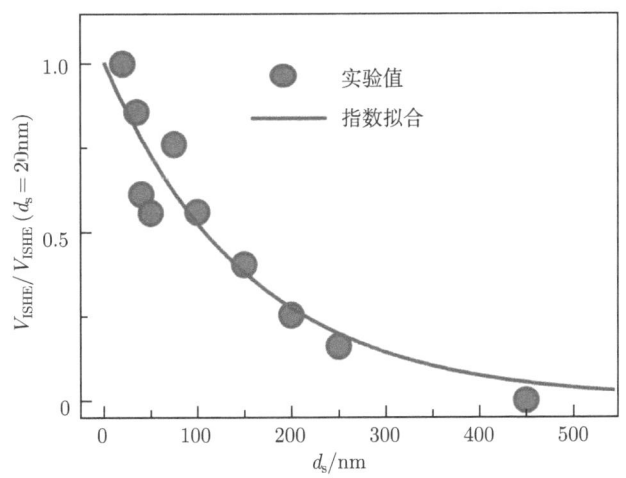

图 7.11.2 逆自旋霍尔电压随有机层厚度的变化

同时,Ando 等实验上直接测量了 PSS(poly(4-styrenesulphonate)) 掺杂 PEDOT (poly(3,4-ethylenedioxythiophene)) 分子中的自旋–电荷转换效应。他们通过自旋泵浦的方法,将自旋流从磁性绝缘体 $Y_3Fe_5O_{12}$ 垂直注入 PEDOT:PSS 中,在两侧金

电极中测得转换电压为 600nV，比金属铂的小两个数量级，接近无机半导体硅转换电压 ($\sim$ 微伏)。实验人员进一步发现，虽然转换偏压较低，但有机自旋-电荷转换效率却几乎可和金属铂相比拟。他们认为，尽管有机材料中的自旋-轨道耦合远弱于金属铂，但其较长的自旋弛豫时间及电导率各向异性，有利于提升自旋-电荷转换效率。2015 年，Sun 等则采用脉冲铁磁共振的实验方法，将自旋流从铁磁金属 NiFe 注入不同自旋-轨道耦合强度的有机半导体，测量了转化偏压及转换效率。类似的，在单层石墨烯中人们利用自旋泵浦的实验手段也观测到了自旋-电荷转换现象。

对于一个孤立的极化子，自旋为 $\vec{s}$，我们考虑它在恒定磁场和微波共同作用下的行为，恒定磁场 $\vec{B}_0 = B_0 \vec{e}_z$ 沿 z 方向，微波的磁场分量与它垂直，总磁场可写为 $\vec{B} = (B_1 \cos\omega t, -B_1 \sin\omega t, B_0)$，哈密顿量为

$$H = -g\mu_B \vec{s} \cdot \vec{B} \tag{7.11.2}$$

代入薛定谔方程 $i\hbar \frac{\partial}{\partial t}\chi(t) = H\chi(t)$，或 $i\hbar \frac{\partial}{\partial t} \begin{pmatrix} \alpha \\ \beta \end{pmatrix} = H \begin{pmatrix} \alpha \\ \beta \end{pmatrix}$，得到

$$\begin{cases} \dfrac{d\alpha}{dt} = i\Omega\alpha + i\gamma\Omega e^{i\omega t}\beta \\ \dfrac{d\beta}{dt} = -i\Omega\beta + i\gamma\Omega e^{-i\omega t}\alpha \end{cases} \tag{7.11.3}$$

其中，$\Omega = g\mu_B B_0/\hbar$, $\gamma = B_1/B_0$。分离 α, β 得到

$$\begin{cases} \dfrac{d^2\alpha}{dt^2} - i\omega\dfrac{d\alpha}{dt} + (\gamma^2\Omega^2 + \Omega^2 - \omega\Omega)\alpha = 0 \\ \dfrac{d^2\beta}{dt^2} + i\omega\dfrac{d\beta}{dt} + (\gamma^2\Omega^2 + \Omega^2 - \omega\Omega)\beta = 0 \end{cases} \tag{7.11.4}$$

假定 $t = 0$ 时，初始条件为 $\begin{pmatrix} \alpha \\ \beta \end{pmatrix} = \begin{pmatrix} 1 \\ 0 \end{pmatrix}$，式 (7.11.4) 的解为

$$\begin{cases} \alpha(t) = \left(\cos\Omega' t + i\dfrac{\Omega - \omega/2}{\Omega'}\sin\Omega' t\right) e^{i\omega t/2} \\ \beta(t) = i\dfrac{\omega\Omega}{\Omega'}\sin\Omega' t e^{-i\omega t/2} \end{cases} \tag{7.11.5}$$

其中，$\Omega' = \left[(\Omega - \omega/2)^2 + \gamma^2\Omega^2\right]^{1/2}$。结果表明，微波将造成极化子自旋发生反转，$t$ 时刻，自旋向下的几率为 $|\beta(t)|^2 = (\gamma\Omega/\Omega')^2 \sin^2\Omega' t$。

针对泵浦到有机层内的自旋如何输运这一问题，于志刚提出了一个极化子耦合模型。哈密顿量为 $H = H_0 + H_h + H_e$，

$$H_0 = \sum_i \varepsilon_i \left(a_{i\uparrow}^+ a_{i\uparrow} + a_{i\downarrow}^+ a_{i\downarrow}\right) - g\mu_B \vec{s}_i \cdot \vec{B} \tag{7.11.6a}$$

7.11 有机自旋泵浦与自旋流

$$H_{\mathrm{h}} = \sum_{\langle ij \rangle s} V_{ij} \left(a_{is}^+ a_{js} + a_{js}^+ a_{is} \right) \tag{7.11.6b}$$

$$H_{\mathrm{e}} = \sum_{ij} J_{ij} \vec{s}_i \cdot \vec{s}_j \tag{7.11.6c}$$

其中，a_{is}^+ 表示在分子 i 上产生一个自旋为 s 的极化子，ε_i 为极化子在位能；极化子自旋 $\vec{s}_i = (\hbar/2) \sum_{\sigma\sigma'} a_{i\sigma}^+ \vec{\sigma}_{\sigma\sigma'} a_{i\sigma'}$，$\vec{\sigma}_{\sigma\sigma'}$ 为泡利矩阵元；V_{ij} 为极化子跃迁积分，J_{ij} 为极化子之间的交换积分。考虑跃迁机制，极化子在分子之间的跃迁由主方程描述，得到分子 i 处的自旋极化遵从动力学方程

$$\frac{\mathrm{d}\vec{M}_i}{\mathrm{d}t} = \vec{M}_i \times \vec{\omega} - \sum_j w_{ij}(1-f_j)\left(\vec{M}_i - \vec{M}_j\right) - \sum_j f_j \eta_{ij}\left(\vec{M}_i - \vec{M}_j\right) \tag{7.11.7}$$

其中，$\vec{\omega} = \dfrac{e}{2m}\vec{B}$。$f_j$ 为极化子在分子 i 处的占有数，由主方程决定

$$\frac{\mathrm{d}f_i}{\mathrm{d}t} = -\sum_j [w_{ij} f_i (1-f_j) - w_{ji} f_j (1-f_i)] \tag{7.11.8}$$

其中，w_{ij} 表示单位时间内极化子从分子 i 到分子 j 的跃迁率，可由 Marcus 跃迁公式给出。$\eta_{ij} = \sqrt{\pi} J_{ij}^2/\omega_{\mathrm{e}}$，$\omega_{\mathrm{e}}^2 = \sum_j 8J_{ij}^2 S(S+1)/3 \approx 12\overline{J}^2$。方程 (7.11.7) 指出，极化子跃迁和交换对自旋分布都有贡献。极化子跃迁发生在占据和非占据的分子之间，由方程 (7.11.7) 右边第二项描述；极化子自旋交换发生在占据的分子之间，由方程 (7.11.7) 右边第三项给出。

当自旋极化在空间变化缓慢时，动力学方程可连续化为

$$\frac{\mathrm{d}\vec{M}}{\mathrm{d}t} = (D_{\mathrm{h}} + D_{\mathrm{e}}) \nabla^2 \vec{M} + \vec{M} \times \vec{\omega} \tag{7.11.9}$$

其中，$D_{\mathrm{h}} = \overline{w}\,\overline{a}^2$ 为跃迁诱导的自旋扩散常数；$D_{\mathrm{e}} = \overline{\eta}\overline{R}^2 \equiv \sqrt{\pi/12}\overline{J}\,\overline{R}^2$ 为交换诱导的自旋扩散常数。$\overline{w}(\overline{\eta})$ 为 $w_{ij}(\eta_{ij})$ 的系综平均，$\overline{a}(\overline{R})$ 为分子（极化子）平均间距。无机材料内，$D_{\mathrm{e}} = 0$，电荷和自旋具有相同的扩散常数；而在磁性绝缘体内，$D_{\mathrm{h}} = 0$，自旋输运主要由交换产生。极化子之间的自旋交换耦合决定于其相互作用和波函数重叠，由于极化子为局域态，$\phi \sim \mathrm{e}^{-r/\xi}$，交换耦合具有如下形式：

$$\overline{J} = 0.821 \frac{e^2}{\varepsilon \xi} \left(\frac{\overline{R}}{\xi}\right)^{5/2} \mathrm{e}^{-2R/\xi} \tag{7.11.10}$$

其中，ε 为介电常数，ξ 为极化子态的局域长度。极化子平均距离与其浓度有关，$\overline{R} = n^{-1/3}$，$n = \sum_i f_i/V$。对 Alq$_3$ 分子，$\varepsilon = 2, \xi = 1$，固定 D_{h}，图 7.11.3 给出了交换

诱导的自旋扩散随极化子浓度的关系。可以看出，当极化子浓度 n 超过 $10^{17}\mathrm{cm}^{-3}$，交换诱导的自旋扩散开始明显，并且很快占据主导地位。

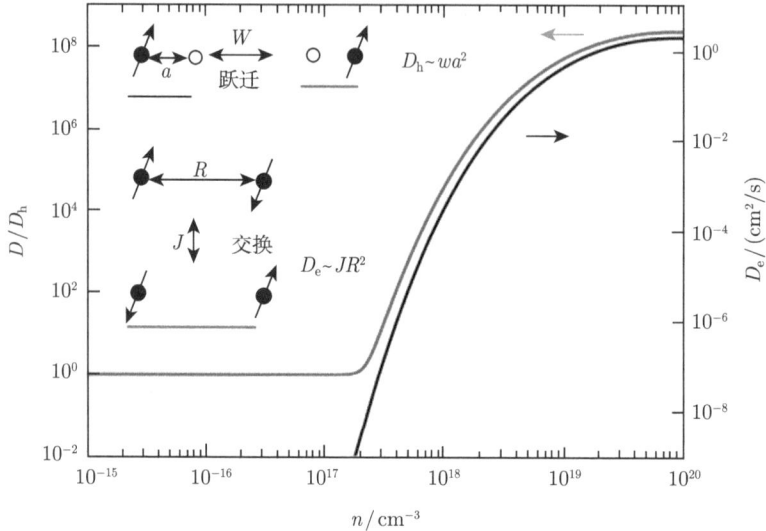

图 7.11.3　自旋扩散常数与极化子浓度的关系

其中 $D_\mathrm{h} = \nu_\mathrm{h} k_\mathrm{B} T/e$，$\nu_\mathrm{h} = 10^{-6}\mathrm{cm}^2/\mathrm{s}$；内部图示为跃迁和交换诱导的自旋扩散

参 考 文 献

[1] Rajca A, Wongsriratanakul J, Rajca S. Magnetic ordering in an organic polymer. Science, 2001, 294: 1503

[2] McConnell H M. Ferromagnetism in solid free radicals. J. Chem. Phys., 1963, 39: 1910

[3] Miller J S, Epstein A J, Reiff W M. Molecular/organic ferromagnets. Science, 1988, 240: 40

[4] Fang Z, Liu Z L, Yao K L, Li Z G. Spin configurations of π electrons in quasi –one –dimension organic ferromagnets. Phys. Rev. B., 1995, 51: 1304

[5] Hu G C, Guo Y, Wei J H, Xie S J. Spin filting through a metal/organic-ferrromagnet/ matal structure. Phys. Rev. B., 2007, 75: 165321

[6] Jiang H, Hu G C, Guo Y, Xie S J. Effects of spin excited states on electron transport through an organic ferromagnetic device. Org. Elec., 2009, 10: 809

[7] Dediu V, Murgia M, Mataeotta F C, Taliani C, Barbanera S. Room temperature spin polarized injection in organic semiconductor. Solid State. Comm., 2002, 122: 181

[8] Xiong Z H, Wu D, Vardeny Z V, Shi J. Giant magnetoresistance in organic spin-valves. Nature, 2004, 427: 821

[9] Majumdar S, Majumdar H S, Laiho R. Österbacka R. Comparing small molecules and polymer for future organic spin-valves . J. Alloys Compd., 2006, 423: 169

[10] Pramanik S, Stefanita C G, Patibandla S, Bandyopadhyay S, Garre K, Harth N, Cahay M. Observation of extremely long spin relaxation times in an organic nanowire spin valve. Nature Nano, 2007, 2: 216

[11] Dediu V, Hueso L E, Bergenti I, Riminucci A, Borgatti F, Graziosi P, Newby C, Casoli F, Jong M P D, Taliani C, Zhan Y. Room-temperature spintronic effects in Alq3-based hybrid devices .Phys. Rev. B, 2008, 78: 115203

[12] Zhang Y B, Ren J F, Hu G C, Xie S J. Effects of polarons and bipolarons on spin polarized transport in an organic device. Org. Elec., 2008, 9: 687

[13] Fu J Y, Ren J F, Liu X J, Liu D S, Xie S J. Dynamics of charge injection into an open conjugated polymer: A nonadiabatic approach. Phys.Rev.B, 2006, 73: 195401

[14] Francis T L, Mermer O, Veeraraghavan G, Wohlgenannt M. Large magnetoresisitance at room temperature in semiconducting polymer sanwich devices. New J.Phys., 2004, 6: 185

[15] Davis A H, Bussmann K. Large magnetic field effects in organic light emitting diodes based on tris(8-hydroxyquinolinealuminum) (Alq_3)/N,N′-Di(naphthalen-1-yl)- N,N′ diphenyl-benzidine (NPB) bilayers. J. Vac. Sci. Technol. A, 2004, 22: 1885

[16] Hu B, Wu Y. Magnetic-Field effects in organic semiconducting materials and devices. Adv. Mater., 2007, 6: 985

[17] Bloom F L, Wagemans W, Koopmans B. Temperature dependent sign change of the organic magnetoresistance effect. J.Appl.Phys., 2008, 103: 07F320

[18] Prigodin V, Bergeson J, Lincoln D, Epstein A. Anomalous room temperature magnetoresistance in organic semiconductors. Synth.Met., 2006, 156: 757

[19] Bobbert P A, Nguyen T D, van Oost F W A, Koopmans B, Wohlgenannt M. Bipolaron mechanism in organic manetoresistance. Phys.Rev.Lett., 2007, 99: 216801

[20] Desai P, Schakya P, Kreouzis T, Gillin W P, Morley N A, Gibbs M R J. Magnetoresistance and efficiency measurements of Alq_3-based OLEDs. Phys.Rev.B., 2007, 75: 094423

[21] Nguyen T D, Hukic-Markosian G, Wang F J, Wojcik L, Li X, Ehrenfreund E, Vardeny Z V. Isotope effect in spin response of π-conjugated polymer films and devices. Nature. Mater., 2010, 9: 345

[22] Wang X R, Xie S J. A theory for magnetic effects of nonmagnetic organic semiconducting materials. Europhys. Lett., 2010, 92: 57013

[23] 夏建白，葛惟昆，常凯. 半导体自旋电子学. 北京：科学出版社,2008

[24] Dong X F, Li X X, Xie S J. Theoretical investigation on organic magnetoresistance based on Zeeman interaction. Org. Electron., 2011, 12: 1835

[25] Troisi A, Orlandi G. Charge-transport regime of crystalline organic semiconductors: Diffusion limited by thermal off-diagonal electronic disorder. Phys Rev Lett., 2006, 96: 086601

[26] Yang F J, Qin W, Xie S J. Investigation of giant magnetoconductance in organic devices based on hopping mechanism. J. Chem. Phys., 2014, 140: 144110

[27] Giovannetti G, Kumar S, Stroppa A, van den Brink J, Picozzi S. Multiferroicity in TTF-CA organic molecular crystals predicted through Ab Initio calculations. Phys. Rev. Lett., 2009, 103: 266401

[28] Ren S, Wuttig M. Organic exciton multiferroics. Adv. Mater., 2012, 24: 724

[29] Han S, Yang L, Gao K, Xie S, Qin W, Ren S. Spin polarization of excitons in organic multiferroic composites. Scientific Reports, 2016, 6: 28656

[30] Ando K, Watanabe S, Mooser S, et al, Solution-processed organic spin-charge converter. Nature. Mater., 2013, 12: 622

[31] Watanabe S, et al. Polaron spin current transport in organic semiconductors. Nature Physics, 2014, 10: 308

[32] Sun D, van Schooten K J, Malissa H, Kavand M, Zhang C, Boehme C, Vardeny Z V. Inverse spin hall effect from pulsed spin current in organic semiconductors with tunable spin-orbit coupling. Nat. Mater, 2016, 15(8): 863

[33] Yu Z G. Suppression of the Hanle effect in organic spintronic devices. Phys.Rev.Lett., 2013, 111: 016601

[34] Qin W, et al. Multiferroicity of carbon-based charge-transfer magnets. Adv. Mater., 2015, 72: 734

[35] Qin W, et al. Magnetic and optoelectronic properties of gold nanocluster-thiophene assembly. Angew. Chem. Int. Ed, 2014, 53: 7316

第 8 章　生物大分子物理

碳是生物分子中的基本元素，生物大分子属于有机高分子系列。生物物理学 (biological physics) 是物理学与生物学相结合的一门交叉学科，旨在阐明生物内部有关物质、能量与信息的运动规律。它是应用物理学的概念和方法研究生物各层次的结构与功能的关系、生命活动的物理化学过程和物质在生命活动过程中的输运和演变。目前，对各种生物大分子尤其是蛋白质和核酸分子的物理性质的研究，已经逐渐成为有机材料和软凝聚态物理学研究的前沿方向。

8.1　生物大分子简介

8.1.1　蛋白质分子

早在 19 世纪中期，荷兰化学家 Mulder 从动物组织和植物体液中分别提取出一种共同的物质，他认为这种物质存在于有机界的一切物质中，并根据瑞典著名化学家 Berzelius 的提议将这种物质命名为蛋白质 (protein)。元素分析表明，蛋白质一般含有碳、氢、氧、氮、硫等元素，某些蛋白质还含有微量的磷、铁、铜、碘、锌和钼等元素。各类蛋白质中的氮元素含量稳定，平均为 16%，因此可以通过测定生物样品中的氮元素，来推算样品中蛋白质的大致含量。

蛋白质的基本组成单位为氨基酸 (amino acid)，存在于自然界中的氨基酸有 300 余种，但合成蛋白质的氨基酸仅 20 种 (称编码氨基酸)。组成蛋白质的 20 种氨基酸在结构上的共同特点是：在与羧基 (—COOH) 相连的碳原子 (α-碳原子) 上都有一个氨基，由于氨基和羧基都在 α-碳原子上，故称为 α-氨基酸。一个氨基酸的 α-羧基和另一个氨基酸的 α-氨基脱水形成的酰胺键称为肽键，由氨基酸通过肽键相连而成的化合物称为肽，肽键及其两端的 α-碳原子相连所形成的长链骨架称为多肽主链。任何数目的氨基酸都能以肽键的方式连接成多肽链，而蛋白质分子的一级结构 (primary structure) 是指组成蛋白质的 20 种不同氨基酸的排列序列，它是构成各类蛋白质结构的基础。

多肽主链骨架借助于氢键沿一维方向排列成具有周期性结构的构象，即为蛋白质分子的二级结构 (secondary structure)，即多肽链局部的空间结构 (构象)，如 α-螺旋、β-折叠、β-转角等几种形式，是构成蛋白质高级结构的基本要素。

蛋白质的三级结构 (tertiary structure) 是指具有二级结构的多肽链的空间分

布，是蛋白质分子在二级结构的基础上进一步的卷曲和折叠，构成一个很不规则的、具有特定构象的蛋白质分子结构 (图 8.1.1)。在球状蛋白质中，侧链基团的定位是根据它们的极性安排的。蛋白质特定的空间构象是由氢键、离子键、偶极与偶极间的相互作用、疏水作用等作用力维持的。疏水作用是主要的作用力，有些蛋白质还涉及二硫键。如果蛋白质分子仅由一条多肽链组成，三级结构就是它的最高结构层次。需要说明的是，蛋白质的折叠是有序的、由疏水作用力推动的协同过程。伴侣分子在蛋白质的折叠中起着辅助性的作用。蛋白质多肽链在生理条件下折叠成特定的构象是热力学上的一种有利的过程。折叠的天然蛋白质在变性因素影响下，变性失去活性。在某些条件下，变性的蛋白质可能会恢复活性。

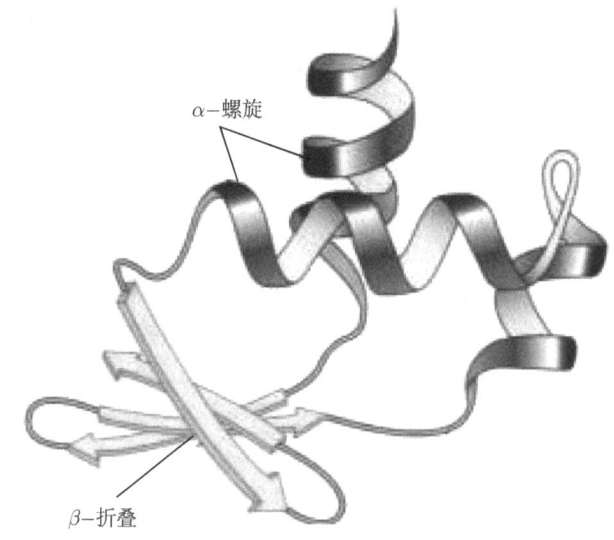

图 8.1.1　蛋白质的三级结构

蛋白质的四级结构 (quaternary structure) 含有两条或者更多条的肽链，这些多肽链本身都具有球状的三级结构，彼此以次级键 (包括氢键、疏水作用和盐键等) 相连形成一个相当稳定的结构 (图 8.1.2)。其中的每个球状蛋白质称为亚基 (subunit)，亚基通常由一条多肽链组成，有时含两条以上的多肽链，单独存在时一般没有生物活性。这些肽链都呈现折叠的 α-螺旋，相互之间以弱的键合相互连接，形成一定的构象。

蛋白质是生命的物质基础，是人体内的三大组成部分 (蛋白质、脂肪、碳水化合物) 之一。它构成了人体新组织，促进身体增长，是维持机体的生长、组成、更新和修补人体组织的重要物质，通过氧化作用为人体提供能量。它是生物体内生化反应的催化剂，是氧、氨基酸分子、葡萄糖分子以及其他的一些物质的载体，有些蛋白质赋予生物体细胞收缩与运动的功能，另有一类蛋白质可以储存氨基酸用于生物体中的一些组织生长，等等。

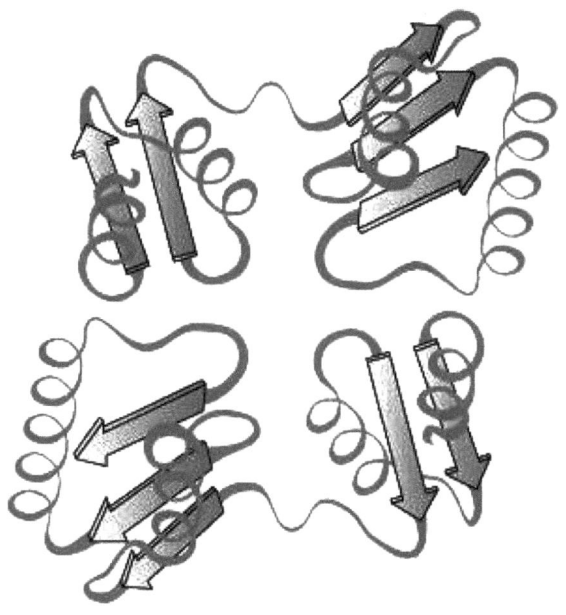

图 8.1.2　蛋白质的四级结构

8.1.2　DNA 分子

自从 1953 年 Watson 和 Crick 发现 DNA 分子的双螺旋结构以来，人们掀起了对 DNA 分子及其基因密码的研究热潮，这使得生命科学与生物技术中的很多潜在应用成为可能。DNA 分子一个很有趣的应用在于构建复杂结构的纳米元件，如将这种具有约埋性意义的生物分子周期性地排列起来，形成"晶格"，然后对其采用规范的晶体学方法进行研究，或将其制成"纳米电路板"，并可根据需求增加不同的纳米元部件。

DNA 是脱氧核糖核苷酸的英文 deoxyribo nucleic acid 的缩写，它和蛋白质是染色体的主要构件。它主要分布于生物细胞的细胞核中，由碳、氢、氧、氮、磷等元素组成，是携带生物遗传信息的重要载体，在繁殖过程中，父代把它们自己 DNA 的一部分复制传递到子代中，从而完成性状的遗传，因此 DNA 有时被称为"遗传微粒"。从染色体的一级结构到四级结构，DNA 分子一共被压缩了 $7\times6\times40\times5=8400$ 倍，如图 8.1.3 所示。例如，人的染色体中 DNA 分子伸展开来的长度平均约为几个厘米，而染色体被压缩到只有几个微米长，包含大约 30 亿个基对。

DNA 分子中主要存在四种碱基，两种嘌呤和两种嘧啶：腺嘌呤 (A-Adenine)，鸟嘌呤 (G-Guanine)，胸腺嘧啶 (T-Thymine) 和胞嘧啶 (C-Cytosine)。四种碱基附着在脱氧核糖的第一位碳原子上分别形成对应的脱氧核苷。脱氧核苷上的脱氧核糖与磷酸通过 3′, 5′—磷酸二酯键相连接聚合形成多核苷酸链，也就是核酸。DNA 分子是由两条反向平行的核苷链组成的，两条链上的碱基通过互补配对的原则相互缠绕形成双螺旋结构。一条链上的嘌呤总是通过氢键与另一条链上的嘧啶相结合，且按照碱基互补配对的原则，嘌呤与嘧啶的配对方式总是固定的：A 和 T 配对，中间形成两个氢键；C 和 G 配对，中间形成三个氢键。DNA 分子的平面结构如图 8.1.4 所示。

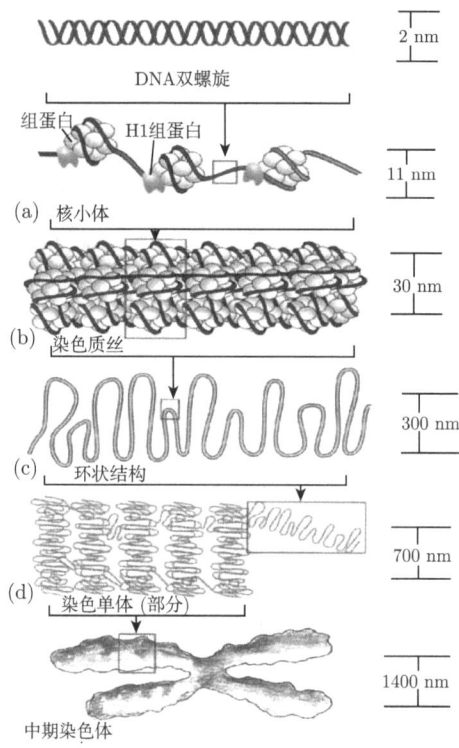

图 8.1.3 从 DNA 到染色体的逐级结构示意图

由于受到环境因素的影响，DNA 分子的二级结构具有多态性，不仅具有多种形式的双螺旋结构，还能形成三链等其他结构，说明其结构是动态的，而不是静态的。很多因素可以影响 DNA 分子的构型，如水合程度、DNA 序列、超螺旋形变的数量与方向、碱基的化学修饰、溶液中金属离子的类型与浓度以及聚胺类物质的存在，等等。常见的双螺旋构型有 A-DNA，B-DNA 和 Z-DNA，但是仅有 B-DNA 和 Z-DNA 在功能性生命体中直接被观测到。其中 B-DNA 是生物细胞中最常见的 DNA 分子构型，是在 92% 相对湿度的钠盐中，细胞正常状态下，DNA 分子存在的主要构型。B-DNA 分子的碱基对平面是相互平行的，且与螺旋轴垂直，相邻碱基对之间的距离约为 3.38Å, 一个螺距内包含 10 个碱基对, 相邻碱基对之间的螺旋角平均为 36°, 螺旋半径约为 10Å。上述几种构型的 DNA 分子的结构示意图如图 8.1.5 所示。

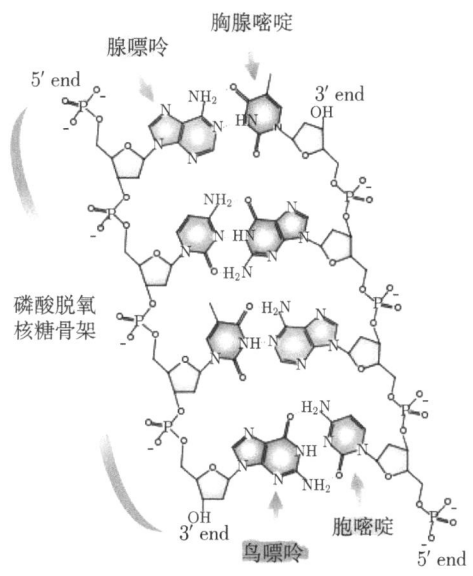

图 8.1.4　DNA 分子的平面结构示意图

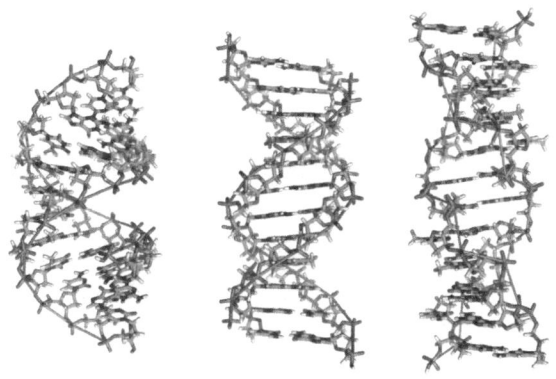

图 8.1.5　从左至右为 A-DNA, B-DNA 和 Z-DNA 分子的结构 (扫描书后二维码可看彩图)

DNA 是染色体的主要化学成分, 同时也是组成基因的核心部件, 它的功能是储存决定物种性状的几乎所有蛋白质和 RNA 分子的全部遗传信息, 编码和设计生物有机体在一定时空中有序地转录基因和表达蛋白完成定向发育的所有程序, 初步确定了生物独有的性状和个性以及和环境相互作用时所有的应激反应。另一方面,由于 DNA 分子特殊的碱基互补配对原则,它具有其他分子所不具备的自识别和自组装功能,这既是 DNA 作为遗传信息载体的基础,也是其成为分子电子学和分子器件材料最新最热候选者的前提。因此,DNA 分子的信息输运性质已经逐渐成为当前生命科学、物理、化学、材料科学等多个交叉学科的研究热点。

8.2 生物分子的稳定性

生物大分子在表现生理功能过程中,必须具备特定的空间立体结构(即三维结构)。但在实际环境中存在的外力、温度、pH 值、溶液浓度等因素都将直接影响其结构的稳定性。例如,温度过高蛋白质分子会变性;外力作用下的 DNA 分子会拉伸、扭转;双链的 DNA 在高于一定温度的时候会发生解双螺旋过程等。生物分子用于电子元器件设计中,必须具有一定的稳定性或抗干扰性,因此,研究生物大分子的结构稳定性具有非常重要的实际意义。

8.2.1 蛋白质分子动力学模型

蛋白质功能的多样性是由其结构多样性决定的,蛋白质的结构发生变化,必然会影响到其生物活性。作为生命科学领域的前沿课题之一,蛋白质折叠从狭义上来讲就是研究蛋白质特定三维空间结构形成的规律、稳定性与其生物活性的关系。天然蛋白质都具有独特而稳定的三维结构,其折叠状态只有在最适宜的条件下才可保持。诸如温度、pH 值、变性剂、压力等环境因素的改变和作用都会破坏其三维结构,使蛋白质发生去折叠,即蛋白质的变性,从而导致其物理性质、生物活性的改变。1931 年我国著名生物化学家吴宪首先提出了蛋白质变性的概念。蛋白质变性就是二级结构以上的高级结构的破坏,是不稳定键的断裂,即不会破坏蛋白质的共价键而只涉及氢键、盐键、疏水相互作用、范德瓦耳斯相互作用等次级键的破坏。蛋白质折叠、去折叠问题是分子生物学中心法则尚未解决的一个重大生物学问题。

蛋白质分子是由 20 多种氨基酸组成的,结构非常复杂,在具体研究中需要一些简化模型。Dill 等在 20 世纪 80 年代末提出了 HP 模型,它是根据疏水、亲水性的不同,将分子内的氨基酸简化为两种:疏水残基 (hydrophobic residue,由 H 表示) 和亲水的极性残基 (hydrophilic Polar-residue,由 P 表示)。HP 模型在一定程度上反映出蛋白质系统的一些基本特性并表征了蛋白质的复杂性,同时也可以来进行模型化研究,很多有关二维、三维格点的模型研究工作就是基于此模型。1993 年他们又提出了疏水拉链 (hydrophobic zipple,HZ) 模型。HP 模型主要考虑了疏水性接触作用,蛋白质链通过这样的相互作用形成链的局部疏水接触,再将其近邻的氨基酸对拉近,用这样的方式形成一个 α 螺旋或者 β 折叠片。基本假设是,多肽链中必须有一定数量的疏水残基并且有较强的相互作用,在疏水残基之间可以有

8.2 生物分子的稳定性

不同数目的亲水残基。这样成对地形成接触，就像拉链一样完成它们的折叠过程。这样形成的疏水型接触在构象空间中的搜索是十分有限的，因此能够完成快速的折叠。拉链模型的意义在于能够通过氨基酸序列特性确定其折叠路径，且能够导致 α 螺旋、β 折叠片和一些不规则结构的形成。

Go 等采用格点理论研究蛋白质的稳定性及其动力学性质，创立了 Go 模型。在这个模型中，蛋白质的能量与残基的天然接触数成正比，非天然接触对能量没有贡献。Go 模型是对有关能量地形理论的重要部分的简单刻画：一条蛋白质链具有自然相互作用的接触越多，蛋白质处在能量地形中的状态就越接近自然折叠态，从而越接近漏斗的底部。Go 模型的主要特性是它能显示在天然态和非天然态之间具有一个很大的能隙，同时在动力学上它具有快速折叠到天然态的特性。尽管它还隐含了所谓 "极小阻挫原理"，并意味着折叠的动力来自于天然接触的形成，但在折叠过程中却不形成势垒。

此外，还有蛋白质结构全原子相互作用势的分子动力学模拟等方法用于研究蛋白质分子的折叠过程，借助于专用软件和大型计算机，人们将能够了解蛋白质结构形成的许多细节过程，为进行分子设计提供更多更准确的信息。

8.2.2 蛋白质折叠

有关蛋白质折叠问题存在 "热力学控制" 和 "动力学控制" 两种假说。美国科学家 Anfisen 等提出了蛋白质折叠的 "热力学假说"。他们认为一定条件下 (溶剂、pH 值、离子强度、温度、存在助溶剂和其他基团)，蛋白质的天然态构象是全部体系自由能最低的构象。因而在给定的条件下，蛋白质的天然态构象是由蛋白质分子的一级结构，也就是氨基酸序列决定的。蛋白质的一级结构序列已经包含了其三维结构的全部信息，也就是说，蛋白质的一级结构决定了其高级结构。应用一些方法破坏掉天然蛋白质的结构，使其变性，然后去除掉这些外界干扰因素后，可以考察其回复天然构象的过程，进而建立蛋白质的折叠模型。这种方法简便易行，被广泛应用于各种蛋白质折叠过程的分析中。

对于复杂的生物大分子，仅仅考虑一级序列对蛋白质折叠的影响显然是不够的。1969 年，Levinthal 等提出了著名的 Levinthal 假说：由 N 个氨基酸残基构成的多肽链，它的组态数目 $M \propto K^N$（其中 $K=2\sim6$）为格点的旋转异构位置数。随着氨基酸个数的增长，组态数目呈现指数增长，组态空间的全局搜索几乎是不可能的。而实验告诉我们，蛋白质折叠的时间大在 0.001~1s，这个时间比它在组态空间做全局搜索的时间小十几个数量级。因此，蛋白质折叠也许是沿着某一特定的折叠路径进行的，这样才能在极短的时间内完成折叠的过程。Levinthal 假说强调了蛋白质折叠动力学控制对于折叠的重要性。

对于蛋白质折叠的两种假说之争，目前主要有两种观点。传统观点认为，蛋白质折叠过程中会出现一些中间态,允许折叠逐步的发生,并有效地减少构象搜索范围。Wolynes 等提出了一种所谓能量地形面的理论研究观点,认为蛋白质折叠是一个动力学过程,即肽链在溶液中通过原子间的相互作用,沿着特定的路径达到特定的结构。蛋白质的折叠过程既有自由能全局最小的热力学性质,又有路径相关并且快速折叠的动力学性质。基于这一最新理论研究,认为非折叠的多肽是在漏斗状的能量地形中寻找到自然状态的,如图 8.2.1 所示。如果非折叠多肽与自然态构象之间的能量差足够大的话,漏斗的表面可以很平滑;而如果漏斗的表面比较粗糙的话,能量的少许改变便能引起构象的很大变化。因此,中间体并非必然存在的,相反,这些中间体的聚集很可能是由于能量地形险峻引起的。这一观点的支持者认为,蛋白质折叠路径并非唯一的,而是一系列折叠路径的集合,蛋白质折叠决定于这个集合的整体因素而非特定因素,其最终的正确折叠是热力学和动力学因素共同作用相互协调的结果。

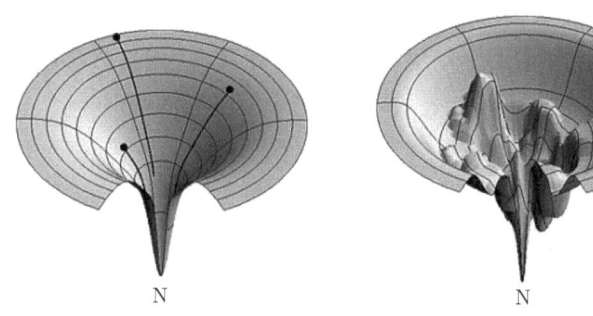

图 8.2.1　能量表面

20 世纪 90 年代以来,对于蛋白质分子折叠问题的理论研究已经取得了长足的进步。基于统计理论,采用一些简单模型对蛋白质分子一些特性给出了基本的物理图像,并指出了其适用范围和物理意义;基于平均场理论,对蛋白质设计等问题展开了深入探讨。这些研究成果大大推动了人们对蛋白质体系的认识,有力地带动了对整个问题研究的进展。

8.2.3　DNA 分子力学特性

在 20 世纪 80 年代,物理学家发展的单分子操纵技术,使得人们可以对单个生物大分子,如 DNA 分子,施加力或力矩的作用并测量其物理性质以及力学生化反应 (如 DNA 弹性、分子马达等)。实验中所需的力非常微弱,如 DNA 解链实验中打开互补碱基对的氢键以及蛋白质变性 (去折叠) 实验中涉及氨基酸残基间 "非共价键" 和疏水作用约在 10^2pN,这仅仅相当于在固体晶格中压缩或拉伸 0.1nm 距离做 1eV 的功所需的力。在对 DNA 分子 (或 RNA) 做拉伸时,这些生物大分子的一端固定于固体表面,另一端连接在一种力传感器上,这种可由原子力显微镜或光镊直接操作的传感器，可能是微米大小的颗粒或悬臂，可以测量到 0.1nm 的位移以及大于 10pN 的力，具有较高的精度。DNA 单分子的力学实验表明，若在分子尺度上理解生物大分子的生化过程，力与能量是同等重要的物理量，因此，理解 DNA 单分子在外力作用下的弹性应变是生物物理学的挑战性课题。

由于生物大分子固有的复杂性，其表现出的力学性质已经超出了传统高分子统计物理理论的范畴，不能被高斯链、自由连接链、虫链等模型所描述。为了描述双链 DNA 在外力作用下的性质，中国科学院理论物理研究所欧阳钟灿等提出了双链 DNA 的梯子模型，将 DNA 的两条糖–磷脂链简称为脊柱，由氢键相连的一对核苷酸为碱基对，将双链 DNA 的两条脊柱视为是由很多具有固定长度的刚性小棒所构成的两条不可伸长的链 (虫链) 所构成的，每条脊柱具有非常小的弯曲刚度，在探讨脊柱的弯曲能量时，将每个碱基对看成是首末两端分别固定在两条脊柱上的长度为 $2R$ 的刚性小棒。在 B-DNA 分子中，DNA 的碱基平面近似垂直于 DNA 的分子轴，因此可以认为连接 DNA 脊柱的刚性小棒在其连接点处垂直于脊柱。研究者在模型中充分考虑了 DNA 中心轴线的弯曲能、两脊柱的折叠能、体积引起的位阻效应以及相邻碱基对之间的堆积相互作用等，得到了与实验相符的外力–拉伸曲线。随后，在双链模型的基础上，他们进一步研究了外力作用下的 DNA 单链–发夹结构的相变，这一问题涉及 DNA 基因复制与调控的结构相变过程，亦得到了与实验相符合的外力引起的解链相变结果。为了与生物实验的实际条件相符，他们还将溶液离子浓度、德拜–休克尔静电势引入 DNA 分子弹性自由能，利用蒙特卡罗方法模拟得到 DNA 分子的溶解相变 (双链分离) 依赖于离子浓度的定量模型，这个模型已广为实验工作者采纳和应用。

8.3 DNA 分子的电荷输运性质

8.3.1 实验研究进展

早在 1962 年，Eley 和 Spivey 就提出 DNA 分子可能具有导电性。在相邻的 DNA 碱基间，存在垂直于碱基平面的 π 电子轨道。这些轨道的交叠就导致了可能的导电特性。这就引起了物理学家和材料学家的极大兴趣和关注。一方面，DNA 的导电对生物基因的损伤和修复以及 DNA 的测序有重要意义；另一方面，因为 DNA 分子的特殊性，它可以在溶液中自动地按照配对原则组装成完整的分子，从而完成自下而上的组装电路，如果 DNA 可以导电，它将是分子电子学良好的备选材料。

早期对 DNA 导电的研究是采用电化学的方法，将 DNA 分子置于溶液中进行电荷传输的测量。一般采用化学的方法在 DNA 某处由施主产生一个空穴，测量这个空穴在 DNA 分子中传输并最终到达受主的几率。这种测量通常是大量分子得到信号的平均值。Murphy 等利用金属络合物作为施主和受主，测得光激发载流子在 DNA 分子中的传输距离可达 4nm。Meggers 等测量了空穴在碱基 G 和 GGG 间的传输几率，发现随着中间 AT 基对的数量的增加，传输几率呈指数性衰减。Giese 等详细研究了 DNA 中空穴穿过 AT 基对的几率，发现当 AT 基对数目小于 3 时，随着 AT 数目增加呈现指数性的衰减，但当 AT 数目大于 3 时，空穴穿过的几率基本保持不变。

随着纳米技术的发展，人们已可以在实验上直接将单个或一束 DNA 分子连接到金属电极间，来测量它的电导。这些实验可以更直接地揭示 DNA 的导电性质，也为 DNA 作为分子器件的可能性进行了直接的验证。这类实验的结果比较复杂，揭示出 DNA 的导电性有绝缘性、半导体性、导体甚至超导体。导电性的多样结果一是源于 DNA 本身的复杂特性 (多种序列、分子形态)；二是来源于外界环境的影响，如温度、溶液中的离子、电极与 DNA 分子的接触等。

1998 年 Braun 等测量了单个 λ-DNA 分子的伏安特性。他们将 DNA 分子通过二硫键连接在相距 12μm 的两个金属电极间，当电极加上电压直至 10V 时，并没有发现明显的电流信号。随后，1999 年 Fink 等将 λ-DNA 搭在多孔碳膜上，然后用极细的探针接触 DNA 分子，碳膜和探针构成了两个电极。这个实验发现 DNA 有良好的导电性，电流–电压曲线呈现金属的导电行为。2000 年 Pablo 等继续测量了 λ-DNA 的导电性，他们将 DNA 的一端埋在金原子膜下，另一端用扫描力显微镜 (SFM) 的探针连接，实验发现 λ-DNA 的电阻率大于 $10^{16}\Omega$。

DNA 分子序列对其电荷输运性质具有显著的影响。Porath 等在 2000 年首次测量了人工合成的 poly(dG)-poly(dC) 聚合物序列的 DNA 分子的导电特性。实验中，他们将 30 个碱基对的 poly(dG)-poly(dC) 分子通过静电俘获的方式连接于金电极间，电极间的距离是 12nm，DNA 分子的长度为 10.4nm。当电压较低时，整个器件是不导通的，当电压超过 1V 时，电流开始随着电压非线性地增加。实验装置和测得的 I-V 曲线如图 8.3.1 所示。实验是在真空环境下进行的，而且确认了导电性的确来自于 DNA 分子，因为用酶切断 DNA 分子再进行导电性测量，就观察不到电流。这个实验还检验了温度对 DNA 导电性的影响，当温度由 4K 升高到室温时，电流–电压曲线所表现出来的电流为零的区间也随之增加。对于不同的样本，得到的电流–电压曲线都有类似的性质，有很高的重复性。这个实验证明了人工合成的 poly(dG)-poly(dC) 分子呈现宽禁带半导体的导电特性。Kasumov 研究小组把 16 μm 的 λ-DNA 分子连接在铼–碳电极之间。实验测量的温度从室温变化到 1K。室温的时候测得每个 DNA 电阻约为 $10^5\Omega$，并且随温度的变化不大。当低于 1K 时，观察到 DNA 竟然具有超导性。Yoo 等测量了人工合成序列的 poly(dG)-poly(dC) 和 poly(dA)-poly(dT) 分子的导电性质，他们将直径为 10nm 的 DNA 分子束连接在

8.3 DNA 分子的电荷输运性质

相距 20nm 的两个平面金属电极间,测量得到的电流-电压曲线对于温度和门电压有强烈的依赖性。从门电压依赖性得到 poly(dG)-poly(dC) 具有 P 型半导体的导电行为, 而 poly(dA)-poly(dT) 则呈现 N 型半导体的导电行为。他们测量出 poly(dG)-poly(dC) 的电阻率是 $0.025\Omega\cdot\mathrm{cm}$。Xu 小组测量了 $(GC)_n$ 和 $CGCG(AT)_mCGCG$ 两种序列的 DNA 分子的导电性。为了克服衬底的影响,他们先将 DNA 分子连接到金表面,再用扫描隧道显微镜 (STM) 的探针与连接着多条 DNA 链的金表面连接,这时候会有多条 DNA 链连在探针上。当探针逐渐移动时,连接在探针上的多条 DNA 分子链会断开连接。当只剩下一根连在金表面和探针间时,探针停止移动,此时测得的即为单分子 DNA 的电流-电压曲线。对两种序列的 DNA 分子的电流-电压曲线进行分析发现,$CGCG(AT)_mCGCG$ 的电导与 m 值存在一个指数下降的关系,这符合隧穿的图像。而 $(GC)_n$ 的电导与 n 值存在反比的关系,这说明了 DNA 导电确实是通过碱基的交叠,而不是通过骨架来导电。

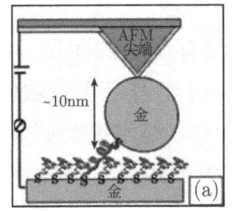 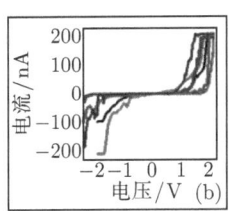

图 8.3.1 DNA 导电性测量装置 (a) 与结果 (b)

另一方面,DNA 分子中的各种碱基对的含量以及分子结构也会影响其导电性。Lqbal 等测量了三种不同序列的 DNA 分子的导电特性。这三种序列的 DNA 分子都包含了 18 个碱基对,GC 基对的含量分别为 44.4%, 55.6% 和 66.7%。结果发现随着 GC 基对含量的增加,DNA 分子的导电性也增强。随后 Nogues 等利用与 Cohen 的类似的实验装置测量了不同 GC 含量的 DNA 分子的导电性,发现随着 GC 基对含量的增加 DNA 分子的导电性明显增加。这两个实验和 Xu 等的实验都证明了碱基对序列的改变可以对 DNA 导电性产生影响。虽然这三个实验是在不同环境下进行的,但是所得到的电流-电压曲线存在一致性。这说明 GC 基对是有利于导电的,并且这几个实验都支持相干输运的图像。Roy 小组用碳纳米管做电极测量了单链和双链的 DNA 分子的导电性。实验中选取 80 个碱基对长度的复杂序列的 DNA 分子,发现双链 DNA 分子在 1V 的电压下可以通过 25~40pA 的电流,而单链则更小,只有 1pA。

随着实验技术的改进,衬底和电极与分子接触的影响要被降到最低,因此 Cohen 等改进了连接方法,他们的研究对象是 CATTAATGCTATGCAGAAAATCTTAG 序列的 DNA 分子。具体方案是将 DNA 分子分成两条链,一条事先连接在金的纳米微粒上，另一条连接在金平面上。然后移动探针将两条链放在一起，提供合适环境，两条链重新合成 DNA 分子。这样就制备好了一个单分子的 DNA 结。实验测得的电流-电压特性曲线显示了跟 Porath 等相一致的结果，但是在 2V 左右导通的电流达到了 100nA 的量级，这说明良好的接触减少了电极与 DNA 分子间的接触电阻。后来类似的连接方式又验证了这个结果，测得的电流与使用的金纳米颗粒的直径相关，直径越大，连接的 DNA 分子越多，中间连接上的 DNA 分子有可能达到两到三条，通过的电流就越大。平均一个 DNA 分子至少可以通过 70nA 的电流。

一些外部因素，如湿度也成为研究热点。Ostmann 课题组研究了湿度对 DNA 分子导电性的影响，发现随着相对湿度的增加，电流-电压曲线由低湿度时的线性关系逐渐演变成非线性的 S 形状；而且导电性随着湿度的增加而增强，这是由于该导电性来源于吸附到 DNA 骨架上的水分子。吸附的水分子随着湿度的增加呈现指数性的增长，所以导电性也呈现出指数性的增强。

总起来说，DNA 分子的电荷输运性质还没有明确的图像。实验结果互有争议，不同的碱基序列、电路设计甚至外部环境都有可能引起实验数据的差异。DNA 分子可以是良好的一维分子导线、绝缘体或半导体。通常电荷载流子在 DNA 分子链中的跃迁距离至少有若干纳米，但是目前没有更长距离电荷输运的相关报道。DNA 分子中的电荷输运实验研究说明 DNA 分子的导电性呈现出多样性的结果，任何内部 (如 DNA 序列等) 或外部 (如温度、湿度、门电压等) 因素的影响都会引起实验结果的改变，一些代表性的实验研究结果总结于表 8.3.1 中。

表 8.3.1 DNA 电荷输运实验研究的一些代表性成果

分属类别	实验组	DNA 样品	结果	电极	实验方法	离子
1. Anderson 绝缘体	Storm et al. (2001)	single λ-DNA/ polyG-polyC	insulating (at RT) (DNA height: 0.5nm)	Pt/Au	on SiO_2, mica surface	Mg^{2+}
	Braun et al. (1998)	single λ-DNA	insulating (at RT)	Au	free hanging (gluing technique)	Na^+
	Zhang et al. (2002) de Pablo et al. (2000)		(conducting if doped)		SFM. on mica	?
2. 带隙绝缘体	Porath et al. (2000)	single polyG-polyC (only 30 bps)	wide band-gap semiconductor (at all RT)	Pt	free hanging	Na^+
	Rakitin et al. (2001)	single, short oligomer-λ-DNA	(at RT)	Au	(gluing technique)	

续表

分属类别	实验组	DNA 样品	结果	电极	实验方法	离子
3. 可激发跃迁导体	Rakitin et al. (2001)	bundles of λ-DNA	narrow "band-gap" semiconductor (at RT)	Au	free hanging	Na$^+$
	Yoo et al. (2001)	supercoiled polyG-polyC polyA-polyT	linear Ohmic at RT insulating at low T	Au/Ti	on SiO$_2$	
	Cal et al. (2000)	networks of bundles polyG-polyC/ polyA-polyT	linear Ohmic (at RT)	Au	SFM. on mica	
	Tran et al. (2000)	supercoiled dry and wet λ-DNA	hopping conductivity	none	microwave absorption	
	Fink and Schönenberger (1999)	bundles of λ-DNA	conducting (doped) (at RT)	Au	free hanging	
4. 导体	Kasumov et al. (2001)	few λ-DNA molecules	induced superconductivity ($T<1K$)	Re/C	on mica	Mg^{2+}

8.3.2 理论研究进展

DNA 分子中的电荷是在相邻碱基对的 p 轨道交叠形成的一维通道中进行输运，DNA 分子可被看作"分子线"，即具有碱基对堆垛缠绕形成的一维软结构链。为了解释不同的实验结果，一些不同的导电机制被广泛研究，如相干隧穿、声子辅助的非相干性跃迁、热涨落下的经典扩散理论、局域态间的变程跃迁、带电孤子和极化子的跃迁，等等。

现阶段大致有两类理论方法用以研究 DNA 分子中电荷输运：第一性原理计算和模型化计算。第一性原理计算方法可以将分子的复杂结构和各类相互作用考虑在内，在进行计算的时候仅需要给出原子的种类及其位置，不需要其他的实验的、经验的或者半经验的参量，可以比较准确地描述 DNA 分子的电子态和结构特性。这种方法的计算量非常庞大，对于像 DNA 如此复杂的生物大分子，无法扩展到长链 DNA，只能计算包含几个碱基对的短链 DNA 分子。相反，模型化计算方法可以抓住研究对象的一些主要特征，通过模型化参数的调控，直观地反映研究对象的物理图像和本质，很多情况下甚至可以得到解析解。同时，模型化方法可以大大降低计算量，适合大尺寸系统的计算，其计算结果可直接与实验测量进行比较。但由于 DNA 结构的复杂性，合理建模是一个关键。当前的研究需要这两类方法相互联系、互为补充。

我们先来介绍一下 DNA 分子的电子结构，Pablo 等和 Maragakis 等先后报道了第一性原理计算的 poly(dG)-poly(dC) DNA 分子的电子结构。他们的计算结果非常一致，禁带宽度为 2.0~2.1eV，在靠近费米面附近由 G 基的最高占据能级 (HOMO) 形成的价带宽度为 40meV，由 C 基的最低非占据能级 (LUMO) 形成的导带宽度为 270meV。Endres 等讨论了碱基间的电子耦合，发现碱基间电子跃迁矩阵元取决于相邻碱基间 p_z 轨道上 π 电子波函数的交叠，交叠程度可以表示成 PPσ 和 PPπ 杂化的组合。其中的夹角 ϕ 决定了两种杂化各自所占的比重，所以相邻碱基对的电子跃迁矩阵元取决于两个碱基对的堆垛情况，这就与碱基对间距和碱基对间的夹角都相关。Mehrez 等用第一性原理计算了用于有限长度 DNA 分子的紧束缚模型参数，被 DNA 分子电荷输运性质的模型计算广泛采用。

由于 DNA 序列的复杂性，DNA 分子中电子态的局域性质引起了人们的关注。按照 Anderson 的局域化理论，若在一维系统中存在无序，电子态将是局域的。然而由于 DNA 分子的特殊性，碱基是配对的，可能存在某种关联序。Caetano 研究了碱基的配对原则对于 DNA 电子态的局域性质的影响。发现 DNA 中的碱基配对是无序中的一种有序的排列，这导致了波函数的扩展。Zhang 和 Ulloa 研究了非对角项的关联序对波函数定域性的影响。这对应于 DNA 分子中的两种碱基对 A 和 B，当 AB 间的跃迁同 AA 间的跃迁和 BB 间的跃迁存在某种函数关系时，无序的 DNA 序列中，波函数出现了一定的扩展。Diaz 等用梯子模型同样考虑了碱基对间的配对效应对波函数局域性的影响，他们同时计算了 Landauer 和 Lyapunov 系数，发现碱基对关联并不足以产生扩展的波函数。从 DNA 的软结构角度出发，载流子密度将对分子导电性产生影响。由于每个碱基对包含有大量的原子，其有效 π 电子的浓度是很难确定的，输运过程中电荷的注入也会增加分子内巡游电子浓度的变数。而分子的 (晶格和电子) 结构与巡游电子数密切相关，如半满带的分子会出现 Peierls 二聚化。因此，巡游电子浓度的改变将会直接影响 DNA 分子的结构和其导电性，这是 DNA 分子与聚乙炔等简单分子或其他刚性原子链的重要区别。后面会基于一个简单模型详细阐述巡游电子数可变的物理图像。

8.3.3 DNA 分子模型

目前研究者已经建立了多个描述 DNA 分子的紧束缚模型 (如一维紧束缚模型、梯子模型、鱼骨模型、三维紧束缚模型等，如图 8.3.2 所示)。这里主要介绍几个最具代表意义的 DNA 物理模型，这些模型从不同侧重点反映了 DNA 分子复杂的结构特征和电荷输运图像。

8.3 DNA 分子的电荷输运性质

最简单的模型是将 DNA 分子视作一条准一维的分子链，一个碱基对抽象为一个格点，晶格畸变对 π 电子跃迁积分会产生影响。梯子模型是在一维紧束缚基础上的改进，将一个碱基处理为一个格点，可以体现出双链 DNA 分子链间电子跃迁(最近邻甚至次近邻)的图像。鱼骨模型着重考虑了骨架对 DNA 分子内部电子结构的影响。

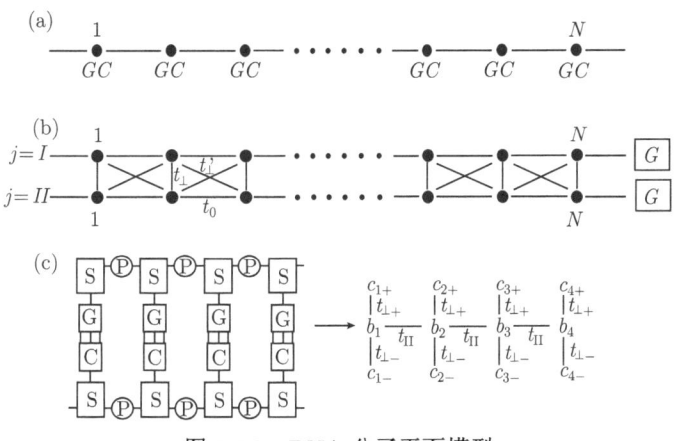

图 8.3.2　DNA 分子平面模型

(a) 一维紧束缚模型；(b) 梯子模型；(c) 鱼骨模型

上述模型普遍强调了 DNA 分子内强的电子–晶格相互作用，类似于高分子聚乙炔中的 SSH 模型，电子跃迁积分只是碱基或碱基对之间距离的函数，属于位矢 r 的单自由度近似。但 DNA 要比聚乙炔复杂得多，它的空间三维结构应该在模型中体现出来，为此 Hennig 等进一步提出了三维位矢 r 的双自由度紧束缚模型，他们认为，一个双螺旋 DNA 分子的哈密顿量可以由电子项 H_{el}、氢键振动项 H_{rad} 和相邻碱基对之间的角度扭转项 H_{twist} 三部分表示：

$$H = H_{\text{el}} + H_{\text{rad}} + H_{\text{twist}}$$
$$H_{\text{el}} = \sum_n \left(\Delta_n^0 + kr_n\right) C_{n,s}^+ C_{n,s} - t_0 \left(1 - \alpha d_{nn-1}\right)\left(C_{n,s}^+ C_{n-1,s} + C_{n,s} C_{n-1,s}^+\right)$$
$$H_{\text{rad}} = \frac{1}{2}\sum_n M_n \left(\dot{r}_n^2 + \Omega_r^2 r_n^2\right)$$
$$H_{\text{twist}} = \frac{1}{2}\sum_n J_n \left(\dot{\theta}_{nn-1}^2 + \Omega_\theta^2 \theta_{nn-1}^2\right)$$

(8.3.1)

其中，电子跃迁积分与氢键长度 $2(R_0 + r_n)$、相邻碱基对螺旋角 $\theta_0 + \theta_{n,n-1}$ 和相邻基之间的距离 $l_0 + d_{n,n-1}$ 相关，如图 8.3.3 所示，这三个变量之间通过如下的几何关系给出：

$$d_{nn-1} = \left[a^2 + (R_0 + r_n)^2 + (R_0 + r_{n-1})^2 \right.$$

$$-2\left(R_0+r_n\right)\left(R_0+r_{n-1}\right)\cos\left(\theta_0+\theta_{nn-1}\right)\Big]^{1/2}-l_0 \qquad (8.3.2)$$

上面的式子中，Δ_n^0 表示碱基对的在位能，t_0 表示相邻碱基对之间的电子跃迁积分，r_n 和 θ_{nn-1} 分别表示氢键和相邻碱基对之间螺旋角偏离平衡位置的偏离量，kr_n 和 αd_{nn-1} 分别表示由于氢键键长改变和相邻碱基对之间距离改变引起的在位能和电子跃迁积分的调制 (其中的 k 与 α 表示相应的电子–晶格耦合系数)，C_n^+ (C_n) 表示电子产生 (湮灭) 算符。M_n 表示碱基对的质量，Ω_r 表示氢键振动频率，J_n 表示转动惯量，Ω_θ 表示角度振动频率，$l_0 = \sqrt{a^2 + 4R_0^2 \sin^2(\theta_0/2)}$。对 DNA 链取参数值 $a = 3.4$Å, $M = 4.982 \times 10^{-25}$kg, $R_0 = 10$ Å, $\Omega_r = 6.25 \times 10^{12}\mathrm{s}^{-1}$, $\theta_0 = 36°$。对于 poly(A)-poly(T) DNA 取 $k= 0.0778917$eV/Å, $\alpha = 0.053835$ Å^{-1}。对于 poly(G)-poly(C) 相应的值为 $k = -0.090325$ eV/ Å, $\alpha= 0.383333$ Å^{-1}。

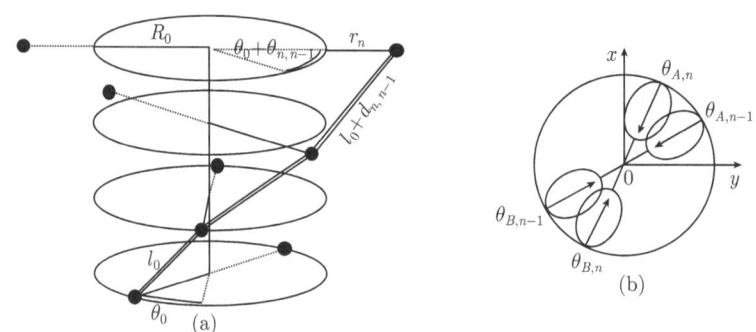

图 8.3.3 DNA 分子立体模型

(a) 三维双自由度紧束缚模型；(b) 柱坐标系模型

该模型包含了两个自由度，突出了氢键的伸缩与骨架的扭曲，较好地反映了 DNA 的双螺旋结构。此外，另有研究者采用柱坐标系，固定分子半径 r，通过轴向变量 z 与角度变量 θ 来表征各个碱基的空间位置，实现对 DNA 分子三维双螺旋结构的空间描述。这些模型从不同的侧重点反映了 DNA 分子复杂的结构特征，为解释其电荷输运能力与机制等问题提供了良好的理论基础。

8.4 DNA 输运的变电子数模型

利用前面的三维模型，可以计算半满带 DNA 的迁移率，发现在 poly(dG)-poly(dC) 中电子 (极化子) 可以保持一定的速率进行输运；而在 poly(dA)-poly(dT) 中电子则以较小的速率运动，甚至在运动了一些格点后最终停下来。理论研究中涉及的一个重要问题是，极化子在周围温度影响下是否能够保存下来。虽然径向变量的值很小，但是跃迁积分要大于 $k_\mathrm{B}T$，这意味着极化子能够存活下来。计算发现理论结果与实验数据是符合的, 即与 poly(dA)-poly(dT) 相比, poly(dG)-poly(dC) 分子能形成更好的导体。例如, 通过 poly(dG)-poly(dC) 和 poly(dA)-poly(dT) 分子电荷输运的直接测量已经展开。一些结果在图 8.4.1 中给出, 其中电导已通过 *I-V* 曲线计算出来。可以容易地看出 poly(dG)-poly(dC) 是比 poly(dA)-poly(dT) 导电性好很多的聚合物分子。

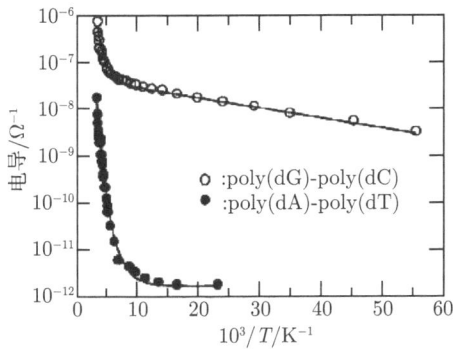

图 8.4.1 电导随温度的变化

poly(dA)-poly(dT)(·); poly(dG)-poly(dC)(◦)

DNA 是柔软的生物大分子, 具有强的电子–晶格相互作用, 巡游电子数密度的变化必定引起其电子结构的变化, 反之亦然。电子结构则直接决定了 DNA 分子的电荷输运性质。实验指出, poly(dA)-poly(dT)DNA 呈现 N 型半导体行为, 说明其中的多数载流子为电子, poly(dG)-poly(dC)DNA 呈现 P 型半导体行为, 说明其中的多数载流子为空穴。可见由不同碱基对聚合成的 DNA 分子, 其内在的巡游电子数密度是不同的, 还有载流子种类的差别。上面给出了半满占据下的理论结果, 为了更广泛地揭示 DNA 的电性质, 我们提出了巡游电子数密度可变的物理图像。为了说明该图像, 对 DNA 采用单自由度模型, 计入电子–晶格相互作用后, 哈密顿量为 (以下略去自旋指标)

$$
\begin{aligned}
H &= H_{\text{el}} + H_{\text{lat}} \\
H_{\text{el}} &= \sum_{n,s}^{N} \left\{ \Delta_n^0 C_n^+ C_n - [t_0 - \alpha(u_{n+1} - u_n)](C_n^+ C_{n+1} + C_{n+1}^+ C_n) \right\} \\
H_{\text{lat}} &= \sum_{n}^{N} [K(u_{n+1} - u_n)^2/2 + M_n \dot{u}_n^2/2]
\end{aligned}
\tag{8.4.1}
$$

其中, u_n 是第 n 个碱基对 (碱基) 离开其格点平衡位置的位移, K 是弹性常数, M_n 是碱基对的质量, t_0 为格点处于平衡位置时的电子跃迁积分, α 是电子–晶格耦合常数。由上述哈密顿量可得到给定电子数 N_e 下的 DNA 静态结构, 由下面的一组

方程决定:

$$\varepsilon_\mu Z_{\mu,n} = \Delta_n^0 Z_{\mu,n} - [t_0 - \alpha(u_n - u_{n-1})]Z_{\mu,n-1} - [t_0 - \alpha(u_{n+1} - u_n)]Z_{\mu,n+1}$$

$$u_{n+1} - u_n = -\frac{2\alpha}{K}\sum_\mu{}' Z_{\mu,n}Z_{\mu,n+1} + \frac{2\alpha}{(N-1)K}\sum_{m=1}^{N-1}\sum_\mu{}' Z_{\mu,m}Z_{\mu,m+1}$$

(8.4.2)

其中的基对平衡位置由式 (8.4.2) 的第二个方程决定,它依赖于对电子占据能级求和 $\sum_\mu{}'$,即与分子内的巡游电子数目相关。本征值 ε_μ 的相应本征态为 $\psi_\mu = \sum_n Z_{\mu,n}|n\rangle$,$|Z_{\mu,n}|^2$ 则表示能量 ε_μ 的电子处于格点 n 的几率,$|n\rangle$ 为格点 n 的 Wannier 轨道。采用传递矩阵方法计算透射率,然后利用 Landauer 理论计算其电阻率 (电导率),或电流-电压曲线等电荷输运性质。研究发现,对于周期序列的 poly(dG)-poly(dC) DNA,分子的电阻率随巡游电子数密度的变化以半满占据 ($N_e/N=1$) 为中心对称。半满占据时,其电阻率在 $10^{-1}\Omega\cdot{\rm cm}$ 量级,与实验数据接近,当巡游电子数密度偏离半满占据到小于 20% 时,其电阻率随电子数密度偏离量增加变大,当巡游电子数密度偏离半满占据到大于 20% 时,其电阻率随电子数密度偏离量增加减小。物理原因是当巡游电子数密度偏离半满占据到小于 20% 时,由于电子-晶格耦合作用,带边的能级进入禁带形成定域能级,这些定域能级的透射率很小,使其电阻率变大,而当巡游电子数密度偏离半满占据到大于 20% 时,禁带中的能级的数量增加,这些能级扩展成准连续的子能带,使其透射率增大,电阻率变小。进一步计算发现,不同序列的 DNA 分子,其导电行为是不一样的。准周期序列 DNA 分子的电阻率在 $10^{-1}\sim 10^3\Omega\cdot{\rm cm}$ 的范围内变化,比 poly(dG)-poly(dC) 的电阻率大了约两个数量级,并且其变化规律也不具有以半满占据为中心的对称性;而对于非周期序列的 λ-DNA,其电阻率随巡游电子数密度的变化可在 $10^{-2}\sim 10^8\Omega\cdot{\rm cm}$ 的范围内变化,无中心对称性,结果如图 8.4.2(a)~(c) 所示。

以上研究固定 DNA 分子链的长度为 30 个碱基对,实际上 DNA 分子中的电荷输运性质与分子链长有关。三种不同序列的 DNA 分子的电阻率随分子链长度的变化如图 8.4.2(d) 所示。poly(dG)-poly(dC) 的电阻率最小,λ-DNA 的电阻率最大,准周期序列 DNA 分子的电阻率介于两者之间。poly(dG)-poly(dC) 的电阻率随链长的增加逐渐减小,并趋于定值。λ-DNA 的电阻率在链长等于 30 个碱基对附近有一个波动,其后随链长的增加快速增大,当链长大于 60 个碱基对长度时,λ-DNA 已成为绝缘体 (电阻率大于 $10^9\Omega\cdot{\rm cm}$)。准周期序列 DNA 分子的电阻率随链长的增加表现出波动起伏行为,这种行为称为长度关联效应,这是由于准周期序列的 DNA 分子具有自相似性,在某些链长值下,其碱基对序列具有一定的周期性,此时其电阻率较小。

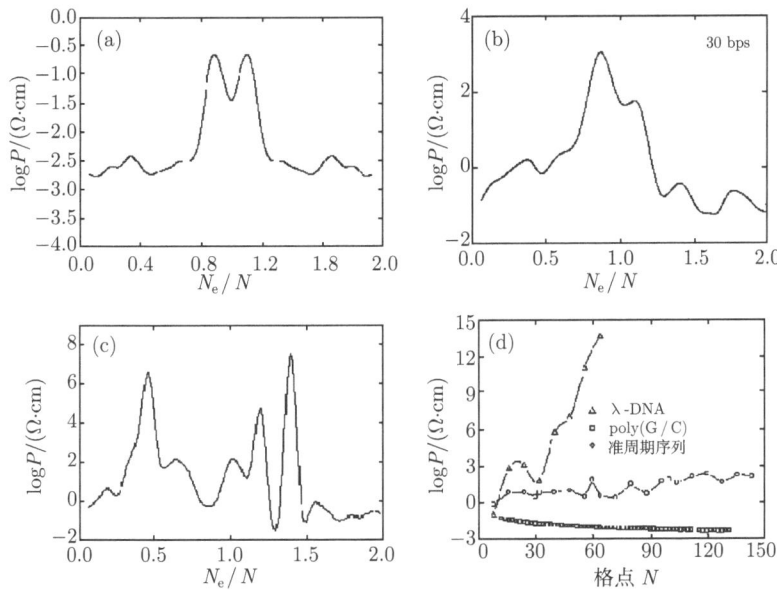

图 8.4.2 poly(dG)-poly(dC) (a), 准周期序列 (b) 和 λ-DNA(c) 分子中电阻率随巡游电子数密度的变化; (d) 三种不同序列的 DNA 分子的电阻率随分子链长度的变化

8.5 DNA 分子的极化子理论

作为一种特殊的有机高分子, 在人们关注 DNA 丰富导电性的同时, 对其载流子特性也展开了广泛的研究。大量的研究表明, DNA 内的电荷载体不是扩展的电子或空穴, 而是由于电子-晶格相互作用所导致的电荷自陷态, 即极化子。与前面章节中所介绍的聚乙炔中的极化子类似, 所不同的是 DNA 中的极化子电荷更局域、结构更复杂。

8.5.1 一维紧束缚模型下的极化子图像

Conwell 课题组采用如下的一维紧束缚模型研究 DNA 分子中的载流子特性:

$$H = \sum_{n,s} \left\{ \Delta_n C_n^+ C_n - [t_0 - \alpha(u_{n+1} - u_n)] \left(e^{i\gamma A} C_n^+ C_{n+1} + e^{i\gamma A} C_{n+1}^+ C_n \right) \right\} \\ + \sum_n \left[K(u_{n+1} - u_n)^2/2 + M_n \dot{u}_n^2/2 \right] \tag{8.5.1}$$

上式计入了外加驱动电场, 由矢势 $\vec{A}$ 表示。对于一个 DNA 分子环, 沿环方向外加电场 $\vec{E}(t) = -\partial_t \vec{A}(t)$ 相当于在垂直环面方向施加可变的磁场 (矢势 $\vec{A}$), 参数 $\gamma = ea/\hbar$, 其中 e 为电子电量。研究发现, 在基态 DNA 分子 (取满占据 $N_e = 2N$

中注入一个空穴，经过约为 4ps 的时间，分子内弛豫形成一个稳定的正电极化子，如图 8.5.1 所示。DNA 分子中的极化子尺寸比较小，宽度在 4~5 个碱基对，定域的极化子能级与 HOMO 能级之间的能量差约为 0.3eV。在电场驱动下，电荷连同晶格偏移在相邻的碱基之间跃迁，形成极化子的运动，实现电荷的输运。

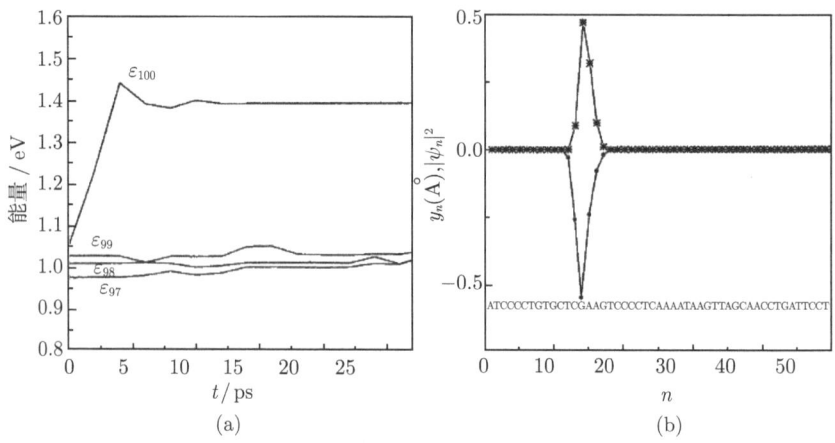

图 8.5.1　一维紧束缚模型下的极化子动力学弛豫图像

(a) 电子能级随时间的演化；(b) 稳态后分子中局域的净电荷密度 (*) 和晶格缺陷 (·)

8.5.2　三维紧束缚模型下的极化子图像

上面的模型明显弱化了 DNA 的双螺旋空间结构。如果聚乙炔等简单高分子可以用单自由度 $\{u_n\}$ 描述的话，DNA 则至少要用双自由度来描述，即图 8.3.3 所示的 r_n, $\theta_{n,n-1}$ 和 $d_{n,n-1}$ 三个自由度中的任意两个。基于空间立体的三维紧束缚模型，Hennig 等描述了 DNA 分子的径向 (氢键) 自由度与轴向 (螺旋角) 自由度，从哈密顿量 (8.3.1) 出发，电子本征方程为

$$\left(\varepsilon_n + \beta r_n^0\right) Z_{\mu,n} - t_0 \left(1 - \alpha d_{n,n+1}^0\right) Z_{\mu,n+1} - t_0 \left(1 - \alpha d_{n-1,n}\right) Z_{\mu,n-1} = \varepsilon_\mu Z_{\mu,n}$$
(8.5.2a)

氢键与螺旋角满足下面的平衡条件：

$$r_n^0 = -\frac{1}{M\Omega_r^2} \left\{ \beta \left[\left(\sum_\mu Z_{\mu,n}^2\right) - \frac{N_e}{N} \right] + \sum_\mu \frac{2t_0 \alpha R_0 (1 - \cos\theta_0)}{l_0} Z_{\mu,n} \left(Z_{\mu,n-1} + Z_{\mu,n+1}\right) \right\}$$

$$\varphi_{n+1}^0 - \varphi_n^0 = -\frac{2t_0 \alpha R_0^2 \sin\theta_0}{l_0 J \Omega_\theta^2} \left(\sum_\mu Z_{\mu,n} Z_{\mu,n+1} - \frac{1}{N-1} \sum_{n,\mu} Z_{\mu,n} Z_{\mu,n+1} \right)$$
(8.5.2b)

8.5 DNA 分子的极化子理论

研究发现，在 DNA 分子中注入外加电荷，氢键与螺旋角自由度都会产生畸变，形成极化子，宽度在 20~30 个碱基对 (依赖具体参数)，如图 8.5.2 所示。

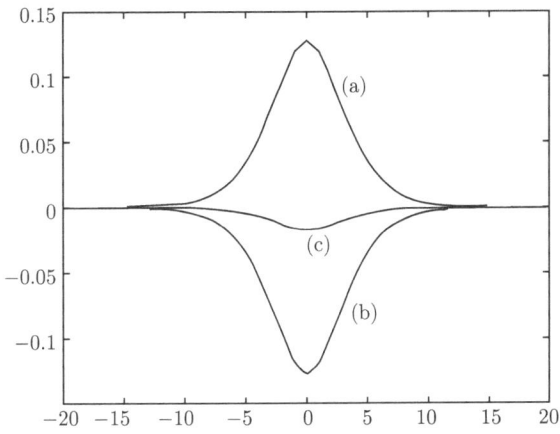

图 8.5.2　周期序列 DNA 分子中的静态极化子图像
(a) 静电荷密度分布；(b) 氢键晶格缺陷；(c) 螺旋角晶格缺陷

如果研究动力学过程，则电子态演化满足含时薛定谔方程，氢键与螺旋角的演化满足经典的牛顿运动方程：

$$i\hbar \dot{Z}_{\mu,n} = \left(\Delta_n^0 + k r_n\right) Z_{\mu,n} - (1 - \alpha d_{n+1\,n}) Z_{\mu,n+1} - (1 - \alpha d_{n\,n-1}) Z_{\mu,n-1}$$
$$\ddot{r}_n = -r_n - k \sum_{\mu}{}' Z_{\mu,n}^2 - \alpha \frac{2R_0}{l_0} (1 - \cos\theta_0) \left[\sum_{\mu}{}' Z_{\mu,n} Z_{\mu,n+1} + Z_{\mu,n} Z_{\mu,n-1} \right]$$
$$\ddot{\theta}_{nn-1} = -\Omega^2 \theta_{nn-1} - \alpha t_0 \frac{2R_0^2}{l_0} \sin\theta_0 \sum_{\mu}{}' Z_{\mu,n} Z_{\mu,n-1}$$

(8.5.3)

加入电场后，发现仅有氢键的畸变跟随电荷一起运动，而螺旋角的畸变在极化子初始形成的位置振荡，不随电荷一起运动，如图 8.5.3 所示。同一电场下，在 poly(dG)-

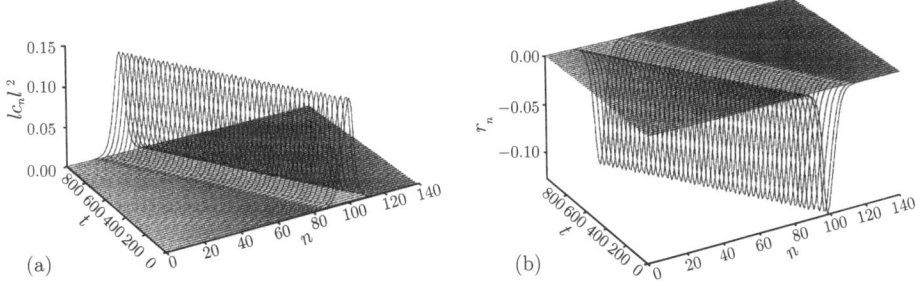

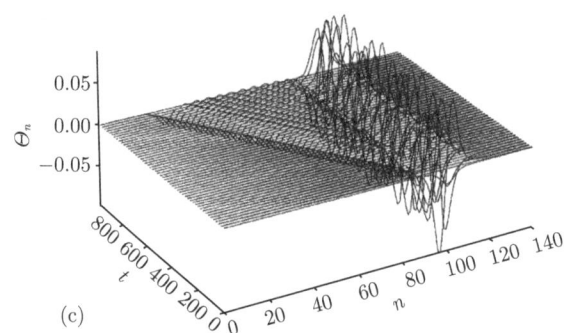

图 8.5.3 周期序列 DNA 分子中的极化子动力学输运图像

(a) 净电荷密度分布；(b) 氢键晶格缺陷；(c) 螺旋角晶格缺陷随时间的演化

poly(dC) 分子中，极化子以均匀的速度沿分子链运动；而在 poly(dA)-poly(dT) 中，极化子在初始位置来回地小幅振荡，无法做定向运动，这意味着 poly(dG)-poly(dC) 分子的电荷输运能力要强于 poly(dA)-poly(dT)。

8.5.3 Peyrard-Bishop-Holstein 模型下的极化子图像

PBH(Peyrard-Bishop-Holstein) 模型是从 PB(Peyrard-Bishop) 模型发展而来，最早由 Bishop 课题组提出。该模型的哈密顿量由电子、晶格和电子-晶格相互作用三部分组成：

$$\begin{aligned} H =& H_{ch} + H_{lat} + H_{int} \\ =& -t_0 \sum_n \left(C_n^+ C_{n+1} + C_n^+ C_{n-1} \right) \\ & + \sum_n \frac{1}{2} M \dot{y}_n^2 + D \left(e^{-ay_n} - 1 \right)^2 + \frac{1}{2} K \left(1 + \rho e^{-\beta(y_n + y_{n-1})} \right) (y_n - y_{n-1})^2 \\ & + \chi \sum_n y_n C_n^+ C_n \end{aligned} \quad (8.5.4)$$

在电子部分哈密顿量中，t_0 表示电子跃迁积分，C_n^+ (C_n) 是第 n 个碱基对处的电子产生 (湮灭) 算符；在晶格部分哈密顿量中，M 表示碱基对的质量，y_n 表示互补碱基之间氢键相对平衡长度的伸缩，Morse 势 $V(y_n) = D(e^{-ay_n} - 1)^2$ 表示互补碱基之间氢键的相互作用，而 $W(y_n, y_{n-1}) = \frac{1}{2} K \left(1 + \rho e^{-\beta(y_n + y_{n-1})} \right)(y_n - y_{n-1})^2$ 表示相邻碱基对之间的相互作用，其中 ρ 是常量参数；电子-晶格相互作用哈密顿量采用 Holstein 相互作用势的形式表示出来，其中的耦合参数 χ 体现了电子与晶格耦合的程度。

8.5 DNA 分子的极化子理论

从该模型出发,得到电子和晶格演化方程分别为

$$\begin{aligned}
&i\hbar\dot{\Psi}_n = -t_0(\Psi_{n+1} + \Psi_{n-1}) + \chi y_n \Psi_n \\
&M\ddot{y}_n = 2aDe^{-ay_n}(e^{-ay_n} - 1) - \frac{W(y_n, y_{n+1})}{dy_n} - \frac{W(y_{n+1}, y_n)}{dy_n} - \chi|\Psi_n|^2
\end{aligned} \quad (8.5.5)$$

对单一碱基对的均匀 DNA 分子计算发现,温度引起的热效应会影响极化子的稳定性和输运性质。热效应由随机分布的碱基对晶格涨落引入。随着分子内碱基对振动能量之和 E 的增加,极化子运动的平均自由程以指数形式减少,即 $\langle L \rangle \propto 1/E^{3/2}$。一系列的计算发现,对于指数形式的 Morse 势 $V(y_n) = D(e^{-ay_n} - 1)^2$,在低温区,随着温度的升高极化子保持定域性的特征时间 τ 迅速下降,随着温度的继续升高,到了室温附近,特征时间 τ 又会出现回升现象,特征时间 τ 与温度 T 之间存在 $\tau \propto 1/T^B + e^T$ 的关系。而对于抛物 Morse 势 $V(y_n) = Da^2 y_n^2$,随温度的升高,极化子保持定域性的特征时间 τ 在低温区迅速下降,当温度继续升高,极化子很快会发生解离,不具备定域性。Bishop 等分析,这是由于指数形式的 Morse 势会产生由 DNA 分子本征热振动引起的 "泡",它会束缚住电荷,而抛物的 Morse 势可以避免产生这种现象。特征时间与温度的依赖关系如图 8.5.4 所示。

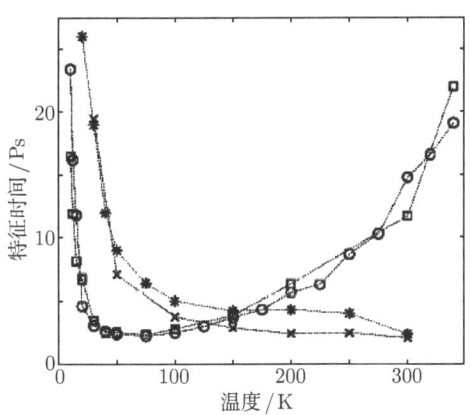

图 8.5.4 周期序列 DNA 分子中的极化子保持定域性的特征时间与温度的依赖关系

□ 和 ○ 表示指数形式 Morse 势的结果,而 × 和 ∗ 表示抛物 Morse 势的结果

8.5.4 双极化子图像

基于双链耦合的梯子模型,加入屏蔽库仑势的作用,将溶液等因素考虑在内,我们研究了 DNA 分子中的双极化子特性。体系哈密顿分为三部分 $H = H_S + H_E + H_F$,第一项为扩展的类 SSH 哈密顿:

$$H_S = \sum_{j,n}\left\{\Delta_{j,n}C_{j,n}^+ C_{j,n} - [t_0 - \alpha(u_{j,n+1} - u_{j,n})](C_{j,n}^+ C_{j,n+1} + \text{h.c.})\right.$$

$$+ K \left(u_{j,n+1} - u_{j,n}\right)^2 \big/ 2 + M\dot{u}_{j,n}^2/2 \bigg\}$$
$$+ \sum_n \left(t_S C_{I,n}^+ C_{II,n} + \text{h.c.}\right) \tag{8.5.6}$$

其中，$j = I, II$ 为链指标，$t_S = t_0$ 为电子在链间的跃迁积分。

第二项描述了溶液引起的屏蔽库仑势：

$$H_E = \frac{1}{4\pi} \sum_{j,n} \left\{ \frac{\Delta w_{j,n}}{R_{j,n}} \left(\frac{1}{D\left(R_{j,n}\right)} - 1 \right) \right.$$
$$\left. + \sum_{(j',m) \neq (j,n)} \frac{\Delta w_{j',m}}{r_{j,n,j',m} D\left(r_{j,n,j',m}\right)} \right\} C_{j,n}^+ C_{j,n} \tag{8.5.7}$$

其中，$R_{j,n}$ 是第 j 条链第 n 个碱基的质心位置，$r_{j,n,j',m}$ 是碱基 (j, n) 和 (j', m) 之间的距离，仅考虑最近邻情况。$\Delta w_{j,n} \equiv \langle C_{j,n}^+ C_{j,n} \rangle_0 - \langle C_{j,n}^+ C_{j,n} \rangle$ 表示由空穴注入引起的电子占据数的变化，其中 $\langle C_{j,n}^+ C_{j,n} \rangle_0 = 2$ 意味着基态满占据。屏蔽方程 $D(r)$ 与介电方程 $\varepsilon(r)$ 的关系为 $\varepsilon(r) = D(r) \left[1 + \frac{r}{D(r)} \frac{\mathrm{d}}{\mathrm{d}r} D(r)\right]^{-1}$。在 DNA 分子中，介电方程可以解析地表达为 $\varepsilon(r) = 78.3 - 77.3 \left(r/2\kappa\right)^\eta / [\sinh(r/2\kappa)]^\eta$，其中的 κ 和 η 分别为可控参数。由此，溶液引起的屏蔽库仑势 (8.5.7) 可以改写成与平均场电子-电子相互作用类似的形式：

$$H_E = \sum_{j,n} \left\{ U_C \Delta w_{j,n} + \sum_{(j',m) \neq (j,n)} V_C \Delta w_{j',m} \right\} C_{j,n}^+ C_{j,n} \tag{8.5.8}$$

对于平均场电子-电子相互作用有 $U_0 \sim t_0, V_0 \sim 0.2 t_0$，而在水溶液环境中一般有 $U_C \sim -1.5 U_0, V_C \sim 0.04 V_0$。

哈密顿量的第三项描述了外电场的作用：

$$H_F = e\varepsilon \sum_{j,n} \left[(n-1)a + u_{j,n}\right] \left(C_{j,n}^+ C_{j,n} - \langle C_{j,n}^+ C_{j,n} \rangle_0\right) \tag{8.5.9}$$

基于上述哈密顿量，经过进一步的计算研究发现，在满占据的 DNA 分子中注入两个空穴，有可能会形成两种结果，一个双极化子或者两个单极化子。两种状态的能量之差 ΔE 约为 5eV，双极化子态能量更低，意味着注入的两个空穴相遇后会耦合在一起形成束缚的空穴对，即双极化子。能量差 ΔE 的绝对值会随着 DNA 分子链链长或是库仑屏蔽系数的增加而增加 (图 8.5.5)，因此在长链 DNA 分子中，或是库仑屏蔽系数较大的溶液中，双极化子更容易形成。在碱基对无序的 DNA 分子中，正电双极化子优先形成于在位能较高的碱基 G 的附近，双极化子能级与 HOMO 能级之间有约为 0.72eV 的能量差, 加入电场后, 双极化子可以在相邻的碱基 G 之间跃迁。电场较大时, 双极化子有可能解离成两个单极化子, 但是到了分子链的链端, 由于边界效应, 会重新形成一个完整的双极化子。

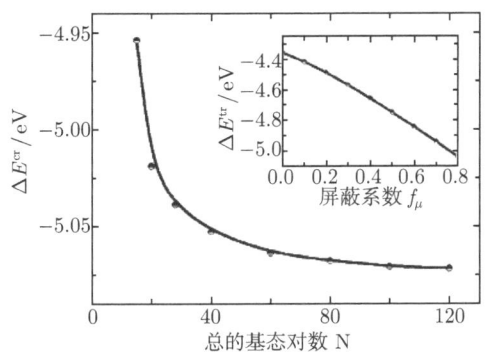

图 8.5.5　两种状态的能量差 ΔE 与链长和屏蔽系数 (内插图) 的依赖关系

上述研究中仅考虑了最近邻的链间电子跃迁, 如果进一步考虑次近邻的链间电子跃迁, 通过计算发现, 在碱基对无序的双链 DNA 分子中, 电荷可以在两条互补的链中相互转移, 形成电荷输运的多通道。

8.5.5 螺旋结构对极化子动力学的影响

由于 DNA 分子具有双螺旋结构, 是复杂的生物大分子, 具有软性, 当受到外力作用, 沉积在衬底样品上的 DNA 分子会产生扭曲和形变。研究发现, 当作用到 DNA 分子上的拉力大于 30pN 时, 拉伸的 DNA 分子将会旋松, 而作用到 DNA 分子上的扭转力可以使其形成超螺旋结构, 压力加大, 甚至会发生分子构型的转变。因此, 有必要研究螺旋结构对 DNA 分子中极化子动力学性质的影响。为此, 我们基于改进的三维紧束缚模型,

$$H = H_{\rm el} + H_{\rm latt} + H_{\rm E} \tag{8.5.10}$$

其中, $H_{\rm el}$ 是电子部分哈密顿, $H_{\rm latt}$ 表示晶格部分哈密顿, $H_{\rm E}$ 描述电场作用。

电子部分哈密顿表示为

$$H_{\rm el} = \sum_{n,s} (\Delta_{n,s} + \beta r_n) C_n^+ C_n - t_{n,n+1} \left(C_n^+ C_{n+1} + C_{n+1}^+ C_n \right) \tag{8.5.11}$$

其中, β 表示氢键弹性力常数, βr_n 描述了垂直轴向的氢键键长改变量对格点在位能的调整, 体现出垂直于轴向的电子-晶格相互作用。$t_{n,n+1,s} = t_{0,s}(1-\alpha d_{n,n+1})$ 表示第 n 个和第 $n+1$ 个格点之间的电子跃迁积分。$t_{0,s}$ 表示碱基对等距离分布时的电子跃迁积分; α 表示电子-晶格耦合系数, 描述了轴向晶格畸变 $d_{n,n+1}$ 对电子

跃迁积分的影响程度；而轴向晶格畸变 $d_{n,n+1}$ 是 R_n 和 $\theta_{n,n+1}$ 的函数，根据立体几何的关系，可以表示为

$$d_{n,n+1} = \left[l_0^2 - \left(R_n^2 + R_{n+1}^2 - 2R_n R_{n+1} \cos\theta_{n,n+1}\right)\right]^{1/2} - a \tag{8.5.12}$$

其中，$l_0 = \sqrt{a^2 + 4R_0^2 \sin^2(\theta_0/2)}$，$a$ 表示原始构型中相邻碱基对平面间的垂直距离，如 B-DNA 分子的晶格常数。

晶格部分哈密顿表示为

$$H_{\text{latt}} = \sum_n \frac{1}{2} M_n \Omega_r^2 r_n^2 + \frac{1}{2} M_n \dot{r}_n^2 - k' r_n \tag{8.5.13}$$

其中，M_n 表示碱基对的约化质量，Ω_r 表示晶格振动频率。为了防止开链系统链长的塌缩，引入 $-k'r_n$ 项，对于基态满占据的 DNA 分子 $k' = 2\beta$。Hennig 等的研究指出，外加电荷引起的螺旋角畸变不会与极化子耦合在一起运动，因此作为简化，可以将螺旋角度固定在某个特定的数值。

外加电场沿平行于链的方向加入：

$$H_{\text{E}} = \sum_{n,s} |e| E(t) x_n \left(C_n^+ C_n - N_{\text{e}}/N\right) \tag{8.5.14}$$

其中，e 表示电子电量，$x_n = (n-1)a + \sum_{j=1}^{n-1} d_{j,j+1}$ 表示第 n 个格点的位置，N_{e} 表示基态总的巡游 π 电子数目，N 表示 DNA 分子中总的碱基对数目。

晶格部分的演化满足经典的牛顿运动方程

$$\begin{aligned}
M_n \ddot{r}_n = & -\beta \rho_{n,n} - M_n \Omega_r^2 r_n + k' \\
& + D_{n-1,n}\left[t_0 \alpha R_0 \left(\rho_{n-1,n} + \rho_{n-1,n}^*\right) + |e| E(t) \left(\sum_{k=0}^{N-n} \rho_{n+k,n+k} - N_{\text{e}}/N\right)\right] \\
& + D_{n,n+1}\left[t_0 \alpha R_0 \left(\rho_{n,n+1} + \rho_{n,n+1}^*\right) + |e| E(t) \left(\sum_{k=1}^{N-n} \rho_{n+k,n+k} - N_{\text{e}}/N\right)\right]
\end{aligned} \tag{8.5.15}$$

其中，$D_{n,n+1} = (1 - \cos\theta_{n,n+1}) \big/ \sqrt{l_0^2 2 R_0^2 (1 - \cos\theta_{n,n+1})}$。密度矩阵 $\rho_{n,n'}$ 表示为

$$\rho_{n,n'} = \sum_\mu Z_{\mu,n}^*(t) f_\mu Z_{\mu,n'}(t) \tag{8.5.16}$$

$Z_{\mu,n}(t)$ 表示 t 时刻第 μ 个状态波函数在格点 n 上的分量，f_μ 表示该状态初始时刻的占据情况，可以为 0、1、2，对应于空占据、单占据和双占据。在整个运动过程中，不考虑态之间的电子转移。

8.5 DNA 分子的极化子理论

波函数 $Z_{\mu,n}(t)$ 的演化满足含时的 Schrödinger 方程:

$$i\hbar \dot{Z}_{\mu,n}(t) = (\Delta_n + \beta r_n) Z_{\mu,n}(t)$$
$$- t_0 \left[(1 - \alpha d_{n-1,n}) Z_{\mu,n-1}(t) + (1 - \alpha d_{n,n+1}) Z_{\mu,n+1}(t) \right]$$
$$+ |e| E(t) \left[(n-1)a + \sum_{j=1}^{n-1} d_{j,j+1} \right] Z_{\mu,n}(t) \quad (8.5.17)$$

相互耦合的晶格演化方程和电子波函数演化方程采用 8 阶可控步长的 Runge-Kutta 方法求解。

对于均匀螺旋结构的分子而言,可以设 $\theta_{n,n+1} = \theta_0 + \theta'_0$,其中 $|\theta'_0|$ 表示旋紧或旋松的强度,$\theta'_0 > 0$ 代表旋紧,$\theta'_0 < 0$ 为旋松。研究发现在螺旋结构均匀旋松的 DNA 分子中,由于相邻碱基对平面之间的垂直距离增加,减弱了巡游 π 电子的交叠,电子跃迁积分减小,极化子局域性增强,其运动的平均速度减小,不利于电荷的输运;反之,在旋紧的 DNA 分子中,巡游 π 电子的交叠增强,极化子的局域性减弱,运动的平均速度增加,电荷输运增强。图 8.5.6 为 B-DNA 的计算结果。

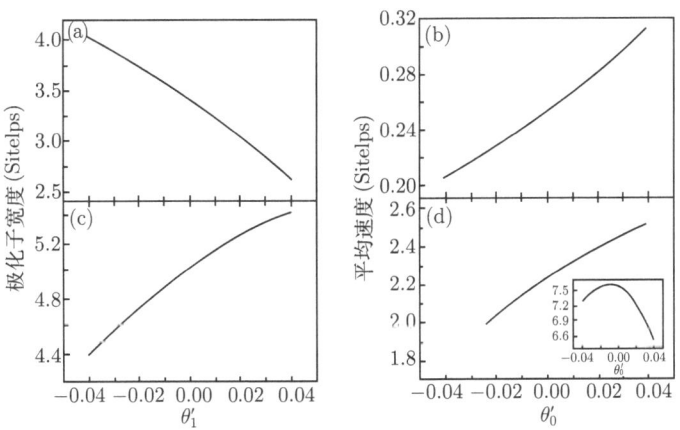

图 8.5.6 均匀螺旋结构中的相邻碱基对间的垂直距离 (a), 跃迁积分 (b), 极化子宽度 (c) 和极化子运动的平均速度 (d)(内插图的速度单位为Å/ps)

在螺旋角无序分布的 DNA 分子中,假设 $\theta_{n,n+1} = \theta_0 + \theta_a \cdot \text{random}(n)$,其中,random$(n)$ 为一组正则分布的无序数,θ_a 为螺旋旋转的无序强度。研究发现,极化子更容易形成在局部旋紧的片段,这是由于旋紧的螺旋结构可以减小极化子的能量,使系统总能处于最低。因此局部旋紧的片段充当了势阱的角色,反之,局部旋松的片段即为势垒。极化子在螺旋结构无序的 DNA 分子中的运动行为呈现一种"非均匀性"。为了积累足够的能量跨越势垒的阻碍,极化子在局部旋紧的势阱片段中停留较长的时间。电荷在势阱之间转移的过程中,受到电场的驱动作用,前一个势阱内的净电荷密度减小,同时后一个势阱内的净电荷得到积累而增加,但是在势垒上的净电荷数却保持不变。在极化子停留在势阱中积累能量的过程中,其电荷密度中心的运动并不明显,瞬时速度较小,极化子宽度在 4~5 个碱基对;而在极化子经由势垒发生电荷转移的过程中,电荷密度中心迅速地在前后两个势阱内发生转移,其瞬时速度突然增加到一个比较大的数值,同时,极化子的形状也发生了很明显的变化,极化子宽度突然增加。由于受到电场的驱动作用,极化子在螺旋结构无序的 DNA 分子中的运动行为,呈现出空间无序的分立形式的电荷转移。极化子运动的瞬时速度及其宽度都经历了很明显的变化。空间结构无序的 DNA 分子中的电荷输运方式为场助转移。我们用极化子运动瞬时速度的方差来反映这种运动行为的 "无序程度",发现运动的 "无序程度" 随螺旋结构的无序强度 θ_a 的增加按指数形式增加 ($\propto \exp(\theta_a)$)。

进一步计入温度效应,研究发现,在低温下,氢键涨落的振幅比较小,不足以破坏极化子的稳定性;在室温范围,氢键涨落幅度比极化子的氢键缺陷还要大,作用非常强,局域的极化子会很快解离,成为空间扩展的电子态,极化子不能稳定存在;在中间温度区域,极化子会经历一个较长时间的解离过程。在整个温度区间上,极化子保持局域性的特征时间随温度的升高呈现指数降低。沿 DNA 分子链方向施加电场,则极化子在有限温度下以无序分立的跃迁形式运动,运动速度呈现较大幅度的无规振荡,运动的无规性随温度的升高而增强。极化子运动的平均速度随温度的升高而增大,温度引起的氢键热涨落促进了极化子的运动,意味着 DNA 分子的导电性提高,与近期的相关实验报道定性吻合。此外,增强分子内的电子-晶格耦合,可以使极化子在更长的时间内保持定域性,极化子稳定性得到提高,但运动速度减慢。

8.6 DNA 分子器件的磁场效应

从 DNA 分子中所含有的芳香环推断其在室温下应具有抗磁性,但是由于 DNA 中富含水分,实验上直接测量其磁性比较困难。在直接将 DNA 分子与电极连接的电荷输运实验中,电极与分子的连接难以控制,从而有一些实验采用不直接连接电极的方法,在这些实验中观察到了一些 DNA 分子的磁性特征。对 λ-DNA 分子低温下的磁化系数和磁化强度的测量发现,对于 A-DNA 分子,磁化强度与温度无关并且在温度高于 100K 时仍然呈现抗磁性。当增加湿度使得 DNA 分子转化为 B 型时,发现其呈现出顺磁性。这种顺磁性在溶液中含有钠离子和镁离子时都是存在的,但是当存在镁离子时的磁化系数要比存在钠离子时的磁化系数大四个数量级。我们可以将 DNA 的这种磁性与其中的电荷转移联系起来,因为 DNA 分子可以看成一个卷曲了的梯子形状,其中含有复杂的路径可以包括进磁场通量。体系的顺磁

8.6 DNA 分子器件的磁场效应

性是与所有复杂路径的导电性好坏密切相关的, 也就是说这个路径的导电性越好, 其顺磁性越强。由于 B-DNA 分子的直径是 12Å, 而 A-DNA 分子的直径是 9Å, 所以 B-DNA 中碱基对中两个碱基间的距离要大于 A-DNA 的间距。我们知道两个碱基之间的跃迁积分是随着距离呈指数衰减的, 所以 A-DNA 中一个碱基对中两碱基间的跃迁积分要比 B 型中小很多, 这就导致了 A-DNA 的顺磁性的一个显著的下降。理论研究还指出, 在零温下不仅 B-DNA 有顺磁性, A-DNA 也可以呈现顺磁性, 只不过 A-DNA 的顺磁性成分被原子自旋的抗磁性所掩盖, 从而呈现出整体的抗磁性。此外也有人将 A-DNA 分子顺磁性的消失理解为在去湿过程中氧原子的流失所造成的, 因为将氧分子溶解到水中可以呈现顺磁性。碱基对的错配也有可能导致 DNA 分子的磁性的变化, 比如在均匀的 ploy(dG)-poly(dC) 序列的 DNA 分子中引入一个 G-A 型的错配的碱基对, 那么它的磁性将从顺磁性转化为抗磁性。

由于 DNA 分子的特殊的自组装和自识别性质, 如果将 DNA 分子用于自旋相关的器件中, 可以实现将电子的自旋自由度加入到 DNA 分子器件中, 从而拓展 DNA 分子器件的应用范围。在一些理论工作中, DNA 分子也被用在磁隧道结研究中, Zwolak 等在理论上研究了用 Fe 和 Ni 作电极将 DNA 分子夹在中间的三明治结构, 外加磁场可以改变两边铁磁电极的磁化方向, 定义磁电阻 MR,

$$\text{MR} = \frac{R_\text{P} - R_\text{AP}}{R_\text{P}} \times 100\% \tag{8.6.1}$$

其中, $R_\text{P}(R_\text{AP})$ 表示两端电极磁化方向平行 (反平行) 时的器件电阻。一般情况下, 磁化方向平行时的器件电阻要小于反平行时的电阻, 从而呈现负磁电阻效应。发现 Ni 做电极时磁电阻值可以达到 26%, 而 Fe 做电极时磁电阻值可以达到 16%, 如图 8.6.1 所示。Ni 作电极时的磁电阻比 Fe 作电极时大的原因可能是, 当铁磁电极磁化方向相反时, 自旋向上的电子要透射到自旋向下的电子态, 而自旋向下的电子要透射到自旋向上的电子态。因为 Ni 中自旋向上和自旋向下的电子的费米速度差要比 Fe 中的大, 所以 Ni 作电极时, 这时两种自旋的较大的费米速度差削弱了电子透过 DNA 分子的几率, 从而造成了一个铁磁电极磁化方向平行和反平行排列时较大的电流差别。

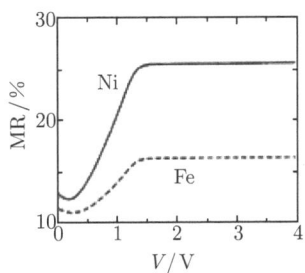

图 8.6.1　DNA 分子与镍和铁电极连接后系统的磁电阻随外加偏压的变化曲线

Wang 等研究了自旋翻转效应对于铁磁电极连接的 DNA 分子器件中自旋输运的影响。他们发现在比较弱的自旋翻转效应下，磁电阻增大了。继续增加自旋翻转效应超过 1.9meV 时，磁电阻会降低，当继续增大自旋翻转效应时，磁电阻的值将围绕零有一个振荡的变化。

我们将横向电场引入铁磁电极连接的 DNA 分子器件中，探讨了利用横向电场来调控铁磁/DNA/铁磁器件的磁电阻的可能性。由于 DNA 的特殊双螺旋结构，引入横向电场后，将会对各个碱基的巡游电子能量进行调制，可以用一个余弦形式的在位能来表示，$\varepsilon_i = \Delta_0 + eEsr\cos\left(\frac{2\pi}{10}i + \varphi_0\right)$，其中 Δ_0 代表碱基的在位能，e 为电子电量，E 为横向电场的强度，r 是 DNA 分子的螺旋半径，s 表示不同的子链，ϕ_0 表示横向电场与第一个碱基氢键的夹角，如果选取 B 型 DNA 分子，则螺旋周期为 10 个碱基对。横向电场的引入改变了 DNA 分子的电子结构，从而改变了进入导电窗口的导电通道，如果在铁磁电极磁化方向平行排列时导电通道移入导电窗口，而在反平行排列情况下导电通道移出导电窗口，这样就增大了两种排列情况下的电流差别，从而磁电阻显著增大。结果也证实横向电场的方向和大小都可以有效调控体系的磁电阻，在某个特定的方向和大小的横向电场下，体系的磁电阻增大，计算结果如图 8.6.2 所示。可以看出，平行排列和反平行排列时的电流都随着横向电场的增大而减小，并且在横向电场电势降大于 2V 时共同趋向于零，这意味着强的横向电场阻断了电流。但是我们检查磁电阻的值，发现有一个先增大后降低的趋势。在横向电场电压降 $V_T=1.1V$ 时，磁电阻值增大高达 83%。我们注意到在这一点 $I_P=4.04$nA，但是 $I_{AP}=0.69$nA。这就是说反平行排列的电流远小于平行排列的电流，所以出现了一个大的磁电阻。该磁电阻的调制是由于横向电场改变了 DNA 分子的电子结构，所以这种调制是 DNA 分子特有的性质。

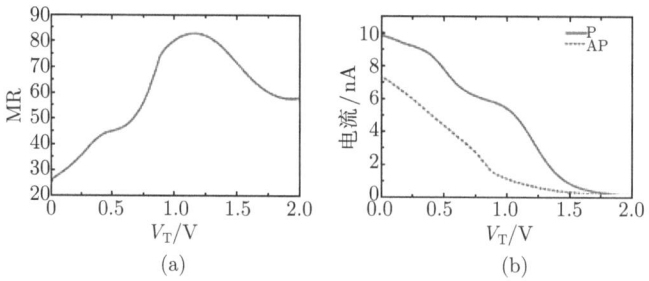

图 8.6.2　横向电场对 DNA 分子器件磁电阻的调控

(a) 磁电阻随横向电场的变化；(b) 通过体系的电流随横向电场的变化，其中 P 和 AP 分别表示两端铁磁电极磁化方向平行和反平行排列

磁场对 "金属/G4-DNA/金属" 体系电导的调控如下：G4-DNA 分子由四条核苷链螺旋形成的，其中只含有碱基 G，相邻的碱基 G 之间由两个氢键相连接，四

8.6 DNA 分子器件的磁场效应

个碱基 G 连接成正方形, 然后一层层堆垛成中空的管状结构。这样就可以保证了以 G4-DNA 为轴的顺时针和逆时针两种路径的存在。引入磁场可以改变电子通过这些路径后的相干性, 从而改变电子通过 G4-DNA 分子的几率。结果证实可以利用量级为 1T 的平行于 G4-DNA 分子轴向的磁场来有效调控"金属/G4-DNA/金属"体系的电导, 磁场相关的量子干涉效应在其中扮演着主要作用。如图 8.6.3 所示, 当沿 G4-DNA 分子的轴向施加正向的 1T 的磁场时, 通过体系的电流减小, 而当施加反向的同等大小的磁场时, 通过体系的电流增加, 从而出现了显著的磁电阻效应; 而且当金属电极与 G4-DNA 分子间的耦合减弱时, 磁场对体系电导的调控变得明显, 这是由于弱的电极与分子的耦合使得电子要经历更多次的反射才能最终透射到另一个电极, 从而在同等磁场下累积到了更多的相位的改变量。

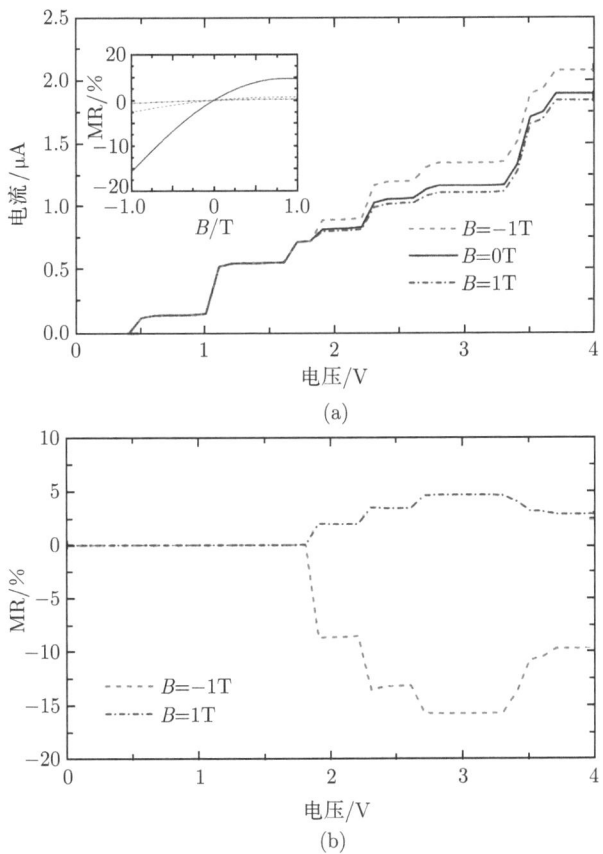

图 8.6.3 (a) 在外磁场为 0, −1 和 1T 时, "金属/G4-DNA/金属"的 I-V 曲线, 插图中显示了不同的界面耦合 t 下磁电阻随磁场的变化; 实线: $t=0.1$eV, 虚线: $t=0.2$eV, 点划线: $t=0.3$eV; (b) 相应的磁电阻随外加偏压的变化

8.7 DNA 的光激发

DNA 分子中的四种碱基在 260nm 左右都有较大的消光系数,可以有效地吸收紫外线,这可以解释紫外线的照射和基因变异的关系。生物上的一种修复酶可以逆转大部分的紫外线所造成的化学伤害,从而保护细胞系统不发生变异。化学研究表明 DNA 分子的荧光产率比较低,这是因为它的激发态的寿命很短,几百飞秒的时间内一个 DNA 的碱基就从光激发态回到基态,快速的能量耗散说明了 DNA 本身具有防止辐射损伤的能力。单个碱基的光激发态的寿命对于 DNA 的自我保护机制至关重要,但另一个关键的问题是碱基的堆叠是怎样影响激发态的寿命的。有研究指出是碱基间的垂直的堆叠而不是平行方向的配对决定了 poly(dA)-poly(dT) 序列 DNA 分子的激发态的动力学性质,他们发现链内的激发态是光激发后的产物,而且激发态导致了原子位置的重新排列。

DNA 分子在溶液中有明确的螺旋结构,可以控制堆叠的长度,研究者研究了单链均匀序列核苷酸的光激发现象。图 8.7.1 列出了归一化的稳态下的吸收谱,可以看出随着堆叠长度的增加,吸收谱向长波方向移动,同时在长波段吸收谱的强度增加。基于这个结果,可以从激子的理论来理解,激子是分子内激发的准粒子,可以从基态直接"垂直"激发而不需要先前的原子位置重排。

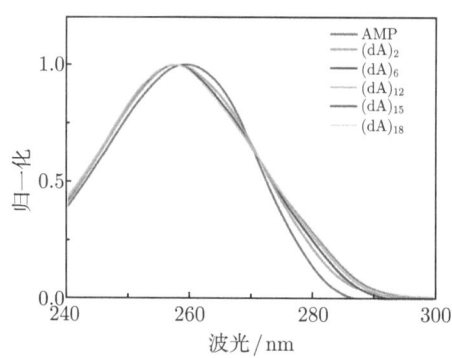

图 8.7.1 归一化的稳态下的吸收谱,研究体系是单链的 $(dA)_n$ (n=1,2,6,12,15,18)

对于规则排列的碱基对序列,可以用一个简单的能级图来说明激子态能量的耗散,如图 8.7.2 所示。吸收紫外线后产生了扩展的激子态,它的波函数扩展到多个碱基对。光激发后,前面产生的激发态经历了一个弛豫过程,表现在光谱上就是产生了蓝移。

均匀序列的 $(dA)_n$-$(dT)_n$ 中的激子吸收强度有两个特征:一是随着碱基堆叠长度的增加吸收强度也会单调增加;二是吸收强度有一个特征衰变时间 (图 8.7.3),一般是 8~10ps。结构的变化可以导致衰变时间的变化,如从 A 型转换到 B 型后衰变时间将大于 10ps。这是由碱基对堆叠强度的扰动和周围环境 (金属离子、溶液) 的影响等引起的。

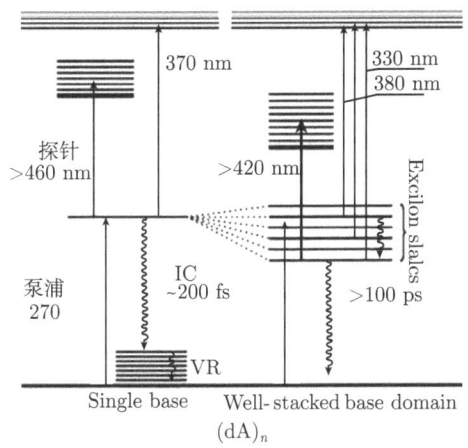

图 8.7.2 均匀序列的 $(dA)_n$ 中能量耗散的能级图

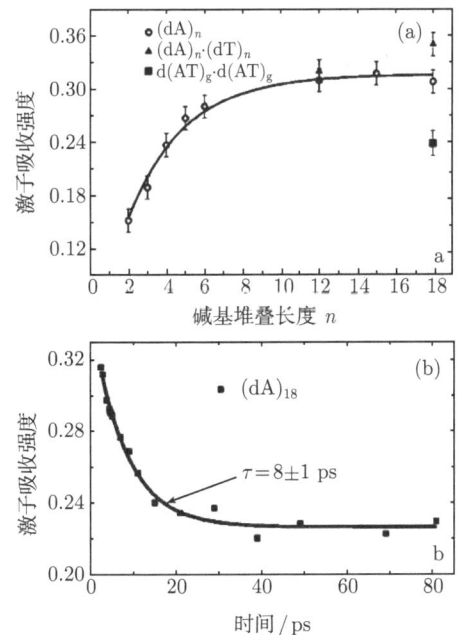

图 8.7.3 对于 $(dA)_n$-$(dT)_n$ 双链 DNA 分子，激子吸收强度随着碱基堆叠长度的变化曲线 (a)，激子吸收强度随着时间的变化曲线 (b)

从图 8.7.3(a) 中不难看出吸收强度在短链下变化比较迅速，而在长链下变化速率减慢。由于短链分子在室温下不稳定，我们可以从 $n=12$ 和 $n=18$ 两种情况下比较得出激子的扩展程度，虽然吸收强度在 $n=12$ 下仍然没有饱和，但是变化相对短链下很小。

参 考 文 献

[1] 袁观宇. 生物物理学. 北京: 科学出版社, 2006

[2] 梁毅. 结构生物学. 北京: 科学出版社, 2005

[3] 陆坤权, 刘寄星. 软物质物理学导论. 北京: 北京大学出版社, 2006

[4] de Gennes P G. Molecular individualism. Science, 1997, 276: 1999

[5] Endres R G, Cox D L, Singh R R P. Colloquium: The quest for high-conductance DNA. Rev. Mod. Phys., 2004, 76: 195

[6] Wang Q, Fiebig T. DNA Photonics — Probing Light-Induced Dynamics in DNA on the Femtosecond Timescale//Charge Migration in DNA. Chakraborty T. Springer Berlin Heidelberg, 2007: 221-248

[7] 欧阳钟灿. DNA 单分子弹性理论. 物理, 2003, 32: 728

[8] 谢尔盖·雷舍夫斯基. 纳米与分子电子学手册. 帅志刚, 李启楷, 朱道本, 译. 北京: 科学出版社, 2011

[9] Fink H W, Schonenberger C. Electrical conduction through DNA molecules. Nature, 1999, 398: 407

[10] Porath D, Bezryadin A, de Vries S, Dekker C. Direct measurement of electrical transport through DNA molecules. Nature, 2000, 403: 635

[11] Kasumov A Y, Kociak M, Gueron S, et al. Proximity-induced superconductivity in DNA. Science , 2001, 291: 280

[12] Chenand J, Seeman N C. Synthesis from DNA of a molecule with the connectivity of a cube. Nature, 1991, 350: 631

[13] Bertini I, et al. Electron transport mettaloproteins in bioinorganic chemistry. University Science Books, Sausalito, CA, 1994

[14] Page C C, Moser C C, Chen X, Dutton P L. Natural engineering principles of electron tunneling in biological oxidation-reduction. Nature, 1999, 402: 47

第 9 章 全 碳 材 料

碳元素在元素周期表中位于第二周期的 IV 族位置，最外层有 4 个电子，由于 $2s$ 与 $2p$ 轨道能量相近，可以形成多种类型的杂化轨道进而与其他原子成键。正如第 2 章所述，不同的轨道杂化方式决定了由之构成的物质的空间结构和性质。当材料仅由碳原子相互作用结合成键时，我们称之为碳单质，或者全碳材料。由于碳原子杂化方式的多样性，全碳材料存在着多种多样的异构体，常见的如金刚石、石墨或石墨烯（单层石墨）、碳纳米管和 C_{60} 等。这些不同的碳单质具有各异的结构和性能，并被广泛地应用于人类生产生活的各个方面，不断满足着人们对材料性能日益苛刻的要求。例如，人们较早认识的石墨和金刚石。石墨（煤炭的主要成分）是自然界大量存在的碳单质，具有柔软、耐高温的特性，是一种良好的固体润滑剂，同时也是一种良导体。金刚石（钻石）是自然界中最坚硬的物质之一，是良好的耐磨材料，广泛应用于钻探和切割行业。随着现代科学技术的发展，人们又陆续制备出更加新奇的全碳材料，如石墨烯、碳管和 C_{60} 为代表的大批富勒烯的发现，进一步丰富了全碳材料的应用价值。

与此同时，全碳材料因其杂化方式不同，具有不同的空间结构，表现出不同的维度性。例如，金刚石和石墨是三维的块体材料；石墨具有层层堆叠特征，因此可被认为是准二维结构材料；石墨烯则是二维平面结构，碳纳米管是一维管状结构，C_{60} 因其在各个方向都受限，可以看作是零维材料。全碳材料也因此成为各种新奇物理现象的优秀研究平台，不断地引发科学界的研究热潮。迄今为止，富勒烯和石墨烯的成功制备已经为相应的科学家赢得了诺贝尔奖的殊荣。人们也期待着低维碳材料可以取代硅基半导体应用于现代大规模集成电路中，成为下一代电子器件的候选材料。因而，全碳材料的研究具有重要的理论价值和应用价值，是凝聚态物理研究的一个重要方向。在本章中，我们将概述碳家族的代表性成员，并详细介绍几种低维全碳材料的制备和物性。

9.1 碳家族概述

对碳家族的认识要从对碳原子的研究开始。第 2 章中我们已对碳原子结构及其成键图像作了介绍，此处再简要地回顾一下。碳原子的原子序号为 6，有 6 个核外电子，分别占据 $1s^2$, $2s^2$ 和 $2p^2$ 原子轨道。其中，$1s^2$ 轨道能容纳 2 个电子，其能量远比其他两个轨道上的电子能量低很多，通常将这两个电子视为内核电子，或与原子核一起视为原子实,一般不受附近其他原子实的影响。因此,这两个电子通常不参与成键,对碳原子形成的化合物的性质影响较小。而碳原子实外围的 4 个电子主量子数都为 2,形成晶体时它们形成 $2s, 2p_x, 2p_y$ 和 $2p_z$ 轨道,这些能量相近的轨道以不同的方式相互混合 (即杂化),进而构成结构和性质迥异的碳单质。

不同的杂化方式具有不同的空间方向性和成键强度,使得由此构成的体系为了实现杂化轨道之间的最大程度的交叠而具有各自的几何结构和物理性质。s 轨道可以与一个 p 轨道杂化,形成 sp 杂化;也可以与两个 p 轨道杂化,形成 sp^2 杂化;还可以与三个 p 轨道同时杂化,形成 sp^3 杂化。例如,sp^3 杂化容易形成稳定的空间四面体结构,使得金刚石具有极强的化学稳定性和极高的物理硬度,而 sp^2 杂化容易形成层状结构,120° 的夹角使之结合成平面六角网格结构,如石墨片。这样,碳原子的这些不同杂化方式,造就了多种多样的碳单质,也赋予不同的碳单质特异的物理、化学性质。

全碳家族的成员数量众多,但最早发现的是金刚石和石墨,它们的晶体结构和键合类型都不同,因而性质也截然不同,下面分别做简单介绍。

1. 金刚石

金刚石是由碳原子 sp^3 杂化形成的一种稳定的空间四面体结构,是一种典型的原子晶体 (图 9.1.1)。每一个碳有四个最近邻原子,它们位于正四面体的顶角位置,相邻的碳原子以键长 0.154nm 的共价键紧密键合,最终形成了一种硬度大、活性差的固体。金刚石的熔点超过 3500°,空气中燃点在 850~1000°,而且不导电,因此在工业上主要用于制造钻探用的钻头和切削工具。纯净的金刚石是无色透明的,但是由于天然金刚石中各种杂质的存在,天然金刚石呈现出偏黄或偏红的色泽。由

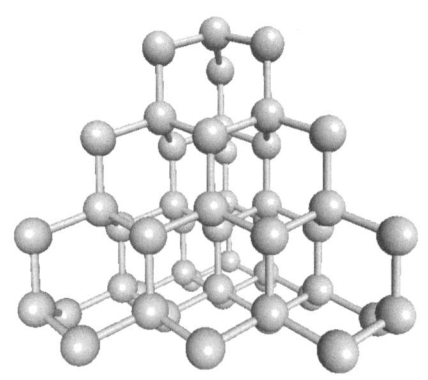

图 9.1.1 金刚石结构示意图

于金刚石较高的折射率，其在灯光下熠熠生辉，因而人们也将其作为装饰品，称为钻石。

2. 石墨

石墨是一种深灰色有金属光泽而不透明的细鳞片状固体。质软，有滑腻感，具有优良的导电性能。石墨中 sp^2 杂化的碳原子形成平面层状结构，层与层之间键合比较脆弱，因此容易滑动而分开。层内每个碳原子与三个相邻碳原子键合，键长相等。每一层中的碳按六方环状排列，上下相邻层的碳六方环通过平行网面方向相互位移后再叠置形成层状结构，上下两层碳原子之间的距离比同一层内的碳之间的距离大得多 (层内 C—C 间距为 0.142nm，层间 C—C 间距为 0.340nm)，层间位移的方位和距离不同就导致石墨具有不同的多型结构 (图 9.1.2)。

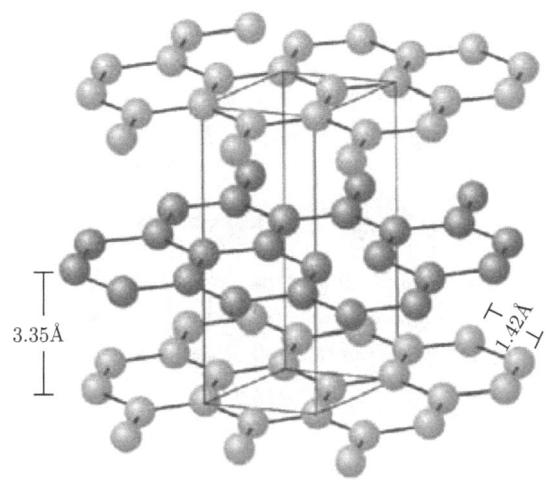

图 9.1.2　石墨结构示意图

石墨是煤炭的主要成分。纯净的石墨在工业上主要用于制作铅笔、电极、电车缆线等。由于它还具有特殊的柔性和弹性，是一种理想的密封材料，广泛用于石油化工、原子能等工业领域，如柔性石墨制品就解决了原子能阀门泄漏的问题。此外，石墨还是轻工业中玻璃和造纸的磨光剂和防锈剂。随着现代科学技术和工业的发展，石墨的应用领域还在不断拓宽。

3. 石墨烯

石墨烯又称单层石墨，是仅仅由一层碳原子构成的二维层状结构，是世界上最薄的分子结构 (图 9.1.3)。长久以来，凝聚态物理理论认为，二维体系不存在长程序，由于热涨落作用的破坏，理想的二维晶体结构是无法稳定存在的。2004 年，安德烈·海姆和康斯坦丁·诺沃肖洛夫成功制备出石墨烯，并因此获得 2010 年诺贝尔物理学奖。石墨烯的成功制备引起了物理学界极大的轰动，这种新奇的材料迅速在全世界物理研究者中引发研究热潮。大量的研究结果证明，石墨烯独特的物理和化学性质，使之无愧于"明星分子"的称号。

完美的晶体结构使得电子可以在石墨烯中的碳原子间顺利的迁移，迁移率比传统半导体高出两个数量级。石墨烯中的电子传输行为更适用于相对论量子力学中的狄拉克方程，这为长久以来只能在高能加速器中进行的相对论量子力学研究提供了便捷的研究途径。石墨烯不仅具有良好的导电性，其超薄的厚度使之具有极好的透明度，可以应用到高性能太阳能电池以及影像显示设备中。同时，石墨烯及其变种结构的磁学性质，使之在诸如信息存储等自旋电子学应用中具有广阔的前景，其详细性质在后面的章节中会单独描述。

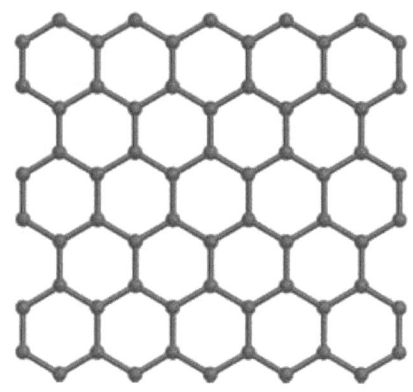

图 9.1.3　石墨烯结构示意图

4. 碳纳米管

碳纳米管是由碳原子组成的一维或准一维圆柱状结构，可以看作是由石墨片卷曲而成，如果是由单层石墨卷成，称为单壁碳纳米管 (SWCNT)(图 9.1.4)；如果由多层石墨片卷成，则称为多壁碳纳米管 (MWCNT)。碳纳米管的管壁有六边形微结构单元组成，两端多封闭，端帽中也有五边形的微结构单元。碳纳米管的长度远大于直径，是一种具有特殊结构 (径向尺寸为纳米量级，轴向尺寸为微米量级，管子两端基本上都封口) 的一维量子材料。

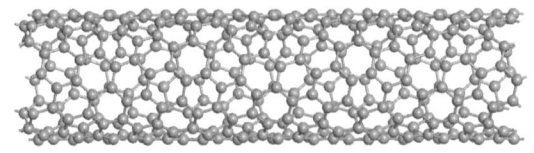

图 9.1.4　单壁碳纳米管结构示意图

碳纳米管的独特结构是理想的一维材料，巨大的长径比使其可以制成坚韧的碳纤维，其强度为钢的 100 倍，重量则只有钢的 1/6；它还有望用作分子导线、纳米半导体材料、催化剂载体、分子吸收剂和近场发射材料等。科学家还预测碳纳米管将成为 21 世纪最有前途的纳米材料，后面章节中将对碳纳米管的功能性给予详细描述。

5. 富勒烯

富勒烯也是由碳一种元素组成的，以球状、椭球状，或不规则球状结构存在的。其中 C_{60} 是于 1985 年发现的第一种富勒烯。1989 年，C_{60} 被证实为具有笼型结构，既存在类似于石墨结构中的六元环，也存在五元环，和建筑师富勒的代表作美国万国博览馆球形圆顶薄壳建筑相似，所以称为富勒烯（图 9.1.5）。由于 C_{60} 的表面结构与足球表皮接缝的形状完全一致，它又被称为足球烯。富勒烯是一系列纯碳组成的球形原子簇的总称，它们是由非平面的五元环、六元环等构成的封闭式空心球形或椭球形结构的共轭烯，现已分离得到其中的几种，如 C_{60} 和 C_{70} 等。

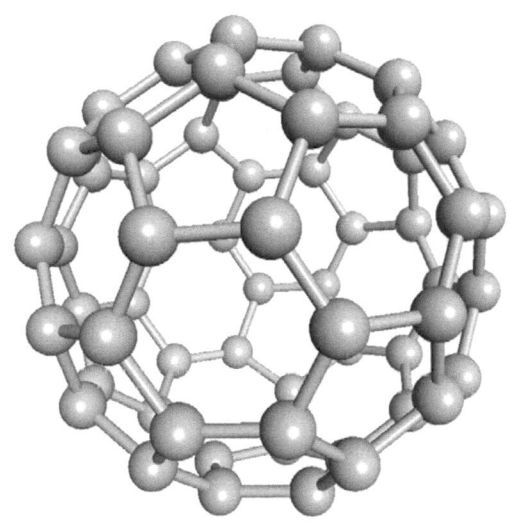

图 9.1.5 富勒烯的代表性结构 C_{60} 示意图

与碳纳米管相比，富勒烯在三个维度上都被限制在纳米尺寸上，这样的体系为零维体系，是理想的量子点材料和理论研究平台。富勒烯由于其独特的结构和化学物理性质，已对化学、物理、材料科学产生了深远的影响，在应用方面显示了诱人的前景。

通过人工设计，人们构造了一些更有趣的碳结构材料，如包含有三键的石墨炔（图 9.1.6），其能带结构中也具有狄拉克锥，而且其电性质可能比石墨烯更丰富。还有所谓的排球烯如 $Sc_{20}C_{60}$，其结构类似于排球（图 9.1.7）。

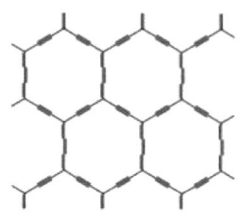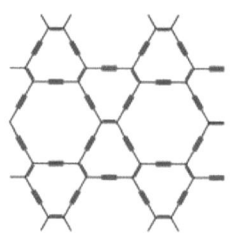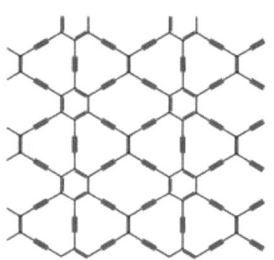

图 9.1.6　几种石墨炔结构示意图

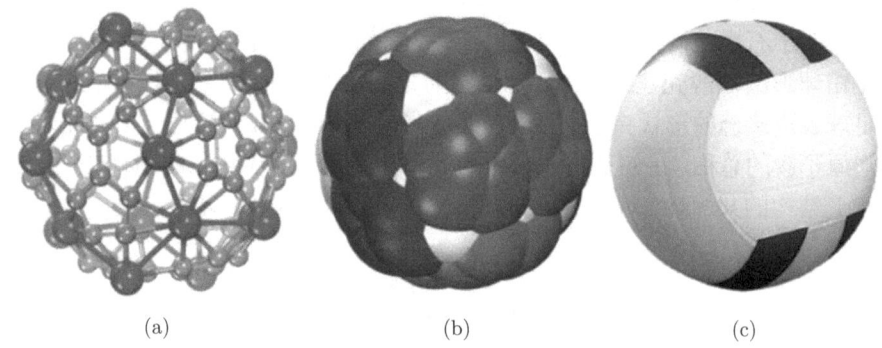

图 9.1.7　排球烯 $Sc_{20}C_{60}$ 结构示意图

(a) 大球为 Sc 原子，小球为 C 原子

由上述简介可知，这些全碳家族的明星代表为理论研究提供了理想的平台，同时因为各自优秀的物理、化学及机械性质具有广阔的应用前景。在下面的章节中，将按照维度由低到高的顺序，初步介绍部分代表性的材料的制备和相关研究进展，更深入的内容请参阅本章的附录文献。

9.2　碳 团 簇

9.2.1　碳团簇的种类

团簇是指由几个到几千个原子、分子或离子组成的相对稳定的聚集体。这种聚集体的物理和化学性质与单个原子、分子不同，又与固体或液体有很大差异。因此，人们把团簇看作一种新的物质形态，并把对团簇的研究作为一门独立学科专门加以研究和讨论。团簇是各种物质由原子分子向块体材料过渡的亚稳态物质，是联结微观与宏观之间物质结构的新层次。

团簇具有纳米尺度，三维体系的结构延展性在团簇中是不存在的，电子在各个方向都受限，因而表面效应明显，可以看作是零维体系。团簇既不能认为是大分子，也不能简单认为是固体的碎片。实验表明，它的许多性质是在固体环境中不能获得的。作为凝聚态物质的初始形态，团簇在各种物质由原子、分子向块体材料转变的过程中起着重要作用。

含有不同数目原子的团簇，其稳定性是不同的。实验表明，具有某些原子数目的团簇出现的频率最高、最稳定，这种相对稳定的团簇中包含的原子数目称之为幻数。例如，碳团簇，当碳原子数目小于 30 时，幻数为奇数；当数目大于 30 时，其幻数为偶数。团簇区别于固体的一个重要特征，是团簇中可以存在五度对称轴，即绕对称轴旋转 $2\pi/5$ 角度后，体系仍能保持自身对称。团簇中还存在库仑爆炸现象，即当一定数目的电子从团簇中剥离 (或掺入)，团簇中的电荷分布形成的库仑排斥能可能会超过团簇的束缚能，从而自发解体。

20 世纪 80 年代后期 C_{60} 的发现和成功制备，迅速引起了人们研究碳团簇尤其是大尺寸富勒烯的极大兴趣。在富勒烯研究蓬勃兴起之前，对星际空间以及环绕恒星的空间媒介中物种的鉴定就已经引起天体物理学家对小尺度碳团簇的研究的浓厚兴趣。在这种近似没有碰撞的媒介环境中，物质没有什么反应活性，碳元素具有很高的稳定性，它们可以线型直链的构型存在；一些直链的末端也会连接杂原子。研究发现，碳原子数小于 10 的碳团簇的最稳定构型一般为直线型。碳原子数在 10~30 范围内的碳团簇的最稳定构型一般为环状结构。碳原子数更多的碳团簇的最稳定构型则类似富勒烯。已知的碳团簇的结构有线状、层状、管状、洋葱状、骨架状、球状等，本节中主要介绍球状的富勒烯 C_{60}。

9.2.2 C_{60} 的结构和性能

1985 年英国波谱学家克罗托 (Kroto) 和美国莱斯大学教授斯莫利 (Smalley) 等在 *Nature* 杂志上发表论文，正式报道了 C_{60} 的发现及结构模型，人们对碳的单质有了新的认识，并形成了一门新的分支学科。作为重要的一种碳团簇，C_{60} 被发现以来，已经广泛地影响到物理、化学、材料科学、生命及医药科学各领域，同时也显示出巨大的潜在应用前景。

C_{60} 的制备方法有很多，分离方法也很丰富，主要有：

石墨激光气化法：在室温下氦 (He) 气流中，用脉冲激光蒸发石墨，碳蒸气的快速冷却形成 C_{60}。加热石墨靶至 1200℃，可大大提高 C_{60} 的产率，但此法很难收集到大量的样品。

石墨电弧放电法：电阻热放电技术是第一个产生出大量富勒烯的方法，这一技术目前仍然是较高产率的主要制造方法。电弧的放电方式、放电间距、放电电流和氦气压力对 C_{60}/C_{70} 混合物产率都会有影响。

其他方法还有利用太阳能加热石墨法、石墨高频电炉加热蒸发法、苯火焰燃烧法等。

C_{60} 的结构研究表明,这种分子是三维欧几里得空间可能存在的最圆的分子,其结构可以看作是将一个正二十面体的顶点削去 (在键长的 1/3 处) 后形成的结构,因而具有 20 面体群对称性,其点群对称性是所有可能的点群对称性中最高的一种。它是一个由 12 个五元环和 20 个六元环组成的球形 32 面体,它的外形酷似足球。六元环的每个碳原子均以双键与其他碳原子结合,形成类似苯环的结构,它的 σ 键不同于石墨中 sp^2 杂化轨道形成的 σ 键,也不同于金刚石中 sp^3 杂化轨道形成的 σ 键,是以 $sp^{2.28}$ 杂化轨道 (s 成分为 30%,p 成分为 70%) 形成的 σ 键。C_{60} 分子的 π 键垂直于球面,含有 10% 的 s 成分,90% 的 p 成分,即为 $s_{0.1}p_{0.9}$。C_{60} 分子中的两个键间的夹角为 $106°$,σ 键和 π 键的夹角为 $101.64°$。这与平面共轭分子不同,由于表面弯曲,影响到杂化轨道的性质,但仍可简单地表示出每个碳原子和周围的 3 个碳原子形成 2 个单键和 1 个双键,这样就形成了 60 个单键和 30 个双键。中子衍射实验测得单键长为 0.146nm,双键长为 0.136nm。C_{60} 分子的结构构成已被红外吸收光谱和 X 射线衍射实验所获得。另外,在扫描隧道显微镜 (STM) 下也观察到了 C_{60} 分子的球状结构,证明了 C_{60} 确实是一个类足球结构。

C_{60} 的球形空间结构存在着离域的大共轭 π 键,这些 π 电子决定了 C_{60} 的物理性质。从分子轨道图像来看,在每个正五边形顶角的 C 原子的 $p\pi$ 轨道组成如下本征态,即

$$\varphi_k = \frac{1}{\sqrt{5}} \sum_{n=1}^{5} \phi_n e^{i\frac{2\pi}{5}kn} \tag{9.2.1}$$

其中,$k=0,\pm 1,\pm 2$,ϕ_n 是正五边形中第 n 个顶角的 C 原子的 π 轨道。在最近邻紧束缚近似下,对应的本征值为

$$\varepsilon_k = -2t\cos\left(\frac{2}{5}k\pi\right) \tag{9.2.2}$$

其中,t 为相邻 C 原子 $p\pi$ 轨道的交叠积分,可设为常数。5 个本征态能量为

$$\begin{cases} \varepsilon_0 = -2t, & k=0 \\ \varepsilon_{\pm 1} = -0.62t, & k=\pm 1 \\ \varepsilon_{\pm 2} = 1.62t, & k=\pm 2 \end{cases} \tag{9.2.3}$$

C_{60} 有 12 个正五边形,它们之间存在相互作用,因此上述 5 条能级将劈裂,12 个 ϕ_0 态在点群 Ih 中分裂成 $a_g + h_g + t_{1u} + t_2$ 能级;同样 24 个 $\phi_{\pm 1}$ 态分裂成对称性为 $t_{1g} + g_g + h_g + t_{1u} + g_u + h_u$ 能级;最高能量的 24 个 $\phi_{\pm 2}$ 态分裂成 $t_{2g} + g_g + h_g + t_{2u} + g_u + h_u$ 能级。最高占据分子轨道 (HOMO) 为 h_u 能级,最低未占据分子轨道 (LUMO) 为 t_{1u} 能级,相应带隙为

$$E_g = E(t_{1u}) - E(h_u) = 1.9\text{eV} \tag{9.2.4}$$

C_{60} 所有的碳原子都位于球面上，电子结构计算的结果表明，C_{60} 分子的电子态主要分布于球的外表面。C_{60} 分子之间主要通过范德瓦耳斯力而凝聚在一起，室温下 C_{60} 组成的分子固体具有面心立方结构，晶格常数为 1.42nm，但在 −24°C 时，C_{60} 发生固体相变，形成简单立方结构。这一相变不是因为分子移动，而是由于分子取向从无序到有序形成的。C_{60} 固体能隙 E_g=1.5eV，比 C_{60} 分子的要小，但该能隙的存在表明 C_{60} 固体是本征半导体。

C_{60} 可通过碱金属或碱土金属掺杂 (如 M_3C_{60} 或 Ca_3C_{60}，Ba_6C_{60})，实现较高的超导转变温度。C_{60} 固体的掺杂有三种方法，一是"内面"掺杂，即将稀土、碱土或碱金属离子掺入到富勒烯内部，但不能实现超导转变；另一种是取代掺杂，即不同价态的杂质原子取代富勒烯分子表面的 C 原子，由于原子很小而且 C—C 键长很短，重原子取代不易实现，只有 B 原子掺杂可行；第三种方法是将碱金属或稀土金属掺入到相邻的两个六面位之间，这种掺杂形成的超导体很多。目前掺杂 C_{60} 实现的最高转变温度可高达 33K。低温超导的 BCS 理论认为电子能带要比振动声子频谱宽得多，这一结论在富勒烯超导体中是不成立的。

9.3 碳 纳 米 管

1991 年，饭岛澄男 (Sumio Iijima) 在石墨电极采用电弧放电法生产 C_{60} 的烟灰中，观察到碳纳米管的存在，并起名为巴基管。从此，碳家族中又多了一颗耀眼的明星。1996 年，Smalley 找到较大量制备定向有序碳纳米管的方法后，对这种神奇分子的研究在世界各地展开。目前，大量的碳纳米管主要采用以下方法来制备。

电弧法：石墨电极在电弧产生的高温下蒸发，在阴极可以沉积出纳米管。这种方法具有简单快速的特点，但是该法所产生的碳纳米管缺陷较多，为此人们把一般阴极 (大石墨电极) 改成可以冷却的铜电极，再在上面接石墨电极，这样产物的形貌和结构大为改观。

气相热解法：该法的产率较高，但含管状结构的产物比例不高，管径不整齐，形状不规则，且在制备过程中必须使用催化剂。

固相热解法：采用常规固相热解含碳亚稳固体生长碳纳米管，具有过程稳定、不需催化剂、原位生长等多种优点，但因为受原料的限制，其生产不能规模化和连续化。

碳纳米管有单壁碳纳米管 (SWCNT) 和多壁碳纳米管 (MWCNT) 两种不同的结构形式，理论上可将单壁碳纳米管看成是由石墨烯卷曲而成，并在其两端罩上碳原子的封闭面。而多壁碳纳米管则是由多个单壁碳纳米管同轴套叠或多层石墨片卷曲而成。

由构成单壁碳纳米管的石墨层片的螺旋性,可把单壁碳纳米管分为非手性型和手性型,非手性型管又可分为扶手椅 (armchair) 型和锯齿 (zigzag) 型。不同类型的单壁碳纳米管的形成取决于碳原子的六角点阵二维石墨片是怎样 "卷起来" 形成圆筒形的。在石墨的蜂房格子上选取一组基矢 $(\vec{a}_1, \vec{a}_2)$,每个格点可以用一组二维数 (n, m) 表示,从原点 $(0, 0)$ 到该点的矢量 $(\vec{r} = n\vec{a}_1 + m\vec{a}_2)$ 称为碳纳米管的卷曲矢量。碳纳米管的构成相当于将石墨层卷曲后令某一格点 (n, m) 与原点 $(0, 0)$ 重合,形成的管轴则与卷曲矢量 $(\vec{r} = n\vec{a}_1 + m\vec{a}_2)$ 相垂直,称该管为 (n, m) 碳纳米管。①由满足 $n = m$ 的卷曲矢量,形成的碳纳米管称为扶手椅管;②由满足 $m=0$ 的卷曲矢量,形成的碳纳米管称为锯齿管;③由其他卷曲矢量,形成的碳纳米管称为手征管。

对碳纳米管的物理性质的研究,人们构筑了许多模型,得出了许多有价值的理论成果。大多数研究基于密度泛函等第一性原理的计算技术,把研究的目光投向了碳纳米管沿轴向的电子性质、能级、输运等方面的问题。下面以 SWCNT 为例介绍两个最简单的研究模型。

1. 势阱模型

SWCNT 作为准一维体系,它在径向应该形成分立的束缚态。SWCNT 壁上的每个碳原子与近邻的三个碳原子以 sp^2 结合,其价电子可以简单地认为以 π 键形式与碳原子核 (或离子实) 结合。为了研究 SWCNT,也就是 π 电子在径向的性质,可以将整个碳壁上的碳原子核对 π 电子的作用等效成一个均匀的柱形势阱 $V(\rho, z)$,忽略电子-电子相互作用。

$$V(\rho, z) = \begin{cases} -V_0, & \rho_0 - \frac{1}{2}a < \rho < \rho_0 + \frac{1}{2}a \\ +\infty, & \rho \text{在其他范围} \end{cases} \tag{9.3.1}$$

其中,ρ_0 为碳纳米管半径,a 为壁厚。分离变量求解,令波函数 $\Psi(\rho, \varphi, z) = R(\rho) \Phi(\varphi) \cdot Z(z)$,满足的薛定谔方程为

$$\Phi'' - k_\varphi \Phi = 0 \tag{9.3.2}$$

$$Z'' - k_z Z = 0 \tag{9.3.3}$$

$$\frac{d^2 R}{d\rho^2} + \frac{1}{\rho}\frac{dR}{d\rho} + \left[\frac{2m}{\hbar^2}(E - V(\rho)) + \mu - \frac{\lambda}{\rho^2}\right] R = 0 \tag{9.3.4}$$

其中,k_φ 和 k_z 是分离变数过程中引入的参数。

电子在 φ 和 z 方向均为自由平面波形式,在 ρ 方向受到约束,取 $\rho_0 = 1.05\text{nm}$, $a = 0.10\text{nm}$,阱深 $V_0 = 10\text{eV}$,计算得到基态 $\varepsilon_0 = -0.023\text{eV}$。

2. 维度模型

我们也可以把碳纳米管看作沿轴向的一些分子链相互耦合起来形成的结构,如椅型管相当于一系列平行的反式聚乙炔主链封闭而成,锯齿型则相当于一系列平行的顺式聚乙炔链封闭而成。π 电子沿聚乙炔链的运动反映了碳纳米管的电子输运性质。因此,在一维聚乙炔链的模型基础上,可以建立碳纳米管的维度模型,链之间通过 π 电子的跃迁反映碳纳米管的封闭结构。

$$H_j = -\sum_{j,n,s} t_{j,n,n+1}(C^+_{j,n+1,s}C_{j,n,s} + C^+_{j,n,s}C_{j,n+1,s}) + \frac{1}{2}K\sum_{j,n}(u_{j,n+1} - u_{j,n})^2 \quad (9.3.5)$$

其中,$t_{j,n,n+1} = t_0 + t_1 \cos n\pi - \alpha(u_{j,n+1} - u_{j,n})$ 为沿管轴方向的 π 电子转移积分,$u_{j,n}$ 为原子对均匀格点位置的偏离,t_1 用以区分顺式和反式。聚乙炔链之间的耦合为

$$H' = -\sum_{j,\langle n_j,n_{j+1}\rangle} t_\perp (C^+_{j,n_j,s}C_{j+1,n_{j+1},s} + C^+_{j+1,n_{j+1},s}C_{j,n_j,s}) \quad (9.3.6)$$

其中,$\langle n_j, n_{j+1} \rangle$ 为对弧向相邻格点求和。对于石墨的均匀结构,有 $t_1 = 0, \alpha = 0$ 和 $t_\perp = t_0$。这一模型充分体现了碳纳米管的一维特征。

选取参数 $t_0 = 2.5\text{eV}$, $\alpha = 4.2\text{eV}/\text{Å}$, $K = 42\text{eV}/\text{Å}^2$, 在 $t_\perp = 0.9t_0$ 时,计算得到 6 条链耦合形成的扶手椅型和锯齿型的碳纳米管带隙分别为 $0.016t_0$ 和 $0.886t_0$,与扶手椅型管具有导体特征、锯齿型管具有半导体特征的结论是一致的。随着半径的增加,计算发现扶手椅型的带隙几乎不变,仍然很小;而锯齿型的带隙迅速变小。半径增加,碳纳米管的性质应逐渐趋于石墨,而维度模型对带隙的研究给出的结论是一致的。

1997 年,第一个碳纳米管器件制备成功,实验证实了碳纳米管带隙的存在,并给出了低能元激发的相关信息。采用扫描隧道显微谱 (STS) 对碳纳米管的态密度测试的结果如图 9.3.1 所示。态密度具有典型的一维特征,峰值的能量即为子带出现的位置,为范霍夫奇点,服从一维态密度的 $E^{-1/2}$ 规律。结合空间的扫面隧道显微镜 (STM) 测试结果,可确定碳纳米管的能带结构、态密度与其手性之间的关系。

扩散理论下,金属的电导率为

$$\sigma = j/E = ne^2\tau/m^* \quad (9.3.7)$$

其中,j 为电流密度,E 为电场,n 为载流子密度,e 为电子电量,τ 为动量散射率,m^* 为载流子有效质量。一维情况下,

$$\sigma = GL \quad (9.3.8)$$

其中，G 为电导，L 为样品尺寸。迁移率 $\mu = e\tau/m^* = \sigma/ne$ 反映了系统载流子的散射情况，是一个关键物理量，在场效应管中是确定其性能的最重要参数之一。迁移率决定场效应管的高频性能。碳纳米管场效应管可用在传感器或单电子储存器方面，迁移率则决定了这类器件对电或化学样品的敏感程度。

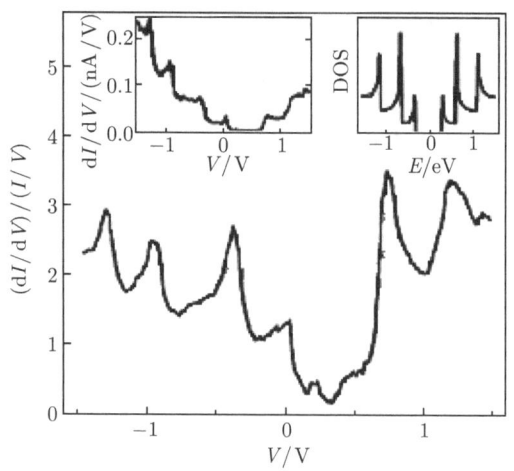

图 9.3.1　SWCNT 微分电导

左侧内插图为电导；右侧内插图为 (16, 0) 碳纳米管的态密度

金属性碳纳米管的迁移率很难定义，有两个原因，一是涉及带底的碳纳米管的载流子密度不明确；二是费米面附近的能带太平坦，这意味着载流子的有效质量可能无限大。但是平均自由程可以明确定义，因此人们通常用这个量来进行理论与实验的比较。

一维情况下，最大电导是量子化的。不存在散射的情况下，每个导电模式有 $G_{\max} = e^2/h$ 的最大电导。对于碳纳米管，存在双能带和两种自旋态，因此有 $G_{\max} = 4e^2/h$。对于存在散射的不完整量子线，有电导 (不计粒子干涉)

$$G^{-1} = G_{\max}^{-1} + G_{\text{wire}}^{-1} \tag{9.3.9}$$

$$G_{\text{wire}} = G_{\max} T/(1-T) \tag{9.3.10}$$

其中，T 为量子线的透射几率。平均自由程 l 定义为 $T = 1/2$ 或 $G_{\text{wire}} = G_{\max}$ 时的量子线长度，或可定义为

$$l/L = G_{\text{wire}}/G_{\max} \tag{9.3.11}$$

其中，L 为碳纳米管长度。迁移率与平均自由程之间的关系为

$$\mu = G_{\text{wire}}L/ne = G_{\max}l/ne \tag{9.3.12}$$

实验和理论均指出，金属性碳纳米管的平均自由程为微米量级甚至更长，半导性碳纳米管的也有几百个纳米。

利用紧束缚模型可以描述石墨的 π 和 π^* 电子行为，此时只考虑能带的最低位置，即石墨布里渊区的 K 点，其费米速度约为 $v_\mathrm{F} \approx 8 \times 10^7 \mathrm{cm/s}$，这一近似也适合直径较大的碳纳米管，因此可得到碳纳米管的简单能谱为

$$E = \left[(n\Delta)^2 + h^2 v_\mathrm{F}^2 k^2\right]^{1/2} \tag{9.3.13}$$

其中，Δ 为带隙，$n = 0, 1, 2, \cdots$ 表示最初的子带，$n = 0, 3, 6, \cdots$ 时碳纳米管为金属态；$n = 1, 2, 4, 5, \cdots$ 时则为半导体。碳纳米管带隙反比于它的直径，对于半导体碳纳米管，一级近似下，带隙为 $E_\mathrm{g} = 0.7/d$，其中 d 为碳纳米管直径。由此可以估算一下半导性碳纳米管的迁移率：假设通过掺杂其电导接近金属态的值，即将费米能级提升到 $E_\mathrm{F} = E_\mathrm{g}$，利用波矢与载流子浓度之间的关系，有

$$n = \frac{4k_\mathrm{F}}{\pi} = \frac{8\sqrt{3}\Delta}{h v_\mathrm{F}} \tag{9.3.14}$$

利用 $E_\mathrm{g} = 0.7/d$ 以及费米速度 $v_\mathrm{F} = 8.1 \times 10^5 \mathrm{m/s}$，得到 $nd = 2.9$。再利用金属性碳纳米管的平均自由程 $l = 3\mu\mathrm{m}$，可通过 $\mu = G_\mathrm{max} l/ne$ 得到 1~5nm 直径碳纳米管的迁移率 $\mu = 1 \times 10^4 \sim 5 \times 10^4 \mathrm{cm}^2 /(\mathrm{V \cdot s})$。

9.4 石 墨 烯

石墨烯与石墨有紧密的联系。石墨是一类层状的材料，它是由一层又一层的二维平面碳原子网络有序堆叠而形成的。由于层间的作用力较弱，因此石墨层间很容易互相剥离，形成薄的石墨片，这也正是铅笔能在纸上留下痕迹的原因。这样的剥离存在一个最小的极限，那就是单层的剥离，即形成厚度只有一个碳原子的单层石墨，这就是石墨烯。但长久以来，由于热涨落等现象的存在，科学家从理论上一直认为这种完美的二维晶体材料是无法稳定存在的，一些试图制备石墨烯的工作也均以失败而告终。直到 2004 年，英国曼彻斯特大学的安德烈·海姆和康斯坦丁·诺沃肖洛夫及其合作人员，凭借极大的耐心与一点点运气终于如大海捞针般首次在实验室成功制备了石墨烯。他们采取的手段与铅笔写字有异曲同工之妙，即通过透明胶带对石墨进行反复的粘贴与撕开使得石墨片的厚度逐渐减小，最终通过显微镜在大量的薄片中寻找到了理论厚度只有 0.34nm 的石墨烯。这一发现在科学界引起了巨大的轰动，不仅是因为它打破了二维晶体无法真实存在的理论预言，更为重要的是石墨烯的出现带来了众多出乎人们意料的新奇特性，使它成为继富勒烯和碳纳米管后，碳家族中又一个里程碑式的新材料。石墨烯的成功制备也为上述两位科学家赢得了 2010 年诺贝尔物理学奖的殊荣。

石墨烯这一目前世界上最薄的物质首先让凝聚态物理学家惊喜不已。由于平面内碳原子间的作用力很强，因此即使经过多次的剥离，石墨烯的晶体结构依然相当完整，这就保证了电子能在石墨烯平面上畅通无阻地迁移，其迁移速率为传统半导体硅材料的数十至上百倍。这一优势使得石墨烯很有可能取代硅成为下一代超高频率晶体管的基础材料而广泛应用于高性能集成电路和新型纳米电子器件中。目前科学家已经研制出了石墨烯晶体管的原型，并且乐观地预计不久就会出现完全由石墨烯构成的全碳电路。此外，二维的石墨烯材料中的电子行为与三维材料截然不同，要运用复杂的相对论量子力学来阐释。因此石墨烯为相对论量子力学的研究提供了很好的平台，而在这之前科学家只能在高能宇宙射线或高能加速器中对该理论进行验证，如今终于可以在普通环境下轻松开展研究了。

石墨烯还具有超高的强度，碳原子间的强大作用力使其成为目前已知的力学强度最高的材料，并有可能作为添加剂广泛应用于新型高强度复合材料之中。石墨烯良好的导电性及其对光的高透过性又让它在透明导电薄膜的应用中独具优势，而这类薄膜在液晶显示以及太阳能电池等领域至关重要。另外，石墨烯在高灵敏度传感器和高性能储能器件方面也已经展示出诱人的应用前景。可以说，石墨烯的出现不仅给科学家提供了一个充满魅力与无限可能的研究对象，更让我们对其充满了期待，也许在不久的将来，石墨烯就会为我们搭建起更加便捷与美好的生活。

9.4.1 石墨烯的制备

石墨烯即为单层石墨 (graphene)，最早是用机械剥离法制备而来，即通过机械力从石墨晶体表面剥离石墨烯碎片，并通过溶液的中介，将之转移到 SiO_2 等载体的表面，在扫描电镜 (SEM) 或原子力显微镜 (AFM) 下就可以筛选出单层的石墨片段。这种方法可以制备出微米尺寸的石墨烯，但是无法做到精确控制，并且费时费力，难以实现大规模合成。

后来人们研究出可以在 SiC 表面外延生长石墨烯结构，具体是通过加热 SiC (0001) 晶面，石墨烯可以直接搭载在 SiC 表面上，通过光刻等手段进而制成电子器件。但是 SiC 在加热过程中，表面容易发生重构，形成复杂的表面结构，使得生长在其表面上的石墨烯起伏较大，缺陷较多，无法得到大片的完美结构。

最近，人们以金属单晶或金属薄膜为衬底，利用化学气相沉积法 (CVD)，在金属表面高温分解含碳化合物。由于金属表面在一定温度下仍然能够保持相对平整，通过选择适当的衬底和控制沉积环境，能够得到大面积单层石墨片。这种方法成为实验室生长石墨烯的主要方法。

9.4.2 石墨烯的奇特性质

对于石墨烯的真正研究是最近几年系统开展的，人们已经发现许多有趣的物

9.4 石墨烯

理现象,下面举几个例子来详细描述。

1. 石墨烯中的无质量狄拉克费米子

单层石墨烯是零带隙的半导体,其中的载流子的性质和其他材料有很大不同。本质上来说,这是由单层石墨烯独特的晶格结构造成的。在无限大的单层石墨结构中,每个元胞包含两个碳原子,也就是说,单层石墨是由两套子格构成的二维体系。其能带结构如图 9.4.1 所示。在每个布里渊区中,导带和价带相交于两点:K 和 K',也就是所谓的狄拉克点。

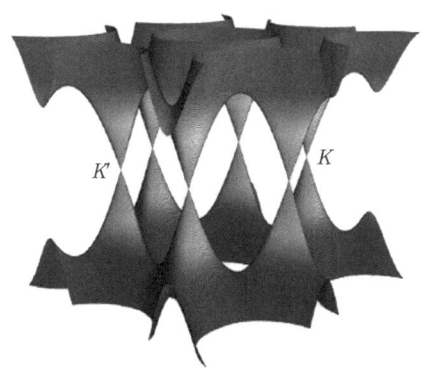

图 9.4.1　石墨烯的能带结构 (扫描书后二维码可看彩图)

狄拉克点附近能量与 K(或 K') 呈线性关系,形成圆锥状的能带结构。在这一区域内载流子 (准粒子) 有效质量为零,即 $m^* = \hbar^2 \left(\dfrac{\partial^2 \varepsilon(k)}{\partial k^2}\right)^{-1}\bigg|_{K,K'} = 0$,呈现相对论特性,可以在形式上用狄拉克哈密顿描述:

$$\hat{H} = \hbar v_\mathrm{F} \begin{pmatrix} 0 & K_x - \mathrm{i}K_y \\ K_x + \mathrm{i}K_y & 0 \end{pmatrix} = \hbar v_\mathrm{F} \vec{\sigma} \cdot \vec{K} \tag{9.4.1}$$

其中,K 是准粒子的动量,$\vec{\sigma}$ 是二维泡利矩阵,v_F 与 K 无关,描述的是准粒子的速度。在靠近费米面附近,准粒子的能量和动量呈线性关系,$E = \hbar K v_\mathrm{F}$,利用这一性质,可以在石墨烯中来验证狄拉克方程的很多预言。因此,石墨烯的发现对于量子电动力学的研究也起了推动作用。

2. 石墨烯中的量子霍尔效应

石墨烯是一种很好的二维电子气系统,但是其电子结构与传统二维电子气却有很大不同,因此石墨烯在实验室成功制备后,人们很自然地开始关注它的磁输运性质,即霍尔效应的研究。对于一般二维电子系统来说,施加垂直磁场后,朗道能级间的能量差不大,若温度太高,则电子在能级中的统计分布会使得电阻不再量子化,也就观察不到霍尔效应的量子行为。因此,二维电子系统的量子霍尔效应研究都是在绝对温度 4K 以下的低温环境下进行的。传统上研究二维电子结构的材料,如 MOS 反型层,实际上是准二维电子系统,而单层石墨烯作为一种理想的二维电子系统,其量子行为更加明显。2005 年英国曼彻斯特大学和美国哥伦比亚大学的两个研究团队首次以单层石墨片为研究材料,观察到其中的量子霍尔效应,不过仍旧是在低温下进行的实验。在 2007 年 2 月,这两个团队联合发表了在室温下观测到量子霍尔效应的成果。

单层石墨片和其他材料不同,载流子有效质量为零,要用狄拉克方程来描述,这和传统材料中的载流子有很大的区别,因此也表现出特殊的性质。另外,垂直磁场下石墨烯中载流子的朗道能级与通常二维电子气的朗道能级也不同,石墨烯中的朗道能级不是等间距的,但是相邻两个朗道能级之间包含的态的数目与通常情况下相同。与传统的二维电子气不同,石墨烯中朗道能级的真空能是零,这就导致其中的朗道能级的简并度只有其他朗道能级的一半,这从图 9.4.2 中可以很清楚地看出来.

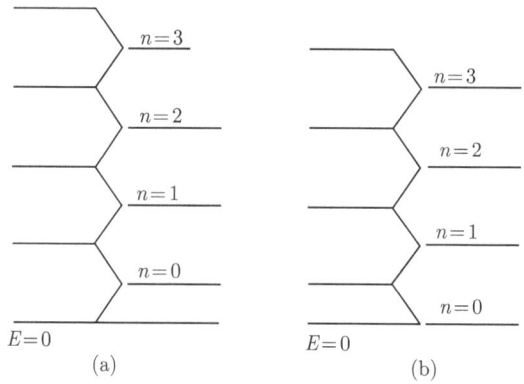

图 9.4.2 通常二维电子气的朗道能级 (a);石墨烯中的朗道能级 (b)

石墨烯中电子气的这种差异导致 $n=0$ 的朗道能级在被填满时的电子数只有其他正常能级的一半。按照传统的量子霍尔理论,每填满一个朗道能级霍尔电阻就出现一个整数的平台。但是我们看到,石墨烯的霍尔电阻平台并不是整数,而是半整数的。实验上也发现,石墨烯的量子霍尔平台有一个 $1/2$ 的偏移。从本质上来说,石墨烯中半整数的朗道能级,是因为其中的载流子需要用相对论的狄拉克方程描述造成的。

3. 石墨烯中的反常隧穿

根据量子散射理论,当电子射向高于自身能量的势垒的时候,会有一定的隧穿几率。按照 WKB 理论,隧穿几率与势垒的宽度和高度按指数关系衰减。但是在石墨烯中，隧穿几率几乎是 100%，这是因为石墨烯中的载流子遵循狄拉克方程。狄拉克方程预言入射电子可以百分百穿透势垒 (图 9.4.3)，目前由于实验条件的限制，这一预言还没有被证实。

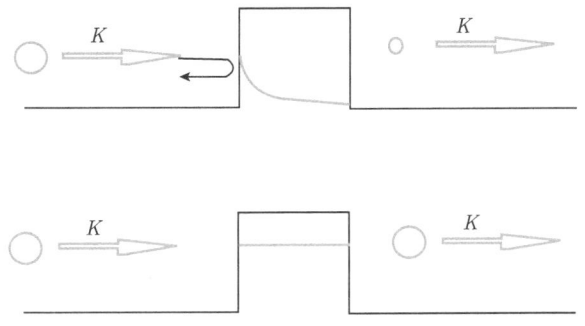

图 9.4.3　普通半导体中的隧穿 (a)，石墨烯中的隧穿 (b)

4. 石墨烯中的磁性

无限大的石墨烯平面是没有磁性的。实际情况中，石墨烯可被切割成具有不同边界形状的条带，不同的边界将对石墨条带物理性质产生不同的影响。有限大小的石墨烯，存在两种最基本的边界形状 (图 9.4.4)：齿形边界和椅形边界。

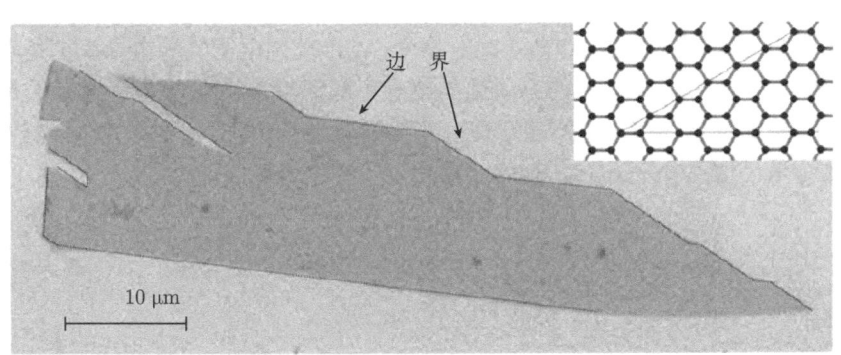

图 9.4.4　石墨片中的两种形状的边界

对齿形边界的石墨带的第一性原理计算表明，其两条齿形边界上存在自旋极化。在没有外界干扰的情况下，齿形单层石墨带两种不同自旋的电子态处于简并状态，如图 9.4.5(a) 所示。当在垂直于齿形链的方向施加电场，将会对不同自旋的简并产生破坏：在费米能级处，一种自旋状态的导带和价带之间的能隙减小，另外一种自旋的能隙增大，如图 9.4.5(b) 所示。当电场加到一定强度，在费米面上只有一种自旋态，从而实现半金属，如图 9.4.5(c) 所示。利用这一性质，使实现齿形条带的自旋输运成为可能。

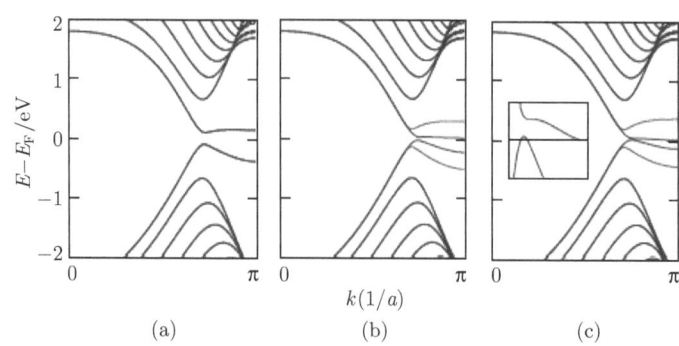

图 9.4.5　无横向电场，两种自旋态简并 (a)；加横向电场，简并破坏 (b)；电场加大到一定程度，费米面处只存在一种自旋的态 (c)

5. 石墨烯中的最小电导率

石墨烯的价带和导带在费米能级的六个顶点上相交，从这个方面说，石墨烯中不存在能隙，表现为金属性质。在单层石墨烯中，每个碳原子都贡献出一个未成键的 π 电子，这些电子可以相对自由地在晶格中运动，因此，石墨烯具有非常优异的导电性。在石墨烯中，电子传导速率可以达到 $8 \times 10^5 \mathrm{m/s}$，比一般半导体中的电子传导速度大得多。

作为一种理想的二维体系，单层石墨只有一层原子构成。按照早期建立的参数标度理论的理解，随着温度趋向于绝对零度，二维理想电子气的电导率也是趋向于零。然而，在实验上观察到的石墨烯的电导率随温度的变化却是违背参数标度理论的。实验上发现存在一个不随迁移率变化的极小值，即最小电导率。根据实验测量，这个最小值为 $4e^2/h$，如图 9.4.6 所示。

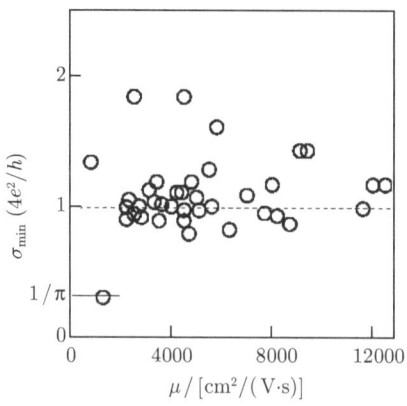

图 9.4.6　单层石墨中的最小电导率

6. 石墨烯的化学改性

利用化学的方法对石墨烯进行改性，可以使石墨烯具有更为丰富的功能和应用前景。通过化学修饰、功能化、化学掺杂等方式，可制作出石墨烯氧化物 (graphene oxide)，石墨烷 (graphane) 以及硼氮掺杂形成硼氮石墨烯等。这些衍生结构具有与石墨烯迥异的物理化学属性，在复合材料、吸氢储氢、催化等方面有着应用前景。

石墨烯被硫酸处理后，形成亲水的石墨烯氧化物片层结构，内含大量的含氧官能团，如环氧基团等。这些基团间的协同作用使得它们排列成环氧链，所产生的应力使 C—C 键断裂，完成氧化过程。氧化过程对石墨烯的导电性能有着显著影响，随着氧化程度的增加，石墨烯由导体逐渐变成半导体，经过还原后，还可以转变回导体。

石墨烷是石墨烯的氢化物，氢化后的石墨烯表现出 sp^2 杂化和 sp^3 杂化共存的现象，随着 sp^3 杂化的增强，石墨烷渐渐表现出半导体性质，并具有直接能隙。硼和氮在元素周期表上分别位于碳元素的两侧，B—N 耦合可以部分取代石墨烯中的 C—C 耦合，从而形成硼氮掺杂石墨烯。由于硼碳氮的电子亲和能不同，按照特定方式排列的 B—N 原子链可以在石墨烯内部产生等效内电场，进而改变石墨烯的电子性能。

9.5 石墨烯纳米条带

严格意义上讲，理论研究的石墨烯是二维无限大的，通常用周期性边界条件来处理。然而，在实际的应用中，材料的尺寸是有限的。尤其是将石墨烯优良的电子性质，如很高的电子迁移率，应用到纳米器件中时，就需要将石墨烯沿着某个方向裁剪，形成宽度为几纳米到几十纳米的条带。这种宽度在纳米尺度的准一维石墨烯条带，被称为石墨烯纳米条带 (graphene nanoribbon，GNR)。石墨烯纳米条带不但保持着石墨烯本身的优良电子性质和力学特性，同时具有由于量子限制效应带来的新奇的性质。例如，如上节所述，石墨烯的导带和价带交叉于狄拉克点，因而是能隙为零，同时费米面处态密度也为零的准金属 (semi-metal)，这就限制了石墨烯在半导体器件中的应用。然而，当石墨烯被切割成纳米带时，量子限制效应使得石墨烯纳米带出现能隙，变为半导体，而且能隙还随着条带的宽度或外电场而变化，为其在场效应管等器件中的应用提供了可能。同时，石墨烯纳米带因其切割方向的不同而具有不同形状的边界，在量子限制效应的作用下，特定形状的边界上会出现边界态，进而使得不同边界上的原子具有相反的净自旋，使其呈现空间极化的磁性。这一特性迅速引起了石墨烯纳米带自旋电子学的研究热潮。

石墨烯纳米条带可以看作是由石墨烯沿某方向切割而成，因而其类别主要按照其边界碳原子的形状来决定。类似于碳纳米管，石墨烯纳米条带通常被分为两类，即扶手椅型和锯齿型，如图 9.5.1 所示。这是两种最为典型的边界形状，其他的石墨烯纳米带可以看作是这两种边界混合而成的。

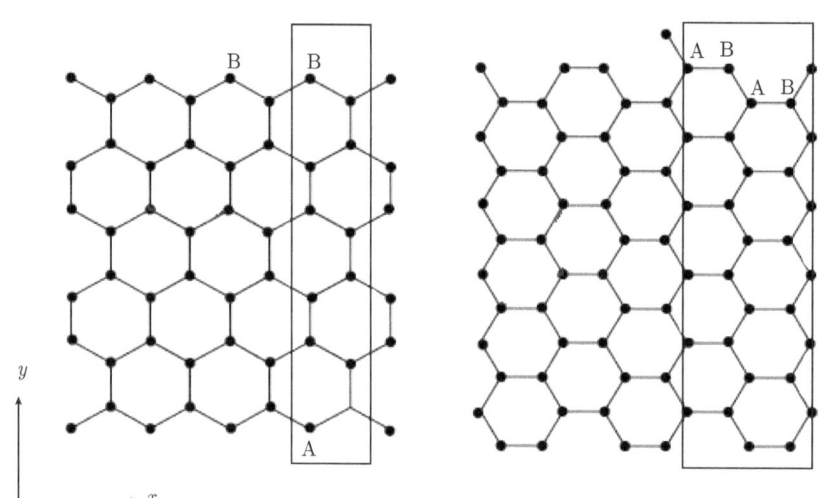

图 9.5.1　石墨烯纳米条带的两种典型构型

以方框内的结构为基本单元 (原胞)，左侧为锯齿边界石墨烯纳米带，右侧为扶手椅边界石墨烯纳米带

本节主要介绍以上两种石墨烯纳米条带的制备及其电子性质，重点介绍锯齿边界石墨烯纳米带中的磁性 (自旋)，及其在纳米器件中的应用。

9.5.1　石墨烯纳米条带的制备

石墨烯纳米条带的制备通常有两类方法。一类是在石墨烯上利用各种技术提取出纳米宽度的条带，另一类是将单壁碳纳米管沿轴向剪开。

刻蚀技术是传统半导体器件加工中常用的技术手段，它也较早地应用到石墨烯纳米带的制备中。常用的刻蚀方法有电子束刻蚀 (e-beam lithography)，如图 9.5.2(a) 所示，这种技术可以在石墨烯中刻蚀得到宽度为 20~500nm 不等的条带。如果采用显微刻蚀技术 (microscope lithography)，如图 9.5.2(b) 所示，可以得到约 10nm 宽的石墨烯条带。通过优化显微刻蚀参数，可以得到各种不同的边界形状，大大提高石墨烯纳米带器件的可重复性。然而由于较低的生产效率和复杂的设备要求，这种方法并不适用于大规模生产。此外还有金属纳米颗粒裁剪、化学裁剪等方法均可以从石墨烯中得到纳米带。

径向剪开碳纳米管也是常用的一种方法。例如，通过硫酸和高锰酸钾处理碳纳米管可以得到长度在几个微米，宽度在 100~500nm 的单层 (或多层) 石墨烯条带，如图 9.5.3(a) 所示。由于这种方法会引入含氧自由基团附着在石墨烯带上,因此在氢气中退火是必不可少的步骤。通过对化学溶液的优化,可以得到更长 (几毫米) 更窄 (约 100nm) 的石墨烯纳米带。此外,如图 9.5.3 所示,还可以用纳米过渡族金属颗粒催化,物理性保护的选择性裁剪,电流热解等方法来实现裁剪碳纳米管获得石墨烯纳米带。这种方法的好处是碳纳米管的产量很大,裁剪方法又比较简便,因而可以很方便地进行大规模生产石墨烯纳米带,缺点是难以对条带的宽度和边界形状进行精确控制。

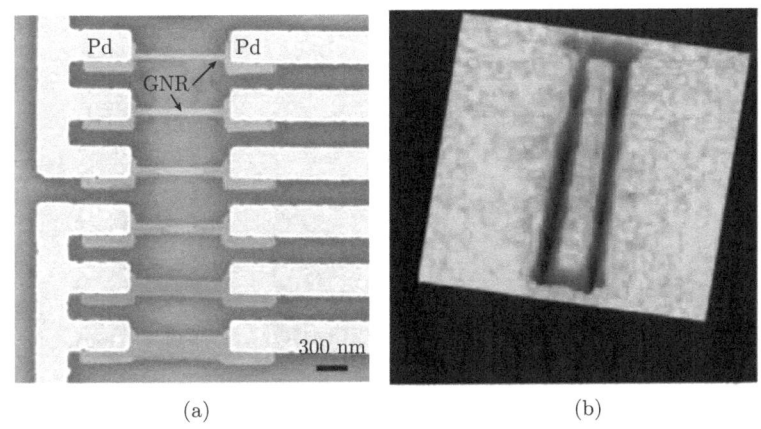

图 9.5.2 电子束刻蚀得到的石墨烯纳米带的扫描电子显微镜图像 (a),显微镜刻蚀得到的石墨烯纳米条带 (b)

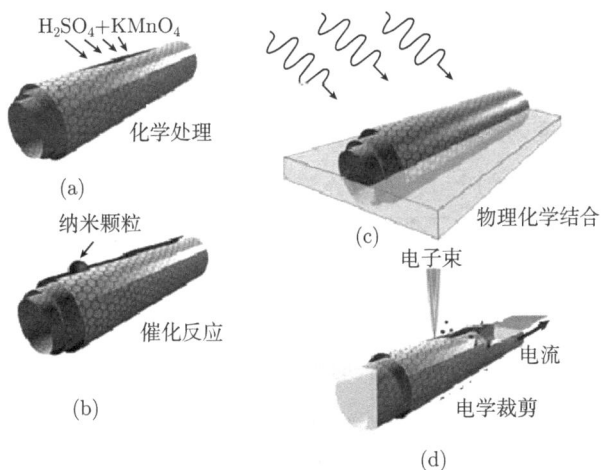

图 9.5.3 径向裁剪碳纳米管以获得石墨烯纳米带的几种常见方法

除此之外,还有一些合成石墨烯纳米带的方法,如溶液反应法、电子辐射超薄

聚甲基丙烯酸甲酯 (PMMA) 法等。由于石墨烯具有二维平面结构, 石墨烯纳米条带的结构表征主要依靠 (高分辨率) 透射电子显微镜和拉曼光谱来区分不同的边界形状。同时, 扫描隧道显微镜和扫描隧道谱也经常被用来研究边界上的电子态和磁性。

上述的各种方法可以实现不同精度、不同产率的石墨烯纳米条带的制备, 但都面临着如何精确地控制石墨烯纳米条带的宽度及边界形状, 以及如何将条带转移到功能性衬底上的难题。例如, 实验制备的石墨烯纳米条带的边界往往不是完美的扶手椅型或锯齿型, 而是可能存在各种类型的缺陷, 如图 9.5.4 所示, 这需要实验物理学的不断进步和发展。

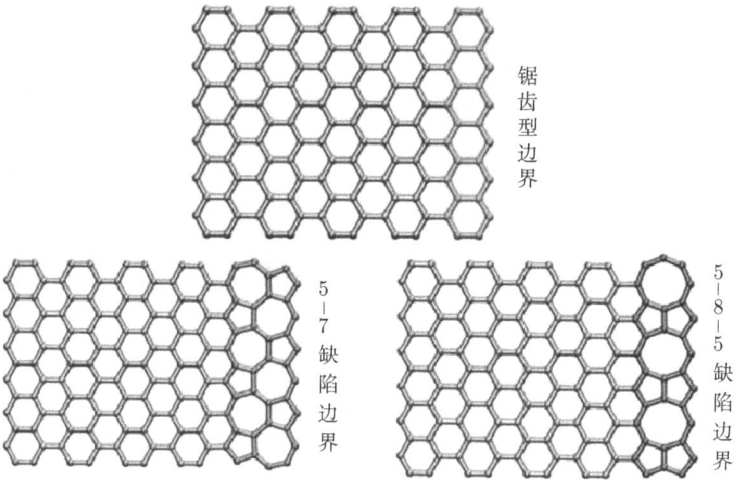

图 9.5.4　锯齿型边界石墨烯纳米带中常见的缺陷类型

9.5.2　石墨烯纳米条带的电子结构性质

石墨烯的电子结构性质和它的边界形状密切相关, 早期人们利用紧束缚模型 (tight-binding model) 已经有了仔细的研究, 其基本的哈密顿量为

$$H = \sum_{i,\sigma} \varepsilon_i C_{i,\sigma}^+ C_{i,\sigma} + \sum_{\langle i,j \rangle, \sigma} t_{ij} (C_{i,\sigma}^+ C_{j,\sigma} + \text{h.c.}) \tag{9.5.1}$$

其中, ε_i 和 t_{ij} 分别是在位能和最近邻跃迁积分, $C_{i,\sigma}^+(C_{i,\sigma})$ 将在 i 格点上产生 (湮灭) 一个自旋为 σ 的电子。t_{ij} 可以参照共轭聚合物中碳-碳键之间的跃迁积分为 2.4~2.75eV。这里只考虑了最近邻格点之间的跃迁, 实际上, 为了得到更接近实验的结果, 次近邻及第三近邻原子之间的跃迁积分都可以分别考虑进来。对于不同边界的石墨烯条带取不同的周期性边界条件, 可以分别得到扶手椅型和锯齿型石墨烯纳米条带的能谱。

对于扶手椅型石墨烯纳米带,通过求解薛定谔方程可以得到

$$E_{p,k} = \pm t_{ij} \left[1 + 4\cos^2\frac{p\pi}{N+1} + 4\cos\frac{p\pi}{N+1}\cos\frac{3}{2}ka \right]^{1/2} \tag{9.5.2}$$

其中,p 是链数 ($1\sim N$),k 是波矢,a 是晶格常数。取最大链数 N 分别为 11 和 12 时,计算结果如图 9.5.5 所示。

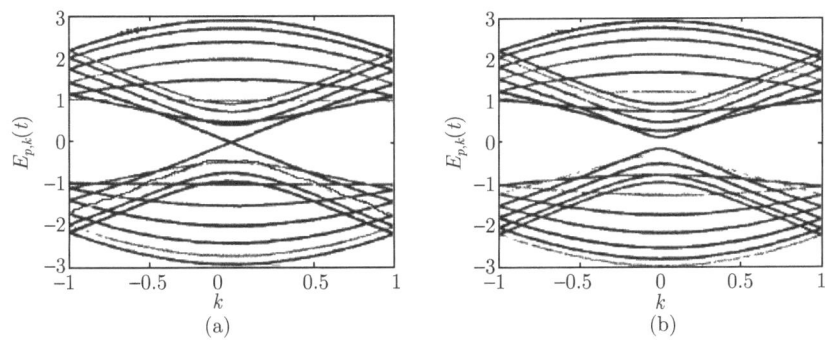

图 9.5.5 扶手椅型石墨烯纳米条带的能谱 (采用紧束缚模型计算,N 分别等于 11 和 12)

(a) 11-AGNR;(b) 12-AGNR

计算结果表明,紧束缚模型计算得到的扶手椅型石墨烯纳米条带的能带结构与其宽度密切相关,即条带是金属性还是半导体性取决于条带的宽度。当宽度为 $3n+2$(n 为自然数) 时,系统能隙为零,体现金属性。当宽度为其他值时,系统有能隙,体现半导体性。然而,采用局域密度近似 (LDA) 的第一性原理计算表明,所有宽度的扶手椅型石墨烯纳米带都是半导态,并且每个宽度系列的能隙的大小随着条带的宽度增加而减小。尽管如此,宽度为 $3n+2$ 的条带具有较小的能隙,如图 9.5.6 所示。这可能是在第一性原理计算中考虑了氢键对边界碳原子上悬挂键的饱和作用,进而改变了边界碳原子的在位能和跃迁积分。

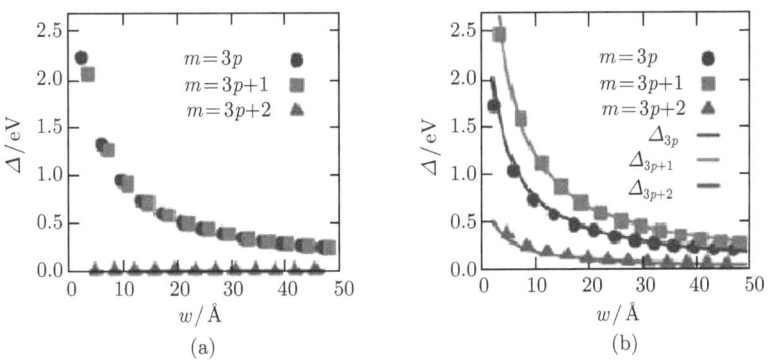

图 9.5.6 扶手椅型石墨烯条带的能隙随宽度的变化

(a) 紧束缚模型计算结果;(b) LDA 结果

对于锯齿型石墨烯条带,其能谱计算方法与扶手椅型类似。所不同的是,锯齿型石墨烯条带的能谱两个方向的波矢是耦合的,这使得在特定的波矢范围内 ($2\pi/3 < k < \pi$),价带和导带相交于费米面附近形成连续的平带 (flat band),如图 9.5.7 所示。

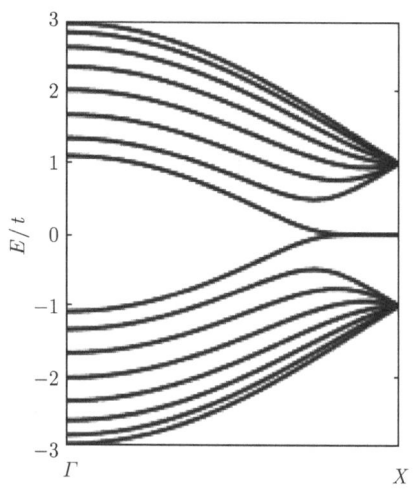

图 9.5.7　锯齿边界石墨烯纳米带的能带结构 (自旋简并的情况)

由此可见,锯齿边界石墨烯纳米带是金属性的,且不随宽度的变化而改变。进一步的研究发现,费米面附近的电子态主要集中在两侧的边界原子上,形成边界态。这些边界态沿条带的方向是扩展的,而在垂直于条带的方向上,当靠近条带中心时迅速衰减。同时,它们在费米面处形成了很大的态密度,它们的相互作用使得体系可能存在磁有序。若在紧束缚模型中进一步考虑电子-电子相互作用,如采用哈伯德平均场近似,或者采用精度更高的第一性原理方法计算,会发现体系通过边界上的自旋极化打开能隙来消除这种不稳定性。锯齿边界石墨烯纳米带中净磁矩和磁有序的出现,掀起了石墨烯条带自旋电子学研究的热潮,使其迅速成为下一代自旋电子器件的候选材料,我们将在下一小节中详细介绍其自旋特性。

9.5.3　石墨烯纳米条带的磁性

磁性材料是现代科技的重要组成部分。传统的磁性材料往往是 d 电子或 f 电子构成的金属元素,如过渡族金属等。寻找由轻原子 (p 电子构成) 组成的磁性材料是现代磁学研究的重要课题,因为轻原子意味着更低的密度,更低的成本,以及更高的生物兼容性。锯齿边界石墨烯条带中净磁矩和磁有序的出现,无疑满足了人们长久以来对轻质磁性材料的需求。

那么锯齿边界石墨烯条带中的净磁矩和磁有序究竟具有什么形式呢?近年来,

第一性原理计算为我们提供了大量的信息。在本节中,我们将结合第一性原理计算的结果来说明。

当考虑自旋自由度时,第一性原理计算的体系净自旋分布如图 9.5.8 所示。相邻碳原子之间的净自旋相反,说明它们之间是反铁磁相互作用。沿着条带的方向,边界最外端的碳原子净自旋相同;不同边界碳原子上净自旋相反。从边界向条带中心,净自旋迅速衰减。由于反铁磁相互作用和净磁矩的对称性,体系总自旋为零,因而也称这种磁有序为反铁磁石墨烯条带。与之相对应的是铁磁石墨烯条带,其最近邻相互作用仍然倾向于反铁磁耦合,其不同边界碳原子上的净自旋相同,因而它是能量比反铁磁石墨烯条带更高的亚稳态。

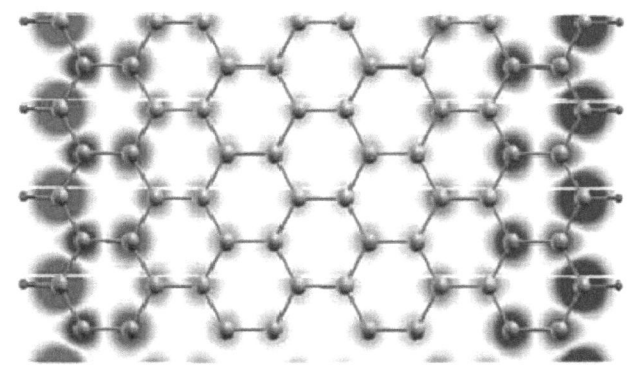

图 9.5.8 宽度为 8 的锯齿边界石墨烯条带净自旋密度分布图,蓝色和红色分别代表不同的自旋分量 (扫描书后二维码可看彩图)

磁有序出现的同时,体系也由金属态变为半导态。此时,体系的能带结构和能隙如图 9.5.9 所示。体系虽然在空间上是自旋极化的,出现空间磁有序,但是在能量上两个自旋分量是简并的。体系出现能隙,其中 Δ_z 为直接能隙,Δ_z^1 为布里渊区边界处的能隙。由此可见,体系的直接能隙随宽度的增加先增大,后逐渐减小;而边界处的能隙与之相反,先减小,然后增大并趋于稳定。

然而,随着宽度的增加,反铁磁状态和铁磁状态之间的能量差也在减少。可以推测,当条带的宽度足够大时,体系趋向于自旋简并的石墨烯,净磁矩和磁有序都将消失。

虽然锯齿边界石墨烯条带具有空间磁有序,但在能量空间自旋是简并的,这限制了它在自旋器件中的应用。为此,各种调控手段被用来使之产生自旋极化的能带结构。最早提出的方法是施加由一侧边界指向另一侧边界的外电场,如图 9.5.10(b) 所示。由于净自旋分布在不同的边界上,施加横向电场后不同自旋分别靠近和远离,最终在费米面处只有一种自旋分量,反向的自旋具有能隙。这种半金属态可以只允许一种自旋的电子通过,对另一种自旋的电子来说是一个势垒,因而可以用作设计自旋阀器件或自旋注入器件。

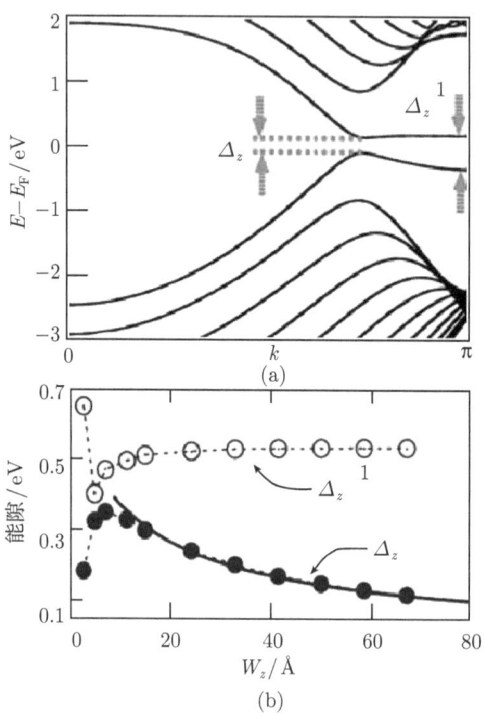

图 9.5.9　锯齿边界石墨烯条带的能带结构 (a) 及能隙随宽度变化图 (b)

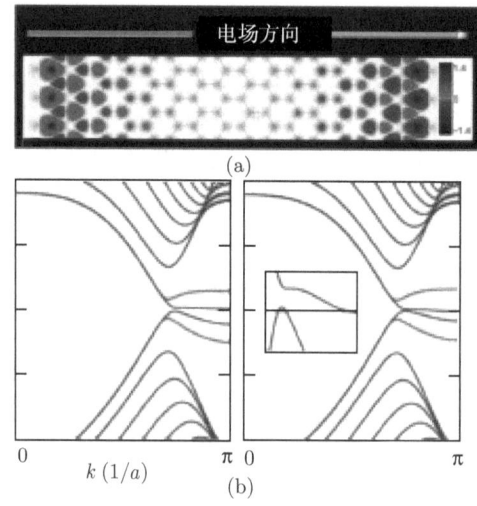

图 9.5.10　外电场下锯齿边界石墨烯纳米带的能带结构变化

(a) 电场方向和净自旋分布；(b) 施加电场后的能带结构

9.5 石墨烯纳米条带

半金属性是磁性的一个重要研究方向。人们陆续提出多种方案,在锯齿边界石墨烯纳米带中实现半金属特性。例如,通过一定方式的硼氮替换掺杂,尤其它们亲电子能力的不同,在锯齿边界石墨烯纳米带中形成等效内建电场,也可以使体系变为半金属,如图 9.5.11 所示;再如,在不同的边界挂接亲电子能力不同的基团,也可以使体系变为半金属。

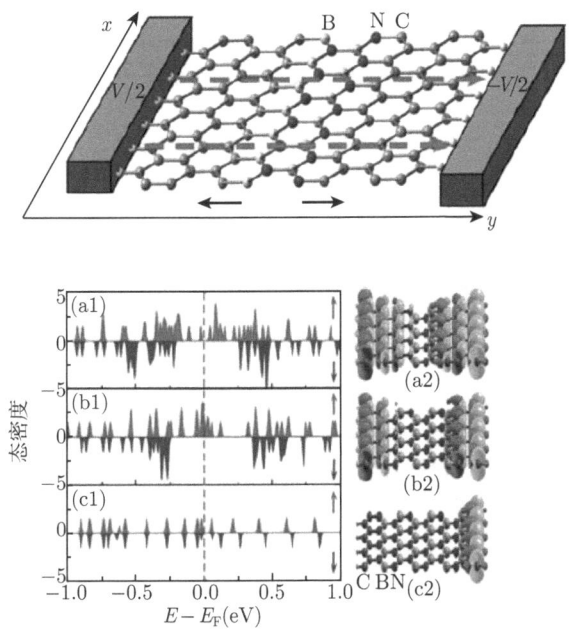

图 9.5.11 B、N 掺杂锯齿边界石墨烯条带实现半金属性

与此同时,基于半导态的自旋器件也是自旋电子学的重要应用。由于现代电子工业重度依赖各种半导体器件,基于石墨烯条带的自旋晶体管被看作是下一代电子器件的一个重要选择。它要求石墨烯条带不但要具有自旋极化的能级结构,还要具有足够大的能隙,使器件能在门电压的调控下实现"开"或"关"状态。目前,基于锯齿边界石墨烯条带的自旋晶体管设计是一个难点。

一个可行的方案是,使用有机自由基团,如 trimethylenemethane(TMM),在一侧修饰锯齿边界石墨烯条带的边界碳原子,如图 9.5.12 所示。由于自由基团本身具有净自旋,它和紧邻的边界碳原子上净自旋相互作用后,将极大地改变体系原有的能带结构,使体系由反铁磁态变为铁磁态,能带产生自旋极化。与此同时,自由基自旋与石墨烯条带自旋的相互作用使体系具有约 0.5eV 的能隙,可以满足自旋晶体管的设计要求。

由以上的研究可见,石墨烯纳米带具有出人意料的优异性质,不但具有石墨烯本身良好的导电性质,还由于量子限制效应而具备了自身独特的性能和应用前景。石墨烯纳米带将成为全碳家族中的重要成员,是将来全碳纳米器件的基础结构。

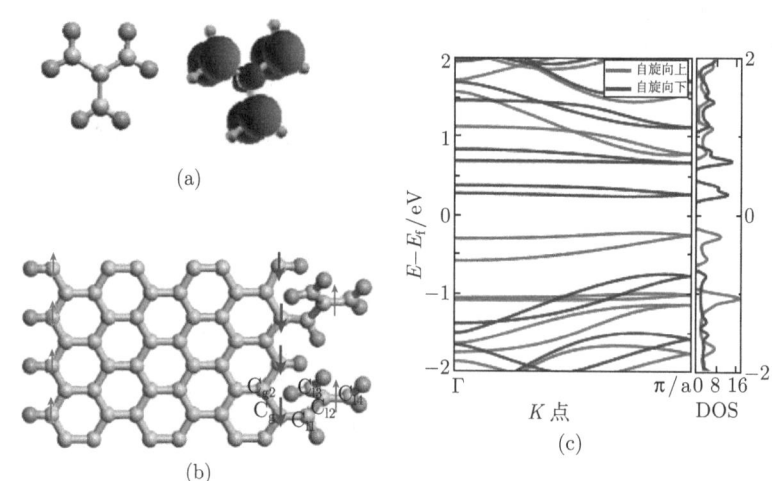

图 9.5.12 有机自由基团 TMM 结构示意图及净自旋密度 (a); TMM 修饰石墨烯条带后结构图 (b); 修饰后的体系能带及态密度 (c)

9.6 石墨烯和碳纳米管自旋输运

9.6.1 石墨烯自旋输运

石墨烯室温自旋扩散长度长达微米以上,是自旋电子学应用的理想材料。石墨烯还具有较弱的自旋–轨道耦合,载流子迁移率很高,可以达到 $10^6 \mathrm{cm}^2/(\mathrm{V \cdot s})$,而且具有可调载流子浓度,因此是自旋长距离输运的可选材料之一。由于存在电导匹配问题,使用铁磁电极向石墨烯直接注入自旋,效率还是很低的,注入的自旋极化率小于 1%。借助隧穿绝缘体材料 Al_2O_3 或 MgO,可以显著提高注入电流的自旋极化。

使用石墨烯制作的自旋阀,磁电阻可以高达 10%,并观察到石墨烯内超过 $100\mu m$ 的自旋扩散长度。2006 年,Hill 等首先用 FeNi 合金作铁磁性电极制备出石墨烯自旋阀,紧接着 Co, Fe 作电极的多层石墨烯自旋阀,Al_2O_3 作隧穿层的石墨烯自旋阀也被成功制备。制备中,首先在石墨烯上用磁控溅射沉积 0.6nm 的金属 Al,然后将其在 50torr 的低压氧气环境中氧化为约 1nm 厚的 Al_2O_3,电学测量以验证 Al_2O_3 隧穿层的质量。从小尺度的自旋输运研究到大面积石墨烯的研究,是石墨烯自旋电子学应用于集成电路晶片的关键一步,重点在于悬浮石墨烯层的自旋输运以及沉积于基底的石墨烯。随着技术的发展，获得了更长的自旋长度及寿命。

自旋输运中的关键物理量是自旋弛豫长度。目前认为石墨烯中的主要自旋弛豫机制是 EY 机制或 DP 机制。在 EY 机制中，自旋弛豫主要来源于杂质、声子和样品边缘的散射，自旋寿命 τ_s 与电子动量弛豫时间 τ_p 成正比；而在 DP 机制中，自旋弛豫发生在两次动量散射之间，它可能来自于石墨烯的非平整性，此时自旋寿命 τ_s 与电子动量弛豫时间 τ_p 成反比。通过对单、双层石墨烯自旋弛豫的研究，发现单层石墨烯中 τ_s 正比于 τ_p，EY 机制占主导，而双层中 τ_s 反比于 τ_p，DP 机制占主导。

利用石墨烯纳米带的磁学性质，人们提出了一些新奇的石墨烯自旋器件，例如，给具有反铁磁基态的锯齿型石墨烯纳米带 (ZGNR) 施加横向电场，使一种自旋的带隙变大，相反自旋的带隙变小，从而使 ZGNR 呈现半金属性，作为自旋注入器或探测器。

如果要将石墨烯应用于自旋电子学领域，诱导磁矩是至关重要的，但要在强反铁磁性的石墨烯中产生磁有序是一个重大挑战。然而，希望通过对石墨烯进行掺杂或功能化可获得可调的磁性。这可通过材料六方晶体结构的缺陷或在其表面吸附原子来实现。氢化石墨烯是磁性石墨烯的基准，氢原子可逆地化学吸附在石墨烯上，这造成晶格失衡，从而诱导磁矩。另一种是氟原子，与碳键合使得石墨烯转变为宽带隙绝缘体。与氢原子相似，氟原子可逆地化学吸附在石墨烯上。石墨烯结构中消失的一个碳原子或空位都将产生自旋极化电子，由键上剥离四个电子，其中三个形成"悬挂"状态。

最大限度的延长自旋寿命也是石墨烯自旋电子学应用的关键。理论预测纯石墨烯的自旋寿命在 $1\mu s$ 左右，而实验获得的数值在几十皮秒到几纳秒之间。石墨烯自旋寿命只有达到纳秒及以上，其自旋输运才可应用于实际。两个数量级以上的差异是致命的，它表明自旋弛豫是外源性的，如杂质、缺陷或是研究中的误差。尽管已有大量的理论研究，但对于石墨烯自旋弛豫的来源仍知之甚少。有两种机制可用于解释实验趋势。基于自旋轨道耦合及动量散射解释金属及半导体自旋电子的来源，两者都预测有微秒级的寿命，但实验表明最大只有几纳秒。唯一与单层和双层石墨烯实验结果相吻合的机制是基于由局域磁矩引起的共振散射。研究结果表明，电子迁移率并不是限制自旋寿命的因素，石墨烯中带电粒子和杂质间的散射也不是自旋弛豫的主要影响因素。也就是说，确定自旋弛豫的主要来源对石墨烯研究人员来讲仍然是一个挑战。

2015 年，欧洲石墨烯旗舰计划曾提出"石墨烯、相关二维晶体及其杂化体系的科学技术路线图"，讨论了石墨烯在自旋逻辑器件包括可擦写芯片、晶体管、逻辑门、磁传感器以及量子计算等方面的理论及应用。自旋电子学是一个相对年轻的研究领域，但近年来在石墨烯及相关材料长自旋寿命和扩散长度方面已经取得了重大进展。

9.6.2 碳纳米管的自旋输运

将单层或多层石墨烯卷起来即形成单壁或多壁碳纳米管。1999 年，Tsukagoshi 等制备出第一个多壁碳纳米管自旋器件 (图 9.6.1)。碳管样品是由石墨棒弧光放电法制备的，碳管上沉积了两个 65nm 厚的 Co 电极用于自旋极化注入或探测。在 4.2K 的低温下观察到 9% 的磁电阻。假定电子输运遵从 Julliere 隧穿模型，磁电阻为

$$\Delta R/R_a = \frac{R_a - R_p}{R_a} = \frac{2P_1 P_2}{(1 + P_1 P_2)}$$

其中，P_1, P_2 为铁磁接触的电子极化率，对 Co 来说，$P_1 = P_2 = 34\%$，理论上给出最大磁电阻为 21%。实验测得的 9% 磁电阻表明约 14% 的自旋极化电子穿过了厚度为 250nm 的碳管传输层而没有发生自旋反转。若进一步假设碳管内的自旋极化按指数规律衰减，则可得到自旋散射长度 $l_s = 130\text{nm}$。这只是一个粗略的估算，严格的应考虑电子在纳米管内的输运机制和界面的自旋散射。为了提高磁电阻，可以选择更高自旋极化的磁性电极，如半金属 $La_{0.7}Sr_{0.3}Mn_3$ 在低温下的自旋极化率接近 100%，用它制备的碳管自旋器件的磁电阻可以高达 61%。

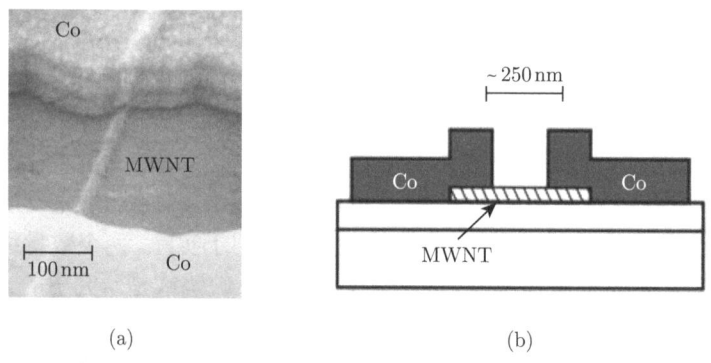

图 9.6.1 碳纳米管自旋器件的扫描电镜图 (a) 和结果示意图 (b)

9.7 金 刚 石

金刚石就是我们常说的钻石，是一种由纯碳组成的矿物。人类对金刚石的认识和开发具有悠久的历史。早在公元前 3 世纪古印度就发现了金刚石。1977 年 12 月 21 日，在山东省临沭县常林村发现一颗重 158.786 克拉 (1 克拉 =200 毫克) 的优质巨钻，是中国目前发现的最大的天然金刚石，全透明，色淡黄，可称金刚石的"中

9.7 金刚石

国之最"。世界上最大的工业用金刚石和宝石级金刚石均产于巴西,都超过 3100 克拉。其中宝石级金刚石的尺寸为 $10\times6.5\times5cm^3$,名叫"库利南",1905 年发现于南非的普雷米尔岩管。世界金刚石主要产地有澳大利亚、扎伊尔、博茨瓦纳、俄罗斯。

人类虽然在五千年前就从自然界获取了金刚石,但一直不知道它是由什么元素构成的。直到 1704 年,英国科学家牛顿才证明了金刚石具有可燃性。以后又经法国科学家拉瓦锡 (1792 年)、英国科学家腾南脱 (1797 年),用实验证明了金刚石和石墨是碳的同素异形体,这才弄清楚金刚石是由纯净的碳组成的。

世界金刚石矿产资源不丰富,远不能满足宝石与工业消费的需要。20 世纪 60 年代以来,人工合成金刚石技术兴起,至 90 年代日臻完善,人造金刚石几乎已完全取代工业用天然金刚石。法国化学家享利·莫瓦桑利用自己发明的高温电炉制取了碳化硅和碳化钙,这促使他向极富诱惑力的"点石成金"术跃跃欲试,他先试验制取氟碳化合物,再除去氟制取金刚石,没有成功。后来他设想利用他的高温电炉,把铁化成铁水,再把碳投入熔融的铁水中,然后把渗有碳的熔融铁倒入冷水中,借助铁的急剧冷却收缩时所产生的压力,迫使内中的碳原子能有序地排列成正四面体的大晶体。最后用稀酸溶去铁,就可拿到金刚石晶体。这个设想在当时看来,既科学又美妙,促使他和他的助手一次又一次地按这个构想方案做试验。1893 年 2 月 6 日,他终于看到了他梦寐以求的"希望之星"。当他和助手用酸溶去铁后,在石墨残留物中,竟有一颗 0.7mm 的晶体闪闪发光!经检测这颗晶体就是金刚石。

1955 年,美国通用电气公司专门制造了高温高压静电设备,得到世界上第一批工业用人造金刚石小晶体,从而开创了工业规模生产人造金刚石磨料的先河,现在他们的年产量在 20 吨左右;不久,杜邦公司发明了爆炸法,利用瞬时爆炸产生的高压和急剧升温,也获得了几毫米大小的人造金刚石。制备金刚石的方法很多,主要有:

(1) **直接法**。利用瞬时静态超高压高温技术或动态超高压高温技术,或两者的混合技术,使石墨等碳质原料从固态或熔融态直接转变成金刚石,这种方法得到的金刚石是微米尺寸的多晶粉末。

(2) **熔媒法**。用静态超高压 (5~10GPa) 和高温 (1100~3000℃) 技术通过石墨等碳质原料和某些金属 (合金) 反应生成金刚石,其典型晶态为立方体、八面体和六-八面体以及它们的过渡形态。采用这种方法得到的磨料级人造金刚石的产量已超过天然金刚石,通过加晶种外延生长法可获得大颗粒多晶金刚石。

(3) **外延法**。利用热解和电解某些含碳物质时析出的碳源在金刚石晶种或某些基底作用的物质上进行外延生长而成。

(4) **武慈反应法**。我国科学家发明的一种方法:让四氯化碳和钠在 700℃反应,生成金刚石,但是同时会生成大量的石墨。

金刚石具有晶体结构。其中的碳原子都以共价键结合,原子排列的基本规律是每一个碳原子的周围都有 4 个按照正四面体分布的碳原子。这种结构可看成是由两套面心立方布拉菲格子套构而成的，套构的方式是沿着单胞立方体对角线的方向移动 1/4 距离。它也可以看成是由许多 (111) 的原子密排面沿着 [111] 方向、按照 ABCABCABC⋯ 规律堆积起来而构成的。每个单胞中包含有 8 个原子，每个原胞中包含有 2 个不等价的原子，是一种复式晶格。重要的半导体 Si 和 Ge 都具有金刚石型的晶体结构。金刚石晶格的倒格子是体心立方格子。

金刚石是自然界中最坚硬的物质之一，晶莹透明特别惹人喜爱。它具有许多重要的工业用途，如精细研磨材料、高硬切割工具、各类钻头、拉丝模，还被作为很多精密仪器的部件。金刚石的颜色取决于纯净程度、所含杂质元素的种类和含量，极纯净者无色，一般多呈不同程度的黄、褐、灰、绿、蓝、乳白和紫色等；纯净者透明，含杂质的半透明或不透明；在阴极射线、X 射线和紫外线下，会发出的绿、天蓝、紫、黄绿等色的荧光；在日光曝晒后至暗室内发淡青蓝色磷光；金刚光泽，少数油脂或金属光泽，高折射率，一般为 2.40~2.48。

金刚石的热导率一般为 136.16W/(m·K)，在液氮温度下为铜的 25 倍，并随温度的升高而急剧下降，如在室温时为铜的 5 倍；比热容随温度上升而增加，如在 $-106°C$ 时为 399.84J/(kg·K)，$107°C$ 时为 472.27J/(kg·K)；热膨胀系数极小，随温度上升而增高，如在 $-38.8°$ 时为 0，$0°C$ 时为 $5.6×10^{-7}$；在纯氧中燃点为 720~800°C，在空气中为 850~1000°C，在绝氧下 2000~3000°C 转变为石墨。

金刚石化学性质稳定，具有耐酸性和耐碱性，高温下不与浓酸作用，只在 Na_2CO_3、$NaNO_3$、KNO_3 的熔融体中，或与 $K_2Cr_2O_7$ 和 H_2SO_4 的混合物一起煮沸时，表面会稍有氧化；在 O、CO、CO_2、H、Cl、H_2O、CH_4 的高温气体中腐蚀。

金刚石还具有非磁性、不良导电性、亲油疏水性和摩擦生电性等。根据金刚石的氮杂质含量和热、电、光学性质的差异，可将金刚石分为 I 型和 II 型两类，并进一步细分为 I a、I b、II a、II b 四个亚类。I 型金刚石，特别是 I a 亚型，为常见的普通金刚石，约占天然金刚石总量的 98%。I 型金刚石均含有一定数量的氮，具有较好的导热性、不良导电性和较好的晶形。II 型金刚石极为罕见，含极少或几乎不含氮，具有良好的导热性和曲面晶体的特点。II b 亚型金刚石具半导电性。由于 II 型金刚石的性能优异，因此多用于空间技术和尖端工业。

金刚石带隙为 5.45eV，是一种宽带隙的半导体材料，同时具有高热导率、高载流子迁移率和特有的表面电导等优异特性，可在 500~600°C 下正常工作。由于金刚石的这些优异性能，人们认识到基于金刚石的材料和器件可以满足现代电子科学发展对抗辐射、耐高温、高响应速度及大功率半导体器件和集成电路高集成度日益严苛的要求，具有十分诱人的发展前景。随着低成本金刚石/类金刚石薄膜材料的出现和应用，金刚石薄膜有可能成为新世纪电子器件的首选材料，因而金刚石宽带隙半导体材料的基础研究渐渐成为一大亮点。表面电导是金刚石半导体特有的一种电子性质，但其机理尚不清楚。利用表面电导研制新型 MOS 器件，是金刚石半导体科学研究的迫切任务之一。因此金刚石的表面及其杂质缺陷相关性质研究是目前表面电导现象研究的主要方向。

金刚石半导体材料另外一个研究热点是硼掺杂对半导体性能的改变，以及重 B 掺杂引起的超导转变。2003 年文献报道，氘化掺硼 p 型金刚石可以得到有较低激活能量 (0.23eV) 和较高迁移率 ($430cm^2/(V·s)$) 的 n 型导电材料，这为使金刚石转变为 n 型材料提供了新的思路，其后硼掺杂金刚石导电性质的转变及控制方法的研究不断被报道。2004 年文献报道，重 B 掺杂 ($10^{20}\sim10^{21}cm^{-3}$) 的金刚石材料具有超导临界温度 4K，通过不断地调整实验手段，超导转变温度可达 7~11K，引起人们对超 B 掺杂金刚石超导性能的进一步研究。

由于金刚石具有稳定的化学性质和极高的物理硬度，传统金刚石材料的制造和研究只能在高温、高压的极限环境下进行，这大大限制了金刚石块体材料的生产、研究和应用。20 世纪 80 年代，人们在低温低压条件下，分别在单晶硅、钨和钼等衬底上成功地生长出多晶金刚石薄膜。随着化学气相沉积 (CVD) 工艺为主的低温低压技术的发明与发展，生长高质量的金刚石薄膜变得简易可行。金刚石薄膜的性能稍逊于金刚石颗粒，在密度和硬度上都要低一些。即便如此，它的耐磨性也是数一数二，仅 5μm 厚的薄膜，寿命也比硬质合金钢长 10 倍以上。如在唱片的唱针针尖上沉积上一层金刚石薄膜，可大大延长唱针的使用寿命。更重要的是，薄膜的出现使金刚石的应用突破了只能作为切削工具的樊篱，使其优异的热、电、声、光性能得以充分发挥。目前，金刚石薄膜已应用在半导体电子装置、光学声学装置、压力加工和切削加工工具等方面，其发展速度惊人，在高科技领域更加诱人。金刚石薄膜与天然金刚石具有相近的硬度、密度、熔点等优异的物理特性，加之金刚石薄膜材料的低摩擦系数，使之成为优异的模具涂层材料，大大延长模具加工部位的使用寿命。同时，金刚石薄膜还具有极好的透光性能和化学惰性以及抗辐射性能，也被广泛地应用于极端条件下光学镜头表面涂层和透光保护窗。在工艺上，目前掌握的薄膜生长技术可以生长出高质量、多类型、低成本金刚石薄膜，并且较块体材料更方便掺杂异质元素来实现不同的电子性能，因而金刚石薄膜在电子学方面的基础理论研究也迅速开展起来。目前热点主要集中在薄膜表面缺陷态、电子或空穴掺杂、表面吸附等因素对电子性能的影响方面，相信随着这些方面研究不断取得进展，金刚石薄膜器件将在未来电子器件中占据重要地位。

参 考 文 献

[1] 解士杰, 韩圣浩. 凝聚态物理. 济南: 山东教育出版社, 2001

[2] 解士杰, 高琨. 低维量子物理. 济南: 山东科学出版社, 2009

[3] Dresselhaus M S, Dresselhaus G, Eklund P C. Science of Fullerenes and Carbon Nanotubes. Academic, San Diego, CA, 1996

[4] Tans S J, Devoret M H, Dai H, Thess A, Smalley R E, Geerligs L J, Dekker C. Individual single-wall carbon nanotubes as quantum wires. Nature (London), 1997, 386: 474

[5] Bockrath M, Cobden D H, McEuen P L, Chopra N G, Zettl A, Thess A, Smalley R E. Single-electron transport in ropes of carbon nanotubes. Science, 1997, 275: 1922

[6] Tans S J, Verschueren A R M, Dekker C. Room-temperature transistor based on a single carbon nanotube. Nature(London), 1998, 393: 49

[7] Rohlfing E A, Cox D M, Kaldor A. Production and characterization of supersonic carbon cluster beams. J. chem. Phys., 1984, 81: 3322

[8] Kroto H W, Heath J R, O'Brien S C, Curl R F, Smalley R E. C_{60}: Buck minster fullerene. Nature, 1985, 318: 162

[9] Iijima S, Ishihashi T. Single-shell carbon nanotubes of 1-nm diameter. Nature, 1993, 363: 603

[10] Bethune D S. Cobalt-catalysed growth of carbon nanotubes with single-atomic-layer walls. Nature, 1993, 363: 605

[11] Novoselov K S, Geim A K. Electric field effect in atomically thin carbon films. Science, 2004, 306: 666

[12] Novoselov K S, Geim A K. Two dimensional gas of massless dirac Fermions in graphene. Nature, 2005, 438: 197

[13] Yazyev O V. Emergence of magnetism in graphene materials and nanostructures. Rep. Prog. Phys., 2010, 73: 056501s

[14] Schwierz F. Graphene transistors. Nature Nanotech., 2010, 5: 487

[15] Wimmer M, Adagideli I, Berber S, Tomanek D, Richter K. Spin currents in rough grapheme nanoribbons: universal fluctuations and spin injection. Phys. Rev. Lett., 2008, 100: 177207

[16] Balog R, Jørgensen B, Nilsson L, Andersen M, Rienks E. et al. Bandgap opening in grapheme induced by patterned hydrogen adsorption. Nature mat., 2010, 9: 315

[17] Kim W Y, Kim K S. Prediction of very large values of magnetoresistence in a grapheme nanoribbon device. Nature Nanotech., 2008, 3: 408

[18] Tombros N, Jozsa C, Popinciuc M, Jonkman H T, Wees B J. Electronic spin transport and spin precession in single grapheme layers at room temperature. Nature, 2007, 448: 571

[19] Abanin D A, Lee P A, Levitov L S. Spin-filtered edge states and quantum hall effect in grapheme. Phys. Rev. Lett., 2006, 96: 176803

[20] Son Y M, Cohen M L, Louie S. Half-matallic grapheme nanoribbons. Nature, 2006, 444: 347

[21] Lyshevski S E. Nano and Molecular Electronics Handbook. Boca Raton: CRC Press, 2007

[22] 谢尔盖. 雷舍夫斯基. 纳米与分子电子学手册. 帅志刚, 李启楷, 朱道本, 译. 北京: 科学出版社, 2011

[23] Murali R. Graphene Nanoelectronics. Springer, 2011

[24] Saito R, Dresselhaus G, Dresselhaus M. PhysicalProperties of Carbon Nanotubes. Imperial College Press, 1998

[25] Andreoni W. The Physics of Fullerene-Based and Fullerene-Related Materials. Springer, 2000

[26] Sattler K D. Handbook of Nanophysics Functional Nanomaterials. CRC Press, 2010

[27] Pati S K, Enoki T, Rao C. Graphene and Its Fascinating Attributes. World Science, 2011

[28] Han W, Kawakami R K, Gmitra M, Fabian J. Graphene spintronics. Nature Nanotechnology, 2014, 9: 794-807

[29] Ferrari A C, et al. Science and technology roadmap for graphene, related two-dimensional crystals, and hybrid systems. Nanoscale, 2015, 7: 4598-4810

[30] Hill E W, Geim A K, Novoselov K, et al. Graphene spin valve devices. IEEE Transactions on Magnetics,. 2006, 42: 2694

[31] Elliott R J. Theory of the effect of Spin-orbit goupling on magnetic resonance in some semiconductors. Physical Review, 1954, 96: 266

[32] Yafet Y G. Solid State Physics, 1963, 14: 1

[33] Dyakonov M I, Perel V I. Spin relaxation of conduction electrons in noncentrosymmetric semiconductors. Soviet Physics Solid State USSR, 1972, 13: 3023

[34] Tsukagoshi K, Alphenaar B W, Ago H. Coherent transport of electron spin in a ferromagnetically contacted carbon nanotube. Nature, 1999, 401: 572